M. ARTHUS

PRÉCIS DE CHIMIE PHYSIOLOGIQUE

COLLECTION DE PRÉCIS MÉDICAUX

MASSON & Cᵉ ÉDITEURS, PARIS

1908

PRÉCIS

DE

CHIMIE PHYSIOLOGIQUE

COLLECTION DE PRÉCIS MÉDICAUX

PRÉCIS

DE

CHIMIE PHYSIOLOGIQUE

PAR

MAURICE ARTHUS

Professeur de physiologie à l'Université de Lausanne.

CINQUIÈME ÉDITION, REVUE ET AUGMENTÉE

AVEC 111 FIGURES DANS LE TEXTE
ET 2 PLANCHES HORS TEXTE EN COULEURS

PARIS

MASSON ET Cie, ÉDITEURS

LIBRAIRES DE L'ACADÉMIE DE MÉDECINE

120, BOULEVARD SAINT-GERMAIN

1908

PRÉFACE

DE LA CINQUIÈME ÉDITION

Pour connaître les phénomènes de la nutrition, qui constituent l'un des chapitres les plus importants de la physiologie, il est nécessaire de posséder certaines notions élémentaires de chimie physiologique. Au moment où a paru la première édition de ce livre, il n'existait pas d'ouvrage dans lequel l'étudiant pouvait trouver exposé le minimum de ces notions chimiques fondamentales ; — les traités de physiologie supposaient connues ces notions, ou s'ils contenaient un chapitre de chimie physiologique, ce chapitre ne réunissait pas tous les faits indispensables à la compréhension des autres parties de l'ouvrage ; — les traités de chimie physiologique renfermaient les notions utiles aux physiologistes, disséminées au milieu de beaucoup d'autres qui n'ont d'intérêt que pour les chimistes, sans qu'il fût possible à l'étudiant de reconnaître dans cet ensemble l'indispensable et le superflu. Ce livre, intermédiaire aux traités de chimie physiologique et aux traités de physiologie, a été écrit pour combler cette lacune et présenter aux étudiants *toutes les notions chimiques nécessaires et rien que les notions chimiques nécessaires pour l'étude de la physiologie.*

Il répondait évidemment à un besoin, ainsi qu'en témoignent ses quatre éditions françaises épuisées en douze ans, les deux éditions de sa traduction allemande et sa traduction russe. Il a incontestablement favorisé le développement des études physiologiques, dont le niveau, dans les pays de langue française, est notablement supérieur à ce qu'il était au siècle dernier.

Je me suis toujours efforcé, dans les éditions successives, de conserver à ce livre son caractère primitif de simplicité, tout en le tenant au courant des développements rapides de la physiologie. J'ai dû y introduire de nouvelles notions sur la constitution et la structure de la molécule protéique et de ses produits de désintégration, un chapitre sur les enzymoïdes, des renseignements sur la composition des aliments et les méthodes adoptées pour leur analyse, des données importantes sur la composition et le mode d'action des sucs digestifs, des indications sur les glandes vasculaires sanguines, etc., sans lesquels nombre de questions physiologiques à l'ordre du jour seraient incompréhensibles. Malgré ces additions successives qu'il a dû recevoir, ce livre reste *le livre élémentaire contenant le minimum de ce que doit savoir aujourd'hui l'étudiant en physiologie.*

MAURICE ARTHUS.

Lausanne, Septembre 1907.

PRÉCIS

DE

CHIMIE PHYSIOLOGIQUE

CHAPITRE PREMIER

LES MATIERES MINÉRALES

L'EAU, LES CENDRES, LES SELS, LES GAZ.

SOMMAIRE. — Les éléments des tissus et des liquides de l'organisme.
Une substance est-elle azotée, sulfurée, phosphorée?
L'eau des tissus et des liquides de l'organisme. Dessiccation et résidu
sec. Carbonisation et incinération.
Les CENDRES. Les *chlorures*. Les *phosphates*. Les *sulfates*. Les *carbonates*.
Les *bases*. Nature des composés minéraux des liquides et tissus de
l'organisme.
Les GAZ des liquides et tissus de l'organisme.
La RÉACTION des liquides de l'organisme. Indicateurs colorés. Solutions
acides ou alcalines, normales, décinormales, etc. Dosages acidimétri-
ques et alcalimétriques.

Les substances qui entrent dans la constitution des liquides
et des tissus de l'organisme sont formées par un petit nom-
bre d'éléments, qui sont le *carbone*, l'*hydrogène*, l'*oxygène*,
l'*azote*, le *soufre*, le *chlore*, le *phosphore*, le *potassium*, le
sodium, le *calcium*, le *magnésium*, le *fer*, et accessoirement
le *silicium* et le *fluor*.

Certaines substances, uniquement constituées de carbone,
d'hydrogène et d'oxygène, sont dites *substances ternaires*.

Certaines substances, constituées de carbone, d'hydrogène, d'oxygène et d'azote, sont dites *substances quaternaires* ou *azotées*. Certaines substances, constituées par ces mêmes éléments et par un élément métallique, — par exemple une substance formée de carbone, d'hydrogène, d'oxygène, d'azote et de fer, — peuvent être appelées *substances métallo-organiques*[1].

A l'exception de l'eau, du gaz carbonique, des matières salines, toutes les substances organiques des tissus animaux contiennent du carbone, de l'hydrogène et de l'oxygène. Mais toutes ne contiennent pas de l'azote, du soufre, du phosphore, etc. Il peut donc être utile, dans certains cas, de rechercher si une substance, retirée de l'organisme animal, est azotée, sulfurée, phosphorée, etc.

I. *Une substance est-elle azotée?*

La recherche peut être faite suivant deux méthodes[2] :

1° La substance à étudier est mélangée avec un excès de chaux sodée préalablement calcinée (p. ex. 1 p. de substance et 10 p. de chaux sodée), et le mélange est chauffé dans un tube à essai. Si la substance est azotée, il se dégage des vapeurs d'ammoniaque, facilement reconnaissables à leur odeur piquante, à la coloration bleue qu'elles font prendre au papier rouge du tournesol humecté d'eau distillée, aux fumées blanches qu'elles donnent en se combinant avec les vapeurs que dégage à l'air une solution aqueuse d'acide chlorhydrique.

2° La substance à étudier, préalablement desséchée parfaitement, est introduite dans un tube à essai bien sec, contenant déjà un petit fragment de potassium métallique ou de sodium métallique[3]. Le mélange est chauffé progressivement jusqu'à incandescence. Si la substance est azotée, le carbone et l'azote de la matière organique donnent avec le potassium ou le sodium du cyanure de potassium ou de sodium. En ajoutant à la masse refroidie une petite quantité d'une solution de sulfate ferreux, il se produit du ferrocyanure de potassium ou de sodium. Or le ferrocyanure de potassium ou de sodium donne avec les sels ferriques, en liqueur acidulée par l'acide chlorhydrique, du bleu de Prusse. La matière organique ayant été calcinée, comme il a été dit ci-dessus, avec du potassium ou du sodium, on laisse refroidir, on ajoute de l'eau goutte à goutte (pour éviter les explosions qui se produiraient par l'action d'une trop grande quantité d'eau sur le potassium ou le sodium en excès) dans le tube; on agite, on filtre, et au filtrat clair on

---

1. Il convient de réserver la dénomination de *substances organo-métalliques* aux corps désignés par ce terme en chimie organique.

2. La méthode décrite sous le n° 2 est surtout recommandable.

3. Si la substance est sulfurée, il faut employer plus de potassium ou de sodium que si la substance n'est pas sulfurée, un excès ne nuit d'ailleurs pas.

ajoute quelques gouttes d'une solution de sulfate ferreux, contenant un peu de sels ferriques; on vérifie que la liqueur est alcaline, et au besoin on l'alcalinise avec de la potasse; on fait bouillir une minute, et on acidule par l'acide chlorhydrique après refroidissement. Il se produit du bleu de Prusse.

II. *Une substance est-elle sulfurée? Une substance est-elle phosphorée?*

1° Si la substance est solide, on la mélange bien intimement, en la broyant dans un mortier, avec 12 parties de potasse caustique solide et 6 parties d'azotate de potasse cristallisé, qu'on a vérifiés exempts de soufre ou de phosphore; on chauffe ce mélange jusqu'à fusion dans une capsule de platine ou d'argent, et on maintient à la température de fusion jusqu'à disparition totale du charbon. Après refroidissement, la masse fondue est dissoute par l'eau, et, dans la liqueur aqueuse, on recherche soit les sulfates, soit les phosphates. En effet, sous l'influence de la potasse caustique et de l'azotate de potasse, à température élevée, le soufre et le phosphore des matières organiques donnent respectivement du sulfate de potasse et du phosphate de potasse.

2° Si la substance est liquide ou dissoute, on la traite par l'acide nitrique fumant en tube scellé à la lampe, et chauffé à une température de 150° à 200° pendant quelques heures [1]. Le tube étant ouvert après refroidissement, on recherche, dans le liquide qu'il contient, les acides sulfurique et phosphorique. Sous l'influence de l'acide nitrique à cette température élevée, les matières organiques ont été oxydées : le soufre est passé en totalité à l'état d'acide sulfurique, le phosphore est passé en totalité à l'état d'acide phosphorique.

Tous les liquides et tous les tissus de l'organisme contiennent de l'eau, des matières minérales et des matières organiques.

Tout liquide et tout tissu de l'organisme, soumis à l'action d'une température élevée, soit inférieure, soit supérieure à 100°, mais voisine de 100°, dégagent de la vapeur d'eau, en quantité plus ou moins grande. Soumise à l'action d'une température plus élevée, la matière animale est décomposée; elle se transforme en une masse noirâtre, généralement poreuse, principalement constituée par du charbon. Enfin, à une température plus élevée encore, voisine de la température du rouge sombre, le résidu de la carbonisation est brûlé : le charbon donne du gaz carbonique, et il reste un résidu blanc grisâtre de nature minérale : ce sont les cendres. On peut donc considérer trois stades de transformation des

---

1. Il importe, pour éviter tout accident, que le tube de verre scellé soit introduit dans l'appareil dit canon du fusil, pour être porté à cette température. Ce procédé est un procédé de laboratoire de chimie.

substances de l'organisme, sous l'influence de la chaleur : une *dessiccation*, une *carbonisation* et une *incinération*.

Selon que la *dessiccation* est faite à une température plus ou moins élevée, la quantité de vapeur d'eau dégagée peut être plus ou moins considérable : en effet, cette vapeur d'eau provient non seulement de l'eau contenue à l'état libre dans les tissus, mais encore de l'eau résultant de la décomposition de certaines matières organiques de ces tissus, sous l'influence de la chaleur. Or, on conçoit aisément que tel corps peut être décomposé, et, par suite, peut dégager de la vapeur d'eau à 110°, sans être décomposé, et, par suite, sans dégager de vapeur d'eau à 100°, à 102°, à 105°. L'expression *dessiccation* n'a, par conséquent, de signification précise que si l'on indique la *température de dessiccation*.

Le terme *carbonisation* n'a pas une signification bien précise : on dit en général qu'une substance est carbonisée lorsque, réduite par l'action d'une température croissante en une masse charbonneuse noire et sèche, elle ne dégage plus, sous l'influence de la chaleur, de produits condensables, comme sont les hydrocarbures. La température de carbonisation varie beaucoup d'une substance organique à l'autre, d'un tissu à l'autre. La carbonisation est un stade par lequel passent les matières animales soumises à l'action de la chaleur croissante, mais ce stade n'a rien d'assez important et surtout d'assez précis, pour qu'il convienne d'en tenir compte en chimie physiologique.

Il n'en est pas de même de l'*incinération*. Une matière est incinérée lorsque ses composés organiques sont totalement détruits, lorsqu'il ne reste plus qu'un résidu purement minéral. Il suffit en général de porter la matière organique au rouge naissant pour obtenir une incinération parfaite.

La *dessiccation* des liquides et des tissus de l'organisme, qu'ont coutume de faire les physiologistes, est une dessiccation soit à 105°, soit à 110°. Cette dessiccation se fait toujours en plusieurs temps. Si la matière étudiée est liquide, on l'évapore à siccité au bain-marie bouillant[1] ; si cette matière est solide, on la dessèche au bain-marie bouillant. La

---

1. Les physiologistes peuvent utiliser un bain-marie quelconque ; ils ont coutume, pour plus de commodité, de se servir d'un bain-marie à niveau constant.

matière est ensuite desséchée à l'étuve à air à 110° [1], jusqu'à ce que son poids reste constant. Il convient, avant de peser le résidu, de le laisser refroidir dans un exsiccateur à acide sulfurique, afin d'éviter toute

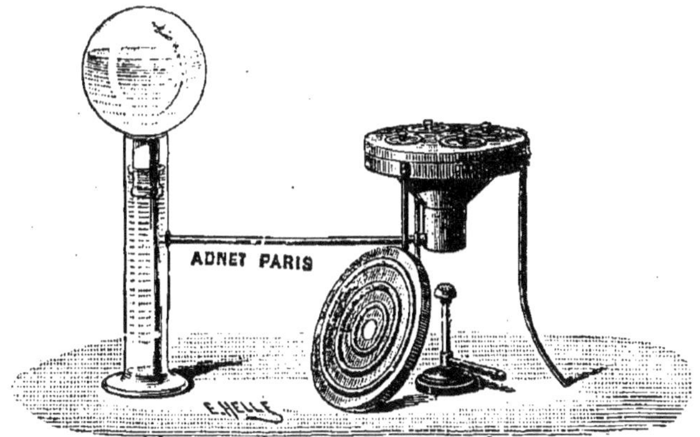

Fig. 1. — Bain-marie à niveau constant.

absorption de vapeur d'eau par ce résidu, qui souvent est fortement hygroscopique. Le résidu ainsi obtenu est appelé *résidu sec*.

L'*incinération* doit également se faire en plusieurs temps. Supposons

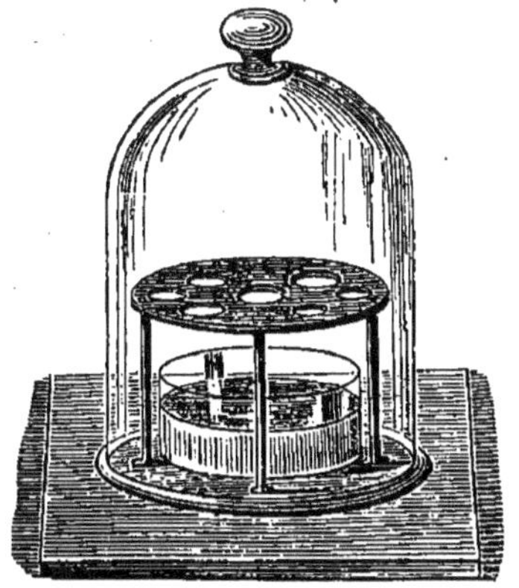

Fig. 2. — Cloche à dessiccation sur l'acide sulfurique. Fig. 3. — Petit exsiccateur à acide sulfurique.

que la matière à incinérer ait été desséchée à 110°. Cette matière, introduite dans une capsule de platine ou dans un creuset de porcelaine [2],

---

1. On a avantage à substituer aux étuves à air des étuves à huile ou à glycérine, munies de régulateurs de température, parce que la constance de la température est plus facile à obtenir avec celles-ci qu'avec les étuves à air.

2. La capacité de la capsule ou du creuset doit représenter au moins 6 fois le volume de la matière à incinérer.

est chauffée peu à peu jusqu'à la température du rouge naissant et maintenue à cette température tant qu'il se dégage des vapeurs : en élevant avec une extrème lenteur la température, on a évité soit la mousse, soit les projections, que provoquerait un dégagement trop rapide des gaz résultant de la décomposition de la matière organique. Au rouge naissant, la matière est carbonisée, elle n'est pas véritablement incinérée. Pour achever l'incinération, il conviendrait d'élever encore notablement la température; mais on volatiliserait ainsi une partie des sels alcalins, notamment les chlorures alcalins, contenus dans le résidu de

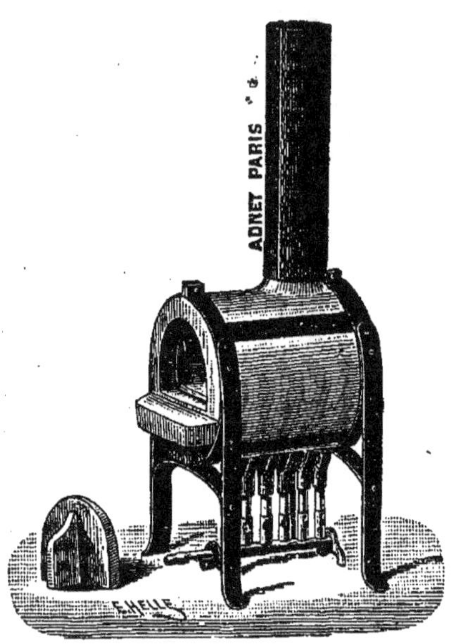

Fig. 4. — Four à incinération des matières organiques.

carbonisation. Si, en effet, les chlorures alcalins ne sont pas sensiblement volatils au rouge naissant, ils sont volatils à une température un peu supérieure. Il convient donc d'épuiser par l'eau le résidu de la carbonisation, afin de dissoudre les sels solubles qu'il contient. A cet effet, la matière charbonneuse est broyée dans le creuset avec une petite quantité d'eau; puis lessivée par l'eau bouillante; les liqueurs, séparées du charbon par filtration sur un filtre sans cendres, constituent l'extrait aqueux. Cet extrait aqueux du résidu de carbonisation contient une partie des substances minérales de la matière analysée, mais n'en contient qu'une partie : en l'évaporant, on obtient un premier résidu minéral a.

Le résidu de la calcination épuisé par l'eau ne contient plus de sels volatils : on peut alors (après l'avoir desséché successivement à 100° et à 110°) l'incinérer, en élevant sa température jusqu'à ce que toute trace de charbon ait disparu. Il reste un second résidu salin b. En réunissant les résidus salins a et b, on obtient la totalité des cendres de la substance étudiée [1].

Lorsqu'on pratique l'incinération dans une capsule ou dans un creuset de platine ou de porcelaine, il est souvent difficile d'obtenir des cendres absolument blanches, c'est-à-dire absolument débarrassées de charbon. On obtient des résultats

1. Il est possible que dans cette incinération une partie des matières minérales soit réduite par le charbon à la température du rouge : par exemple les sulfates peuvent être ramenés à l'état de sulfures, etc. ; — il est par conséquent utile, dans certains cas, une fois l'incinération terminée, d'ajouter au résidu une petite

meilleurs et plus rapides en pratiquant l'incinération dans une atmosphère d'oxygène. A cet effet, la matière ayant été carbonisée à la température la plus basse possible, puis lessivée comme il a été dit ci-dessus, le charbon résidu est mis dans une nacelle de platine et celle-ci est introduite dans un tube de verre peu fusible, qu'on peut chauffer par une rampe de gaz. Par l'une de ses extrémités, ce tube de verre communique avec deux gazomètres, l'un contenant de l'acide carbonique, l'autre de l'oxygène; son autre extrémité effilée plonge dans l'eau d'un flacon laveur. L'appareil étant rempli

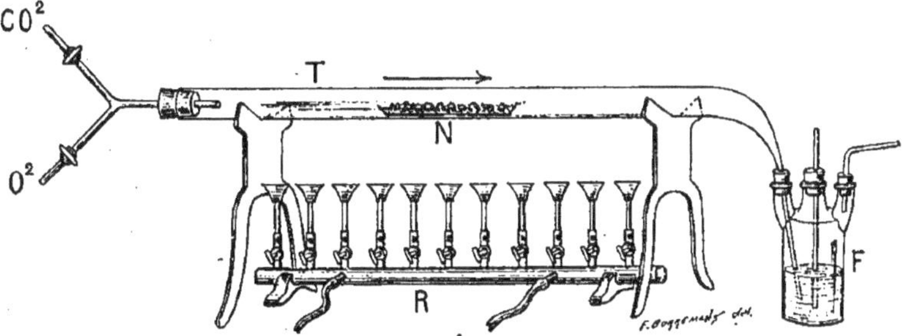

Fig. 5. — Appareil à incinération dans un courant d'acide carbonique et d'oxygène. — T, Tube de verre contenant la nacelle de platine N, dans laquelle est la substance à incinérer; R, rampe à gaz; CO² tube d'amenée de l'acide carbonique; O² tube d'amenée de l'oxygène; F, flacon laveur.

d'acide carbonique, on chauffe doucement et progressivement le tube et la nacelle qu'il contient, puis on fait pénétrer lentement l'oxygène : la calcination se produit alors progressivement, régulièrement et complètement, pourvu qu'on gradue raisonnablement l'arrivée de l'oxygène. Le flacon laveur, dans lequel viennent barbotter les gaz ayant traversé l'appareil, permet de connaître la rapidité de leur écoulement, et de retenir les chlorures qui pourraient être volatilisés et entraînés par le courant gazeux, dans le cas où le lessivage du charbon n'aurait pas été total.

quantité d'acide nitrique, agent oxydant, et de calciner de nouveau, pour chasser l'excès d'acide nitrique : les matières réduites ont été réoxydées par ce traitement. Notons que, dans ce traitement par l'acide nitrique, les carbonates des cendres sont transformés en nitrates, et que ces derniers sont, par la nouvelle calcination, transformés en oxydes ou en nitrites.

LES CENDRES

Les cendres ainsi obtenues peuvent contenir des *chlorures*, des *sulfates*, des *phosphates*, des *carbonates*, des sels de *potassium*, de *sodium*, de *calcium*, de *magnésium* et de *fer*.

Passons rapidement en revue celles des propriétés de ces sels que nous aurons besoin de connaître.

Les chlorures.

Les *chlorures alcalins* et *alcalino-terreux* sont des sels très solubles dans l'eau. L'eau dissout à 15° 36 p. 100, à 100° 40 p. 100 de chlorure de sodium ; — elle dissout à 15° 33 p. 100, à 100° 60 p. 100 de chlorure de potassium. Les chlorures de sodium et de potassium sont insolubles dans l'alcool absolu; dans l'alcool dilué, ils se dissolvent d'autant mieux que la proportion d'alcool est moindre. Les chlorures alcalino-terreux sont volatils au rouge vif, les chlorures alcalins sont déjà un peu volatils au rouge sombre; — par conséquent, ainsi que nous l'avons précédemment dit, si l'on veut obtenir la totalité des matières minérales contenues dans un tissu ou dans un liquide de l'organisme, la matière doit être carbonisée au rouge naissant et débarrassée par lessivage de ses chlorures, avant incinération complète au rouge vif.

Les chlorures solubles sont précipités de leur solution, acidulée par l'acide nitrique, par l'azotate d'argent, à l'état de chlorure d'argent; le précipité de chlorure d'argent produit a la propriété de noircir à la lumière; il est insoluble dans l'acide nitrique, il est soluble dans l'ammoniaque.

Pour *doser les chlorures* contenus dans des cendres [1], on épuise ces cendres par l'eau bouillante : les chlorures alcalins et alcalino-terreux étant solubles dans l'eau, l'extrait aqueux des cendres contient la totalité des chlorures. On acidule cet extrait par l'acide nitrique, et on ajoute

1. Pendant l'incinération des tissus de l'organisme, il se peut qu'une partie des chlorures qu'ils contiennent soit décomposée (action d'acide phosphorique ou de phosphates acides) et que l'acide chlorhydrique résultant de cette décomposition soit chassé et perdu pour l'analyse. Il importe donc, quand on veut retrouver dans

une solution d'azotate d'argent, tant qu'il se forme un précipité. Lorsque l'addition du sel d'argent ne trouble plus la liqueur, au fond de laquelle s'est rapidement déposé le précipité précédemment formé, la totalité du chlore des chlorures de la liqueur a été précipitée. D'autre part, les chlorures seuls ont été précipités, car ni le carbonate d'argent, ni le phosphate d'argent, ni le sulfate d'argent, ne sont insolubles dans les liqueurs aqueuses acidulées par l'acide nitrique. On jette alors le précipité sur un filtre sans cendres [1], et on l'y lave à l'eau bouillante, pour enlever l'excès d'azotate d'argent, jusqu'à ce que les eaux de lavage ne contiennent plus de sel d'argent, ce qu'on reconnaît à ce que ces eaux ne précipitent plus et ne louchissent plus par l'addition de quelques gouttes d'une solution aqueuse de chlorure de sodium. Le filtre, qui doit être un filtre sans cendres, et le précipité qu'il supporte sont desséchés à l'étuve, suivant les préceptes que nous avons ci-dessus rappelés, puis calcinés au rouge dans un creuset de porcelaine. Dans cette calcination, une partie du chlorure d'argent peut avoir été décomposée par le charbon du filtre et ramenée à l'état d'argent métallique. Il convient donc, une fois la calcination terminée et le creuset refroidi, d'ajouter au résidu de la calcination une goutte d'acide nitrique, qui transforme l'argent métallique en azotate d'argent, et une goutte d'acide chlorhydrique, qui précipite, à l'état de chlorure d'argent, l'argent ainsi dissous. Une nouvelle calcination chasse l'excès d'acide nitrique et d'acide chlorhydrique. Il ne reste que du chlorure d'argent AgCl, qu'on pèse, après refroidissement dans un exsiccateur à acide sulfurique. Connaissant le poids de chlorure d'argent, on en déduit le poids correspondant de chlore (1 gr. AgCl contient 0 gr. 24 729 Cl). Ce chlore est le chlore des chlorures contenus dans les cendres analysées.

Nous indiquerons, en étudiant l'urine, un procédé permettant de doser volumétriquement le chlore contenu à l'état de chlorures métalliques dans un liquide de l'organisme.

Les Phosphates.

Les *phosphates* des cendres des substances animales sont des orthophosphates, c'est-à-dire des composés répondant à la formule générale PO^4R^3.

L'acide phosphorique triatomique donne trois séries d'orthophosphates :

les cendres la totalité du chlore contenu dans un tissu ou liquide de l'organisme, de prendre des dispositions pour éviter toute perte d'acide chlorhydrique : on mélange à cet effet à la matière, avant la carbonisation, un excès soit de carbonate de soude, soit de carbonate de chaux, qui retiennent l'acide chlorhydrique à l'état de chlorure de sodium ou de chlorure de calcium.

1. On appelle *filtres sans cendres* des filtres qui ont été débarrassés de la presque totalité des matières minérales que contiennent les filtres de papier par lavages répétés à l'acide chlorhydrique dilué, à l'acide fluorhydrique dilué et à l'eau distillée. Il existe de tels filtres dans le commerce, ne contenant plus qu'une quantité négligeable de matières minérales, et ne donnant par suite à l'incinération qu'un résidu salin négligeable.

Les sels trimétalliques PO^4M^3 ou $(PO^4)^2N^3$ ou $(PO^4)^3X^3$,
Les sels dimétalliques PO^4HM^2 ou $(PO^4H)^2N^2$ ou $(PO^4H)^3X^2$,
Les sels monométalliques PO^4H^2M ou $(PO^4H^2)^2N$ ou $(PO^4H^2)^3X$.

M représentant un atome de métal monovalent, tel que le sodium, N représentant un atome de métal divalent, tel que le calcium, X représentant un atome de métal trivalent, tel que le fer.

Les orthophosphates d'alcalis trimétalliques sont appelés phosphates basiques, les orthophosphates d'alcalis dimétalliques sont appelés phosphates neutres, les orthophosphates d'alcalis monométalliques sont appelés phosphates acides, parce que les premiers sont alcalins, les seconds sont neutres, les derniers sont acides au tournesol.

Les orthophosphates alcalino-terreux tribasiques sont appelés phosphastes neutres, les orthophosphates alcalino-terreux bibasiques ou monobasiques sont appelés phosphates acides.

Il convenait de rappeler ces dénominations, car, on le voit, le terme *phosphate neutre* ne représente pas des composés chimiquement analogues dans la série des sels d'alcalis et dans la série des sels alcalino-terreux : Les phosphates trimétalliques sont basiques dans la série des sels alcalins; ils sont neutres dans la série des sels alcalino-terreux. Les phosphates dimétalliques sont neutres dans la série des sels d'alcalis; ils sont acides dans la série des sels alcalino-terreux.

Lorsque la matière incinérée a une réaction neutre, lorsque les cendres elles-mêmes sont neutres, les phosphates contenus dans ces cendres sont des orthophosphates alcalino-terreux trimétalliques et des orthophosphates d'alcalis dimétalliques.

Lorsque la matière incinérée est acide, ou lorsque les cendres sont acides, les phosphates des cendres sont des phosphates alcalino-terreux dimétalliques et des phosphates d'alcalis monométalliques.

Tout phosphate trimétallique en présence d'un acide, même en présence d'acide carbonique, est transformé, totalement ou partiellement suivant la nature et la quantité de l'acide employé, en phosphate dimétallique ou monométallique et sel de l'acide employé. Inversement, tout phosphate monométallique ou dimétallique, en présence d'alcalis ou de carbonates alcalins, est transformé, totalement ou partiellement suivant la nature et la quantité de l'alcali employé, en phosphate dimétallique ou trimétallique.

Les phosphates d'alcalis sont solubles dans l'eau, insolubles dans l'alcool.

Lorsqu'on chauffe à 100° une solution contenant des phosphates monométalliques d'alcalis et de l'acide chlorhydrique, une partie de cet acide est retenue par la liqueur : dans ces conditions, en effet, il se produit un peu de chlorures alcalins, en même temps qu'une quantité équivalente d'acide phosphorique est mise en liberté. La même chose se produit si l'on chauffe à une température supérieure à 100° une masse contenant un phosphate monométallique d'alcali et des matières organiques chlorées décomposables, capables de donner un dégagement d'acide chlorhydrique : une partie de l'acide provenant de la décomposition de ces substances forme, aux dépens du phosphate monométallique d'alcali, un chlorure d'alcali et met une quantité équivalente d'acide phosphorique en liberté. — Cette notion trouvera son application dans l'étude des combinaisons acides du contenu gastrique.

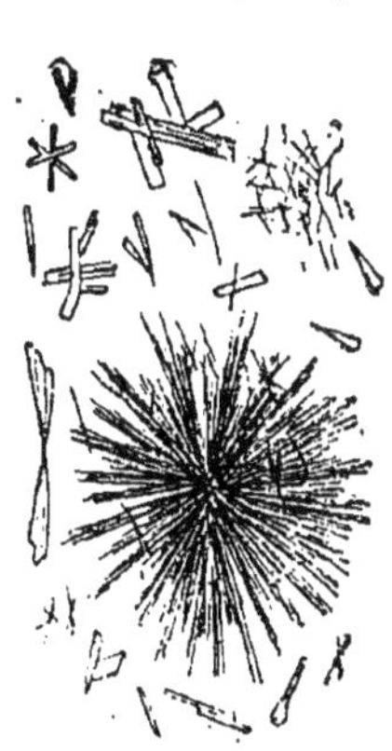

Fig. 6. — Phosphate bibasique de chaux (d'après A. Gautier).

Le phosphate tricalcique $(PO^4)^2Ca^3$ est insoluble dans l'eau, insoluble dans l'alcool. Le phosphate dicalcique $(PO^4H)^2Ca^2$ est un peu soluble dans l'eau, insoluble dans l'alcool.

Par conséquent, si l'on met en suspension dans l'eau du phosphate tricalcique et si l'on fait passer un courant de gaz carbonique, on parviendra à dissoudre une partie du phosphate tricalcique : par le gaz carbonique, ce phosphate est décomposé en phosphate dicalcique, un peu soluble dans l'eau et en bicarbonate de chaux, également un peu soluble dans l'eau. On a quelquefois appelé la substance qui se dissout ainsi *phospho-carbonate de chaux* : ce n'est pas un sel défini, c'est un mélange de phosphate dicalcique et de bicarbonate de chaux. A la température d'ébullition, le bicarbonate de chaux est décomposé en gaz carbonique, qui se dégage, et carbonate de chaux ; le carbonate de chaux, en présence de phosphate dicalcique, est décomposé : le gaz carbonique est mis en liberté, et la chaux se combine au phosphate dicalcique, pour reconstituer le phosphate tricalcique.

Le phosphate tricalcique est insoluble dans l'eau, mais se dissout dans l'eau acidulée soit par l'acide chlorhydrique, soit par l'acide acétique. En effet, sous l'influence de ces acides, il est décomposé en phosphate dicalcique un peu soluble et chlorure ou acétate de calcium solubles. Le phosphate tricalcique n'est donc pas véritablement et directement soluble dans l'eau acidulée : il est transformé par l'eau acidulée, et les produits de transformation sont solubles dans l'eau acidulée.

Lorsqu'on chauffe au rouge un mélange de phosphate dicalcique et de chlorures d'alcalis, le phosphate dicalcique décompose partiellement les chlorures : il se produit du phosphate tricalcique et de l'acide chlorhydrique est mis en liberté. — Cette notion trouvera son application dans l'étude du contenu gastrique.

Les cendres des tissus et des liquides de l'organisme contiennent quelquefois du phosphate de fer PO^4Fe. Ce sel est insoluble dans l'eau, comme le phosphate tricalcique ; insoluble dans l'acide acétique, ce qui permet de le séparer du phosphate tricalcique ; mais soluble, comme ce dernier, dans l'acide chlorhydrique.

Les phosphates solubles sont précipités de leurs solutions par une solution acide de molybdate d'ammoniaque ou par une solution ammoniacale de sels de magnésie.

Lorsqu'on traite une solution d'un phosphate soluble, acidulée par l'acide nitrique, par un grand excès d'une solution de molybdate d'ammoniaque, il se forme, très lentement à froid, plus rapidement à chaud, un fin précipité jaunâtre de phospho-molybdate d'ammoniaque, insoluble dans l'acide nitrique, mais soluble dans les alcalis : d'où la nécessité de faire la précipitation dans une liqueur nitrique. Ce précipité ne peut être desséché sans se décomposer ; par conséquent, il ne peut pas permettre de doser en poids l'acide phosphorique contenu dans une liqueur, mais il permet de reconnaître facilement la présence de phosphates.

Lorsqu'on ajoute à une solution d'un phosphate soluble une liqueur contenant du chlorhydrate d'ammoniaque, de l'ammoniaque et du sulfate de magnésie, il se forme, à froid, un précipité blanc cristallin de phosphate ammoniaco-magnésien, insoluble dans l'ammoniaque, mais soluble dans les acides : d'où la nécessité de faire la précipitation en milieu ammoniacal. Les phosphates sont les seuls sels, contenus dans les cendres des tissus animaux, qui soient précipités dans ces conditions ; d'autre part, leur précipitation est totale, si la quantité de la liqueur ammoniaco - magnésienne ajoutée est suffisante. On a donc là un moyen de doser les phosphates des cendres.

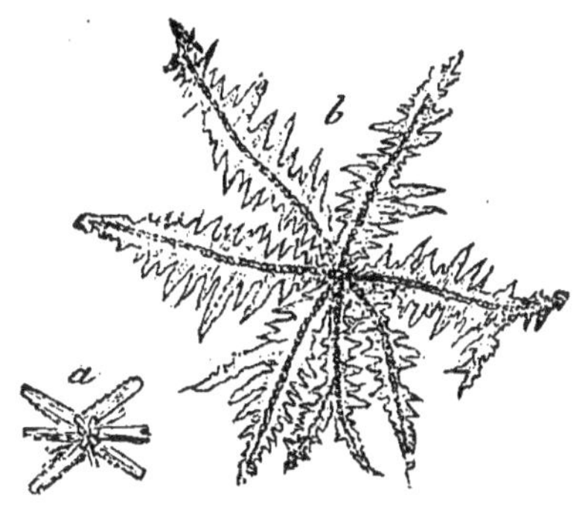

Fig. 7. — Phosphate ammoniaco-magnésien. *a*, obtenu par évaporation lente ; — *b*, obtenu par évaporation rapide de l'urine (d'après A. Gautier).

Les cendres sont dissoutes dans l'eau acidulée par l'acide chlorhydrique, et la solution est précipitée à froid par addition d'une liqueur contenant du chlorhydrate d'ammoniaque, de l'ammoniaque en excès et du chlorure de magnésium [1], qu'on ajoute en excès : on verse donc par petites portions cette liqueur, tant qu'il se forme un précipité, et quand il ne se produit plus de précipité, on ajoute encore un peu de cette liqueur. Le précipité est jeté sur un filtre, lavé à l'eau ammoniacale (obtenue en mélangeant 1 volume d'une solution forte d'ammoniaque et 2 volumes d'eau distillée), desséché, calciné et pesé. Par la calcination, le phosphate ammoniaco-magnésien PO^4MgAzH^4 est décomposé en eau, ammoniaque et pyrophosphate de magnésie $P^2O^7Mg^2$. Sachant que 1 gramme de pyrophosphate de magnésie correspond à

---

1. Pour préparer cette liqueur, on peut, à 500 centimètres cubes d'eau distillée, ajouter 120 centimètres cubes d'acide chlorhydrique concentré, puis, par petites portions, 50 grammes de carbonate de magnésie pulvérisé, puis 100 grammes de chlorhydrate d'ammoniaque, puis 100 centimètres cubes d'une solution forte d'ammoniaque, et compléter à 1 litre par addition d'eau distillée.

0 gr. 86485 d'acide phosphorique PO^4H^3 ou à 0,71171 PO^3, on peut, connaissant le poids du pyrophosphate obtenu, calculer le poids d'acide phosphorique contenu dans les cendres.

Nous indiquerons, en étudiant l'urine, un procédé volumétrique de dosage des phosphates dissous.

Les Sulfates.

Les *sulfates* contenus dans les cendres animales sont dès sulfates de potasse, de soude, de chaux, de magnésie.

On sait qu'il existe deux séries de sulfates d'alcalis : les sulfates neutres tels que SO^4Na^2, et les sulfates acides ou bisulfates tels que SO^4HNa. Dans les cendres des substances animales, ce sont les sulfates neutres qu'on rencontre.

Tous les sulfates des cendres sont solubles dans l'eau : les sulfates de potasse, de soude et de magnésie sont très solubles dans l'eau; le sulfate de chaux est moins soluble : l'eau, à la température ordinaire, en dissout 0,25 p. 100. Tous ces sulfates sont insolubles dans l'alcool.

Les sulfates ne sont pas volatils : par conséquent, lorsqu'on se propose de déterminer les sulfates des cendres d'une matière animale, on peut incinérer franchement au rouge vif : il n'y a pas perte de sulfates par volatilisation.

Mais les sulfates des cendres, au rouge, sont réduits par le charbon à l'état de sulfures. Par conséquent, lorsqu'on a incinéré une matière animale, il convient d'ajouter aux cendres une goutte d'acide nitrique, pour ramener les sulfures à l'état de sulfates, et de calciner de nouveau, pour chasser l'acide nitrique.

Les sulfates solubles, traités par le chlorure de baryum, donnent un précipité de sulfate de baryum, absolument insoluble dans l'eau distillée, ou dans l'eau acidulée par l'acide acétique ou par l'acide chlorhydrique. Le précipité de sulfate de baryum se forme extrêmement fin, et passe à travers les filtres, mais il s'agglomère à chaud, de façon à pouvoir être facilement retenu par les filtres.

Pour doser les sulfates, dissous dans un extrait aqueux de cendres animales, on acidule cette liqueur par l'acide acétique ou par l'acide chlorhydrique, et on ajoute un excès d'une solution de chlorure de baryum. La liqueur, dans laquelle le précipité de sulfate de baryte est en suspension, est maintenue pendant quelques heures au bain-marie bouillant, pour que le précipité se réunisse au fond du vase en une masse grenue, séparable par filtration. On vérifie que la liqueur ne précipite plus par le chlorure de baryum. On jette le pré-cipité sur un filtre sans cendres; on le lave à l'eau acidulée par l'acide acétique ou par l'acide chlorhydrique, puis à l'eau distillée bouil-lante, et on calcine le filtre et le précipité qu'il supporte. Pendant cette calcination, il peut s'être produit une réduction partielle du sulfate de baryum à l'état de sulfure par le charbon du filtre : il convient donc, la calcination étant terminée, d'ajouter une goutte d'acide nitrique pour transformer le sulfure en sulfate et de calciner de nouveau. Il ne reste plus qu'à peser le sulfate de baryum calciné et à calculer le poids cor-respondant d'acide sulfurique; ce calcul est facile à faire; 1 gramme de sulfate de baryum correspond à 0 gr. 4205 d'acide sulfurique SO^4H^2 ou à 0 gr. 3433 d'anhydride sulfurique SO^3.

Les Carbonates.

Les *carbonates* se rencontrent en petite quantité dans les cendres : ce sont des carbonates alcalins et alcalino-terreux.

Il existe, on le sait, deux séries de carbonates : les *carbo-nates neutres* répondant à la formule CO^3X^2 ou CO^3Y, X repré-sentant un métal monovalent, tel que le sodium, Y un métal divalent, tel que le calcium; — et les *bicarbonates* répondant à la formule CO^3HX ou $(CO^3)^2H^2Y$.

Les carbonates et bicarbonates d'alcalis sont solubles dans l'eau et insolubles dans l'alcool; les carbonates alcalino-ter-reux sont insolubles dans l'eau et insolubles dans l'alcool; les bicarbonates alcalino-terreux sont un peu solubles dans l'eau, insolubles dans l'alcool.

Si on fait passer un courant de gaz carbonique dans une solution d'un carbonate alcalin, on transforme ce sel en bicar-bonate. Si on fait passer un courant de gaz carbonique dans une liqueur tenant en suspension du carbonate de chaux, on transforme ce sel en bicarbonate de chaux un peu soluble dans l'eau.

Inversement, en calcinant les bicarbonates alcalins, on les décompose en carbonates neutres, eau et gaz carbonique. Si on fait bouillir une solution aqueuse d'un bicarbonate alca-lino-terreux, de bicarbonate de chaux par exemple, on décompose le sel en eau, gaz carbonique qui se dégage et carbonate de chaux qui se précipite, étant insoluble dans l'eau. Les cendres obtenues par calcination des matières organiques ne peuvent donc pas contenir de bicarbonates.

Les carbonates alcalins ne sont pas décomposés au rouge; les carbonates de chaux et de magnésie sont au contraire décomposés au rouge en oxyde métallique, chaux et magnésie caustiques, d'une part, et gaz carbonique, d'autre part. Par conséquent, les cendres obtenues par calcination des matières animales peuvent ne pas contenir de carbonates alcalino-terreux, si la calcination a été faite à haute température, et contenir à leur place une petite quantité de chaux ou de magnésie, provenant de leur décomposition.

Les carbonates d'alcalis sont les seuls carbonates des cendres obtenues au rouge. Ces sels étant solubles dans l'eau, l'extrait aqueux des cendres contient la totalité des carbonates des cendres, mais non la totalité des carbonates qui pouvaient exister dans la substance analysée, au moins à l'état de carbonates, car une partie a pu être détruite par la chaleur; car une autre partie a pu être décomposée par un acide, dans le cas où la réaction n'est pas restée alcaline ou neutre pendant toute la durée de l'incinération.

Le dosage des carbonates des cendres consiste essentiellement à mettre en liberté le gaz carbonique de ces carbonates par un acide, et à déterminer, soit en volume, soit en poids, la quantité de gaz carbonique dégagée [1].

Les bases.

Les cendres contiennent toujours des *sels de potasse, de soude, de chaux, de magnésie*, et quelquefois des *sels de fer*.

En étudiant les chlorures, sulfates, phosphates et carbonates, nous avons passé en revue les sels alcalins et alcalino-

---

1. Le dosage en volume consiste essentiellement à recueillir les gaz de l'enceinte où s'est faite la décomposition, et à déterminer la diminution de volume qu'on obtient en présence d'une solution de potasse caustique. — Le dosage en poids consiste essentiellement à faire passer les gaz de l'enceinte où s'est faite la décomposition dans des tubes absorbants à potasse caustique, et à déterminer l'augmentation de poids de ces tubes.

terreux des cendres. Nous nous bornerons à indiquer les particularités suivantes :

Les *sels de chaux* solubles sont totalement précipités par un excès d'oxalate d'ammoniaque; le précipité d'oxalate calcique est insoluble dans l'eau, insoluble dans l'eau acidulée par l'acide acétique, soluble dans l'eau acidulée par l'acide chlorhydrique; calciné, il donne d'abord du carbonate de chaux, puis, si la température est suffisante, de la chaux CaO.

Les *sels de magnésie* solubles sont précipités de leurs solutions par addition de chlorhydrate d'ammoniaque, d'ammoniaque et de phosphate de soude, à l'état de phosphate ammoniaco-magnésien insoluble dans l'eau ammoniacale.

Par suite, dans la solution chlorhydrique des cendres, alcalinisée par l'ammoniaque, les sels de chaux seront séparés à l'état d'oxalate calcique par addition d'une solution d'oxalate d'ammoniaque, ajoutée en grand excès; — dans la solution chlorhydrique des cendres, rendue alcaline par addition d'ammoniaque et débarrassée des sels de chaux par l'oxalate d'ammoniaque, les sels de magnésie seront séparés à l'état de phosphate ammoniaco-magnésien, par addition d'ammoniaque en excès et de phosphate de soude. Par calcination de l'oxalate calcique et du phosphate ammoniaco-magnésien, on obtient de la chaux CaO et du pyrophosphate de magnésie $P^2O^7Mg^2$ qu'on pèse, ce qui permet de connaître les quantités de calcium et de magnésium contenues dans les extraits chlorhydriques des cendres.

La séparation et le dosage des métaux alcalins sont des opérations très délicates; nous ne devons pas nous en occuper ici.

Les cendres peuvent contenir soit de l'*oxyde ferrique*, soit du *phosphate de fer*. Ces substances sont insolubles dans l'eau, solubles dans l'eau acidulée par l'acide chlorhydrique.

On reconnaît dans un extrait chlorhydrique de cendres la présence d'un sel de fer au moyen des réactions suivantes : 1° la potasse ou l'ammoniaque déterminent la formation d'un précipité floconneux rouge brun d'hydrate de fer; — 2° le ferrocyanure de potassium donne un précipité de bleu de Prusse; — 3° le sulfocyanure de potassium donne une coloration rouge-sang; — 4° le tannin colore la solution en noir.

Le dosage du fer dans l'extrait chlorhydrique des cendres se fait toujours volumétriquement ou colorimétriquement en chimie physiologique. Nous ne pouvons nous arrêter à décrire ici les différents précédés de dosage du fer : ils le sont avec détails dans tous les traités de chimie analytique.

La connaissance de la composition des cendres ne renseigne qu'imparfaitement sur la nature et sur les proportions des différentes matières minérales des liquides et des tissus de l'organisme, soumis à l'analyse.

Les *chlorures des cendres* peuvent provenir de la décomposition de composés organiques chlorés. Nous en avons un exemple dans le contenu gastrique : les combinaisons chlorées acides de ce liquide se décomposent à température supérieure à 100°, en dégageant de l'acide chlorhydrique, capable de former des chlorures aux dépens de certains phosphates des cendres, ou aux dépens des alcalis et carbonates alcalins résultant de la destruction de sels à acides organiques.

Les *phosphates des cendres* peuvent provenir partiellement de la décomposition de substances organiques phosphorées. C'est ainsi que les nucléoalbuminoïdes de tous les tissus, la lécithine du tissu nerveux et la caséine du lait fournissent par calcination de l'acide phosphorique, qui se combine avec les carbonates ou avec les bases des cendres.

Les *sulfates des cendres* peuvent provenir partiellement de la décomposition de substances organiques sulfurées. C'est ainsi que toutes les substances albuminoïdes, c'est ainsi que l'acide taurocholique biliaire fournissent par calcination de l'acide sulfurique qui, réagissant sur les carbonates ou sur les alcalis et terres alcalines des cendres, donne des sulfates.

Les *carbonates des cendres* peuvent provenir partiellement de la combustion de sels d'alcalis à acides organiques, tels que les oxalates, les lactates, les malates, les tartrates, etc.

Les *terres alcalines des cendres* peuvent provenir partiellement de la décomposition de carbonates alcalino-terreux, provenant eux-mêmes soit de la décomposition de bicarbonates alcalino-terreux, soit de la décomposition de sels alcalino-terreux à acides organiques.

L'*oxyde ferrique* ou le *phosphate de fer des cendres* peuvent provenir de combinaisons organiques ferrugineuses, telles que l'hémoglobine du sang et l'hématogène du jaune de l'œuf des oiseaux.

LES GAZ

Les liquides de l'organisme contiennent tous des *gaz* dissous : ces gaz sont du *gaz carbonique*, de l'*oxygène* et de l'*azote*.

On sait que les gaz dissous dans les liquides en peuvent être extraits soit dans le vide, soit à l'ébullition, et *a fortiori* par l'action combinée du vide et de l'ébullition.

On peut faire cette extraction au moyen de la pompe à mercure, et grâce à une disposition décrite dans tous les traités techniques de physiologie, à propos de l'extraction des gaz du sang.

Les gaz sont généralement recueillis humides sur le mercure et le volume total est déterminé. Soit V le volume observé, H la pression atmosphérique donnée par le baromètre, T la température donnée par le thermomètre, F la tension maxima de la vapeur d'eau à la température T donnée par tous les traités de physique, α le coefficient de dilatation cubique des gaz $= 0,003665$; le volume du gaz mesuré à $0°$ et à la pression 760 millimètres est donné par la formule :

$$V_0 = V \times \frac{1}{1 + \alpha T} \times \frac{H - F}{760}.$$

Pour reconnaître et doser les trois gaz généralement contenus dans le mélange gazeux, on se sert, en chimie physiologique, de la méthode par absorption : le gaz carbonique est absorbé par la potasse ; l'oxygène n'est pas absorbé par la potasse, mais est absorbé par le pyrogallate de potasse ; l'azote n'est absorbé ni par la potasse, ni par le pyrogallate de potasse.

On fait donc pénétrer dans l'éprouvette contenant les gaz

et reposant sur le mercure, un petit fragment de potasse humide, ou une petite quantité d'une solution aqueuse de potasse caustique. Il se produit une rapide absorption du gaz carbonique. On détermine le nouveau volume V' et on calcule le volume correspondant de gaz mesuré sec à 0° et à 760 millimètres, par la formule :

$$V'_0 = V' \times \frac{1}{1 + \alpha T} \times \frac{H - F}{760},$$

en admettant que la température et la pression atmosphérique n'ont pas varié d'une détermination à l'autre.

On fait alors pénétrer une solution d'acide pyrogallique, qui, se combinant à la potasse déjà introduite dans le tube à gaz, fournit le pyrogallate de potasse capable d'absorber l'oxygène. Il se produit une absorption de l'oxygène, mais cette absorption n'est généralement complète qu'après un temps assez long : il faut souvent plusieurs heures pour que l'absorption d'oxygène soit terminée. On note la nouvelle valeur V″ qui correspond à l'azote et on calcule le volume correspondant d'azote mesuré sec à 0° et 760 millimètres par la formule :

$$V''_0 = V'' \times \frac{1}{1 + \alpha T} \times \frac{H - F}{760}.$$

Les volumes des gaz sont :

$$\left\{ \begin{array}{l} \text{Azote} = V''_0 = V'' \times \dfrac{1}{1 + \alpha T} \times \dfrac{H - F}{760}. \\[2ex] \text{Oxygène} = V'_0 - V''_0 = (V' - V'') \times \dfrac{1}{1 + \alpha T} \times \dfrac{H - F}{760}. \\[2ex] \text{Gaz carbonique} = V_0 - V'_0 = (V - V') \times \dfrac{1}{1 + \alpha T} \times \dfrac{H - F}{760}. \end{array} \right.$$

Si l'on se propose seulement de connaître le rapport des volumes de deux gaz dissous, par exemple le rapport de l'oxygène au gaz carbonique, il est inutile de faire les corrections précédentes, en supposant les mesures de volumes faites à la même température et à la même pression ; en effet,

$$\frac{O}{CO_2} = \frac{V'_0 - V''_0}{V_0 - V'_0} = \frac{(V' - V'') \times \dfrac{1}{1 + \alpha T} \times \dfrac{H - F}{760}}{(V - V') \times \dfrac{1}{1 + \alpha T} \times \dfrac{H - F}{760}}$$

ou, en supprimant au numérateur et au dénominateur les facteurs communs :

$$\frac{O}{CO^2} = \frac{V' - V''}{V - V'}.$$

LA RÉACTION DES LIQUIDES DE L'ORGANISME

Les physiologistes ont à déterminer qualitativement et quantitativement la *réaction d'un liquide de l'organisme*.

1° Au point de vue *qualitatif*, un liquide donné est-il *acide*, *neutre* ou *alcalin*? On répond facilement à cette question en ayant recours aux réactifs colorés, dont les principaux sont le *tournesol*, la *phénolphtaléine*, l'*acide rosolique*, le *méthylorange*.

En liqueur acide, le tournesol est rouge pelure d'oignon, la phénolphtaléine est incolore, l'acide rosolique est rose, le méthylorange est orange. — En liqueur alcaline, le tournesol est bleu, la phénolphtaléine est violacée, l'acide rosolique est incolore, le méthylorange est rouge.

Il importe toutefois, quand il s'agit de liqueurs très faiblement acides ou très faiblement alcalines, de noter le réactif indicateur auquel on a recours, car tous ces réactifs ne sont pas équivalents : une liqueur peut être acide ou alcaline pour un indicateur donné, neutre pour un autre indicateur :

Par exemple, l'acide carbonique dissous dans l'eau est acide à la phénolphtaléine, il est neutre au méthylorange; le phosphate dipotassique dissous dans l'eau est neutre à la phénolphtaléine, à peine acide au tournesol, franchement acide au méthylorange. Il est donc indispensable de dire qu'une liqueur est acide au tournesol, ou acide au méthylorange, ou alcaline à la phénolpthaléine, ou neutre à l'acide rosolique, etc., et non pas seulement qu'elle est acide, alcaline ou neutre. La réaction d'une liqueur est fonction de la constitution de cette liqueur et aussi du réactif indicateur employé.

2° Au point de vue *quantitatif*, on dose l'acidité ou l'alcalinité d'une liqueur en la rapportant à l'acidité ou à l'alcalinité de solutions typiques de composition connue.

On dira, par exemple, qu'un suc gastrique a une acidité de 4 p. 1000 exprimée en acide chlorhydrique, quand, pour neutraliser, en présence du tournesol par exemple, un volume V de ce liquide, il faudra lui ajouter une quantité d'une solution donnée de soude caustique égale à celle qu'il faut ajouter au même volume V d'une solution à 4 p. 1000 d'acide chlorhydrique, en présence du même réactif indicateur, le tournesol, pour la neutraliser.

On dira, par exemple, qu'un suc intestinal a une alcalinité de 5 p. 1000 exprimée en soude caustique, quand, pour neutraliser, en présence de phénolphtaléine par exemple, un volume V de ce suc, il faudra lui ajouter une quantité d'une solution donnée d'acide oxalique par exemple égale à celle qu'il faut ajouter au même volume V d'une solution à 5 p. 1000 de soude caustique, en présence du même réactif indicateur, la phénolphtaléine, pour la neutraliser.

Pour ces déterminations d'acidités et d'alcalinités, on emploie avantageusement les solutions dites *solutions normales, décinormales, centinormales*, etc.

Qu'est-ce donc qu'une solution normale? Considérons la soude caustique $NaOH$: son poids moléculaire est 40; par définition, la solution normale de soude caustique est celle qui contient 40 grammes de soude par litre. Considérons l'acide chlorhydrique HCl : son poids moléculaire est 36,5; par définition, la solution normale d'acide chlorhydrique est celle qui contient 36 gr. 5 d'acide par litre. Remarquons qu'un volume donné de la solution normale d'acide chlorhydrique neutralise un égal volume de la solution normale de soude, puisque 40 grammes de soude sont neutralisés par 36 gr. 5 d'acide chlorhydrique.

Pour toutes les bases monoatomiques, potasse, ammoniaque, etc., la solution normale s'obtiendra en dissolvant dans l'eau un poids de la substance représenté en grammes par son poids moléculaire, et en complétant à un litre par addition d'eau : 56 grammes de potasse KHO, 17 grammes d'ammoniaque AzH^3. Pour les bases diatomiques, chaux, magnésie, etc., la solution normale s'obtiendra en dissolvant dans l'eau un poids de la substance représenté en grammes par la moitié de son poids moléculaire et en complétant à 1 litre par addition d'eau, — etc.

Pour tous les acides monobasiques, acide bromhydrique, acide acétique, etc., la solution normale s'obtiendra en dissolvant dans l'eau un poids de la substance représenté en grammes par son poids moléculaire et en complétant à 1 litre par addition d'eau. Pour les acides bibasiques, comme l'acide sulfurique, l'acide oxalique, etc, pour les acides tribasiques comme l'acide phosphorique, la solution normale s'obtiendra en dissolvant dans l'eau un poids de la substance représenté en grammes par la moitié pour les acides bibasiques, par le tiers pour les acides tribasiques de leur poids moléculaire et en complétant à 1 litre par addition d'eau.

Les solutions décinormales ou centinormales sont les solutions renfermant 1/10e ou 1/100e de la quantité de substance contenue dans un même volume de la solution normale : 10 centimètres cubes de la solution décinormale, 100 centimètres cubes de la solution centinormale sont équivalents à 1 centimètre cube de la solution normale.

Fig. 8. — Fioles coniques en verre de Bohême.

Pratiquement, on prépare les solutions normales de la façon suivante. On calcine du bicarbonate de soude chimiquement pur, de façon à obtenir du carbonate neutre de soude. De ce dernier on pèse 53 grammes (poids moléculaire de $CO^3Na^2 = 106$; on prend 53, moitié de ce poids moléculaire, parce qu'une molécule de carbonate de soude est neutralisée par 2 molécules d'acide chlorhydrique), qu'on dissout dans l'eau, et on complète à 1 litre par addition d'eau.

Veut-on préparer une solution normale d'un acide, d'acide oxalique par exemple, dont le poids moléculaire $CO^2H — CO^2H$ est 90, dont le demi-poids moléculaire est 45, on dissout 45 grammes de cet acide dans une quantité d'eau moindre que 1 litre (800 à 900 grammes par exemple). On détermine alors, comme il sera indiqué ci-dessous, quelle quantité de cette solution acide doit être ajoutée à un volume donné de la solution normale de carbonate de soude pour la neutraliser en présence du tournesol par exemple. Supposons qu'à 10 centimètres cubes de la solution normale de carbonate de soude il faille ajouter 8 cc. 72 de la solution d'acide oxalique. Par définition les 10 centimètres cubes de la solution normale de

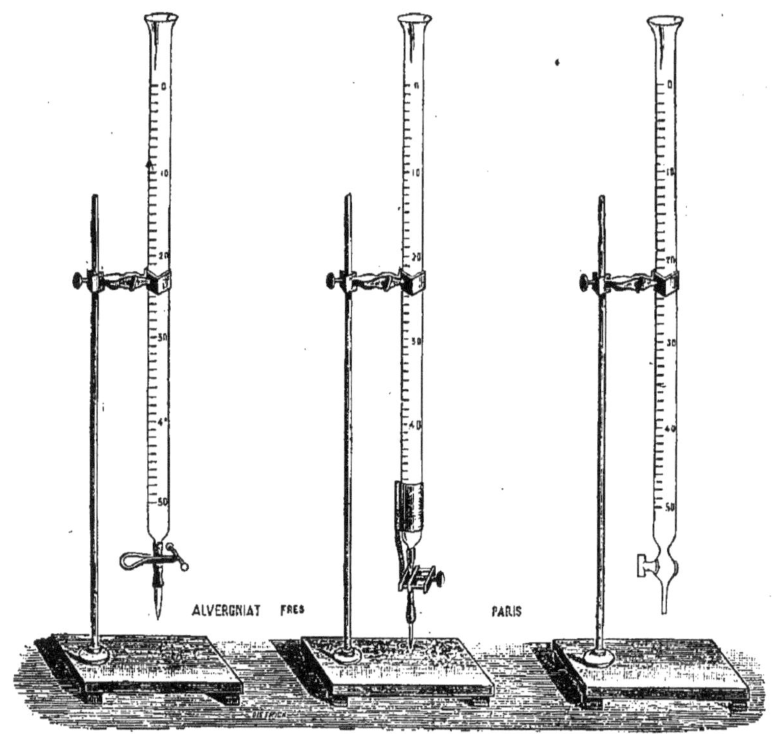

Fig. 9. — Burettes graduées.

carbonate de soude sont neutralisés par 10 centimètres cubes d'une solution normale d'acide oxalique. Donc 8 cc. 72 de la solution préparée équivalent à 10 centimètres cubes d'une solution normale. On pourra donc transformer sans peine la solution considérée en solution normale, en ajoutant à 872 centimètres cubes de cette solution 128 centimètres cubes d'eau distillée.

On procédera de même pour préparer une solution alcaline normale quelconque, en neutralisant avec une solution préparée approximativement la solution normale acide ci-devant préparée.

Pour procéder à un dosage acidimétrique ou alcalimétrique, on procède de la façon suivante. — Supposons qu'il s'agisse de déterminer l'alcalinité d'un liquide de l'organisme. Dans une fiole conique à fond plat (fig. 8) en verre de Bohême, on introduit par exemple 25 centimètres cubes du liquide; on y ajoute une ou deux gouttes de teinture de tournesol ou de tout autre indicateur coloré qu'on aura choisi. On chauffe à l'ébullition et on y fait tomber goutte à goutte une solution acide titrée, par exemple une solution décinormale d'acide oxalique, jusqu'à ce que la coloration bleue du tournesol ait complètement et définitivement disparu. La solution acide décinormale étant contenue dans une burette graduée, on connaît par une simple lecture la quantité d'acide employée; soit 7 cc. 3. Donc les 25 centimètres cubes de la liqueur examinée contenaient une quantité d'alcalis chimiquement équivalente à 7 cc. 3 d'une solution décinormale d'acide oxalique, ou à 7 cc. 3 d'une solution décinormale de soude, soit à 0 gr. 004 × 7,3 ou 0 gr. 0292 de soude.

CHAPITRE II

LES GRAISSES OU MATIÈRES GRASSES

Avant d'aborder l'étude des matières grasses, il est bon de rappeler brièvement ce que sont un *acide*, une *base*, un *sel*, un *alcool*, un *éther*.

Les *acides* sont des *composés essentiellement hydrogénés* dans lesquels au moins un atome d'hydrogène peut être remplacé par un atome de métal monovalent [1] : les produits de substitution ainsi obtenus sont des *sels*.

Dans l'acide chlorhydrique HCl, par exemple, l'hydrogène peut être remplacé par du sodium : le produit est un sel, le chlorure de sodium $NaCl$.

Dans l'acide nitrique AzO^3H, l'hydrogène peut être remplacé par du sodium : le produit est un sel, le nitrate de soude AzO^3Na.

Ces acides, dans lesquels un seul atome d'hydrogène est remplaçable par un atome métallique monovalent, sont dits *acides monoatomiques*, ou *monobasiques*. Il existe d'autres acides dans lesquels deux, trois... atomes

---

1. La proposition réciproque n'est pas vraie; il existe, en effet, des composés qui ne sont pas acides, dans lesquels un atome d'hydrogène est remplaçable par un atome de métal monovalent.

d'hydrogène sont remplaçables par deux, trois... atomes de sodium ; ces acides sont dits *diatomiques, triatomiques,...* ou *bibasiques, tribasiques.*

Dans l'acide sulfurique SO^4H^2, par exemple, un seul ou les deux atomes d'hydrogène peuvent être remplacés par un seul ou par deux atomes de sodium : l'acide sulfurique est un acide diatomique. Le composé obtenu en remplaçant un seul atome d'hydrogène par un seul atome de sodium, SO^4HNa, est un *sel acide* ou *monobasique*; le composé obtenu en remplaçant les deux atomes d'hydrogène par deux atomes de sodium est un *sel neutre* ou *bibasique.*

Dans l'acide phosphorique PO^4H^3, un, deux ou trois atomes d'hydrogène peuvent être remplacés par un, deux ou trois atomes de sodium : l'acide phosphorique est un acide triatomique. Cet acide fournit trois séries de sels : les *phosphates monobasiques* tels que PO^4H^2Na, les *phosphates bibasiques* tels que PO^4HNa^2, et les *phosphates tribasiques* tels que PO^4Na^3.

Le groupe atomique obtenu en retranchant de la molécule acide le ou les hydrogènes remplaçables par les atomes métalliques, est ce qu'on peut appeler un *reste* ou *résidu d'acide* :

Le résidu d'acide chlorhydrique est Cl.
—   —   nitrique est AzO^3.
—   —   sulfurique est SO^4.
—   —   phosphorique est PO^4.

Il en est de même en chimie organique. L'acide acétique CH^3CO^2H est un acide monoatomique, un seul atome d'hydrogène étant remplaçable par un atome de sodium, CH^3CO^2Na. — L'acide oxalique CO^2H-CO^2H est un acide diatomique, deux atomes d'hydrogène étant remplaçables par du sodium : le composé CO^2H-CO^2Na est un sel acide ou monobasique; le composé CO^2Na-CO^2Na est un sel neutre ou bibasique. On peut considérer des restes ou résidus d'acides organiques.

Le résidu d'acide acétique est CH^3-CO^2.
—   —   oxalique est CO^2CO^2.

Les *bases* sont des *composés essentiellement oxhydrilés*, c'est-à-dire contenant le groupe atomique OH (*oxhydrile*), remplaçable par un reste d'acide monoatomique. Le produit de substitution est un *sel*.

Dans la soude $NaOH$, l'oxhydrile OH peut être remplacé par le reste d'acide nitrique AzO^3; le produit est l'azotate de soude $NaAzO^3$.

Ces bases, dans lesquelles il n'existe qu'un oxhydrile remplaçable par un reste d'acide monoatomique, sont dites *bases monoatomiques*. Il existe des bases dans lesquelles deux groupes oxhydriles sont remplaçables par deux restes d'acide monoatomique ou par un reste d'acide diatomique : ces bases sont dites *diatomiques*. De même il existe des bases contenant trois groupes oxhydriles remplaçables par trois restes d'acide monoatomique ou par un reste d'acide triatomique.

Dans la chaux, par exemple, $Ca(OH)^2$, les deux oxhydriles peuvent être remplacés par deux restes d'acide nitrique monoatomique $Ca(AzO^3)^2$, ou par un reste d'acide sulfurique diatomique $CaSO^4$. La chaux est une base diatomique.

Dans l'hydrate ferrique $Fe(OH)^3$, les trois oxhydriles peuvent être remplacés par trois restes d'acide monoatomique, AzO^3 par exemple, ou par un reste d'acide triatomique, PO^4 par exemple, $Fe(AzO^3)^3$ ou $FePO^4$. L'hydrate ferrique est une base triatomique.

Les bases de la chimie organique portent le nom *d'alcools*. Les alcools sont également *monoatomiques, diatomiques, triatomiques*, suivant qu'ils contiennent un, deux ou trois groupes oxhydriles remplaçables par un, deux ou trois restes d'acide monoatomique. La substance résultant de la substitution est un *éther*.

L'alcool éthylique CH^3-CH^2OH est un alcool monoatomique : un seul oxhydrile étant remplaçable par un reste d'acide monoatomique, AzO^3 par exemple : CH^3-CH^2AzO^3.

Le glycol CH^2OH-CH^2OH est un alcool diatomique, car les deux oxhydriles peuvent être remplacés soit par deux restes d'acide monoatomique AzO^3, soit par un reste d'acide diatomique SO^4 : ainsi seraient obtenus les deux composés CH^2AzO^3-CH^2AzO^3 et $(CH^2)^2SO^4$.

La *glycérine* CH^2OH-$CHOH$-CH^2OH est un alcool triatomique, les trois oxhydriles étant remplaçables soit par trois restes d'acide monoatomique AzO^3, soit par un reste d'acide triatomique PO^4 : ainsi seraient obtenus les composés suivants :

$$CH^2AzO^3\text{-}CHAzO^3\text{-}CH^2AzO^3 \text{ et } (CH^2\text{-}CH\text{-}CH^2)PO^4.$$

On peut concevoir qu'un, deux ou trois oxhydriles de la glycérine sont remplacés par un, deux ou trois restes d'acide monoatomique; on obtiendrait ainsi une *monoglycéride*, une *diglycéride*, une *triglycéride*, telles que :

La mononitrine CH^2OH-$CHOH$-CH^2AzO^3.
La dinitrine CH^2OH-$CHAzO^3$-CH^2AzO^3.
La trinitrine CH^2AzO^3-$CHAzO^3$-CH^2AzO^3.

Les acides organiques peuvent, comme les acides minéraux, donner des éthers. En particulier, on obtient avec la glycérine des mono-, des di- et des triglycérides à acides organiques, des monostéarine, distéarine et tristéarine, par exemple.

Étant donné un sel minéral, on peut le décomposer de façon à régénérer soit l'acide, soit la base qui lui ont donné naissance. D'une façon générale, pour obtenir l'acide, il faut traiter le sel par un autre acide plus énergique; pour avoir la base, il faut traiter le sel par une base plus énergique,

Par exemple, pour obtenir l'acide nitrique aux dépens d'un des sels de cet acide, le nitrate de soude, par exemple, AzO^3Na, on fait agir, dans des conditions convenables, l'acide sulfurique sur ce sel : l'acide nitrique est régénéré.

Pour obtenir l'hydrate ferrique aux dépens d'un sel ferrique, l'azotate par exemple, on fait agir, dans des conditions convenables, la soude sur ce sel : la base, hydrate ferrique, est régénérée.

Ce qui s'accomplit en chimie minérale, s'accomplit aussi en chimie organique. En particulier, étant donné un éther, on peut régénérer l'alcool qui lui a donné naissance, en faisant agir sur l'éther une base. Supposons, par exemple, qu'on fasse agir la soude sur l'éther nitrique de l'alcool éthylique $CH^3\text{-}CH^2AzO^3$, on régénérera l'alcool éthylique CH^3CH^2OH.

Ces notions étant bien établies, nous pouvons aborder l'étude des matières grasses de l'organisme.

Les graisses des tissus.

Les *graisses neutres* des tissus de l'organisme sont surtout des *triglycérides* : ce sont généralement les éthers trioléique, tripalmitique et tristéarique de la glycérine, les *trioléine, tripalmitine* et *tristéarine*. Elles résultent de l'union d'une molécule de glycérine avec trois molécules d'acide oléique, ou d'acide palmitique, ou d'acide stéarique, avec élimination de trois molécules d'eau.

$$
\begin{array}{ccc}
CH^2\text{-}C^{18}H^{33}O^2 & CH^2\text{-}C^{16}H^{31}O^2 & CH^2\text{-}C^{18}H^{35}O^2 \\
| & | & | \\
CH\text{-}C^{18}H^{33}O^2 & CH\text{-}C^{16}H^{31}O^2 & CH\text{-}C^{18}H^{35}O^2 \\
| & | & | \\
CH^2C^{18}H^{33}O^2 & CH^2\text{-}C^{16}H^{31}O^2 & CH^2\text{-}C^{18}H^{35}O^2 \\
\text{trioléine.} & \text{tripalmitine.} & \text{tristéarine.}
\end{array}
$$

Toutefois, on rencontre dans les graisses de l'organisme, sinon toujours, au moins quelquefois, les éthers tributyrique, trivalérianique, etc., de la glycérine, résultant de l'union d'une molécule de glycérine avec trois molécules d'acide butyrique, etc., en général, des acides organiques du type acétique $C^nH^{2n}O^2$.

Notons, en passant, que l'acide oléique, qui existe à l'état de trioléine dans toutes les graisses de l'organisme, n'appartient pas à la série acétique, mais à la série acrylique $C^nH^{2n-2}O^2$.

On trouve encore dans certains organismes des substances présentant des analogies plus ou moins grandes avec les graisses, et en particulier des analogies de constitution générale. Telles sont : dans le blanc de baleine, l'éther palmitique de l'alcool cétylique (l'alcool cétylique, $C^{16}H^{34}O$, est l'alcool correspondant à l'acide palmitique, $C^{16}H^{32}O^2$); — dans la cire d'abeille, l'éther palmitique de l'alcool myricique (alcool myricique $C^{30}H^{62}O$); — dans la cire de Chine, l'éther cérotique (acide cérotique $C^{27}H^{54}O^2$) de l'alcool cétylique; — etc.

Les trioléine, tripalmitine et tristéarine, mélangées en proportions variables, constituent la plus grande partie des différentes matières grasses qu'on rencontre chez les êtres vivants. Les mélanges contenant une forte proportion de trioléine et peu de tripalmitine et de tristéarine sont liquides à la température ordinaire (*huiles*) : les mélanges riches en tristéarine restent solides jusqu'à une température notablement élevée. En un mot, la température de fusion de ces mélanges varie suivant leur composition. Lorsqu'on élève lentement la température d'une matière grasse naturelle, les premières parties qui fondent sont riches en trioléine, mais ne sont pas de la trioléine pure, car cette matière grasse possède la propriété de dissoudre une certaine quantité des autres triglycérides, de même que la tripalmitine fondue possède la propriété de dissoudre une certaine quantité de tristéarine.

La trioléine pure est un liquide incolore, huileux à la température ordinaire. La tripalmitine pure et la tristéarine pure sont solides à la température ordinaire ; elles fondent : la première à 62°, la seconde à 71°,5.

Lorsqu'on agite vigoureusement une graisse neutre naturelle liquide, soit une huile, soit une graisse fondue, avec de l'eau, la matière grasse se divise en une infinité de petits globules, qui se trouvent répandus dans tout le liquide, auquel ils donnent un aspect laiteux : la matière grasse a été mise en *émulsion* dans l'eau, la matière a été émulsionnée par agitation dans l'eau ; — mais une émulsion ainsi obtenue n'est pas permanente : les globules gras ne tardent pas à se réunir entre eux pour former des gouttes graisseuses, qui viennent se réunir en formant une couche à la surface de l'eau [1].

Lorsqu'on agite une matière grasse liquide avec une solution étendue de soude caustique ou de potasse caustique, il se forme une *émulsion* qui est *stable* (un *lait*) : les globules

---

1. On a introduit, dans le cours des dernières années, dans l'industrie du lait des appareils dits machines à homogénéiser, qui permettent d'obtenir une subdivision de la matière grasse en globules infiniment petits, restant en émulsion permanente dans l'eau.

gras restent à l'état de grande division et demeurent suspendus dans le liquide, au moins pendant un temps assez long. On obtient encore des émulsions plus ou moins permanentes en agitant les graisses liquides avec des solutions aqueuses de savons, avec des liquides aqueux renfermant de la mucine, avec une solution aqueuse de saponine, avec le liquide de macération de bois de Panama dans l'eau, etc. Lorsque les densités de la graisse émulsionnée et du liquide émulsionnant sont différentes, le mélange ne reste pas homogène : la matière grasse monte à la surface, ou descend au fond du liquide, mais sans cesser d'être émulsionnée (une *crème*).

Les graisses neutres sont insolubles dans l'eau. Elles sont solubles dans l'éther, dans le chloroforme, dans la benzine, dans l'éther de pétrole, dans le sulfure de carbone, etc. Elles sont très peu solubles dans l'alcool absolu à froid, elles sont facilement solubles dans l'alcool absolu bouillant.

L'alcool fort les dissout toujours moins bien que l'alcool absolu, et d'autant moins qu'il contient une plus forte proportion d'eau. La trioléine est plus soluble dans l'alcool que la tripalmitine, la tripalmitine que la tristéarine.

La tristéarine se précipite de sa solution dans l'alcool absolu bouillant par refroidissement en cristaux qui sont généralement des tablettes rectangulaires, exceptionnellement des prismes rhombiques. La tripalmitine se précipite de sa solution dans l'alcool absolu bouillant par refroidissement en fines aiguilles cristallines. Si, dans l'alcool absolu bouillant, on dissout un mélange de tristéarine et de tripalmitine, il s'en précipite par refroidissement des boules formées de cristaux disposés radialement. On avait considéré autrefois ces boules comme formées d'une graisse spéciale, la *margarine ou trimargarine*; on sait aujourd'hui que c'est un mélange de tripalmitine et de tristéarine.

Les substances grasses liquides (trioléine) dissolvent les substances grasses solides (tripalmitine, tristéarine); ainsi sont constituées les huiles naturelles. Les substances grasses liquides dissolvent également les acides gras libres et notamment les acides oléique, palmitique et stéarique.

Abandonnées au contact de l'air et à la lumière les matières grasses subissent une transformation particulière, dite *rancissement*. Elles se colorent en jaune, prennent une odeur et un goût désagréables, acquièrent une réaction acide. Il s'est produit tout d'abord une décomposition très limitée de la matière grasse en glycérine et acide gras libre, puis une oxydation de ce dernier qui s'est transformé en substances volatiles d'odeur désagréable.

Nous avons dit ci-dessus que si l'on fait agir à une température convenable sur un sel ou sur un éther une base métallique convenablement choisie, on décompose le sel ou l'éther; on régénère la base du sel ou l'alcool de l'éther et on forme un sel aux dépens de l'acide du sel et de la base décomposante.

Si l'on fait agir sur les graisses neutres, à la température d'ébullition, une lessive de soude caustique, ou, à la température ordinaire, une solution alcoolique de soude caustique, ou une solution d'alcoolate de sodium[1], on décompose les graisses neutres en glycérine et acides gras, ces derniers se combinant avec la soude, pour donner des sels sodiques. Les sels minéraux des acides oléique, palmitique et stéarique sont appelés *savons*; dans le cas actuel, on a des savons de soude. La décomposition des graisses neutres par les alcalis caustiques en glycérine et savons d'alcalis est appelée *saponification*.

Par extension, on applique quelquefois en physiologie l'expression *saponification* à une simple décomposition des matières grasses neutres en glycérine et acides gras libres, sans formation de savons. Nous en avons un premier exemple dans l'industrie où l'on décompose les graisses neutres en glycérine et acides gras libres par l'action de la vapeur d'eau surchauffée à 220°. Nous en trouvons un second exemple en physiologie dans l'action du suc pancréatique sur les matières grasses.

Les alcalis caustiques, les terres alcalines, à la température d'ébullition, saponifient les matières grasses neutres. Mais les carbonates d'alcalis ou les carbonates alcalino-terreux n'agissent pas sur les graisses neutres, ne les saponifient pas.

---

1. Cette solution s'obtient en projetant dans de l'alcool absolu de petits fragments de sodium métallique.

Dans la saponification des matières grasses, il y a régénération de la glycérine et formation de savons. La *glycérine* $C^3H^8O^3$ ou $CH^2OH\text{-}CHOH\text{-}CH^2OH$ est une substance extrêmement visqueuse, miscible en toutes proportions à l'eau et à l'alcool, insoluble dans l'éther. C'est, nous l'avons dit, un alcool triatomique, deux fois alcool primaire et une fois alcool secondaire.

Si on soumet à l'action d'une température élevée la glycérine ou ses composés (graisses neutres par exemple), surtout en présence de corps déshydratants, tels que l'acide phosphorique, le bisulfate de potasse, etc., elle perd une molécule d'eau et il se dégage des vapeurs d'*acroléine* $CH^2{=}CH\text{-}CHO$ reconnaissables à leur odeur âcre. Cette réaction permet de distinguer la glycérine et ses combinaisons de substances, telles que les acides gras et la cholestérine, qui sont solubles dans les dissolvants des graisses.

Les *savons* sont les sels minéraux des acides oléique, palmitique et stéarique. Les savons d'alcalis sont solubles dans l'eau, un peu solubles dans l'acool absolu, très peu solubles dans l'éther humide, insolubles dans l'éther absolu. Ils sont insolubles dans les solutions saturées de chlorure de sodium et de sulfate d'ammoniaque. L'addition de ces sels à saturation dans les liqueurs contenant des savons les en précipite en totalité. Les savons alcalino-terreux sont insolubles dans l'eau, dans l'alcool et dans l'éther. Parmi les savons métalliques, les savons de plomb présentent seuls un intérêt : l'oléate de plomb est soluble dans l'éther [1], le stéarate et le palmitate de plomb sont insolubles : l'éther permet donc de séparer les composés oléiques des composés palmitiques et stéariques à l'état de savons de plomb.

Nous avons dit ci-dessus qu'on, peut en faisant agir sur un sel un acide convenablement choisi, régénérer l'acide de ce sel et produire un nouveau sel aux dépens de la base du sel primitif et de l'acide décomposant. Faisons agir sur les savons un acide minéral, nous décomposons ces savons en acides

---

1. On doit employer l'éther froid, car les oléates sont décomposés par l'éther bouillant.

gras libres et en bases métalliques, lesquelles se combinent à l'acide minéral pour donner un sel. Si, par exemple, nous faisons agir sur un oléate de soude de l'acide chlorhydrique, nous mettons en liberté l'acide oléique et nous produisons du chlorure de sodium : l'acide oléique, étant insoluble dans l'eau, se précipite donc lorsqu'on traite par l'acide chlorhydrique une solution aqueuse d'oléate de soude.

Les *acides gras, oléique, palmitique* et *stéarique* sont insolubles dans l'eau, solubles dans l'alcool, solubles dans l'éther. Ils sont également solubles dans les matières grasses neutres. Les matières grasses, tenant en solution des acides gras libres, donnent des émulsions beaucoup plus persistantes que les graisses neutres. Quand on traite les acides gras par un alcali caustique ou une terre alcaline, la soude caustique, ou la chaux caustique, par exemple, on détermine la formation de savons. On produit également des savons en traitant les acides gras par les carbonates d'alcalis ou les carbonates alcalino-terreux, dont le gaz carbonique est mis en liberté. (C'est là un caractère qui les différencie des graisses neutres.)

Application à la séparation et au dosage des matières grasses et de leurs dérivés. — Supposons qu'on ait un mélange de matières grasses neutres, d'acides gras libres, de savons d'alcalis et de savons alcalino-terreux.

Cette supposition n'est pas gratuite : les excréments contiennent ces différentes substances.

Épuisons par l'éther humide les matières à analyser, préalablement desséchées à 110° et broyées au besoin avec du sable fin : nous dissoudrons les graisses neutres, les acides gras libres et les savons d'alcalis ; nous laisserons dans le résidu les savons alcalino-terreux (savons calciques). Agitons la solution éthérée avec de l'eau distillée : l'eau dissoudra les savons d'alcalis ; l'éther retiendra les graisses neutres et les acides gras libres, insolubles dans l'eau. La solution aqueuse de savons d'alcalis sera précipitée par le chlorure de baryum, et les savons barytiques insolubles, séparés par le filtre, seront lavés à l'eau, desséchés et pesés.
— La solution éthérée, débarrassée des savons d'alcalis, ne contient plus que les graisses neutres et les acides gras libres : elle sera agitée avec une solution aqueuse de carbonate de soude : les acides gras libres passeront à l'état de savons sodiques et se dissoudront dans l'eau ; les graisses neutres ne seront pas altérées et resteront en solution dans l'éther.

La solution aqueuse de savons sodiques pourrait, après neutralisation de l'excès de carbonate de soude qu'elle contient, être précipitée par le chlorure de baryum, et les savons barytiques insolubles seraient séparés par le filtre, lavés, desséchés et pesés. Mais cette façon de procéder est fort délicate; dans la neutralisation, en effet, il faut ajouter une quantité d'acide suffisante pour neutraliser rigoureusement la totalité du carbonate de soude, sous peine de faire ensuite du carbonate de baryte qui souillerait le précipité des savons de baryte; — il faut, d'autre part, éviter d'ajouter un excès d'acide, sous peine de précipiter une partie des acides gras des savons et de diminuer d'autant le précipité des savons de baryte. Aussi a-t-on avantage à procéder de la façon suivante : les acides gras de la solution des savons sont précipités par un excès d'acide chlorhydrique, jetés sur un filtre, lavés, dissous par la soude : la solution est précipitée par le chlorure de baryum, et les savons de baryte sont lavés, desséchés et pesés.

La solution éthérée, débarrassée des savons d'alcalis et des acides gras libres, ne contient plus que des graisses neutres : elle sera saponifiée par la soude caustique. Les savons sodiques produits seront dissous dans l'eau, précipités par le chlorure de baryum, et les savons barytiques produits, séparés par le filtre, seront lavés, desséchés et pesés.

Le résidu des matières épuisées par l'éther renferme encore les savons alcalino-terreux. Traitons ce résidu par une liqueur acide, une solution chlorhydrique étendue, par exemple, les savons alcalino-terreux seront décomposés : les acides seront mis en liberté. On pourra, par conséquent, après dessiccation de la masse, les extraire par l'éther, agiter la solution éthérée avec une solution aqueuse de carbonate de soude et obtenir des savons d'alcalis en solution dans la liqueur carbonatée, neutraliser cette dernière, précipiter les savons d'alcalis par le chlorure

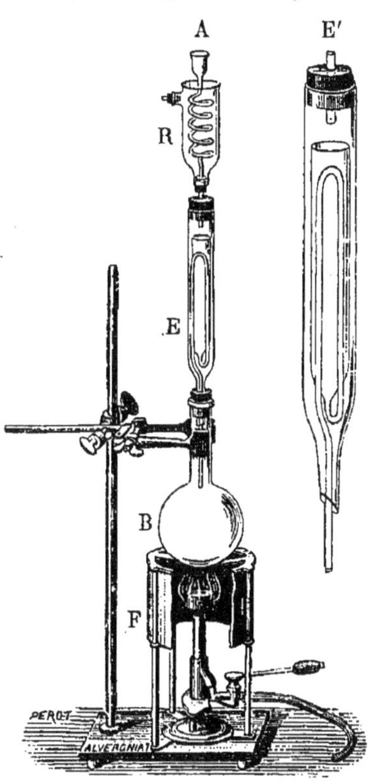

Fig. 10. — Appareil de Soxhlet pour l'extraction des matières grasses. — A, Appareil complet; E', partie E grandie de l'appareil A; F, fourneau à gaz; B, ballon dans lequel est introduit l'éther (dans la pratique, il ne faut jamais chauffer directement un ballon d'éther, il faut l'immerger dans un bain-marie); E, appareil extracteur composé de deux parties, une externe formant enveloppe, une interne munie d'un tube siphon dans laquelle est placée, contenue dans une douille de papier filtré, la matière à épuiser; R, réfrigérant à eau.

de baryum, séparer par filtration les savons barytiques, les laver à l'eau, les dessécher et les peser. On a ainsi isolé les quatre groupes de substances grasses, qu'on a ramenées à l'état de savons barytiques.

Remarque. — Il est possible d'extraire assez rapidement, au moyen de l'éther, les matières grasses et leurs dérivés contenus dans les excréments; il en est tout autrement lorsqu'il s'agit d'un tissu organique : les graisses y sont retenues, au moins pour une part, de si forte façon qu'un épuisement par l'éther, quelque prolongé qu'il soit, ne suffit pas pour les en retirer en totalité. On a, dans ce cas, recours à l'un des deux artifices suivants :

1° Après avoir épuisé par l'éther le tissu préalablement desséché, on le broie et on le soumet à l'action du suc gastrique artificiel. Les substances protéiques sont transformées; les matières grasses ne sont pas modifiées; un nouvel épuisement à l'éther du résidu de cette digestion gastrique desséché permet d'en extraire la totalité des matières grasses.

2° On peut procéder à des extractions successives à l'alcool fort et à l'éther : le traitement par l'alcool favorise l'épuisement ultérieur par l'éther.

Les lécithines.

A côté des substances grasses que nous venons d'étudier, il convient de placer les *lécithines*. Les lécithines sont essentiellement des *graisses phosphorées*.

L'acide phosphorique triatomique peut donner avec la glycérine trois phosphines, suivant que un, deux ou trois oxhydriles de la glycérine sont remplacés par le résidu d'acide phosphorique.

Considérons la *monophosphine* : comme la glycérine et l'acide phosphorique sont triatomiques, la monophosphine est une fois éther, deux fois alcool par les deux oxhydriles glycériques non substitués, et deux fois acide par les deux hydrogènes phosphoriques non substitués :

$$CH^2 - OH$$
$$|$$
$$CH - OH$$
$$|$$
$$CH^2 - O\diagdown$$
$$HO - \diagup PO.$$
$$HO\diagup$$

Ce composé est encore appelé *acide phosphoglycérique*.

Imaginons que les deux oxhydriles alcooliques soient remplacés par deux restes d'acides gras, par exemple par deux restes d'acide stéarique, ou, comme on dit, par deux stéaryles, on obtiendra un composé qui sera trois fois éther et deux fois acide, *l'acide distéarylephosphoglycérique*.

$$CH^2 - C^{18}H^{35}O^2$$
$$|$$
$$CH - C^{18}H^{35}O^2$$
$$|$$
$$CH^2 - O\diagdown$$
$$HO\text{—}{\diagup\diagdown}PO.$$
$$HO\diagup$$

Considérons d'autre part un alcaloïde, la *choline*, dont la formule [1] est :

$$C^2H^4 \diagup^{OH}_{\diagdown Az(CH^3)^3OH} \quad ou \quad Az \diagup^{(CH^3)^3}_{\diagdown OH}{-}CH^2 - CH^2OH$$

et imaginons que l'oxhydrile de cette base soit remplacé par

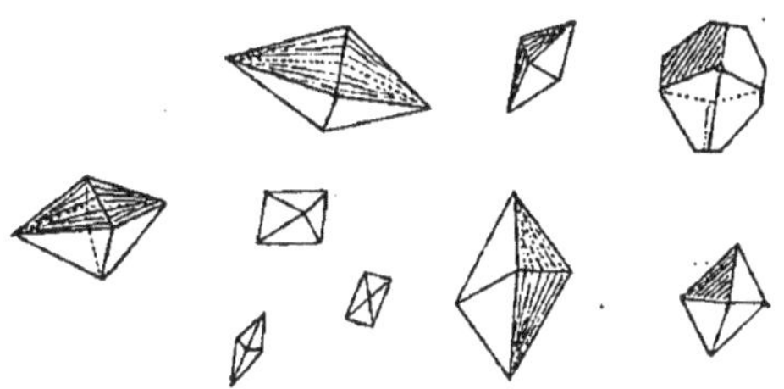

Fig. 11. — Chloroplatinate de choline (d'apr. Halliburton).

le reste de l'acide distéarylephosphoglycérique, nous obtenons le composé :

$$CH^2 - C^{18}H^{35}O^2$$
$$|$$
$$CH - C^{18}H^{35}O^2$$
$$|$$
$$CH^2 - O\diagdown$$
$$C^2H^4 \diagup^{OH}_{\diagdown Az(CH^3)^3 - O}\quad HO{\diagup\diagdown}PO$$

la lécithine, ou, plus exactement, une lécithine, la *lécithine distéarique*.

On peut en effet remplacer un ou deux restes stéaryles par un ou deux restes palmityles ou oléyles, et obtenir une lécithine *dipalmitique*, une lécithine *dioléique*, une lécithine

1. La choline est l'hydrate de triméthyloxéthylammonium. — On l'a préparée synthétiquement par l'union de l'oxyde d'éthylène C^2H^4O, de la triméthylamine $Az(CH^3)^3$ et de l'eau H^2O.

oléylepalmitique, une lécithine *oléylestéarique* et une lécithine *palmitylestéarique.* Les lécithines des tissus des animaux sont généralement des distéariques.

Les lécithines sont, on le voit d'après leur constitution, quatre fois éther et une fois acide.

Les lécithines sont insolubles dans l'eau ; elles sont solubles dans l'alcool absolu et même dans l'alcool à 90 p. 100, solubles dans l'éther, solubles surtout dans un mélange d'alcool et d'éther. Elles se dissolvent également dans les huiles neutres.

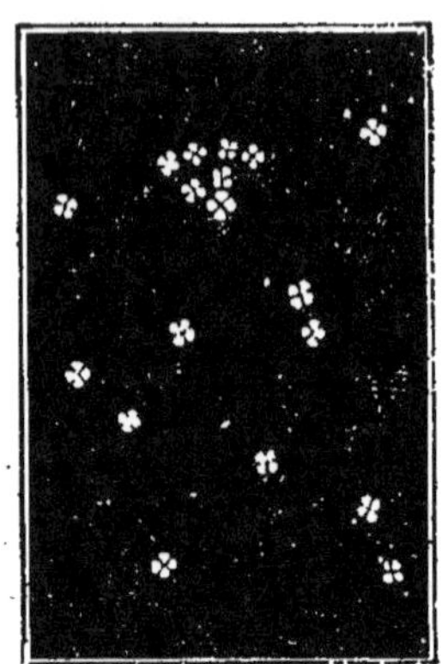

Fig. 12. — Grains de lécithine examinés à la lumière polarisée (d'après Dastro et Morat).

Lorsqu'on évapore lentement leurs solutions alcoolo-éthérées, elles se déposent sous forme de masse résineuse gluante. Si on évapore seulement en partie le dissolvant, de manière à déterminer la précipitation d'une partie de la lécithine dissoute, celle-ci se dépose sous forme de petits globules sphériques, qui, examinés au microscope polarisant, présentent le phénomène de la *croix de polarisation,* c'est-à-dire, suivant la position des nicols polarisateur et analyseur, une croix noire sur fond blanc ou une croix blanche sur fond noir.

Par la carbonisation des lécithines, le phosphore de leur molécule passe à l'état d'acide phosphorique : les lécithines donnent un résidu charbonneux acide. Si l'on ajoute aux lécithines du salpêtre et de la potasse caustique, et si l'on calcine, il se forme, aux dépens du phosphore des lécithines, du phosphate tripotassique.

Solubilité dans l'alcool et dans l'éther, croix de polarisation des globules, acidité du résidu de carbonisation, ce sont là trois propriétés *caractéristiques des lécithines.* Un tissu contient-il une substance soluble dans l'alcool et l'éther, substance se déposant par évaporation du dissolvant en globules présentant le phénomène de la croix de polarisation, et donnant à la carbonisation un charbon acide, on peut affirmer la présence d'une lécithine dans ce tissu.

Les lécithines, quatre fois éther, sont décomposées par les alcalis caustiques, soude ou potasse caustiques, ou par les terres alcalines caustiques, notamment par la baryte caustique, comme le sont tous les éthers : les alcools sont régénérés, les acides se combinent avec l'alcali ou la terre alcaline, pour donner un sel d'alcali ou de terre alcaline.

Traitons les lécithines, ou, pour fixer les idées, la lécithine distéarique, par la soude caustique à chaud, il se formera de la glycérine, de la choline, du phosphate trisodique et du stéarate sodique, c'est-à-dire un savon. On dit que la soude saponifie les lécithines.

Lorsqu'on saponifie les lécithines par les alcalis caustiques, et mieux encore par la baryte caustique, la choline libérée ne reste pas totalement inaltérée : une partie est transformée, par élimination d'une molécule d'eau, en un nouvel alcaloïde, la *neurine*, qui est l'hydrate de triméthylvinylammonium :

$$Az\underset{\diagdown OH}{\overset{\diagup (CH^3)^3}{\underset{}{\text{—}CH=CH^2}}}$$

Cette même neurine se produit dans la putréfaction des matières contenant des lécithines, et notamment dans la putréfaction du cerveau. Elle est douée de propriétés toxiques énergiques, tandis que la choline n'est pas toxique.

Il existe deux procédés permettant de *doser les lécithines* extraites d'un tissu : le *procédé de saponification* et le *procédé d'incinération*.

Supposons une lécithine sans mélange de graisses neutres ou d'acides gras libres; saponifions par la soude, séparons et dosons les savons formés, nous en concluons la quantité de lécithines qui leur a donné naissance.

Supposons une lécithine non mélangée de phosphates (par exemple une lécithine dissoute dans l'alcool-éther, qui ne dissout pas les phosphates métalliques), additionnons-la de nitrate de potasse et de potasse, calcinons le mélange, et, dans le résidu de calcination, dosons les phosphates. Nous en conclurons la quantité de lécithines qui leur a donné naissance.

Les lipochromes.

Les graisses neutres pures, les acides gras et les savons alcalins ou alcalino-terreux qui en dérivent sont incolores. Les graisses naturelles sont en général plus ou moins colorées. Elles doivent cette coloration à la présence de substances dites *lipochromes* ou *lutéines*. Ces lipochromes, jaunes (huiles) ou rougeâtres (jaune de l'œuf des oiseaux), sont des corps non azotés, dont la constitution est inconnue.

On peut les séparer des matières grasses : on prépare une solution alcoolique de la matière grasse, et on saponifie au

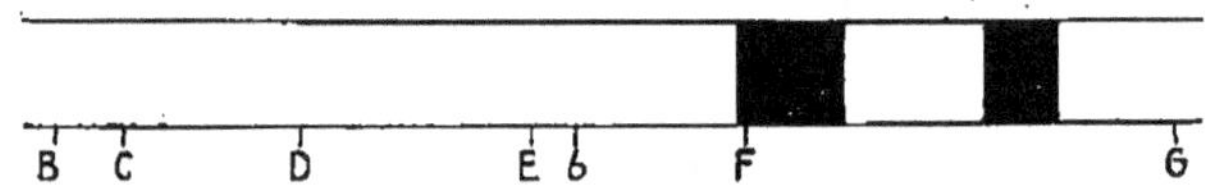

Fig. 13. — Spectre d'absorption d'un lipochrome d'après Hammarsten.

moyen d'une solution alcoolique de soude caustique ; on chasse l'alcool par la chaleur ; on reprend la masse par l'eau, et on précipite les savons soit par le chlorure de sodium en excès à l'état de savons d'alcalis, soit par un chlorure alcalino-terreux à l'état de savons alcalino-terreux. Les savons entraînent avec eux les lipochromes, qu'on en sépare en agitant la masse desséchée avec de l'éther de pétrole : celui-ci dissout les lipochromes et les abandonne par évaporation. On facilite beaucoup l'extraction des lipochromes fixés par les savons insolubles, en transformant ceux-ci en acides gras par addition d'un acide minéral.

Les lipochromes présentent un spectre d'absorption à deux bandes comprises entre les raies F et G du spectre solaire.

CHAPITRE III

LES HYDROCARBONES
OU HYDRATES DE CARBONE

LES GLYCOSES, LES SACCHAROSES, LES AMYLOSES.

SOMMAIRE. — Qu'est-ce qu'un hydrate de carbone? Trois classes d'hydrates de carbone intéressant le physiologiste : glycoses, saccharoses, amyloses. — Glycosides.

I. *Classe des* GLYCOSES. — Trois glycoses intéressantes : glycose, lévulose, galactose. *a.* Étude de la glycose prise comme type de sa classe. Solubilités. Trois propriétés de la glycose : une propriété physique : pouvoir rotatoire; une propriété chimique : pouvoir réducteur; une propriété biologique : fermentescibilité. Ces trois propriétés permettent de reconnaître et de doser la glycose. *b.* Lévulose. *c.* Galactose. — Aldoses et Cétoses. Réaction de la phénylhydrazine.

II.. *Classe des* SACCHAROSES. — Trois saccharoses intéressantes : saccharose, lactose, maltose. *a.* Étude de la saccharose prise comme type de sa classe. Action des acides dilués à l'ébullition. La saccharose est une substance dextrogyre, non réductrice, non directement fermentescible. Sucre interverti. *b.* Lactose. Substance dextrogyre, réductrice non fermentescible. *c.* Maltose. Substance dextrogyre, réductrice, fermentescible. Distinction de la maltose et de la glycose.

III. *Classe des* AMYLOSES. — Trois amyloses intéressantes : amidon, glycogène, dextrines. *a.* Amidon. Grains d'amidon. Empois d'amidon. Quelques propriétés de l'amidon. Réaction de l'iode sur l'amidon. Inuline. *b.* Glycogène. *c.* Dextrines.

Les *hydrates de carbone* ou *hydrocarbones* peuvent être définis d'une façon générale : des substances composées de carbone, d'hydrogène et d'oxygène, dans lesquelles le rapport des quantités d'hydrogène et d'oxygène est le même que le rapport des quantités d'hydrogène et d'oxygène dans l'eau. Ces substances ont par conséquent une formule du type

$$C^n(H^2O)^p.$$

Toutefois, toute substance organique répondant à cette formulé générale n'est pas nécessairement un hydrate de carbone : l'acide acétique $C^2H^4O^2$ ou $C^2(H^2O)^2$ et l'acide lactique $C^3H^6O^3$ ou $C^3(H^2O)^3$ ne sont pas des hydrates de carbone.

Les hydrates de carbone sont des dérivés aldéhydiques ou cétoniques d'alcools polyatomiques : la glycose est un dérivé aldéhydique de la sorbite, alcool hexatomique; la lévulose est un dérivé cétonique de la mannite, alcool hexatomique.

Les hydrates de carbone les plus simples sont une fois aldéhyde, ou une fois cétone, et n fois alcools. Ce sont les *monosaccharides*. Leur formule générale est $C^n(H^2O)^n$. On en connaît pour lesquels n est égal à 3, 4, 5, 6, 7, 8 et 9; on leur donne dès lors les noms génériques de trioses, tétroses, pentoses, hexoses, heptoses, octoses, nonoses.

Des hydrates de carbone plus compliqués résultent de l'union de deux molécules (semblables ou dissemblables) de monosaccharides, avec élimination d'une molécule d'eau; ce sont des anhydrides des monosaccharides. On les appelle *disaccharides*. Ils répondent à la formule $C^{2n}(H^2O)^{2n-1}$.

Enfin, on connaît les *polysaccharides*, qu'on peut considérer comme résultant de l'union de plusieurs molécules de monosaccharides, avec élimination d'eau : ils répondent à la formule $x[C^n(H^2O)^{n-1}]$.

Les hydrates de carbone, qu'il importe au physiologiste de connaître, peuvent être rangés dans trois classes, caractérisées respectivement par leur composition centésimale. Ces classes[1] sont :

La classe des *glycoses*...... $C^6(H^2O)^6$
—   *saccharoses*... $C^6(H^2O)^{5\,1/2}$ ou $C^{12}(H^2O)^{11}$
—   *amyloses*..... $C^6(H^2O)^5$.

Les corps des deux premières classes, glycoses et saccharoses, sont appelés *sucres*[2].

Aux glycoses on doit rattacher les *glycosides*; ce sont des substances très répandues dans le règne végétal, résultant de l'union d'une glycose avec une substance organique oxhydrilée, alcool ou phénol, avec élimination d'eau. Sous l'in-

---

1. On désigne aussi quelquefois ces trois classes sous les noms de monosaccharides, disaccharides et polysaccharides : les saccharoses peuvent en effet être considérées comme résultant de l'union de deux molécules de glycoses avec élimination d'une molécule d'eau; les amyloses, comme résultant de l'union de n molécules de glycoses avec élimination de n molécules d'eau.

2. Les chimistes définissent les sucres : des corps à saveur sucrée possédant plusieurs fonctions alcooliques.

fluence des acides, ou des alcalis, ou de diastases convenables, ces glycosides se décomposent, régénérant la glycose et la substance organique conjuguée ou les produits de décomposition de cette dernière.

I. — *Classe des glycoses* ou *monosaccharides* $C^6(H^2O)^6$.

Parmi les *glycoses*, nous devons en considérer trois :

$$\begin{cases} \text{La } \textit{glycose} \text{ (ou } \textit{glucose}), \\ \text{La } \textit{lévulose}, \\ \text{La } \textit{galactose}. \end{cases}$$

1. La **glycose**, ou **glucose**, ou **sucre de raisin**, est soluble dans l'eau et soluble dans l'alcool absolu. Elle est insoluble dans l'éther ; celui-ci la précipite de sa solution alcoolique. L'eau à 15° en dissout 80 p. 100. L'alcool absolu à 15° en dissout 2 p. 100 ; l'alcool bouillant en dissout 30 p. 100.

En solution aqueuse, elle peut être bouillie avec les acides minéraux dilués, par exemple avec l'acide chlorhydrique à 1 p. 100, sans subir de modification ; — mais elle est altérée à l'ébullition en présence des alcalis caustiques.

La glycose possède trois propriétés importantes à connaître pour le physiologiste : une propriété physique, une propriété chimique, une propriété biologique ; — une *propriété physique* : elle fait tourner à droite le plan de polarisation de la lumière ; — une *propriété chimique* : en présence des alcalis caustiques, elle réduit certains sels métalliques ; — une *propriété biologique* : elle fermente sous l'influence de la levure de bière.

On sait que la lumière est considérée actuellement par les physiciens comme un mouvement vibratoire s'accomplissant perpendiculairement à la direction de propagation. Mais comme, en un point quelconque d'une ligne droite dans l'espace, on peut mener une infinité de perpendiculaires à cette droite, l'une quelconque de ces perpendiculaires représente indifféremment la direction de la *vibration lumineuse naturelle*. La vibration lumineuse est donc seulement perpendiculaire à la direction de propagation ; elle n'est pas contenue dans un même plan passant par la direction de propagation lumineuse. Mais il est possible, par des artifices divers que nous n'avons pas à décrire ici, d'obtenir une lumière telle que la vibration lumineuse se fasse uniquement dans un seul des plans passant par la direction de propagation, et, bien entendu, toujours perpendiculaire à cette direction : une telle *lumière* est dite *polarisée*. Il existe des appareils, appelés *polariseurs*, permettant d'obtenir une lumière polarisée, et des appareils, appelés *analyseurs*, permettant de connaître la direction de la vibration lumineuse.

Lorsqu'on fait traverser une solution de glycose par un rayon de lumière polarisée, on constate, au moyen de l'analyseur, que la direction vibratoire de la lumière émergente n'est plus la même que celle de la lumière incidente : cette direction a été déviée. On dit que la glycose dévie le plan de polarisation de la lumière, qu'elle fait tourner le plan de polarisation de la lumière, qu'elle possède un *pouvoir rotatoire*. — La vibration lumineuse a été déviée vers la droite par la glycose : on dit que la glycose est une substance *dextrogyre*. A cause de cette propriété, on a quelquefois donné à la glycose le nom de *dextrose*.

Pour une solution donnée de glycose, la déviation observée est proportionnelle à l'épaisseur de la solution traversée par la lumière polarisée; — pour deux solutions inégalement concentrées de glycose, observées sous une même épaisseur, le physiologiste peut admettre, tout en n'ignorant pas qu'il commet de ce fait une erreur, que la déviation observée est proportionnelle à la quantité de glycose en solution.

Le *pouvoir rotatoire spécifique* de la glycose anhydre $C^6H^{12}O^6$ pour la lumière monochromatique donnée par les sels de sodium est de 52°,6 à droite :

$$[\alpha] = + 52°,6\,[1].$$

Cela veut dire que si l'on fait traverser, sous une épaisseur de 1 décimètre, une solution de glycose qui contiendrait 1 gramme de glycose par centimètre cube, par un rayon de lumière (monochromatique obtenue par la flamme sodique) polarisée, on constaterait une rotation du plan de polarisation vers la droite, rotation égale à 52°,6 [2].

---

1. $[\alpha]_D$ représente le pouvoir rotatoire pour une lumière qui occupe dans le spectre la place de la raie D du spectre solaire. Le signe + indique que la rotation se fait vers la droite.

2. Ce nombre s'applique aux solutions aqueuses contenant environ 10 p. 100 de glycose et à la température de 20°. — Le pouvoir rotatoire de la glycose dissoute

Supposons qu'une liqueur contenant en solution de la glycose et ne contenant pas d'autre substance capable de faire tourner le plan de la lumière, examinée sous une épaisseur de 1 décimètre, fasse tourner le plan de polarisation d'un angle β. Soit x la quantité de glycose contenue dans 1 centimètre cube de cette liqueur, nous pourrons écrire la proportion :

$$\frac{1 \text{ gr.}}{x} = \frac{[\alpha]}{\beta}$$

d'où :

$$x = \frac{\beta}{[\alpha]_D} \text{ grammes.}$$

Pour fixer les idées, supposons que β soit égal à 5°,26,

$$x = \frac{5,26}{52,6} = 0 \text{ gr. } 1\,[1].$$

La glycose jouit de *propriétés réductrices :* lorsque des solutions de glycose sont bouillies, en présence d'alcalis caustiques, avec des sels de bismuth, d'or, de mercure ou d'argent, ces sels sont réduits : le métal est précipité. La même réduction se fait également à la température ordinaire; mais elle demande alors pour s'accomplir un temps souvent considérable.

Si, dans une solution de glycose, additionnée d'une forte proportion de soude caustique (20 à 30 p. 100 par exemple), on met en suspension du sous-nitrate de bismuth ou de l'hydrate de bismuth fraîchement précipité, et si on porte à l'ébullition, on voit le composé de bismuth blanc passer au noir : il a été réduit à l'état de bismuth métallique pulvérulent noir (*Réaction de Böttger*) [2].

dans l'alcool fort est environ le double du pouvoir rotatoire de la glycose dissoute dans l'eau. — Le pouvoir rotatoire spécifique de la glycose est modifié par la concentration de la solution : il augmente en même temps que la concentration. — La température modifie aussi, mais seulement très faiblement, le pouvoir rotatoire spécifique de la glycose.

1. Les solutions aqueuses de glycose présentent le phénomène de la *birotation*. Si on dissout dans l'eau de la glycose solide, et si on détermine le pouvoir rotatoire spécifique de la glycose sur cette solution, aussitôt qu'elle est faite, on trouve un nombre voisin de $+ 105°$. La solution étant abandonnée à la température ordinaire, ce pouvoir rotatoire spécifique diminue progressivement jusqu'à devenir, après environ vingt-quatre heures, égal à $+ 52°,6$. — On amène très rapidement une solution de glycose fraîche à avoir le pouvoir rotatoire spécifique $+ 52°,6$ en la faisant bouillir. — Les solutions alcooliques de glycose ne présentent pas le phénomène de la birotation.

2. On utilise parfois pour cette réaction le réactif de Nylander (Voy. *Urines sucrées*, p. 418).

Les sels cuivriques, en présence d'alcalis caustiques, sont réduits par la glycose, surtout à la température d'ébullition, à l'état d'oxyde cuivreux (oxydule de cuivre), précipité rougeâtre, insoluble dans les alcalis caustiques fixes (potasse et soude caustiques). Par conséquent, lorsqu'on fait bouillir une solution alcaline d'un sel cuivrique, solution transparente d'un beau bleu, après l'avoir additionnée de glycose, on voit la liqueur devenir rougeâtre et opaque par suite de la réduction du sel cuivrique et de la formation d'un précipité d'oxyde cuivreux. Lorsqu'on abandonne au repos cette liqueur réduite, le précipité cuivreux se dépose au fond d'une liqueur transparente, décolorée si la réduction a été totale, c'est-à-dire si la quantité de glycose ajoutée a été grande, — bleue si la réduction a été partielle, c'est-à-dire si la quantité de glycose ajoutée a été petite (*Réaction de Trommer*).

La solution cuivrique généralement employée par les physiologistes est la *liqueur de Fehling* : c'est essentiellement une solution aqueuse de tartrate cuivrique et de tartrate potassique, fortement alcalinisée par la soude caustique : on l'appelle quelquefois liqueur cupropotassique[1] ou liqueur bleue.

Pour une même solution de glycose, la quantité de liqueur de Fehling réduite est proportionnelle à la quantité de solution de glycose ajoutée. Pour deux solutions contenant des proportions différentes de glycose, le physiologiste peut admettre, tout en n'oubliant pas qu'il commet par là une légère erreur, que la quantité de liqueur de Fehling réduite est proportionnelle à la quantité de glycose ajoutée. Inversement, le physiologiste, peut admettre, tout en n'oubliant pas qu'il commet par là une légère erreur, que, pour réduire

---

1. Pour préparer cette liqueur de Fehling, on dissout 34 gr. 65 de sulfate de cuivre cristallisé pur dans 200 centimètres cubes d'eau, d'une part; — on dissout 173 grammes de tartrate de sodium et de potassium (sel de Seignette) dans 480 centimètres.cubes de lessive de soude de densité 1,14 (contenant 12 p. 100 de soude caustique), d'autre part. On mélange les deux solutions, et on ajoute de l'eau pour faire 1 litre, à la température de 15°. — La liqueur de Fehling s'altérant, surtout sous l'influence de l'air, de la chaleur, de la lumière, on recommande de conserver cette liqueur dans des flacons complètement remplis, noirs et placés à l'obscurité dans un lieu frais. — Il vaut encore mieux préparer les deux solutions, la solution cuivrique et la solution tartrique alcaline, qui ne s'altèrent pas spontanément, et ne les mélanger qu'au moment d'utiliser la liqueur de Fehling.

une même quantité de liqueur de Fehling, il faut ajouter des volumes de deux solutions de glycose contenant la même quantité de glycose.

Ces faits permettent de doser la quantité de glycose contenue dans une liqueur, pourvu que cette liqueur ne contienne pas de substances, autres que la glycose, capables de réduire la liqueur de Fehling.

Dans un volume déterminé de liqueur de Fehling maintenue à l'ébullition, faisons tomber goutte à goutte la solution de glycose, jusqu'à ce que la liqueur, dans laquelle flotte le précipité d'oxyde cuivreux formé, soit complètement décolorée. La quantité de la solution de glycose ajoutée renferme une quantité de glycose suffisante pour réduire le volume employé de la liqueur de Fehling. — Si nous savons le titre de cette liqueur de Fehling, c'est-à-dire si nous avons déterminé la quantité de glycose pure qu'il faut ajouter à un volume donné de cette liqueur de Fehling pour en produire la réduction totale, nous pourrons savoir quelle est la quantité de glycose contenue dans la liqueur analysée.

Supposons, par exemple, que 10 centimètres cubes de liqueur de Fehling soient totalement réduits par 0 gr. 05 de glycose pure[1]. Supposons d'autre part que, pour réduire totalement ces 10 centimètres cubes, il faille ajouter 20 centimètres cubes d'une solution de glycose analysée : ces 20 centimètres cubes contiennent 0 gr. 05 de glycose ; — 100 centimètres cubes contiennent

$$0 \text{ gr. } 05 \times \frac{100}{20}, \text{ soit } 0 \text{ gr. } 25 \text{ de glycose;}$$

— la solution contient donc 0 gr. 25 p. 100 de glycose.

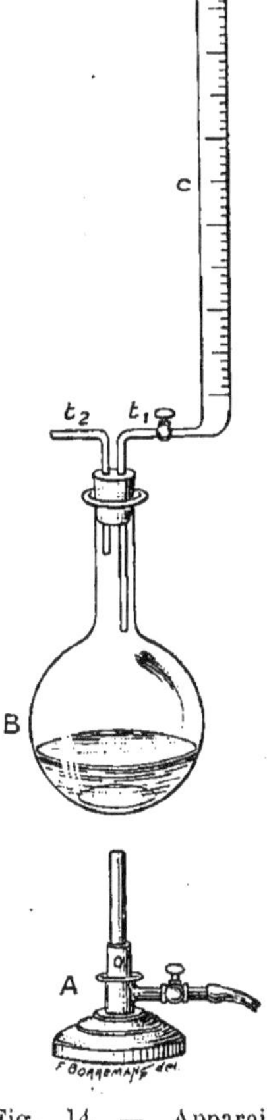

Fig. 14. — Appareil pour le dosage du sucre par la méthode au ferrocyanure. — A, brûleur de Bunsen; B, ballon contenant la liqueur bleue ferrocyanurée; c, burette graduée; t_1, tube d'amenée de la solution sucrée; t_2, tube de dégagement pour la vapeur.

1. Il est toujours nécessaire de titrer la liqueur de Fehling dont on se sert pour déterminer les quantités absolues de glycose, au moyen de glycose pure anhydre. A cet effet, on peut préparer de la glycose cristallisée anhydre de la façon suivante. A 1 500 centimètres cubes d'alcool à 90 p. 100, on ajoute 60 centimètres cubes d'acide chlorhydrique fumant, et, après avoir porté ce mélange à 45°, on y ajoute par petites portions, en agitant constamment, 500 grammes de sucre de canne pur (sucre candi absolument blanc, par exemple). On maintient le mélange à 45° pendant deux heures, puis on l'abandonne six à huit jours dans un lieu frais; la cristallisation ne tarde pas à se produire. Les cristaux sont égouttés, lavés à l'alcool à 90 p. 100, jusqu'à ne plus contenir trace d'acide chlorhydrique. — Pour les purifier, on peut les redissoudre dans l'alcool méthylique pur de densité 0,80 bouillant, et refroidir rapidement la liqueur filtrée : les cristaux se déposent très purs.

Mais il est difficile de déterminer rigoureusement la quantité exacte de solution de glycose qu'il faut ajouter à un volume donné de liqueur de Fehling pour en produire la réduction totale : le précipité d'oxyde cuivreux rouge masque la coloration bleue du liquide dans lequel il se forme : il faut, par conséquent, laisser ce précipité se déposer, en supprimant l'ébullition du liquide, tout en maintenant la température voisine de 100°, pour pouvoir observer la coloration du liquide ; le faire bouillir de nouveau, ajouter une petite quantité de la solution de glycose, laisser déposer, etc., jusqu'à décoloration complète [1].

On simplifie cette manœuvre en employant une *liqueur de Fehling ferrocyanurée*, obtenue en faisant dissoudre dans 100 centimètres cubes de liqueur de Fehling 2 grammes de ferrocyanure de potassium. Lorsqu'on porte à l'ébullition cette liqueur additionnée d'un excès de glycose, on observe une décoloration de la liqueur ; mais il ne se produit pas de précipité d'oxyde cuivreux : la liqueur reste constamment d'une transparence parfaite. Il est, par conséquent, facile de saisir exactement le moment où, par addition goutte à goutte d'une solution de glycose, un volume donné de la liqueur bleue titrée est exactement décoloré. En opérant ainsi le dosage de la glycose dans une liqueur, on gagne en rapidité et en exactitude. La réaction doit se faire à l'abri de l'air, car l'air fait passer au noir la liqueur bleue ferrocyanurée réduite par la glycose. Il convient donc de faire tomber la solution de glycose dans un ballon où la liqueur bleue ferrocyanurée est maintenue à l'ébullition continue [2] (fig. 14).

La glycose *fermente sous l'influence de la levure de bière.* Lorsqu'on met de la levure de bière dans une solution de glycose, on voit bientôt se dégager des bulles de gaz carbonique. Sous l'influence de cette levure, la glycose est décomposée, fournissant essentiellement, mais non exclusivement, de l'*alcool éthylique* et du *gaz carbonique* (boissons fermentées, par exemple) :

$$C^6(H^2O)^6 = 2(C^2H^6O) + 2CO^2.$$

La décomposition de la glycose se poursuit jusqu'à disparition totale : si donc on connaît la quantité d'alcool, ou la quantité de gaz carbonique produite, lorsque la décomposition est terminée, on peut calculer la quantité de glycose contenue dans la liqueur : en effet, 100 grammes de glycose

1. Pour s'assurer que la totalité du sel de cuivre a bien été précipitée, on peut filtrer quelques gouttes de liquide, l'aciduler, et ajouter du ferrocyanure de potassium. Si la liqueur contient une trace de sel de cuivre, elle se colore en rouge (ferrocyanure de cuivre).

2. Il est nécessaire de titrer la liqueur de Fehling ferrocyanurée elle-même, car l'addition de ferrocyanure à la liqueur de Fehling en modifie considérablement le titre.

fournissent théoriquement 50 gr. 111 d'alcool et 48 gr. 888 de gaz carbonique [1].

Pratiquement, on se sert d'un appareil disposé comme l'indique la figure ci-contre, composé de deux ballons, l'un A contenant la solution de glycose et la levure, l'autre B contenant de l'acide sulfurique concentré. Au moment où l'on mélange la levure et la solution de glycose, on pèse l'appareil. Le tube *a* étant fermé, on laisse fermenter; le gaz carbonique se dégage par le tube *t*, barbote dans l'acide sulfurique B qui retient la vapeur d'eau entraînée, et s'échappe par *b*. Lorsque la fermentation est terminée, on fait passer par *a* dans tout l'appareil un courant d'air desséché; ce courant d'air entraîne tout le gaz carbonique contenu encore dans les ballons et dans le liquide A. On pèse de nouveau l'appareil : la perte de poids *p* correspond à la perte de gaz carbonique

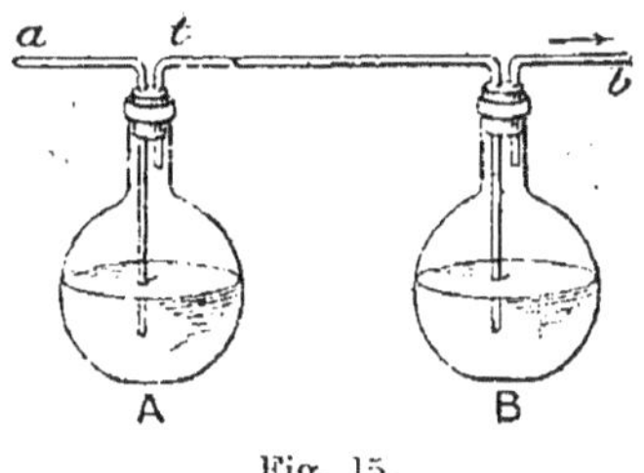

Fig. 15.

produit dans la fermentation de la glycose. La quantité de glycose contenue dans la liqueur A est calculée au moyen de l'expression :

$$P = a \times \frac{100}{48,888}.$$

2. **La lévulose**, ou **fructose**, ou **sucre de fruits**, comme la glycose, est soluble dans l'eau, presque insoluble dans l'alcool absolu froid, soluble dans l'alcool absolu bouillant, un peu soluble dans le mélange d'alcool et d'éther, insoluble dans l'éther pur. C'est un sucre doué du *pouvoir rotatoire*, un sucre *réducteur*, un sucre *fermentescible*.

Elle agit sur la lumière polarisée : elle fait tourner le plan de polarisation de la lumière vers la gauche, c'est une substance *lévogyre*, d'où son nom de *lévulose*. Son *pouvoir rotatoire spécifique* est :

$$[\alpha]_D = -89°,9 \,[2].$$

La lévulose réduit la liqueur de Fehling, mais son *pouvoir réducteur* n'est pas aussi grand que celui de la glycose. Si,

---

1. Ceci n'est qu'approximativement vrai, parce que l'alcool et le gaz carbonique ne sont pas les seuls produits dérivant de la transformation de la glycose. Il y a production notamment de petites quantités de glycérine, d'acide succinique, etc.

2. Ce nombre correspond à la température de 15°; le pouvoir rotatoire de la lévulose varie très notablement avec la température. — La lévulose présente le

par définition, on représente par 100 le pouvoir réducteur de la glycose, le pouvoir réducteur de la lévulose est représenté par 96. Cela veut dire que si un poids donné de glycose peut réduire totalement 100 centimètres cubes de liqueur de Fehling, le même poids de lévulose ne peut réduire que 96 centimètres cubes de cette liqueur.

Enfin la lévulose *fermente par la levure de bière*, fournissant de l'*alcool* et du *gaz carbonique*, comme la glycose.

3. La **galactose** est un sucre soluble dans l'eau, soluble dans l'alcool absolu, insoluble dans l'éther. C'est un sucre *dextrogyre*, *réducteur*, *fermentescible*.

Son *pouvoir rotatoire spécifique* est :

$$[\alpha]_{\mathrm{D}} = + 83° \, ^{[1]}.$$

Son *pouvoir réducteur* est égal à 93, en supposant égal à 100 celui de la glycose.

Elle *fermente par la levure de bière*, en donnant de l'*alcool* et du *gaz carbonique*. Il convient toutefois de noter que la fermentation ne marche réellement bien qu'avec des levures qu'on a progressivement accoutumées à vivre en milieux galactosés.

Les glycoses possèdent soit une fonction aldéhydique, soit une fonction cétonique : on les divise pour cette raison en *aldoses* et *cétoses* : la glycose et la galactose sont des aldoses; la lévulose est une cétose. Cette distinction a surtout un intérêt d'ordre chimique : nous la signalons sans insister.

Les réactions de la *phénylhydrazine* sur les glycoses sont importantes à signaler. Elles permettent, en effet, d'isoler les glycoses des liqueurs complexes dans lesquelles elles peuvent se trouver, sous forme d'une combinaison définie, insoluble dans l'eau, cristallisée, d'où l'on peut, par des réactions chimiques relativement simples, régénérer la glycose génératrice.

Comme toutes les aldéhydes et cétones, les glycoses en solution acétique s'unissent aux hydrazines avec élimination d'une molécule d'eau et fournissent des hydrazones. Cette réaction est particulièrement intéressante dans le cas de la phénylhydrazine

$$C^6H^{12}O^6 + AzH^2\text{-}AzH\text{-}C^6H^5 = C^6H^{12}O^5\text{-}Az\text{-}AzH\text{-}C^6H^5 + H^2O$$
$$\text{glycose} \qquad \text{phénylhydrazine} \qquad \text{glycose-phénylhydrazone.}$$

phénomène de la birotation. Son pouvoir rotatoire spécifique, au moment où la solution vient d'être faite, est de − 104°.

1. La galactose présente le phénomène de la birotation : aussitôt après dissolution, son pouvoir rotatoire spécifique est + 117°.

Les phénylhydrazones sont généralement solubles dans l'eau, et ne présentent pas d'intérêt en chimie physiologique. — Mais si l'on additionne la solution aqueuse acétique d'une glycose-phénylhydrazone d'un excès de phénylhydrazine, et si on maintient le mélange à la température du bain-marie bouillant pendant un temps assez long, il se fait un dépôt cristallin jaune d'une substance insoluble dans l'eau, soluble dans l'alcool, une phénylglycosazone, résultant de la fixation d'une molécule de phénylhydrazine sur une molécule de glycose-phénylhydrazone, avec élimination d'une molécule d'eau et d'une molécule d'hydrogène

$$C^6H^{12}O^5\text{-Az-AzHC}^6H^5 \quad + \quad AzH^2\text{-AzHC}^6H^5$$
$$\text{glycose-phénylhydrazone} \qquad\qquad \text{phénylhydrazine}$$

$$= C^6H^{10}O^4 \Big\langle {{\text{Az-AzHC}^6H^5} \atop {\text{Az-AzHC}^6H^5}} + H^2O + H^2$$
$$\text{phénylglycosazone.}$$

En traitant une phénylglycosazone par l'acide chlorhydrique fumant, on la décompose en chlorhydrate de phénylhydrazine et en un corps dit *osone* qui diffère du sucre primitif en ce que la fonction ou l'une des deux fonctions alcool primaire de ce dernier est transformée en une fonction aldéhydique. Ces osones, traitées par l'hydrogène naissant (poudre de zinc et acide acétique, par exemple), reforment le sucre générateur.

Pratiquement, pour obtenir la phénylglycosazone, qui, de cette série de corps, est la plus intéressante pour la chimie physiologique, on prend 1 partie de glycose, 2 parties de chlorhydrate de phénylhydrazine, 3 parties d'acétate de soude et 20 parties d'eau : on maintient une heure au bain-marie bouillant, et on retient sur le filtre les cristaux de phénylglycosazone,

La glycose et la lévulose fournissent une seule et même phénylglycosazone fondant[1] à 230-232°.

La galactose fournit une phénylgalactosazone fondant à 210°.

II. — *Classe des saccharoses* ou *disaccharides*
$$C^6(H^2O)^{5\,1/2} \text{ ou } C^{12}(H^2O)^{11}.$$

Parmi les *saccharoses*, nous en considérerons trois :

$$\left\{ {\text{La *saccharose* ou *sucre de canne*,} \atop {\text{La *lactose* ou *sucre de lait*,} \atop \text{La *maltose*.}}} \right.$$

Lorsqu'on fait bouillir une solution de l'un quelconque de ces sucres en présence d'un *acide minéral dilué*, en présence

---

1. Les osazones se décomposent facilement au voisinage de leur point de fusion. Il convient dès lors, pour déterminer cette température de fusion, de procéder de la façon suivante : La substance bien sèche et pulvérisée est projetée sur le bloc de Maquenne. Si ce bloc est à la température de fusion, la substance fond *instantanément*. Si la substance ne fond pas instantanément, on élève lentement la

de 1 p. 100 d'acide chlorhydrique par exemple, la molécule du sucre se *dédouble* en fixant une molécule d'eau (phénomène d'*hydrolyse*) : il se produit deux molécules de sucres appartenant à la classe des glycoses :

$$C^{12}(H^2O)^{11} + H^2O = C^6(H^2O)^6 + C^6(H^2O)^6.$$

La *saccharose* se dédouble en *glycose* et *lévulose*.
La *lactose*   —   en *glycose* et *galactose*.
La *maltose*   —   en *glycose* et *glycose*.

1. La **saccharose** est soluble dans l'eau en toutes proportions, mais insoluble dans l'alcool absolu.

La saccharose est un sucre *dextrogyre*; son *pouvoir rotatoire* est :

$$[\alpha]_D = + 66°,5 \ [1]$$

la saccharose étant supposée anhydre.

Lorsqu'on fait bouillir la saccharose avec un acide minéral dilué, on obtient, nous venons de le dire, un mélange à poids égaux de glycose et de lévulose, c'est-à-dire un mélange à poids égaux de deux substances dont l'une, dextrogyre, a un pouvoir rotatoire égal à $+52°,6$; dont l'autre, lévogyre, a un pouvoir rotatoire égal à $-89°,9$. Le mélange à poids égaux de ces deux sucres a donc un pouvoir rotatoire gauche. Par conséquent, lorsqu'on fait bouillir avec un acide minéral dilué une solution de saccharose, *solution dextrogyre*, on obtient une *solution lévogyre*. Le *sens de la rotation* de la lumière polarisée a été *interverti*. La saccharose, dit-on, soumise, à la température d'ébullition, à l'action des acides minéraux dilués, est *intervertie*, ou, comme on dit encore, est transformée en *sucre interverti*. Le *sucre interverti*, il convient d'insister sur ce point, n'est pas une substance chimiquement unique : c'est un *mélange à poids égaux de glycose et de lévulose*.

---

température du bloc, et on projette de temps en temps quelques parcelles de la substance. Au moyen de 3 ou 4 essais, on parvient à déterminer la température la plus basse à laquelle la substance fond instantanément. C'est sa température de fusion.

1. La saccharose ne présente pas le phénomène de la birotation. — Son pouvoir rotatoire spécifique est fort peu modifié par la concentration ou par la température.

Les solutions aqueuses de saccharose peuvent être bouillies avec la liqueur de Fehling, ou avec les liqueurs bismuthiques alcalines, ou avec les mélanges d'alcalis et de sous-nitrate de bismuth sans les réduire : *la saccharose n'est pas un sucre réducteur. — Le sucre interverti*, résultant de l'action des acides minéraux dilués à l'ébullition sur la saccharose, étant un mélange de sucres réducteurs, *réduit la liqueur de Fehling et les liqueurs bismuthiques*. Si donc on veut doser dans une liqueur la saccharose, on doit commencer par faire l'interversion, puis on procède au dosage par réduction de la liqueur de Fehling. Pour calculer la quantité de saccharose, il suffit de savoir que 100 parties de saccharose, après interversion, ont un pouvoir réducteur égal à 95, celui de la glycose étant égal à 100, c'est-à-dire que 100 parties de saccharose intervertie réduisent la même quantité de liqueur de Fehling que 95 parties de glycose.

La saccharose enfin *n'est pas un sucre directement fermentescible*. Sans doute, lorsqu'on introduit de la levure de bière dans une solution de saccharose, il se développe une fermentation, donnant lieu à la production d'alcool et de gaz carbonique; mais cette fermentation comprend *deux phases successives* : 1° un *dédoublement*, avec fixation d'eau, de la saccharose en glycose et lévulose, une *interversion* de la saccharose par conséquent, produite par une *diastase*[1] engendrée par la levure de bière, diastase à laquelle on a donné le nom d'*invertine*, parce qu'elle possède la propriété d'intervertir la saccharose; — 2° une *fermentation* de la glycose et de la lévulose engendrées, produite par le ferment figuré. La saccharose ne fournit donc pas directement l'alcool et l'acide carbonique; elle doit être préalablement intervertie.

La réaction de la phénylhydrazine pratiquée comme il a été indiqué ci-dessus (p. 51) donne lieu à la production de phénylglycosazone, fusible à 230-232°, identique à celle engendrée dans l'action de la phénylhydrazine sur la glycose ou sur la lévulose.

---

1. Voir chapitre v, p. 106.

Le *dosage de la saccharose* peut se faire : 1° par *détermination du pouvoir rotatoire* dans les liqueurs ne contenant pas de substances autres que la saccharose, capables d'agir sur la lumière polarisée; — 2° par *réduction de la liqueur de Fehling* après interversion de la saccharose par un acide dilué, dans les liqueurs ne contenant pas d'autres substances réductrices : à cet effet, on peut, à 10 grammes de saccharose dissoute dans l'eau, ajouter 20 centimètres cubes d'une solution normale d'acide sulfurique (solution contenant 49 grammes SO^4H^2 par litre), compléter à 1 litre par addition d'eau et maintenir une demi-heure au bain-marie bouillant; — 3° enfin, dans les liqueurs ne contenant pas d'autres substances fermentescibles, par *détermination de la quantité du gaz carbonique produit dans la fermentation par la levure de bière*, car, en ne tenant pas compte de l'interversion produite par le ferment inversif, la réaction peut être représentée approximativement par la formule :

$$C^{12}(H^2O)^{11} + H^2O = 4(C^2H^6O) + 4CO^2.$$

A 100 parties de saccharose correspondent 51,45 parties de gaz carbonique.

2. La lactose est soluble dans l'eau, insoluble dans l'alcool absolu. C'est un sucre *dextrogyre*, *réducteur*, mais *non fermentescible*.

Son *pouvoir rotatoire*

$$[\alpha]_D = + 55°,2^{1},$$

la lactose étant supposée anhydre.

Fig. 16. — Ferment lactique et cristaux de lactate de chaux.

Son *pouvoir réducteur*, en supposant celui de la glycose égal à 100, est égal à 70.

L'invertine de la levure n'agit pas sur la lactose; la levure ne peut faire fermenter la lactose *ni directement, ni indirectement*. Pour obtenir une fermentation alcoolique de la lactose, il faut, ou bien employer certaines levures, autres que les espèces vulgaires de levure de bière, capables de sécréter une diastase, la *lactase*, pouvant dédoubler la lactose en glycose et galactose; ou bien dédoubler préalablement la lactose en glycose et galactose par ébullition en présence d'acides minéraux étendus. Nous notons que, dans le dédoublement

1. La lactose présente le phénomène de la birotation : le pouvoir rotatoire spécifique, aussitôt après la dissolution, est + 83°. — Son pouvoir rotatoire spécifique, sensiblement indépendant de la concentration, diminue avec la température.

de la lactose par hydrolyse, il y a augmentation du pouvoir réducteur et du pouvoir rotatoire.

Sous l'influence de divers microorganismes, nommés *ferments lactiques*, la lactose subit une transformation : elle donne de l'*acide lactique de fermentation* :

$$C^{12}(H^2O)^{11} + H^2O = 4(C^3H^6O^3).$$

Dans la réaction par la phénylhydrazine, la lactose donne des cristaux jaunes fusibles à 200°, insolubles dans l'eau froide, mais solubles dans l'eau bouillante.

Le *dosage de la lactose* peut se faire : 1° dans les liqueurs qui ne contiennent pas d'autres substances actives sur la lumière polarisée, par *détermination polarimétrique*; 2° dans les liqueurs qui ne contiennent pas d'autres substances réductrices que la lactose, par *réduction de la liqueur de Fehling*.

3. La **maltose** est soluble dans l'eau, soluble dans l'alcool absolu. C'est un sucre *dextrogyre*, *réducteur* et *fermentescible*.

A la température d'ébullition, la maltose est transformée par les acides minéraux dilués en glycose. La même transformation peut être obtenue par l'action d'une diastase, que produit notamment la levure de bière, et qu'on nomme la *maltase*.

La maltose possède au moins *qualitativement toutes les réactions principales de la glycose* : elle est dextrogyre, réductrice et fermentescible. La séparation et même la détermination de ces deux sucres présentent pour cette raison d'assez grandes difficultés.

La maltose peut être *distinguée de la glycose par son pouvoir rotatoire et par son pouvoir réducteur.*

La maltose, sucre dextrogyre, a un *pouvoir rotatoire.*

$$[\alpha]_D = + 144° \text{ [1]},$$

la maltose étant supposée anhydre.

Supposons qu'on fasse bouillir la maltose avec un acide

[1]. Le pouvoir rotatoire spécifique de la maltose, au moment où la solution vient d'être faite, est + 120° : il est donc plus petit qu'après vingt-quatre heures. On dit, dans ce cas, qu'il y a phénomène de *semi-rotation*.

minéral dilué, de façon à la dédoubler avec fixation d'eau en deux molécules de glycose :

$$C^{12}(H^2O)^{11} + H^2O = C^6(H^2O)^6 + C^6(H^2O)^6$$
$$342 \text{ gr.} + 18 \text{ gr.} = 180 \text{ gr.} + 180 \text{ gr.}$$

342 grammes de maltose fournissent 360 grammes de glycose ; — par conséquent 100 grammes de maltose fournissent $105^{gr},26$ de glycose. Or le pouvoir rotatoire de la glycose est $+52°,6$; donc, après dédoublement de la maltose, son pouvoir rotatoire sera devenu :

$$+ 144 \times \frac{105,26}{100} \times \frac{52,6}{144}$$

ou

$$\frac{105,26}{100} \times 52,6 \text{ soit } 53,8.$$

Lorsqu'on soumet à l'ébullition en présence d'acides minéraux étendus une solution de maltose, le pouvoir rotatoire de la solution se trouve réduit dans la proportion de 144 à 53,8 — ou approximativement, très approximativement, du triple au simple.

La maltose, sucre réducteur, a un *pouvoir réducteur* égal à 66, le pouvoir réducteur de la glycose étant égal à 100. Après ébullition en présence d'acides minéraux dilués, 100 grammes de maltose se sont transformés en 105 gr. 26 de glycose ; le pouvoir réducteur qui était 66 est devenu 105,26. Lors donc qu'on soumet à l'ébullition en présence d'acides minéraux étendus une solution de maltose, le pouvoir réducteur de la solution se trouve augmenté dans la proportion de 66 à 105 — ou approximativement, très approximativement, du simple au double.

Application des notions précédentes. — Une solution contenant un seul sucre est dextrogyre, réductrice et fermentescible : cette solution contient-elle de la glycose ou de la maltose?

Si, après ébullition de la solution avec un acide minéral étendu, le pouvoir rotatoire et le pouvoir réducteur ne sont pas modifiés, le sucre est de la glycose. Si, après ébullition avec un acide minéral étendu, le pouvoir rotatoire est diminué du triple au simple, et le pouvoir réducteur augmenté du simple au double, le sucre est de la maltose.

On conçoit aisément qu'il soit possible, en se fondant sur ces modifications des pouvoirs rotatoires et réducteurs, de reconnaître dans une liqueur, ne contenant pas d'autres substances réductrices ou douées de pouvoir rotatoire, la présence simultanée de glycose et de maltose, et de doser ces deux sucres.

La réaction de la phénylhydrazine, pratiquée comme il a été dit plus haut (p. 51), donne lieu à la production d'une phénylmaltosazone dont les cristaux fondent à 206°.

Dans une liqueur contenant à la fois de la glycose et de la maltose, on peut caractériser ces sucres et les isoler, en s'appuyant sur les propriétés différentes de leurs osazones : — la phénylglycosazone est insoluble dans l'eau froide, dans l'eau bouillante, dans la benzine, dans l'éther, dans l'alcool méthylique, dans l'acétone dilué de son volume d'eau ; la phénylmaltosazone est insoluble dans l'eau froide, mais soluble dans l'eau bouillante, insoluble dans la benzine et dans l'éther, mais soluble dans l'alcool méthylique et dans l'acétone dilué de son volume d'eau. Les cristaux de phénylglycosazone se présentent à l'examen microscopique

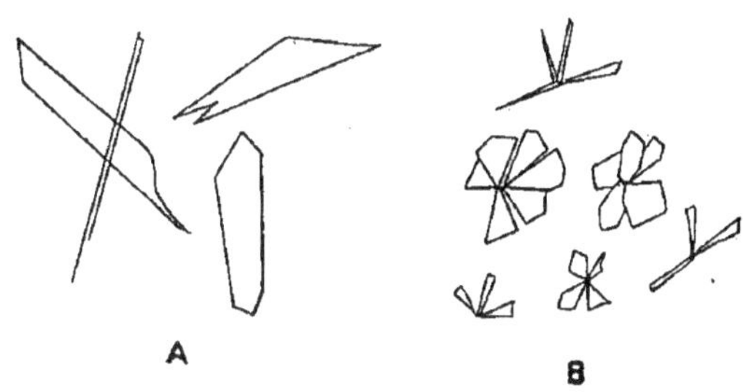

Fig. 17. — Cristaux microscopiques de glycosazone (d'après Grimbert) ; A, cristallisée en présence de phénylhydrazine ; B, recristallisée dans l'eau.

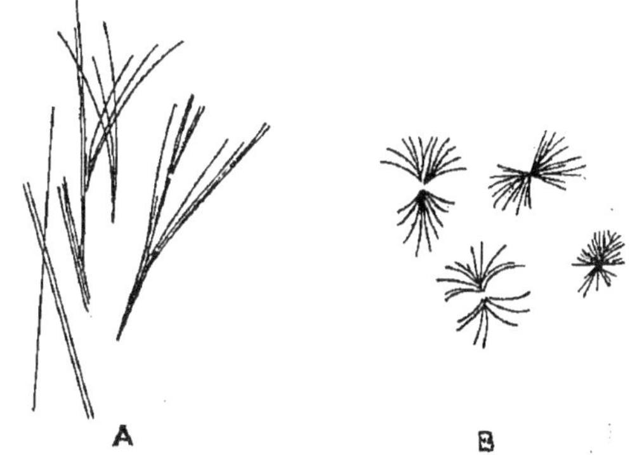

Fig. 18. — Cristaux microscopiques de maltosazone (d'après Grimbert) ; A, dans les solutions renfermant plus de 1/5000ᵉ de glycose ; B, dans les solutions à 1/10000ᵉ ou à 1/20000ᵉ.

en longues aiguilles groupées en branches de genêt ou (quand ils proviennent de liqueurs pauvres en glycose) en petits faisceaux, fondant à 230-232°. Les cristaux de phénylmaltosazone se présentent à l'examen microscopique en larges cristaux tabulaires allongés (d'autant plus larges qu'ils se sont formés en une solution plus riche en maltose), ces cristaux pouvant être isolés (quand ils proviennent directement de la préparation) ou groupés en rosaces (quand ils ont été purifiés par dissolution dans l'eau bouillante et refroidissement) fondant à 196-198°.

Ces notions permettent de caractériser et de séparer la glycose et la maltose contenues dans une même solution.

La liqueur glyco-maltosée est additionnée pour 20 centimètres cubes de 1 centimètre cube de phénylhydrazine purifiée et de 1 centimètre cube d'acide acétique, placée 1 heure au bain-marie bouillant, puis abandonnée au refroidissement. Les osazones sont séparées du liquide par filtration, lavées sur le filtre à l'eau froide, desséchées à 100°, lavées à la benzine jusqu'à ce que celle-ci passe incolore, et de nouveau desséchées à 100°.

Les osazones ainsi isolées et desséchées peuvent être séparées par l'un des deux procédés suivants : — 1° les osazones sont broyées dans un mortier avec un peu d'acétone additionné de son volume d'eau, et la masse est jetée sur un filtre : la liqueur acétonique entraîne la phénylmaltosazone; débarrassée par évaporation d'une partie au moins de l'acétone qu'elle contient, elle laisse déposer des cristaux de phénylmaltosazone qu'on caractérisera par leur forme, leur point de fusion, leurs solubilités; — 2° les osazones sont additionnées d'une petite quantité d'eau distillée et portées à l'ébullition; la liqueur filtrée bouillante entraîne la phénylmaltosazone qui cristallise par refroidissement, et qu'on caractérise comme ci-dessus.

Si l'on veut rechercher et caractériser la phénylglycosazone, il conviendra d'épuiser le mélange des osazones soit par l'acétone dilué de son volume d'eau, soit par l'eau bouillante, et dans le résidu de caractériser la glycosazone par la recherche de ses propriétés fondamentales.

La recherche réussit dans des liqueurs renfermant 1 p. 1000 de glycose et 1 p. 1000 de maltose.

III. — *Classe des amyloses ou polysaccharides*.

Parmi les *amyloses*, nous en étudierons trois :

$$\left\{ \begin{array}{l} \text{L'}amidon, \\ \text{Le } glycogène, \\ \text{Les } dextrines. \end{array} \right.$$

Ces hydrates de carbone, sous l'influence des *acides minéraux dilués*, par exemple de l'acide chlorhydrique à 5 p. 100, à la température d'ébullition, fixent de l'eau, et, après une série de transformations successives, donnent finalement un sucre appartenant au groupe des glycoses.

Les amyloses peuvent être dissoutes par l'eau. Elles ne dialysent pas : c'est là un caractère qui les sépare des sucres, lesquels dialysent très facilement; les amyloses sont des *substances colloïdes* (Voy. p. 75 ce qu'est une substance colloïde).

1. **L'amidon** existe dans les végétaux sous forme de grains microscopiques, formés de couches concentriques, disposées

autour d'un ou de plusieurs noyaux. Ces *grains*, examinés au microscope en lumière polarisée, présentant le *phénomène de la croix de polarisation*, c'est-à-dire une croix noire sur fond blanc, ou une croix blanche sur fond noir, suivant la position relative de l'appareil polarisateur et de l'appareil analyseur.

La forme, la structure, la grosseur des grains d'amidon varient avec leur origine botanique; elles sont très souvent caractéristiques de l'espèce dont ils proviennent (fig. 19).

L'amidon est insoluble dans l'eau, mais, chauffé avec de l'eau à une température d'au moins 70 à 80°, ou, mieux

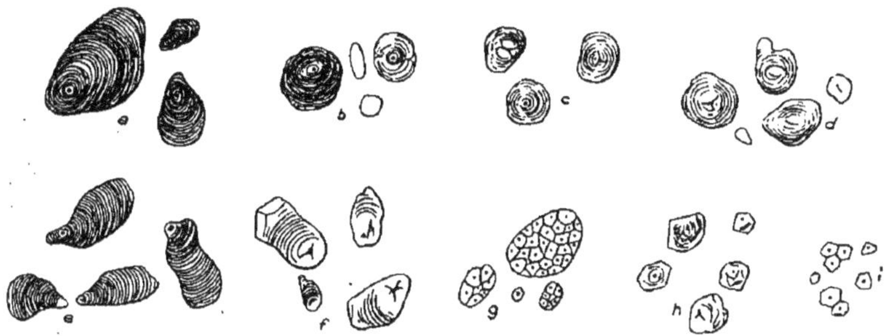

Fig. 19. — Grains d'amidon. — *a*, pomme de terre; *b*, blé; *c*, seigle; *d*, orge; *e*, curcuma leucorhiza (arrow-root des Antilles); *f*, fécule de sagou; *g*, avoine *h*, maïs; *i*, riz.

encore, bouilli avec de l'eau, il se gonfle en se transformant en *empois d'amidon*, un peu soluble dans l'eau. Les solutions obtenues sont opalescentes, visqueuses; elles traversent très difficilement et seulement partiellement les filtres de papier et les bougies de porcelaine dégourdie; elles ne dialysent pas à travers les sacs de papier parchemin ou de collodion. Ces solutions sont précipitées par l'alcool; l'amidon et l'empois d'amidon sont insolubles dans l'alcool.

Les solutions d'empois d'amidon *ne réduisent pas* la liqueur de Fehling et *ne fermentent pas* par la levure de bière. Bouillies avec des acides minéraux étendus, par exemple avec de l'acide chlorhydrique à 1 p. 100, elles donnent une série de produits de transformation et d'hydratation, des dextrines, de la maltose, de la glycose (phénomène de la *saccharification*). Lorsque l'ébullition a été prolongée pendant un temps suffisant, la liqueur ne renferme plus que de la glycose, les dextrines et la maltose étant elles-mêmes transformées en glycose par l'action des acides minéraux dilués à la température d'ébullition,

Si l'on ajoute à une solution d'empois d'amidon une *solution aqueuse d'iode* ou une *solution d'iode dans l'iodure de potassium*[1], on obtient une coloration bleue intense (*iodure d'amidon*)[2]. Lorsqu'on porte cette liqueur bleue à 70°, la coloration bleue disparaît, la liqueur devient incolore; par refroidissement, la coloration bleue reparaît, pour disparaître de nouveau à 70°, et ainsi de suite. De même, quand on fait agir l'eau iodée sur l'amidon solide, et même sur les grains naturels d'amidon, on obtient la coloration bleue d'iodure d'amidon.

L'amidon subit, sous l'influence d'une diastase sécrétée par l'orge germé (amylase), une transformation chimique : il donne des dextrines et de la maltose. La même transformation se produit sous l'influence de la ptyaline de la salive, et de l'amylopsine du suc pancréatique des animaux.

L'amidon est-il un individu chimique? C'est peu vraisemblable. C'est très probablement un mélange de plusieurs substances possédant des propriétés et des réactions plus ou moins semblables. On tend aujourd'hui à ranger ces substances en deux groupes : les amylocelluloses et les amylopectines; les *amylocelluloses* possédant la réaction iodée, se transformant en maltose par l'action de l'amylase de l'orge germé, n'ayant aucun caractère mucilagineux; les *amylopectines*, mucilagineuses, produisant la gélification de l'empois, ne donnant pas la réaction iodée et ne fournissant pas de maltose par l'action de l'amylase de l'orge germé.

A côté de l'amidon, il faut signaler l'*inuline*, qu'on trouve dans les tubercules de plusieurs plantes à la place d'amidon. L'inuline se dissout assez facilement dans l'eau bouillante sans donner d'empois. La solution est précipitée par l'alcool; elle ne donne pas la réaction bleue de l'iodure d'amidon. Les diastases amylolytiques sont sans action sur l'inuline.

1. Une telle solution est obtenue en dissolvant, dans 200 grammes d'eau distillée, 2 grammes d'iodure de potassium et 1 gramme d'iode (*liqueur iodo-iodurée*);

2. Cela ne veut pas dire que la coloration bleue correspond à une combinaison d'amidon et d'iode comparable aux iodures; — cela ne veut même pas dire qu'il y ait combinaison chimique de l'amidon et de l'iode; — mais simplement qu'on obtient la coloration bleue par l'action de l'iode sur l'amidon.

Les acides minéraux dilués bouillants transforment l'inuline en lévulose, non en glycose.

2. Le glycogène, ou **amidon animal**, est une substance possédant des propriétés colloïdes, soluble dans l'eau, insoluble dans l'alcool (l'alcool, ajouté jusqu'à ce que la liqueur en contienne 66 p. 100, précipite totalement le glycogène), insoluble dans l'éther, non dialysable. Les solutions aqueuses de glycogène sont des liqueurs fortement opalescentes. Le glycogène *ne réduit pas* la liqueur de Fehling, et *ne fermente pas* sous l'influence de la levure de bière.

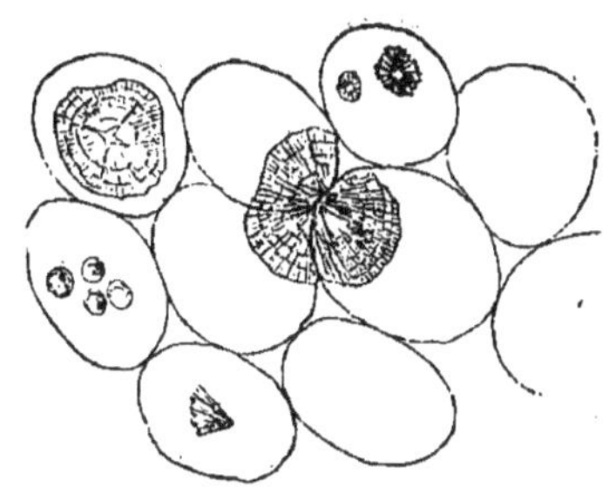

Fig. 20. — Inuline précipitée par l'alcool dans les cellules du tubercule de l'hélianthus tuberosus (d'après Beauregard et Galippe).

Bouilli avec les acides minéraux étendus, par exemple avec de l'acide chlorhydrique à 5 p. 100, le glycogène subit des transformations analogues à celles que subit, dans les mêmes conditions, l'amidon : la solution perd d'abord son opalescence ; il se produit des dextrines et de la maltose, puis de la glycose.

Bouilli avec les alcalis caustiques, le glycogène ne subit aucune modification.

Le glycogène en solution est dextrogyre :

$$[\alpha]_D = + 200° \text{ environ.}$$

Lorsqu'on ajoute à une solution de glycogène un peu de liqueur iodo-iodurée (Voy. p. 60, note 1), la solution prend une coloration *brun-acajou*. Le glycogène en poudre ou les dépôts de glycogène dans les tissus se colorent de même par cette liqueur. Cette coloration brun-acajou disparaît vers 70°, pour reparaître pendant le refroidissement. L'eau iodée ne donne pas cette réaction colorée, au moins avec les solutions de glycogène.

3. Les **dextrines** sont solubles dans l'eau, insolubles dans l'alcool absolu ; leurs solutions aqueuses ne sont pas opalescentes.

On a soutenu l'opinion que les dextrines sont douées d'un *pouvoir réducteur*, faible d'ailleurs. Il est vraisemblable que les dextrines réductrices sont des dextrines souillées d'impuretés réductrices : à mesure, en effet, qu'on les a préparées plus pures, on a constaté une diminution, et parfois même une suppression totale de ce pouvoir réducteur. On peut admettre que les dextrines ne sont pas réductrices.

Les dextrines *ne fermentent pas* par la levure de bière; elles ne fermentent qu'après avoir été saccharifiées.

Les acides dilués, à l'ébullition, les transforment. Il se produit d'abord de nouvelles dextrines et de la maltose; — et finalement de la glycose, et rien que de la glycose, tous les produits intermédiaires étant transformables en glycose dans ces conditions (saccharification).

Parmi les dextrines, les unes se colorent en rouge par l'eau iodée ou par la liqueur iodo-iodurée : on leur a donné le nom d'*érythrodextrines*; les autres ne se colorent pas par ce réactif : on les a appelées *achroodextrines*.

CHAPITRE IV

LES SUBSTANCES PROTÉIQUES

ALBUMINOÏDES, PROTÉIDES, ALBUMOÏDES.

SOMMAIRE. — I. SUBSTANCES ALBUMINOIDES. — Qu'est-ce qu'une substance albuminoïde? Homogénéité du groupe albuminoïde : constitution et *réactions de coloration*. Quelques réactions de coloration des substances albuminoïdes : réaction xanthoprotéique; réaction du biuret; réaction de Millon. Notions générales sur la *constitution chimique* des substances albuminoïdes. Acides mono- et diaminés. Protamines. Les substances albuminoïdes sont des *substances colloïdes*. Qu'est-ce qu'une substance colloïde? Colloïdes minéraux et colloïdes albuminoïdes; atténuation du caractère colloïdal. Classification physiologique des substances albuminoïdes : substances albuminoïdes naturelles, substances albuminoïdes de transformation. — A. *Substances albuminoïdes naturelles : réactions de précipitations*, acides minéraux, sels neutres, ferrocyanure de potassium acétique, alcool, tannin acétique, acides phosphomolybdique et phosphotungstique, liqueur de Brücke chlorhydrique, réactif de Tanret, acide picrique, acide trichloracétique. Choix du réactif précipitant. Les substances albuminoïdes naturelles sont coagulables. Qu'est-ce qu'une *coagulation*? Précipitation et coagulation. Caractères distinctifs des *albumines* et des *globulines*. Valeur de ces caractères. Applications : une substance albuminoïde naturelle est-elle une albumine ou une globuline? Comment peut-on séparer une albumine d'une globuline? — B. *Substances albuminoïdes de transformation*. Trois groupes intéressants : *a*. Substances albuminoïdes coagulées. *b*. Alcalialbuminoïdes et acidalbuminoïdes. *c*. *Protéoses*. α. Propriétés des protéoses : solubilités et précipitations. β. Propeptones et peptones. Les trois réactions propeptoniques. γ. Protéoses vraies et peptone de Kühne. Les stades de la peptonisation.

II. PROTÉIDES. — Qu'est-ce qu'une protéide? Trois groupes intéressants : hémoglobine, glycoprotéides, nucléoalbuminoïdes. *a*. Qu'est-ce qu'une *glycoprotéide*? Mucines et mucoïdes. Propriétés principales des mucines. *b*. Qu'est-ce qu'une *nucléoalbuminoïde* et une paranucléoalbuminoïde? Leurs principales propriétés. Qu'est-ce qu'une nucléine et une paranucléine? — Nucléoprotéides et paranucléoprotéides. Diprotéides. —

Acides nucléiques et bases nucléiniques ou xanthiques. — Acides para-nucléiques. — Nucléoprotamines. — Nucléohistone.

III. ALBUMOIDES. — Gélatine; élastine.

On désigne sous le nom de *substances protéiques* un grand nombre de corps, essentiellement composés de carbone, d'hydrogène, d'oxygène, d'azote et de soufre, entrant dans la constitution des organismes vivants. Donner une définition précise du groupe protéique n'est pas chose possible, dans l'état actuel de la science. Mais nous pouvons admettre qu'ils constituent une famille naturelle : physiologiquement, car ils dérivent les uns des autres dans l'organisme; chimiquement, car on trouve les mêmes substances dans leurs produits de décomposition.

Nous étudierons d'abord, comme types de ce groupe de substances, les *albuminoïdes*, qui constituent une classe naturelle; — et nous indiquerons ensuite les principales propriétés des autres substances protéiques, en les comparant à celles des substances albuminoïdes.

I. — SUBSTANCES ALBUMINOIDES

1. Ce sont des substances *essentiellement constituées de carbone, hydrogène, oxygène, azote et soufre*[1]. La proportion de ces différents éléments varie d'une substance albuminoïde à l'autre, mais dans des limites assez étroites[2] :

$$
\begin{array}{llll}
\text{C} & \text{de } 50,6 \text{ à } 54,5 & \text{p. } 100. \\
\text{H} & \text{de } 6,5 \text{ à } 7,3 & — \\
\text{Az} & \text{de } 15,0 \text{ à } 17,6 & — \\
\text{O} & \text{de } 21,5 \text{ à } 23,5 & — \\
\text{S} & \text{de } 0,3 \text{ à } 2,2 & —
\end{array}
$$

1. Nous avons indiqué au chapitre Ier, p. 2, les méthodes à employer pour reconnaître si une substance organique est azotée, sulfurée.

2. L'analyse élémentaire des substances albuminoïdes n'a pas d'importance au point de vue de la connaissance de leur constitution moléculaire, de leur classification et de leurs relations réciproques. — Ce qui est important c'est la connaissance des principaux groupements atomiques entrant dans la constitution de leur molécule; il en sera parlé ci-dessous (Voy. p. 68).

3. La molécule d'albuminoïde contient au moins 2 atomes de soufre; en effet une partie du soufre, mais seulement une partie, passe à l'état de sulfure alcalin quand

Les substances albuminoïdes possèdent un pouvoir rotatoire gauche.

2. Les différentes substances dites albuminoïdes donnent, sous l'influence de certains agents destructeurs, *les mêmes produits de décomposition*.

C'est ainsi que la vapeur d'eau sous pression à haute température, les alcalis et les acides minéraux dilués (10 p. 100 par exemple), à la température d'ébullition, décomposent la molécule albuminoïde et donnent de l'ammoniaque, de l'hydrogène sulfuré et des acides aminés, qui sont la leucine (ou acide aminocaproïque), la tyrosine (ou acide paraoxyphénylaminopropionique), l'acide aspartique (ou acide aminosuccinique), etc. — C'est ainsi que la baryte caustique, à température élevée, 150° à 250°, et en vase clos, décompose les substances albuminoïdes en ammoniaque, gaz carbonique, acide acétique, acide oxalique, leucines (acides de la formule $C^nH^{2n+1}AzO^2$), leucéines (acides de la formule $C^nH^{2n-1}AzO^2$), tyrosine, etc. — C'est ainsi que les alcalis caustiques (potasse par exemple) détruisent les substances albuminoïdes, en donnant de l'ammoniaque, du gaz carbonique, de l'acide acétique, de l'acide oxalique, du phénol, de l'indol, du scatol, etc. — C'est ainsi que, par la putréfaction, toutes les substances albuminoïdes se décomposent, en donnant de l'ammoniaque, du gaz carbonique, de l'hydrogène sulfuré, de la leucine, de la tyrosine, de l'indol, du scatol, etc. — C'est ainsi enfin que, sous l'influence des diastases protéolytiques, les substances albuminoïdes fournissent des produits divers, analogues sinon identiques pour les diverses substances albuminoïdes, variables d'ailleurs selon la nature de la diastase agissante.

3. Enfin, toutes les substances dites albuminoïdes, qu'elles soient en solution, ou qu'elles soient à l'état solide, présentent une même série de *réactions de coloration*. Parmi ces réactions de coloration, nous indiquerons seulement les suivantes, qui sont le plus fréquemment employées par les physiologistes.

---

on fait agir une lessive alcaline bouillante sur la substance albuminoïde. Le reste ne peut être enlevé que par l'action combinée d'alcali caustique et de salpêtre à la température de fusion.

a. **Réaction xanthoprotéique.** — Sous l'influence de l'acide nitrique, à froid déjà, mais mieux à l'ébullition, les substances albuminoïdes ou leurs solutions se colorent en jaune-serin très clair. — Sous l'influence des alcalis caustiques, ajoutés jusqu'à réaction alcaline, les substances albuminoïdes ou leurs solutions jaunies par l'acide nitrique prennent une coloration jaune orangé foncé, à la température ordinaire, ou à l'ébullition.

Supposons une substance albuminoïde à l'état solide; mettons-la en suspension dans l'eau : additionnons cette eau de quelques centièmes d'acide nitrique et portons à l'ébullition : les flocons albuminoïdes prennent rapidement la coloration jaune. — Faisons refroidir et laissons couler sur les parois du tube, dans lequel s'est produite la réaction, une solution d'ammoniaque caustique, nous verrons les flocons albuminoïdes flottant dans les couches supérieures du liquide, alcalinisées par la solution d'ammoniaque, prendre la coloration jaune orangé, tandis que les flocons albuminoïdes flottant dans les couches inférieures conservent leur coloration jaune-serin très clair.

Supposons une solution d'une substance albuminoïde : ajoutons quelques centièmes d'acide nitrique; tantôt il se produit un précipité, tantôt il ne s'en produit pas, peu importe. Portons à l'ébullition; tantôt le précipité formé à froid se dissout, tantôt il ne se dissout pas, peu importe. Lorsque l'ébullition aura duré quelques instants, les flocons albuminoïdes en suspension, ou le liquide albuminoïde prennent une coloration jaune-serin. — Après refroidissement, l'addition d'alcalis caustiques, d'ammoniaque caustique par exemple, détermine la production d'une coloration orangée soit des flocons, soit du liquide. En versant l'ammoniaque avec précaution dans le tube à essai, les parties supérieures seules deviennent alcalines, car la solution d'ammoniaque très légère ne se mélange que lentement et difficilement au liquide sous-jacent : les parties inférieures restent acides, et on observe très nettement dans les couches supérieures des flocons ou une liqueur jaune orangé foncé, dans les couches inférieures des flocons ou une liqueur jaune-serin pâle.

b. **Réaction du biuret.** — Lorsqu'on traite les substances albuminoïdes ou leurs solutions par un très grand excès d'une lessive concentrée d'alcali caustique fixe (potasse ou soude), et par une très petite quantité d'une solution très diluée de sulfate de cuivre, la substance albuminoïde ou la solution albuminoïde se colorent en bleu violacé ou rosé. Cette réaction permet de déceler la présence de substances albuminoïdes dans des liqueurs qui n'en renferment que 1 p. 10 000.

Supposons une substance albuminoïde solide, plongeons-la pendant quelques instants dans une assez grande quantité d'une solution de sulfate de cuivre à 1 p. 100 : elle prend une très légère coloration d'un bleu très pur (sans mélange de rose ou de violet). Retirons cette substance de la solution cuivrique, et plongeons-la dans une assez grande quantité d'une lessive de soude caustique à 30 p. 100 : nous voyons la coloration bleu pur passer au bleu violacé ou rosé, en augmentant d'intensité.

Supposons une solution albuminoïde; ajoutons à cette solution au moins un égal volume, ou mieux encore 4 à 5 volumes d'une lessive de soude caustique à 30 p. 100 et quelques gouttes d'une solution de sulfate de cuivre à 1 p. 100 : nous verrons la liqueur prendre une coloration bleu violacé. — On peut encore opérer d'une autre façon : dans un tube à essai, ajoutons à une lessive de soude caustique à 30 p. 100 quelques gouttes d'une solution de sulfate de cuivre à 1 p. 100 : nous obtenons une liqueur très dense, d'un bleu pur. Versons au-dessus de cette liqueur la solution albuminoïde : celle-ci, beaucoup moins dense en général, ne se mélange pas avec la liqueur bleue. Après quelques instants de contact, on voit au niveau de la séparation des deux liqueurs une zone d'un bleu violacé ou rosé, d'autant plus facile à reconnaître qu'elle est en contact avec une liqueur d'un bleu pur.

c. **Réaction de Millon.** — Le *réactif de Millon* (solution d'azotate de mercure dans l'acide nitrique nitreux) détermine dans les solutions des substances albuminoïdes la formation d'un précipité blanc. Ce précipité, abandonné dans la liqueur où il a pris naissance, se colore en rouge-brique, lentement à la température ordinaire, rapidement à la température d'ébullition. Les substances albuminoïdes à l'état solide, plongées dans le réactif de Millon, se colorent en brun rougeâtre, lentement à la température ordinaire, rapidement à l'ébullition. La réaction de coloration de Millon se manifeste encore dans les liqueurs contenant 1 p. 2 500 de substances albuminoïdes. La réaction colorée de Millon est en rapport avec le groupement tyrosine contenu dans la molécule albuminoïde : elle se produit en effet quand on fait agir le réactif de Millon sur la tyrosine elle-même, et elle ne se produit pas avec les substances protéiques dans la molécule desquelles n'entre pas le groupement tyrosine.

Pour obtenir le réactif de Millon, on dissout 1 partie de mercure en poids dans 2 parties d'acide nitrique de densité 1,42 d'abord à froid, puis en élevant légèrement la température. Après dissolution totale du mercure, on ajoute à 1 volume de cette solution 2 volumes d'eau; on abandonne au repos pendant quelques heures et on sépare par décantation le liquide du précipité, s'il s'en est produit un par addition d'eau.

Le réactif de Millon ne doit être employé que dans des liquides qui ne précipitent pas le sel mercurique. Si, par exemple, on traitait par la liqueur de Millon une solution albuminoïde contenant une forte proportion d'un sel qui, comme le phosphate de soude ou le chlorure de sodium, donne un précipité insoluble ou peu soluble avec les sels de mercure, la réaction ne se produirait plus avec la même netteté.

Aucune de ces réactions prise isolément n'est caractéristique des substances albuminoïdes; il est en conséquence de toute nécessité, pour établir, au moyen des réactions colorées, la nature albuminoïde d'une substance donnée, d'obtenir un résultat positif avec les divers réactifs colorés, et au moins avec les trois que nous venons d'indiquer.

Il n'est pas possible, à l'heure présente, de donner une formule de constitution des substances albuminoïdes; on ne connaît pas, en effet, tous les groupements atomiques qui entrent dans la composition de leur molécule extrêmement complexe; on ne connaît pas les proportions relatives des groupements actuellement isolés; on connaît moins encore les relations chimiques de ces groupements. Toutefois on a pu retirer, par des moyens appropriés, de la molécule albuminoïde un certain nombre de corps de composition simple et connue, corps qui présentent des relations évidentes avec les produits de désassimilation des substances albuminoïdes dans l'organisme et qui, pour cette raison, méritent de retenir l'attention du physiologiste.

En étudiant les produits de dédoublement des substances albuminoïdes par la vapeur d'eau surchauffée, par les alcalis caustiques ou par les acides minéraux bouillants, par la trypsine pancréatique et autres diastases protéolytiques et par les agents de la putréfaction, on a reconnu l'existence de nombreuses substances, parmi lesquelles les plus importantes au point de vue physiologique sont les suivantes : 1° des acides monoaminés; 2° des acides diaminés; 3° de l'arginine; 4° du tryptophane; 5° des substances hydrocarbonées, etc.

Dans les produits de décomposition de toutes les substances albuminoïdes on trouve des ACIDES MONOAMINÉS.

La nature et les proportions de ces acides monoaminés trouvés varient selon la nature de la substance albuminoïde considérée. Les principaux de ces acides monoaminés sont : le *glycocolle*[1], la *tyrosine*, la *leucine*, l'*acide aspartique*, et accessoirement l'alanine et la phénylalanine, l'acide aminobutyrique, l'acide glutamique, etc.

Le *glycocolle* ou *glycine*, produit de dédoublement de la gélatine, est l'acide aminoacétique $CH^2(AzH^2)\text{-}CO^2H$; — il faut en rapprocher l'alanine ou acide α-aminopropionique $CH^3\text{-}CH(AzH^2)CO^2H$; l'acide aminobutyrique $CH^3\text{-}CH^2\text{-}CHAzH^2\text{-}CO^2H$.

La *leucine*, produit de dédoublement de la plu-

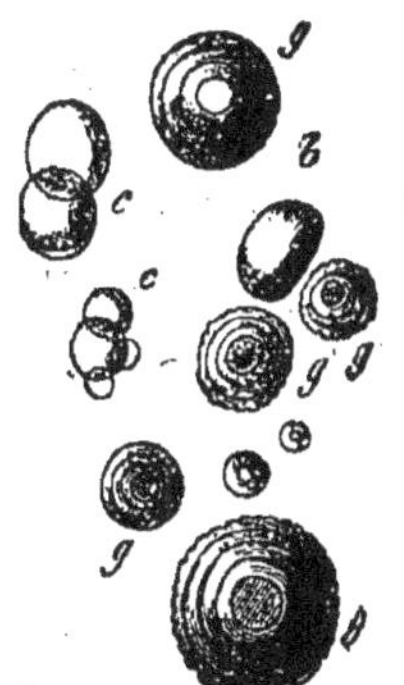

Fig. 21. — Leucine.

Fig. 22. — Tyrosine.

part des substances albuminoïdes, est un acide aminocaproïque ; c'est, si l'on tient compte de sa constitution, l'acide α-amino-isobutylacétique.

$$(CH^3)^2 = CH\text{-}CH^2\text{-}CH(AzH^2)\text{-}CO^2H.$$

La *tyrosine*, qu'on trouve dans les produits de dédouble-

---

1. Le glycocolle n'existe pas dans les produits d'hydrolyse des substances albuminoïdes proprement dites, on ne le trouve que parmi les produits d'hydrolyse des substances albumoïdes du groupe de la gélatine. — Dans l'étude faite ici, nous réunissons toutes les substances dérivées des substances protéiques, qu'elles soient albuminoïdes ou albumoïdes.

ment des substances albuminoïdes, mais non de la gélatine, est un acide *p.*-hydroxyphényl-α-aminopropionique; — chimiquement, elle se rattache à la phénylalanine, et par elle à l'alanine, homologue supérieur du glycocolle. — L'alanine, acide α-aminopropionique, répond à la constitution

$$CH^3\text{-}CH(AzH^2)\text{-}CO^2H;$$

la phénylalanine, ou acide β-phényl-α-aminopropionique, répond à la constitution

$$C^6H^5\text{-}CH^2\text{-}CH(AzH^2)\text{-}CO^2H;$$

la tyrosine [1] répond à la constitution

$$_{p.}C^6H^4(OH)CH^2\text{-}CH(AzH^2)\text{-}CO^2H.$$

L'*acide aspartique* est un acide aminosuccinique; il dérive donc d'un acide bibasique et est lui-même acide bibasique; il répond à la formule

$$CO^2H\text{-}CH^2\text{-}CH(AzH^2)\text{-}CO^2H.$$

On doit en rapprocher l'acide glutamique, qu'on a également trouvé parmi les produits issus des substances albuminoïdes. Cet acide glutamique ou aminoglutarique répond à la constitution

$$CO^2H\text{-}CH^2\text{-}CH^2\text{-}CH(AzH^2)\text{-}CO^2H.$$

Enfin, dans cette série des acides monoaminés, nous plaçons un acide oxyaminé, la *sérine* qu'on a pu retirer d'abord des albuminoïdes de la soie, et depuis, de quelques autres albuminoïdes. La sérine est intéressante de par ses relations avec la cystine urinaire. L'alanine, nous l'avons vu, est

---

1. Dans les produits de la putréfaction des substances albuminoïdes, on trouve, au moins parfois, de l'acide paraoxyphénylacétique et de l'acide phénylacétique, qui se rattachent respectivement à la tyrosine et à la phénylalanine de façon très intime, comme il résulte de la comparaison de leurs formules de constitution :

$$C^6H^4 \begin{cases} OH \\ CH^2\text{-}CO^2H \end{cases}$$
Ac. paraoxyphénylacétique.

$$C^6H^4 \begin{cases} OH \\ CH^2\text{-}CH(AzH^2)\text{-}CO^2H \end{cases}$$
tyrosine.

$$C^6H^5\text{-}CH^2\text{-}CO^2H$$
Ac. phénylacétique.

$$C^6H^5\text{-}CH^2\text{-}CH(AzH^2)\text{-}CO^2H$$
phénylalanine.

un acide aminopropionique $CH^3\text{-}CHAzH^2\text{-}CO^2H$; la sérine qui n'en diffère que par substitution de OH à H dans le groupe CH^3 est un acide oxyaminopropionique $CH^2OH\text{-}CHAzH^2CO^2H$. Si, dans le groupement alcoolique, on substitue S à O, on obtient la cystéine $CH^2SH\text{-}CHAzH^2\text{-}CO^2H$. Ce corps n'existe pas parmi les produits de dédoublement des albuminoïdes, mais ces produits contiennent un corps résultant de la soudure de 2 molécules de cystéine, la cystine[1].

$$S\text{-}CH^2\text{-}CHAzH^2\text{-}CO^2H$$
$$|$$
$$S\text{-}CH^2\text{-}CHAzH^2\text{-}CO^2H$$

Les substances albuminoïdes fournissent à la décomposides ACIDES DIAMINÉS, dont les principaux représentants sont la *lysine*, l'*ornithine* et l'acide diaminoacétique.

La *lysine* est un acide 1-5 diaminocaproïque $CH^2(AzH^2)\text{-}CH^2\text{-}CH^2\text{-}CH^2\text{-}CH(AzH^2)\text{-}CO^2H$; on l'a trouvée parmi les produits de transformation de la caséine par l'acide chlorhydrique. Elle présente un grand intérêt à cause de ses relations avec une ptomaïne bien connue, la cadavérine ou pentaméthylène-diamine

$$CH^2AzH^2\text{-}(CH^2)^3\text{-}CH^2AzH^2.$$

En soumettant la lysine à l'action des agents de putréfaction, on produit de la cadavérine ; or, cette ptomaïne prend naissance dans la putréfaction des substances albuminoïdes, ce qui confirme l'existence du groupement lysine dans leur molécule.

L'*ornithine* est un acide 1-4 diaminovalérianique $CH^2AzH^2\text{-}CH^2\text{-}CH^2\text{-}CHAzH^2\text{-}CO^2H$. On ne l'a pas obtenue *in vitro* par dédoublement des albuminoïdes, mais on peut l'obtenir *in vivo* combinée à l'acide benzoïque. Quand on injecte, chez les mammifères, de l'acide benzoïque, il apparaît dans les urines sous forme d'acide hippurique ou benzoate de glycocolle, entraînant ainsi, en le préservant des transformations qu'il subit normalement dans l'organisme, le glycocolle que

---

1. Cette cystine est, on le voit par sa formule de constitution, un acide bibasique diaminé.

nous avons pu dériver *in vitro* des substances albuminoïdes. Quand on injecte, chez les oiseaux, de l'acide benzoïque, on trouve dans les urines de l'acide ornithurique, ou benzoate d'ornithine; on peut donc admettre, par analogie, que, chez les oiseaux, l'acide benzoïque a préservé de la destruction un chaînon détaché de la molécule albuminoïde, l'ornithine.

L'acide diaminoacétique $\frac{AzH^2}{AzH^2}{>}CH\text{-}CO^2H$, trouvé dans les produits de dédoublement de la caséine, est intéressant à cause de ses rapports possibles avec l'allantoïne. L'expérience physiologique a appris que divers acides aminés introduits dans l'organisme s'y transforment en acides uraminés par addition d'acide cyanique; si l'on admet une telle transformation pour l'acide diaminoacétique, ce dernier fournirait de l'acide allantoïque

$$\begin{array}{l} AzH - CO\text{-}AzH^2 \\ {>}CH\text{-}COOH \\ AzH - CO\text{-}AzH^2 \end{array}$$

dont l'allantoïne est un anhydride

$$\begin{array}{l} AzH\text{-}CO\text{-}AzH \\ {>}CH\text{-}CO \\ AzH\text{-}CO\text{-}AzH^2 \end{array}$$

On a pu retirer des substances albuminoïdes un corps extrêmement important, L'ARGININE $C^6H^{14}Az^4O^2$. Cette arginine, traitée par l'hydrate de baryte à l'ébullition, se transforme en urée et en ornithine par fixation des éléments d'une molécule d'eau; cette même transformation se produit sous l'influence de l'arginase, diastase qui existe dans divers tissus de l'organisme, et notamment dans la muqueuse intestinale. On peut considérer l'arginine comme résultant de l'union de l'ornithine et de la cyanamide $CAz\text{-}AzH^2$: sa synthèse, en partant de ces deux corps, a d'ailleurs été réalisée récemment. Sa constitution serait dès lors soit

$$\frac{AzH^2}{AzH}{>}C\text{-}AzH\text{-}(CH^2)^3\text{-}CHAzH^2\text{-}CO^2H.$$

soit

$$CH^2(AzH^2)\text{-}(CH^2)^2\text{-}CH(AzH^2)(CAz\text{-}AzH^2)\text{-}CO^2H.$$

L'existence, dans la molécule d'arginine, du groupement $(CAz-AzH^2)$ générateur d'urée $CO(AzH^2)^2$ par hydratation, sa nature d'acide aminé[1], qui la rattache aux corps précédemment indiqués, nous font comprendre l'importance extrême de ce corps.

Dans les produits de la digestion tryptique des substances albuminoïdes, on trouve du TRYPTOPHANE. Ce corps est intéressant à cause de ses relations chimiques avec le scatol et avec l'indol, dont on trouve des dérivés dans les produits de putréfaction des substances albuminoïdes, et dans l'urine normale : dans les produits de putréfaction, on trouve de l'acide scatolacétique, et, au moins parfois, de l'acide scatolcarbonique et de l'acide indolcarbonique; dans l'urine, on trouve de l'acide indoxylsulfurique. Les recherches chimiques récentes ont conduit à donner au tryptophane l'une des formules de constitution suivantes :

$$C^6H^4 \diamond CH \quad \text{avec} \quad C.CH^2.CHAzH^2\text{-}CO^2H \quad \text{et} \quad AzH$$

ou

$$C^6H^4 \diamond CH \quad \text{avec} \quad C.CH(AzH^2).CH^2.CO^2H \quad \text{et} \quad AzH$$

qui est ainsi un acide indolaminopropionique[2].

On a enfin retiré de la plupart des substances albuminoïdes, — mais non de toutes (la caséine notamment n'en donne

[1]. L'arginine pourrait fort bien être rangée dans le groupe des acides diaminés; on ferait alors dans ce groupe deux sous-groupes, celui des acides diaminés libres (lysine), celui des acides diaminés combinés (arginine).

[2]. L'indol répond à la constitution $C^6H^4 \diamond CH$ (avec CH et AzH); le scatol ou méthylindol à la constitution $C^6H^4 \diamond CH$ (avec C.CH³ et AzH); l'acide scatolcarbonique à la constitution $C^6H^4 \diamond C.CO^2H$ (avec C.CH³ et AzH) et l'acide scatolacétique à la constitution $C^6H^4 \diamond C.CH^2.CO^2H$ (avec C.CH³ et AzH).

pas) — des substances appartenant au groupe des hydrates
de carbone, soit des glycoses, soit des glycoses aminées. Mais
l'étude de ces produits hydrocarbonés du dédoublement de
la molécule albuminoïde est encore peu avancée; il nous
suffira donc d'avoir indiqué leur existence.

Il existe dans la molécule albuminoïde d'autres groupe-
ments plus ou moins importants, mais leur étude n'est
qu'amorcée et leur importance physiologique n'est encore
que soupçonnée. Nous n'avons donc pas à en parler ici.

On a étudié, dans le cours des dernières années, un groupe
important de corps, dits PROTAMINES, qu'on a considérés,
avec raison semble-t-il, comme des substances albuminoïdes
réduites à la structure la plus simple qui soit possible, et
dont les albuminoïdes naturelles ordinaires pourraient être
considérées comme dérivant par adjonction de groupements
atomiques supplémentaires. Les protamines sont des sub-
stances qu'on a retirées de la laitance des poissons[1]; les
principaux représentants de cette classe de corps sont : la sal-
mine (du saumon), la sturine (de l'esturgeon), la clupéine
(du hareng), la cycloptérine (du cycloptérus), etc. Ces prota-
mines doivent être considérées comme des substances albumi-
noïdes : en effet, elles donnent la réaction du biuret d'une
part; et, d'autre part, elles fournissent, sous l'influence des
liquides digestifs et notamment des liquides tryptiques, des
corps appelés *protones*, qui sont aux protamines ce que les
protéoses sont aux albuminoïdes.

Lorsqu'on soumet à l'action des agents hydrolysants la
clupéine et la salmine, qui sont les plus simples des prota-
mines connues, on obtient essentiellement de l'arginine et de
l'acide monoaminovalérique. Lorsqu'on hydrolyse la clycop-
térine, on obtient essentiellement de l'arginine et trois acides

---

1. Les protamines ne sont pas toujours à l'état de liberté chimique dans la lai-
tance des poissons. Elles existent, peut-être toujours, au moins certainement par-
fois, à l'état de combinaison avec des substances protéiques ayant les caractères
généraux de l'histone (Voy. ci-dessous, p. 103).

monoaminés, acide aminovalérique, tyrosine et scatolglycine. Lorsqu'on hydrolyse la sturine, on obtient essentiellement de l'acide monoaminovalérique, et trois bases, l'arginine, la lysine et l'histidine[1].

Les mêmes produits d'hydrolyse se retrouvant d'une part dans les protones résultant de l'action des ferments digestifs sur les protamines, d'autre part, accompagnés des autres substances que nous avons signalées ci-dessus, dans les substances albuminoïdes, on peut admettre que les protamines résultent de l'union de plusieurs molécules de protones, formées elles-mêmes de l'union d'un ou de plusieurs acides monoaminés avec une ou plusieurs bases hexoniques; et que, d'autre part, les substances albuminoïdes peuvent être considérées comme formées d'un noyau protaminique, auquel sont venus se greffer un certain nombre des groupements signalés précédemment.

Les substances albuminoïdes sont des *substances colloïdes*. — Qu'est-ce qu'une substance colloïde?

Certaines substances, telles que les sels métalliques, le chlorure de sodium par exemple, telles que les sucres, la glycose par exemple, etc., possèdent la propriété de traverser les membranes de papier parchemin, de *dialyser* : supposons séparées par une lame de papier parchemin de l'eau distillée d'une part et une solution de sel ou de sucre d'autre part; le sel ou le sucre ne tardent pas à traverser la lame parcheminée pour se répandre dans l'eau distillée. Comme les substances qui possèdent la propriété de dialyser peuvent en général être facilement obtenues sous forme cristalline, on les appelle *cristalloïdes*.

D'autres substances, telles que l'empois d'amidon, le glycogène, les substances albuminoïdes, etc., *ne dialysent pas* : elles ne peuvent traverser une membrane de papier par-

----

1. Ces trois bases sont réunies sous le nom de *bases hexoniques*; elles doivent ce nom à ce qu'elles contiennent six atomes de carbone dans leur molécule arginine $C^6H^{14}Az^4O^2$, lysine $C^6H^{14}Az^2O^2$, histidine $C^6H^9Az^3O^2$.

chemin pour se dissoudre dans le liquide qui baigne l'autre face de cette membrane. Ces substances, qui, contrairement aux précédentes, ne peuvent en général être obtenues sous forme cristalline [1], sont dites *substances colloïdes*.

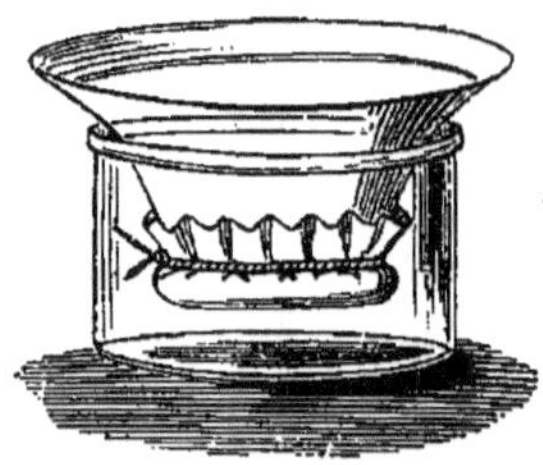

Fig. 23. — Dialyseur de Graham.

Les substances colloïdes donnent en général des solutions opalescentes : telles sont les solutions de glycogène, d'empois d'amidon, de certaines substances albuminoïdes. Les solutions aqueuses des substances colloïdes sont généralement précipitées par les sels, pour des sels et des quantités de sels variables selon la nature de ces substances : elles se présentent alors sous forme d'un précipité floconneux, léger, amorphe.

Dans la chimie minérale, on connaît des exemples de solutions colloïdes : telles sont les solutions de silice soluble, d'alumine soluble, d'hydrate de fer soluble. Si, par exemple, on verse dans un excès d'acide chlorhydrique une solution diluée d'un silicate alcalin, la silice séparée ne se précipite pas, et reste en solution, alors même qu'on enlève la totalité de l'acide chlorhydrique par la dialyse : on obtient ainsi une liqueur légèrement opalescente, présentant un certain nombre de propriétés qu'on retrouve dans les solutions des substances albuminoïdes et dans les solutions colloïdes en général. Ces solutions, qui restent limpides pendant des semaines et des mois, quand elles ne sont pas souillées par des impuretés salines, précipitent leur silice, sous forme amorphe, gélatineuse, quand on leur ajoute

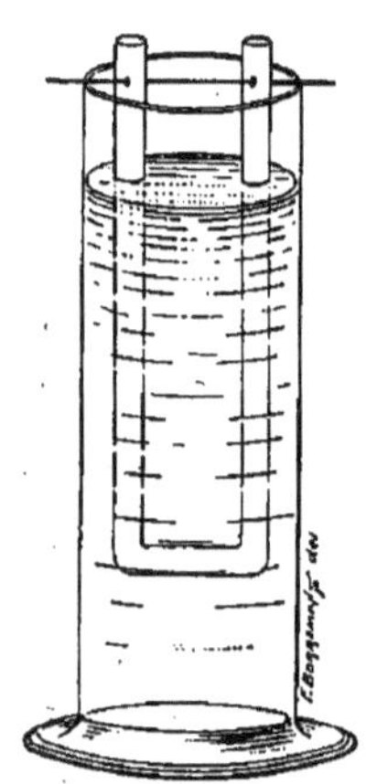

Fig. 24. — Dialyseur de Kühne.

---

1. Il y a des exceptions à cette règle : les pigments du sang (hémoglobine et oxyhémoglobine) ne sont pas dialysables; ils peuvent cependant être obtenus sous forme cristalline, et, au moins pour certaines espèces animales, avec la plus grande facilité. — On a pu obtenir de même des albuminoïdes végétales, et même des albuminoïdes animales, possédant des propriétés colloïdes typiques, sous forme cristalline très nette et très régulière.

une petite quantité de sels en solution; pour un même sel, la précipitation de la silice se fait d'autant plus vite que la quantité de sel est plus grande; — pour des sels différents, et en ne considérant que les sels alcalins et alcalino-terreux, ces derniers, à poids égaux, ont un pouvoir précipitant plus énergique que les premiers.

On peut admettre que les solutions d'alumine soluble et d'hydrate ferrique soluble présentent les mêmes propriétés générales que les solutions de silice.

Opalescence de la solution, non-dialyse de la substance dissoute, précipitation à l'état floconneux ou gélatineux de cette substance par addition de sels neutres, plus facile et plus rapide par les sels d'alcalino-terreux que par les sels d'alcalis à poids égaux, ce sont là des propriétés communes aux solutions des colloïdes minéraux

Fig. 25. — Cristaux de sérumalbumine (d'après Gruzewska).

et aux solutions des colloïdes organiques, notamment aux solutions des substances albuminoïdes.

Toutefois, il convient de remarquer que les propriétés colloïdales ne sont pas en général aussi développées chez les albuminoïdes que chez les colloïdes minéraux. En effet, si les colloïdes minéraux sont précipités par tous les sels minéraux, et par des proportions faibles de ceux-ci, les colloïdes organiques et notamment les substances albuminoïdes ne sont précipitées que par des quantités assez considérables de sels, variables d'ailleurs selon l'espèce albuminoïde considérée, à tel point qu'on peut saturer certaines solutions albuminoïdes au moyen de certains sels sans en amener la précipitation.

C'est là, entre les colloïdes minéraux et les colloïdes organiques, une différence quantitative; il existe aussi une différence qualitative. Lorsque, par addition d'une quantité convenable d'un sel neutre, on a précipité de leur solution aqueuse la silice, l'alumine, l'hydrate ferrique, on ne peut les remettre directement en solution dans l'eau, en les débarrassant de la liqueur salée précipitante ; — lorsque, au contraire, on a précipité, par addition d'une quantité convenable d'un sel neutre, une solution colloïde albuminoïde, il suffit de débarrasser le précipité de la liqueur saline qui l'imprègne pour le rendre directement soluble soit dans l'eau distillée, soit dans l'eau faiblement salée, selon la nature de la substance.

Les substances colloïdes sont-elles vraiment dissoutes dans l'eau, comme le chlorure de sodium est dissous dans les solutions salées ? N'y sont-elles pas plutôt à l'état de suspension stable, d'émulsion stable ; et leur précipitation par les sels n'est-elle pas une simple agglutination de particules existant déjà à l'état solide ?

On ne saurait donner une réponse définitive à ces questions. Contentons-nous de signaler les faits suivants : — Si on filtre sur porcelaine dégourdie une substance colloïde, une proportion souvent considérable de cette substance est retenue par le filtre, comme si elle était formée de particules trop grosses pour passer à travers ses pores. — Si on agite, ou si on broie avec de l'eau distillée de l'argile très fine, et si on abandonne au repos, pour séparer les parties lourdes, on obtient une liqueur laiteuse, formée par de très fines particules d'argile en suspension ; or cette liqueur, qui ne contient pas trace d'argile réellement dissoute, présente les propriétés générales des solutions colloïdes ; en particulier, elle est rapidement agglutinée par addition de petites quantités de sels neutres d'alcalis ou par de très petites quantités de sels neutres alcalino-terreux. — Si on dissout dans le chloroforme du palmitate de myricyle, extrait de la cire d'abeilles, et si l'on mélange cette solution chloroformique avec plusieurs volumes d'alcool absolu chaud, on obtient une liqueur qui, maintenue à 45° et projetée goutte par goutte dans un excès d'eau bouillante, donne lieu à la formation d'une émulsion homogène, stable, qu'on peut facilement débarrasser de l'alcool et du chloroforme par la chaleur. Or cette émulsion stable présente les propriétés de l'émulsion d'argile, et comme celle-ci elle est opalescente et agglutinable soit par de petites quantités de chlorure de sodium, soit par de très petites quantités de chlorure de calcium.

Ces faits tendent sans doute à appuyer l'hypothèse d'un état de suspension fine et stable des substances en solution colloïde. Mais il serait peut-être imprudent d'en conclure d'une façon trop ferme que les substances albuminoïdes sont dans leurs solutions toujours et uniquement à l'état de suspension. En effet, à côté des substances albuminoïdes fournissant des solutions colloïdes typiques, telles que les globulines du sang, il en est d'autres qui fournissent des solutions présentant à peu près tous les caractères des solutions salines, telles que la peptone vraie; celle-ci fournit en effet des solutions non opalescentes, dialysables, et non précipitables par la plupart des sels neutres d'alcalis ou de terres alcalines. Or, entre les globulines du sang et la peptone, on trouve une série ininterrompue de substances donnant des solutions dont le caractère colloïde diminue de l'une à la suivante, sans qu'il soit possible de discerner dans cette série une discontinuité.

Laissant de côté cette question de l'état physique des substances colloïdes, retenons le fait extrêmement important de *l'atténuation plus ou moins grande du caractère colloïdal* pour certaines espèces albuminoïdes. C'est sur cette atténuation du caractère colloïdal, et en particulier sur la précipitabilité plus ou moins grande des diverses substances albuminoïdes par les sels neutres d'alcalis ou de terres alcalines qu'est fondée la séparation de ces substances.

On a proposé de nombreuses *classifications des substances albuminoïdes*: aucune d'elles n'est une classification naturelle; aucune ne repose sur une étude de la constitution moléculaire de ces substances et de leurs affinités chimiques.

Le *physiologiste* peut, *a priori*, établir *deux groupes* de substances albuminoïdes : les *substances albuminoïdes natu-*

relles et les *substances albuminoïdes dénaturées* ou *de trans-formation*. Les substances albuminoïdes naturelles se trouvent dans les tissus et dans les liquides des organismes vivants ; — les substances albuminoïdes de transformation sont les produits de transformation des substances albuminoïdes naturelles sous l'influence de différents agents : acides, alcalis, diastases digestives, etc.

A. — *Substances albuminoïdes naturelles.*

Les substances albuminoïdes naturelles présentent un certain nombre de réactions communes : ce sont des *réactions de précipitation*. Supposons que nous ayons dissous dans une liqueur convenablement choisie une substance albuminoïde naturelle. La solution est précipitée par les *acides minéraux*, par certains *sels de métaux lourds*, par le *ferrocyanure de potassium acétique*, par le *sulfate d'ammoniaque* dissous à *saturation*, par l'*alcool*, par le *tannin acétique*, par les *acides phosphomolybdique* et *phosphotungstique*, par la *liqueur de Brücke chlorhydrique* ou par le *réactif de Tanret*, par l'*acide picrique*, par l'*acide trichloracétique*.

Lorsqu'on verse goutte à goutte dans une solution d'une substance albuminoïde naturelle un *acide minéral* [1], de l'acide chlorhydrique par exemple, on voit se produire un précipité blanc, floconneux, au contact des gouttes d'acide : le précipité produit par les premières gouttes se redissout par agitation ; mais si l'on continue à ajouter l'acide, il ne tarde pas à se produire un précipité persistant de plus en plus abondant. Si l'on continue encore à ajouter de l'acide, le précipité se redissout peu à peu, et, pour une addition suffisante d'acide, la redissolution est totale. Les acides minéraux déterminent donc dans les solutions des substances albuminoïdes naturelles la production d'un *précipité, soluble dans un excès d'acide.*

---

1. On peut employer les acides chlorhydrique, sulfurique, azotique, et métaphosphorique. — L'acide orthophosphorique ne précipite pas les substances albuminoïdes.

On emploie souvent l'acide nitrique fort, et on procède généralement de la façon suivante : Dans un verre à réaction, on verse une certaine quantité d'acide nitrique concentré; au-dessus de cette couche acide, on fait arriver la solution albuminoïde, en la versant lentement sur les parois du verre, de façon que la solution albuminoïde, plus légère que la solution acide, se répande à sa surface, sans se mélanger avec elle. Il se forme, au niveau de la séparation des deux liquides, un nuage albuminoïde.

On peut encore verser la solution

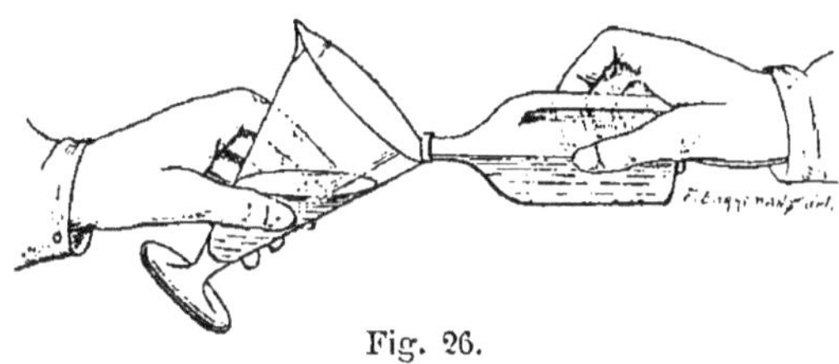

Fig. 26.

albuminoïde dans un verre à réaction et y verser lentement l'acide nitrique, soit en le faisant couler le long des parois du verre tenu incliné, soit en le faisant arriver au fond du verre au moyen d'un tube entonnoir (figure 26 et figure 27). Dans les deux cas, l'acide s'amasse au fond du verre sans se mélanger à la liqueur albuminoïde; le nuage se forme au niveau de la séparation des liquides.

Certains *sels minéraux* en solution aqueuse précipitent les substances albuminoïdes naturelles de leurs solutions : les solutions salines les plus généralement et les plus avantageusement employées sont les solutions de *sulfate cuivrique*, des *acétates neutre et basique de plomb*, de *chlorure mercurique*, d'*acétate de fer*[1], etc. Le précipité produit est un composé métallo-organique, résultant de la combinaison du sel métallique avec la substance albuminoïde. Pour des quantités suffisantes de sels minéraux, la précipitation peut être totale.

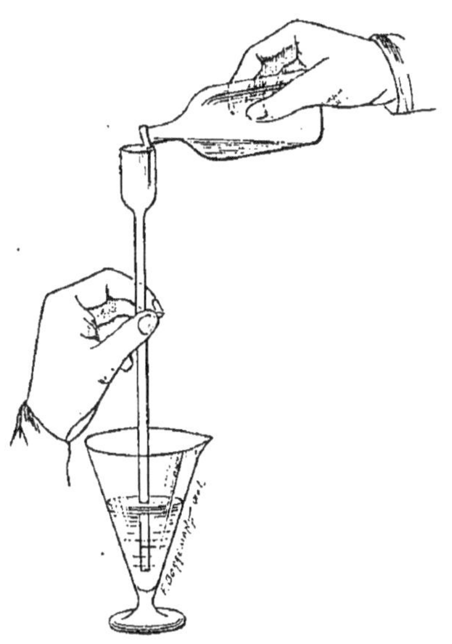

Fig. 27.

___

1. Il est souvent avantageux d'avoir recours à l'acétate de fer; car, à l'ébullition, l'excès d'acétate de fer est décomposé en acide acétique volatil et sous-acétate de fer insoluble, de sorte que la liqueur ne contient pas d'excès de réactif. Au lieu

Lorsqu'on ajoute à une solution de substances albuminoïdes naturelles une certaine proportion (par exemple 1 p. 10 de son volume) d'une solution aqueuse étendue de *ferrocyanure de potassium* (à 5 p. 100 par exemple), et quelques gouttes d'*acide acétique glacial*, on détermine la production d'un précipité. L'addition de ferrocyanure seul ne produit pas de précipitation ; l'addition d'acide acétique seul ne produit pas toujours de précipitation ; l'addition des deux liqueurs produit toujours une précipitation des solutions des substances albuminoïdes naturelles.

Le précipité obtenu par le ferrocyanure de potassium et l'acide acétique ajoutés à la solution albuminoïde peut, lorsqu'il a été séparé de la liqueur dans laquelle il a pris naissance et lorsqu'il a été lavé à l'eau, donner les réactions colorées générales des substances albuminoïdes, c'est-à-dire la réaction xanthoprotéique, la réaction du biuret et la réaction de Millon. Ainsi pourra-t-on s'assurer que le précipité déterminé par le ferrocyanure de potassium et l'acide acétique est bien réellement un précipité d'une substance albuminoïde.

Lorsqu'on dissout à la température ordinaire dans une solution d'une substance albuminoïde naturelle du *sulfate d'ammoniaque* jusqu'à refus, ou, comme on dit en général, *à saturation*, la substance albuminoïde naturelle est précipitée de sa solution et *totalement précipitée* : la liqueur, séparée par filtration du précipité, ne donne plus la réaction du biuret. — On peut substituer au sulfate d'ammoniaque du *sulfate de soude* : mais il est nécessaire d'opérer à 30° et de saturer la liqueur de sulfate de soude à cette température.

L'*alcool* précipite les substances albuminoïdes naturelles de leurs solutions : il les précipite surtout bien dans les liqueurs à réaction neutre ou légèrement acide, contenant en solution une faible proportion de sels neutres[1]. La quantité d'alcool nécessaire pour précipiter totalement la substance albuminoïde dissoute varie avec la nature de cette substance.

Pour précipiter au moyen du *tannin* les substances albuminoïdes naturelles de leurs solutions, il convient d'employer

d'employer l'acétate directement, on ajoute, ce qui revient au même, du chlorure de fer et un excès d'acétate de soude.

1. Une solution d'albumine débarrassée de ses sels par une dialyse prolongée en présence d'eau distillée n'est pas précipitée par l'alcool.

une solution obtenue en dissolvant 4 grammes de tannin dans 190 centimètres cubes d'alcool à 45 p. 100, et ajoutant à la solution 2 centimètres cubes d'acide acétique glacial : *réactif d'Almen* ou *tannin d'Almen*. — Pour des quantités suffisantes de la solution de tannin, la précipitation albuminoïde peut être totale : par exemple, en mélangeant volumes égaux d'une solution albuminoïde et de la solution de tannin acétique, on obtient en général une précipitation totale. Cette précipitation des substances albuminoïdes par le tannin s'accomplit surtout bien dans les liqueurs qui contiennent en solution une petite quantité de sels neutres.

Les *solutions sulfuriques des acides phosphomolybdique et phosphotungstique*, et en général les solutions de ces acides en présence d'acides minéraux forts, précipitent les substances albuminoïdes naturelles, et, pour une quantité convenable de réactif, les précipitent totalement. On emploie généralement une solution obtenue en dissolvant une partie d'acide phosphomolybdique ou phosphotungstique cristallisé dans cinq parties d'eau, et ajoutant à cette solution 2 p. 100 d'acide sulfurique concentré.

La *liqueur de Brücke* est une solution aqueuse d'iodure double de mercure et de potassium. On peut préparer cette liqueur de la façon suivante : on dissout dans l'eau distillée à saturation du chlorure mercurique (sublimé) et on verse dans cette solution une solution saturée d'iodure de potassium; il se forme d'abord un précipité rouge d'iodure mercurique, soluble dans un excès d'iodure de potassium; on ajoute la solution d'iodure de potassium goutte à goutte, jusqu'à dissolution totale du précipité rouge d'iodure mercurique. — On peut encore préparer cette liqueur de la façon suivante. Dans 1 litre d'eau on dissout 100 grammes d'iodure de potassium; on chauffe au bain-marie et on y dissout de l'iodure mercurique jusqu'à refus; on laisse refroidir, on jette sur le filtre pour séparer le précipité rouge d'iodure mercurique formé pendant le refroidissement, et, à la liqueur claire, on ajoute un peu (2 à 5 gr.) d'iodure de potassium. — La liqueur de Brücke ajoutée aux solutions albuminoïdes ne les précipite pas lorsqu'elles sont neutres; elle les précipite, au contraire, lorsqu'elles ont été acidifiées par l'*acide chlorhydrique*, et, pour des proportions convenables de liqueur de Brücke et d'acide chlorhydrique, la précipitation peut être totale. On obtient cette précipitation totale en ajoutant d'abord une petite quantité de liqueur de Brücke, puis, goutte à goutte, de l'acide chlorhydrique concentré, tant qu'il se forme un précipité; puis, goutte à goutte, la liqueur de Brücke, tant qu'il se forme un précipité, puis l'acide chlorhydrique, etc., en alternant l'addition des deux réactifs, jusqu'à ce que ni l'un ni l'autre ne produise plus de précipité.

Pour préparer le *réactif de Tanret*, on ajoute, à 20 centimètres cubes d'acide acétique cristallisable, 3 gr. 32 d'iodure de potassium pur et 1 gr. 35 de bichlorure de mercure; et on additionne d'eau distillée, pour faire 60 centimètres cubes. Ce réactif précipite les substances albuminoïdes de leurs solutions, et le précipité est insoluble, à froid ou à chaud, dans un excès de réactif, insoluble dans l'alcool, insoluble dans l'éther, — caractères qui permettent de le distinguer des précipités produits par le même réactif dans des liqueurs contenant soit certaines substances albuminoïdes de transformation, soit certains alcaloïdes.

L'*iodure double de bismuth et de potassium* précipite les solutions albuminoïdes acidifiées par l'acide chlorhydrique, comme le font la liqueur de Brücke chlorhydrique ou le réactif de Tanret.

Les *solutions aqueuses concentrées*[1] *d'acide picrique* précipitent également les solutions des substances albuminoïdes naturelles, surtout après acidulation par l'acide acétique ou par l'acide citrique. On emploie parfois une solution aqueuse d'acide picrique à 1 p. 100 et d'acide citrique à 2 p. 100 : *réactif d'Esbach*.

Enfin l'*acide trichloracétique* en solution aqueuse à 2,5 et 10 p. 100 précipite les substances albuminoïdes, et, dans certaines circonstances, mais non pas toujours, peut les précipiter totalement.

---

1. A 1 pour 100; l'acide picrique se dissout dans 86 parties d'eau.

Mais si ces différents réactifs précipitent les substances albuminoïdes naturelles de leurs solutions, il ne faudrait cependant pas considérer comme démontrée la présence de substances albuminoïdes dans une liqueur lorsque l'un quelconque de ces réactifs précipite cette liqueur. En effet, les substances albuminoïdes ne sont pas les seules substances que ces différents réactifs peuvent précipiter. En d'autres termes, ces différents réactifs ne sont pas indifféremment applicables à toutes les liqueurs : il faut savoir choisir. Ainsi, pour n'en citer que quelques exemples : on ne peut employer l'alcool lorsque la solution contient des substances précipitables par l'alcool, telles que des sulfates d'alcalis, le sulfate d'ammoniaque par exemple; — on ne peut employer les acides phosphomolybdique et phosphotungstique dans les liqueurs contenant des sels ammoniacaux, parce qu'il se formerait des phosphomolybdate et phosphotungstate d'ammoniaque insolubles; — on ne peut employer l'acide picrique dans les liqueurs contenant des sels ammoniacaux ou de la créatinine, ou de l'acide urique, ces différents corps étant précipités par l'acide picrique, etc.

Les *substances albuminoïdes naturelles sont coagulables.*

Qu'est-ce donc qu'une *substance albuminoïde coagulable*? Qu'est-ce que la *coagulation*? Quelle différence y a-t-il entre la *coagulation* et la *précipitation* des substances albuminoïdes?

Quelques exemples vont nous renseigner sur ces questions.

Supposons qu'on ait préparé une solution de blanc d'œuf dans l'eau. Ajoutons à un volume de cette solution plusieurs volumes, dix volumes par exemple, d'une solution saturée de sulfate d'ammoniaque, nous déterminons l'apparition de flocons albuminoïdes. Ces flocons, séparés par filtration du liquide dans lequel ils ont pris naissance, peuvent être redissous dans l'eau, comme le blanc d'œuf lui-même pouvait être dissous dans l'eau, et cette solution présente toutes les propriétés de la solution primitive de blanc d'œuf. On dit que le blanc d'œuf a été précipité de sa solution par le sulfate d'ammoniaque.

Supposons qu'on chauffe cette même solution de blanc d'œuf à une température de 80 à 100°, il se produit un dépôt floconneux albuminoïde; mais, ces flocons, séparés du liquide dans lequel ils se sont produits, ne peuvent plus être dissous dans l'eau. On dit que le blanc d'œuf est coagulé par la chaleur.

La *précipitation* est un *simple changement d'état physique* : la substance précipitée passe de l'état dissous à l'état solide. La *coagulation* est à la fois un *changement d'état* et *un changement de propriétés* et probablement un *changement de constitution chimique*. Nous nous garderons toutefois d'affirmer que, dans une coagulation, il y a modification chimique de la molécule, car on n'en a pas donné de démonstration. Nous admettons que cette transformation chimique est possible; mais nous reconnaissons volontiers qu'il ne s'agit peut-être là que de modifications d'ordre physique, comparables à celles que présente la silice soluble en se transformant en silice gélatineuse.

Lorsqu'on ajoute à une solution de blanc d'œuf de l'alcool en quantité suffisante, on provoque l'apparition de flocons albuminoïdes. Si, aussitôt après leur apparition, on sépare par le filtre ces flocons de la liqueur dans laquelle ils se sont formés, et si, par expression entre deux lames de papier filtre, on les débarrasse de la plus grande partie de la liqueur alcoolique qu'ils retiennent, on peut les redissoudre dans l'eau et obtenir une solution analogue, quant à ses propriétés, à la solution primitive de blanc d'œuf. L'alcool, d'après nos définitions, a donc précipité le blanc d'œuf de sa solution. Mais si, après avoir produit par addition d'alcool des flocons albuminoïdes, on laisse pendant plusieurs jours, ou mieux pendant plusieurs semaines, ces flocons en contact avec l'alcool fort, ils deviennent absolument insolubles dans l'eau. L'alcool, en nous reportant à nos définitions, par un contact prolongé avec le blanc d'œuf précipité, le coagule.

Les substances albuminoïdes naturelles sont coagulables par la chaleur : lorsqu'on élève progressivement la température de leurs solutions, on voit, à partir d'une température variable suivant la substance considérée, se produire un *louche*, puis des *flocons* qui deviennent plus volumineux et plus abondants, à mesure qu'on élève la température[1]. Si la

---

1. Lorsque, par une dialyse prolongée en présence d'eau distillée, on débarrasse une solution d'albumine des sels minéraux qu'elle contient, on lui fait perdre la propriété de coaguler par la chaleur. Elle recouvre cette propriété par l'addition de petites quantités de matières salines.

liqueur a une réaction neutre, la coagulation n'est pas totale, même si l'on porte la température à 100°. Pour que la coagulation soit totale, il faut aciduler légèrement (à 1 ou 2 p. 1000 en général) la liqueur au moyen de l'acide acétique.

———

On distingue deux groupes de substances albuminoïdes naturelles, les *albumines*, les *globulines*.

Les albumines se distinguent des globulines par les caractères suivants :

Les *albumines* sont solubles dans l'eau distillée, — dans les solutions étendues de sels neutres d'alcalis ou de terres alcalines (chlorure de sodium, sulfate de soude, sulfate de magnésie, etc.); — dans les solutions étendues d'alcalis caustiques. Leurs solutions salines peuvent être diluées ou soumises à une dialyse prolongée sans précipiter; leurs solutions dans les alcalis peuvent être diluées et saturées de gaz carbonique sans précipiter. Les solutions d'albumines ne sont pas précipitées par l'acide acétique : elles ne sont pas précipitées par le chlorure de sodium ou par le sulfate de magnésie dissous à saturation à la température ordinaire, 15 à 20° ; — elles sont, au contraire, précipitées par ces sels lorsqu'elles ont été acidulées par l'acide acétique.

Les *globulines* sont insolubles dans l'eau distillée; elles sont solubles dans les solutions étendues (à 1 p. 100 par exemple) de sels neutres d'alcalis ou de terres alcalines (chlorure de sodium, sulfate de soude, sulfate de magnésie, etc.); elles sont solubles dans les solutions très étendues d'alcalis caustiques (de 1 p. 1000 à 1 p. 100 par exemple). Leurs solutions salines sont précipitées partiellement par dilution par l'eau distillée, et par la dialyse : la dilution diminuant la proportion du sel dissolvant, la dialyse éliminant ce sel dissolvant. Leurs solutions dans les alcalis sont précipitées partiellement lorsqu'après dilution elles sont saturées de gaz carbonique. Les solutions de globulines sont précipitées partiellement par l'acide acétique. Elles sont précipitées, les unes partiellement, les autres totalement, par le chlorure de sodium dissous à saturation à la température ordinaire; elles sont précipitées et *totalement précipitées par le sulfate de magnésie dissous à saturation* à la température ordinaire, et mieux encore à 30° [1].

Dans le groupe des globulines, nous distinguerons la famille de *vitellines*, qui diffèrent des globulines typiques par un seul caractère : leur non-précipitabilité par le chlorure de sodium dissous à saturation à la température ordinaire. Est-ce une raison suffisante pour faire des vitellines un groupe différent des globulines et pour opposer ces deux groupes, comme on l'a proposé? Nous ne le croyons pas; les vitellines sont des globulines.

Quelle valeur doit-on attribuer aux caractères différentiels des deux groupes, albumines et globulines? Ne sont-ils pas bien superficiels? Des différences d'ordre physique (solubilité et précipitation) sont-elles suffisantes pour instituer deux grands groupes? Nous disons que les albumines et les globulines forment deux groupes naturels distincts, car jamais on n'a pu, en partant d'une albumine, obtenir une substance présentant les propriétés d'une globuline; jamais, en partant d'une globuline, on n'a pu obtenir une substance ayant les caractères d'une albumine. On peut transformer une albumine ou une globuline en quelque chose qui n'est plus albumine ou globuline (substance coagulée, acidalbuminoïde, alcalialbuminoïde, protéose); on ne peut pas transformer une albumine en globuline, ou une globuline en albumine [2].

Applications. — 1. Une substance albuminoïde naturelle coagulable est-elle une albumine ou une globuline?

Si la solution ne précipite ni par dilution, ni par dialyse, ni par acidification acétique, ni par saturation par le chlorure de sodium ou le sulfate de magnésie, la substance en solution est une albumine. Si la solution précipite par dilution, par dialyse, par acidification acétique, par saturation par le chlorure de sodium ou le sulfate de magnésie, la substance en solution est une globuline.

---

1. Enfin on admet, mais il serait peut-être prudent de faire quelques réserves à ce sujet, que les globulines sont totalement précipitées par demi-saturation de sulfate d'ammoniaque (volumes égaux de la liqueur albuminoïde et de la solution saturée de sulfate d'ammoniaque), et que les albumines ne sont pas précipités dans les mêmes conditions.

2. Cette distinction, tout en conservant sa valeur pratique, devra peut-être être atténuée dans l'avenir, si certaines études récentes, tendant à établir qu'on peut, par des artifices convenables, passer des albumines aux globulines, étaient vérifiées.

2. D'une solution contenant un mélange d'albumines et de globulines comment peut-on retirer l'albumine pure et la globuline pure ?

Soumettons ce mélange à la dialyse, ou diluons-le par 10 à 20 volumes d'eau distillée, ou acidifions-le par l'acide acétique, ou saturons-le de sulfate de magnésie ou de chlorure de sodium, le précipité est un précipité de globuline, sans albumine. — Saturons le mélange de sulfate de magnésie, pour précipiter la totalité des globulines, jetons sur le filtre pour retenir le précipité formé, et acidulons la liqueur par l'acide acétique, il se produit un précipité d'albumines.

3. Dans une solution contenant un mélange d'albumines et de globulines, comment peut-on séparer les albumines des globulines et les doser ?

La liqueur est saturée de sulfate de magnésie. On jette sur le filtre pour retenir le précipité de globulines. On lave ce précipité sur le filtre avec une solution saturée de sulfate de magnésie, tant que cette solution entraîne des substances albuminoïdes ; on porte ensuite le filtre et le précipité qu'il contient à 100° pour coaguler les globulines retenues et on lave à l'eau distillée, pour enlever le sulfate de magnésie. Les globulines sont ainsi isolées à l'état coagulé. — La liqueur saturée de sulfate de magnésie et les eaux magnésiennes de lavage sont réunies et portées à l'ébullition : les albumines sont coagulées, et, en présence de cet excès de sulfate de magnésie, totalement coagulées. Il suffit alors de jeter sur le filtre et de laver à l'eau distillée pour enlever le sulfate de magnésie : les albumines restent isolées à l'état coagulé.

En étudiant l'œuf, le lait, le sang, le muscle, nous apprendrons à connaître plus spécialement quelques-unes des albumines et des globulines ; parmi les albumines, l'ovalbumine, la lactalbumine, la sérumalbumine ; — parmi les globulines, la lactoglobuline, la sérumglobuline, le fibrinogène, la fibrine, la myosine, l'ovovitelline.

B. — *Substances albuminoïdes dénaturées ou de transformation*.

Ces substances présentent les réactions colorées des substances albuminoïdes naturelles. Ce sont des substances colloïdes, donnant, sous l'influence des mêmes réactifs les mêmes produits de décomposition que les substances albuminoïdes naturelles.

Nous considérons trois groupes de substances albuminoïdes de transformation :

> *Substances albuminoïdes coagulées.*
> *Alcalialbuminoïdes et acidalbuminoïdes,*
> *Protéoses.*

a. **Les substances albuminoïdes coagulées.** — Les substances albuminoïdes naturelles coagulées (albumines et globulines), sous l'influence de la chaleur, ou par l'action de l'alcool, sont des corps insolubles dans l'eau, insolubles dans les alcalis très étendus, insolubles dans les solutions des sels neutres. Ces produits sont encore de nature albuminoïde, car ils présentent toutes les réactions colorées des substances albuminoïdes, notamment celles que nous avons décrites, la réaction xanthoprotéique, la réaction du biuret, la réaction de Millon.

b. **Alcalialbuminoïdes et acidalbuminoïdes.** — Lorsqu'on fait agir sur les albumines et sur les globulines un acide ou un alcali, on transforme tout d'abord la substance albuminoïde naturelle en *acidalbuminoïde* ou *alcalialbuminoïde.*

Ces substances sont insolubles dans l'eau et dans les solutions salines neutres. Elles sont solubles dans les alcalis et dans les acides; elles sont précipitées de ces solutions alcalines ou acides par neutralisation de la solution. Leurs solutions ne sont pas précipitées par la chaleur, même à la température d'ébullition. Elles sont précipitées par le sulfate de magnésie dissous à saturation à froid.

c. **Protéoses.** — Lorsqu'on fait agir sur les albuminoïdes naturelles, ou coagulées, le suc gastrique ou le suc pancréatique à une température convenable, 40° par exemple, — ou la vapeur d'eau surchauffée, — ou les acides et les alcalis étendus à la température d'ébullition, on obtient une série de produits qu'on doit désigner sous le nom général de *protéoses.* Suivant que la substance albuminoïde, qui a servi de matière première, est une albumine, une globuline (myosine, vitelline, par exemple), on donne à la protéose le nom d'*albumose,* de *globulose* (*myosinose, vitellose,* par exemple).

Les protéoses sont des substances non coagulables.

La plupart des protéoses sont solubles dans l'eau distillée (celles seulement que nous apprendrons à connaître sous le nom d'hétéroprotéoses ne sont pas solubles dans l'eau distillée); — toutes sont solubles dans les solutions salines neutres étendues (chlorure de sodium, sulfate de soude, sulfate de magnésie, etc., à 1 p. 100 par exemple). Leurs solutions peuvent être bouillies sans précipiter.

Toutes sont précipitées, mais non pas totalement précipitées de leurs solutions par les réactifs suivants :

> *Alcool.*
> *Solution aqueuse de sublimé.*
> *Solution de tannin acétique.*
> *Solution sulfurique d'acide phosphomolybdique.*
> *Solution sulfurique d'acide phosphotungstique.*

Elles ne sont pas précipitées par les acides minéraux, tels que l'acide chlorhydrique, l'acide sulfurique, soit à froid, soit à la température d'ébullition.

On divisait autrefois les protéoses en deux groupes de substances :

> Les *propeptones,*
> Les *peptones.*

Les propeptones étaient caractérisées par trois réactions, dites *réactions propeptoniques :*

α. Les solutions de propeptones, additionnées *d'acide nitrique,* donnent à froid un précipité : ce précipité disparaît à chaud, pour se reformer par refroidissement.

β. Les solutions de propeptones donnent à froid un précipité par le *ferrocyanure de potassium* et *l'acide acétique*; ce précipité disparaît à chaud pour se reformer par refroidissement.

γ. En acidulant fortement à froid par *l'acide acétique* un mélange à volumes égaux d'une solution de propeptones et d'une solution saturée de *chlorure de sodium,* on détermine la production d'un précipité, soluble à chaud, réapparaissant par refoidissement.

Les peptones ne donnaient aucune de ces réactions.

On divise aujourd'hui les protéoses en deux groupes de substances :

> Les *protéoses vraies,*
> Les *peptones (peptones de Kühne).*

Les *protéoses* vraies sont précipitées, et totalement précipitées de leurs solutions par saturation de ces solutions, à la température d'ébullition, par le sulfate d'ammoniaque, d'abord en réaction neutre, puis en réaction alcaline et enfin en réaction acide : c'est là leur caractère spécifique.

Les *peptones (peptones de Kühne)* ne sont pas précipitées de leurs solutions par le sulfate d'ammoniaque dissous à saturation à la température d'ébullition, quelle que soit la réaction du milieu : c'est là leur caractère spécifique. Elles ne sont précipitées que par l'alcool, le tannin acétique, le sublimé, les acides phosphomolybdique et phosphotungstique.

Les protéoses vraies donnent un précipité par l'acide picrique ou par la liqueur de Brücke chlorhydrique ou par l'acide trichloracétique. Les peptones vraies ne précipitent ni par l'acide picrique, ni par la liqueur de Brücke chlorhydrique, ni par l'acide trichloracétique.

Les protéoses vraies comprennent elles-mêmes trois groupes de substance :

$$\begin{cases} \text{Les } h\acute{e}t\acute{e}roprot\acute{e}oses, \\ \text{Les } protoprot\acute{e}oses, \\ \text{Les } deut\acute{e}roprot\acute{e}oses. \end{cases}$$

Les hétéroprotéoses et les protoprotéoses forment le groupe des *protéoses primaires*, groupe qui correspond à peu près à l'ancien groupe des propeptones ; — les deutéroprotéoses forment le groupe des *protéoses secondaires*.

Les *protéoses primaires* présentent très nettement les trois réactions propeptoniques. — Les *hétéroprotéoses* sont insolubles dans l'eau, solubles dans les solutions salines neutres étendues ; leurs solutions salines sont précipitées par le chlorure de sodium dissous à saturation à froid. — Les *protoprotéoses* sont solubles dans l'eau distillée, partiellement précipitées de leur solutions par le chlorure de sodium dissous à saturation à froid, totalement précipitées par saturation par le chlorure de sodium et acidification à 30 p. 100 par l'acide acétique.

Les *protéoses secondaires* ou *deutéroprotéoses* ne présentent plus ou, tout au moins, ne présentent plus nettement les réactions propeptoniques. Elles sont solubles dans l'eau. Elles ne sont pas précipitées de leurs solutions par le chlorure de sodium dissous à saturation ; elles sont partiellement précipitées par le chlorure de sodium dissous à saturation et l'acide acétique ajouté à raison de 30 p. 100.

Il ne faut pas considérer les divers groupes de protéoses comme des individus chimiques définis. Ce sont peut-être des mélanges complexes. Les caractères indiqués sont de simples points de repère, nous permettant de juger à quel stade de transformation en est arrivée la matière albuminoïde dans son évolution de la substance albuminoïde naturelle à la forme peptone.

Applications. — Une liqueur renferme-t-elle des protéoses? Sont-ce des protéoses vraies ou des peptones?

La solution albuminoïde, que nous supposons neutre, est acidulée par l'acide acétique et portée à l'ébullition : les substances albuminoïdes naturelles (albumines et globulines) sont coagulées. La liqueur filtrée renferme les protéoses. Neutralisons la liqueur et saturons-la de sulfate d'ammoniaque à la température d'ébullition [1] : s'il se produit un précipité, la liqueur contient des protéoses. La liqueur saturée de sulfate d'ammoniaque, séparée du précipité de protéoses vraies, s'il y a lieu, renferme-t-elle des peptones, on peut s'en convaincre par deux réactions : la présence de peptone vraie est indiquée soit par la réaction du biuret, soit par la précipitation par le tannin acétique; la réaction du biuret peut se faire directement sur la liqueur saturée de sulfate d'ammoniaque; — le tannin ne doit être ajouté qu'après dilution de la solution saturée de sulfate d'ammoniaque par un égal volume d'eau.

II. — PROTÉIDES

On désigne sous le nom de *protéides* des substances qui, sous de faibles influences, se décomposent en une substance albuminoïde et une autre substance, de nature variable, mais non albuminoïde, constituant le *groupe prosthétique* de la protéide. Les protéides peuvent donc être considérées comme résultant de la combinaison d'une substance albuminoïde et d'un groupe prosthétique.

Tantôt cette dernière substance est une matière ferrugi-

---

1. La saturation se fait d'abord en milieu neutre ; puis la liqueur refroidie, débarrassée du précipité de sulfate d'ammoniaque et de protéoses, est alcalinisée par l'ammoniaque et le carbonate d'ammoniaque, puis saturée de nouveau par le sulfate d'ammoniaque à la température d'ébullition, abandonnée une seconde fois au refroidissement, débarrassée par filtration des dépôts qui se sont formés, enfin acidulée par l'acide acétique, et saturée une dernière fois de sulfate d'ammoniaque à la température d'ébullition.

neuse, l'hématine ; tantôt c'est un hydrate de carbone typique ou substitué ; tantôt c'est uue nucléine, ou une paranucléine, etc.

Nous considérons trois groupes principaux de protéides, intéressant le physiologiste :

1. **L'hémoglobine**, résultant de la combinaison d'une substance albuminoïde et de l'hématine, substance métallo-organique ferrugineuse.

2. Les **glycoprotéides**, résultant de la combinaison de substancès albuminoïdes et de substances de composition complexe, dont on peut, par une ébullition prolongée avec l'acide chlorhydrique dilué, obtenir, entre autres produits de décomposition, une substance réductrice, appartenant au groupe des hydrates de carbone, typiques ou substitués.

3. Les **nucléoalbuminoïdes** et les **paranucléoalbuminoïdes**, résultant de la combinaison de substances albuminoïdes et de substances de composition complexe, les nucléines ou les paranucléines, fournissant, entre autres produits de décomposition, de l'acide phosphorique.

L'hémoglobine sera étudiée en même temps que le sang. Nous nous bornerons ici à faire rapidement l'histoire des glycoprotéides et des nucléoalbuminoïdes et paranucléoalbuminoïdes.

A. — *Les glycoprotéides.*

Les *glycoprotéides* sont des substances colloïdes, dont les solutions sont filantes et mousseuses. Soumises à l'action de la vapeur d'eau surchauffée sous pression, les glycoprotéides sont dédoublées en substances albuminoïdes transformées (protéoses) et en produits divers, parmi lesquels se trouve toujours une substance réductrice, appartenant au type hydrate de carbone. La même transformation se produit par l'action des acides minéraux dilués à la température d'ébullition.

On distingue deux groupes principaux de glycoprotéides :

Les *mucines*,
Les *mucoïdes*.

— α. Les *mucines* les mieux étudiées sont : la mucine de l'escargot, la mucine de la glande et de la salive sous-maxillaires, la mucine des tendons, la mucine des cartilages.

Leur composition centésimale [1] diffère notablement de celle des substances albuminoïdes, ainsi qu'on peut le prévoir d'après leur constitution. Des recherches récentes ont montré que l'une au moins des substances qu'on peut extraire des mucines, par action prolongée de la vapeur d'eau surchauffée ou des acides minéraux dilués à la température d'ébullition, est une glycosamine $C^6H^{11}O^5AzH^2$; — cette glycosamine ne constitue d'ailleurs pas le groupe prosthétique de la mucine, mais est seulement l'un des termes ultimes de la transformation de ce groupe prosthétique par les agents de dédoublement employés.

Ces mucines présentent les propriétés suivantes :

Elles donnent les réactions colorées des substances albuminoïdes : réaction xanthoprotéique, réaction du biuret, réaction de Millon, etc.

Elles sont insolubles dans l'eau; mais elles peuvent se dissoudre dans les solutions alcalines très étendues, par exemple dans des solutions de carbonate de soude à 1 p. 1 000, dans l'eau de chaux saturée, en donnant des liqueurs à réaction neutre. Ces solutions neutres de mucines ne sont pas coagulées à l'ébullition. Elles sont précipitées par l'alcool, si elles contiennent une petite quantité de sels minéraux (absolument débarrassées des matières salines, elles ne sont pas précipitées par l'alcool).

L'acide acétique précipite les mucines de leurs solutions neutres [2], et les en précipite complètement. Le précipité est insoluble dans un excès d'acide acétique. L'acide chlorhydrique et l'acide nitrique, ajoutés en petites quantités, préci-

---

1. Voici une analyse de mucine : C = 50,30 ; — H = 6,84 ; — Az = 13,62 ; — S = 1,71 et O = 27,53 p. 100.

2. Toutefois, en présence des sels neutres, l'acide acétique ne précipite pas les mucines : si, par exemple, on mélange une solution de mucine avec un quart de son volume d'une solution saturée de chlorure de sodium, on ne peut plus la précipiter par l'acide acétique. De même, le ferrocyanure de potassium acétique et le sublimé ne précipitent les solutions de mucines que si elles ne contiennent pas un excès de sel neutre.

pitent les mucines, mais le précipité est soluble dans un petit excès de l'acide précipitant.

Le chlorure de sodium, le sulfate de magnésie, le sulfate d'ammoniaque, dissous à saturation, précipitent les mucines de leurs solutions neutres. Il en est de même si l'on emploie les sels de métaux lourds et notamment le sulfate de cuivre, le sublimé, le tannin acétique, la liqueur de Brücke chlorhydrique et, en général, les réactifs précipitants des substances albuminoïdes.

Ces notions permettent de caractériser une mucine contenue dans une liqueur.

1° La liqueur est *filante* et *visqueuse* ;

2° La liqueur est *précipitée par l'alcool* : le précipité obtenu, lavé, est insoluble dans l'eau, insoluble dans l'acide acétique, soluble dans l'acide chlorhydrique, soluble dans les solutions diluées (1 p. 1 000 par exemple) d'alcalis et de carbonates d'alcalis, et dans les solutions des terres alcalines.

3° La liqueur est *précipitée par l'acide acétique* : le précipité est *insoluble dans l'acide acétique*, ajouté *en excès*, mais soluble dans l'acide chlorhydrique, soluble dans les alcalis dilués.

4° Le précipité obtenu par l'acool ou par l'acide acétique, ou les solutions de mucines dans les alcalis ou les acides, donnent les *réactions colorées des substances albuminoïdes*.

5° Les solutions de ce précipité dans les acides minéraux sont décomposées par une ébullition prolongée : elles renferment alors une substance du type hydrate de carbone et en général capable de réduire la liqueur de Fehling.

— β. Les *mucoïdes* ou *mucinoïdes*, dont les mieux étudiées sont la mucoïde du contenu des kystes ovariens (métalbumine ou pseudomucine), l'ovomucoïde de l'œuf d'oiseau, la chondromucoïde du tissu cartilagineux, diffèrent des mucines par leur composition élémentaire, leurs solubilités et leurs précipitabilités. Ces substances sont en particulier solubles dans l'eau et non précipitables par l'acide acétique. Mais, comme les mucines, elles donnent des solutions visqueuses et filantes ; — comme les mucines, elles sont dédoublées par la vapeur d'eau surchauffée, ou par les acides minéraux dilués, à la température d'ébullition, en substances albuminoïdes transformées et en substances du type hydrate de carbone, parmi lesquelles on a pu reconnaître des glycosamines ; — comme les mucines enfin, elles ne contiennent pas cette glycosamine à l'état de groupe prosthétique ; celui-ci est infiniment plus complexe, et la glycosamine ne représente que l'un des termes de transformation de ce groupe prosthétique par les agents employés.

B. — *Les nucléoalbuminoïdes et les paranucléoalbuminoïdes*[1].

Ces substances peuvent être considérées comme résultant de la combinaison d'une *substance albuminoïde* et d'une *nucléine* ou *paranucléine*, corps phosphorés.

Les *nucléoalbuminoïdes* sont insolubles dans l'eau ; elles sont solubles dans les solutions diluées d'alcalis (à 1 p. 100 par exemple), donnant des liqueurs à réaction neutre (pourvu qu'on n'ait pas employé un excès d'alcali) ; ces solutions neutres plus ou moins visqueuses de nucléoalbuminoïdes ne coagulent pas par la chaleur à la température d'ébullition. — Elles sont insolubles, ou très peu solubles, dans les solutions de chlorure de sodium diluées (à 1 p. 100) ; mais elles se dissolvent bien dans les solutions fortes de chlorure de sodium (à 10 p. 100), et ces solutions sont coagulables à la température d'ébullition.

Les *paranucléoalbuminoïdes* sont également insolubles dans l'eau et dans les solutions de chlorure de sodium étendues. Elles donnent avec les alcalis des solutions qui peuvent avoir une réaction neutre. Ces solutions sont en général beaucoup moins visqueuses que celles des nucléoalbuminoïdes ; elles ne coagulent pas à l'ébullition.

Les nucléoalbuminoïdes et paranucléoalbuminoïdes présentent les réactions colorées des substances albuminoïdes ; elles sont précipitées par l'acide acétique, le tannin acétique,

---

1. Ce rapprochement est peut-ê[tre forcé] au point de vue chimique ; les nucléines et paranucléines ne [pa]raissent pas p[ré]senter d'analogie chimique ; — nous le maintenons à titre do [mo]yen mnémotechni[qu]e purement et simplement.

l'acide phosphomolybdique, l'acide picrique, la liqueur de Brücke chlorhydrique, le réactif de Tanret, etc.

Les nucléoalbuminoïdes et les paranucléoalbuminoïdes sont précipitées par de petites quantités d'acide chlorhydrique ou d'acide acétique ; mais le précipité ainsi formé est soluble dans un très petit excès d'acide chlorhydrique ou dans un très grand excès d'acide acétique. Si, à une solution chlorhydrique parfaitement limpide de nucléoalbuminoïde ou de paranucléoalbuminoïde, on ajoute de la pepsine, on constate qu'il se produit un dédoublement de la substance dissoute. Il se forme aux dépens de la substance albuminoïde, qui entre dans la constitution de sa molécule, des protéoses solubles ; et il se dépose un très léger précipité constitué par une substance phosphorée insoluble dans le suc gastrique : une *nucléine* ou une *paranucléine*.

Les *nucléines* et les *paranucléines* sont insolubles dans l'eau, dans l'alcool, dans l'éther, dans les acides dilués ; elles ne sont transformées ni par le suc gastrique, ni par le suc pancréatique. Elles se dissolvent très facilement dans les solutions diluées d'alcalis caustiques, dans la soude caustique à 1 p. 1 000 par exemple, et un peu dans les solutions diluées de carbonates d'alcalis. Les acides acétique et chlorhydrique, ajoutés en petite quantité, les précipitent de ces solutions ; un excès, mais seulement un très grand excès d'acide chlorhydrique concentré, ou d'acide acétique concentré peut redissoudre ce précipité.

Les nucléines et paranucléines présentent les réactions de coloration des substances albuminoïdes.

Les nucléines et paranucléines ne sont pas stables en présence des alcalis. Leurs solutions dans les alcalis dilués sont dédoublées en substance albuminoïde (alcalialbuminoïde), d'une part, et en *acides nucléiques* et *paranucléiques*, d'autre part. Donc les nucléines et paranucléines sont elles-mêmes des protéides, puisqu'elles sont formées par l'union d'une molécule albuminoïde et d'un groupe prosthétique, nucléique ou paranucléique. Les nucléoalbuminoïdes et les paranucléoalbuminoïdes sont donc des *diprotéides* ; c'est-à-dire résultent de l'union de deux molécules albuminoïdes et d'un groupe prosthétique, nucléique ou paranucléique. Ces deux molécules albuminoïdes ne sont pas également fixées dans la molécule ; l'une est plus faiblement fixée, c'est celle qu'on enlève, dans le premier dédoublement, par le suc gastrique ; l'autre est plus fortement fixée, c'est celle qu'on enlève, dans le second dédoublement, par les alcalis dilués.

On réunit quelquefois en un même groupe les nucléoalbuminoïdes et les nucléines : ce sont les *nucléoprotéides* ; de même qu'on réunit en un même groupe les paranucléoalbuminoïdes et les paranucléines : ce sont les *paranucléoprotéides*.

Les *acides nucléiques* sont des composés phosphorés, mais non sulfurés. Les nucléines, au contraire, sont à la fois phosphorées et sulfurées. Ils contiennent de 9 à 10 p. 100 de phosphore ; les nucléines n'en contiennent que 3 à 4 p. 100. Ils sont facilement solubles dans les alcalis étendus, mais ne sont pas précipités de ces solutions par l'acide acétique, comme le sont les nucléines ; ils en sont seulement précipités par les acides minéraux étendus, par l'acide chlorhydrique à 5 p. 100 par exemple, un excès d'acide minéral redissolvant le précipité [1].

Les acides nucléiques en solution acide possèdent la remarquable propriété de précipiter les albuminoïdes de leurs solutions, sous forme de composés, que nous pouvons considérer comme des nucléines régénérées, car ils rappellent les nucléines par toutes leurs propriétés.

Les acides nucléiques sont des corps de structure extrêmement complexe qui doivent être franchement séparés du groupe des substances albuminoïdes, car ils ne donnent pas la réaction du biuret. On ne connaît encore de façon précise que quelques-uns des produits de leur décomposition. Soumis à l'action des acides minéraux dilués à la température d'ébullition, les acides nucléiques sont décomposés, et, parmi les produits de leur décomposition, on trouve de l'*acide phosphorique*, des *bases nucléiniques*, des *bases pyrimidiques*, des

---

1. Ces propriétés permettent de préparer facilement les acides nucléiques. De la solution des nucléines dans les alcalis, on précipite l'alcalialbuminoïde formée par addition d'acide acétique ; on sépare par filtration le précipité, et, dans la liqueur filtrée, on précipite les acides nucléiques par addition de 3 p. 1 000 d'acide chlorhydrique et de 50 p. 100 d'alcool.

groupes hydrates de carbone divers, etc. Abandonnés à la putréfaction, les acides nucléiques sont décomposés, et, parmi les produits de leur décomposition, on retrouve l'acide phosphorique, des bases nucléiniques, etc.

Les *bases nucléiniques*, ou *bases xanthiques*, ou *bases puriques* sont la *xanthine* et la *guanine*, l'*hypoxanthine* (ou *sarcine*) et l'*adénine*.

Les bases nucléiniques présentent un grand intérêt pour le physiologiste, en raison de leur parenté chimique avec l'acide urique.

On admet aujourd'hui, pour des raisons d'ordre chimique qu'il n'est pas possible d'exposer ici, que les bases nucléiniques et l'acide urique peuvent être considérés comme dérivés de la *purine*, substances répondant à la formule de constitution

$$HC<\begin{matrix} Az = CH - C - AzH \\ \| \\ Az \rule{2cm}{0.4pt} C - Az \end{matrix}>CH.$$

La xanthine est une dioxypurine, et la guanine une amino-oxypurine

$$OC<\begin{matrix} AzH - CO - C - AzH \\ \| \\ AzH \rule{2cm}{0.4pt} C - Az \end{matrix}>CH \qquad AzH^2C<\begin{matrix} AzH - CO - C - AzH \\ \| \\ Az \rule{2cm}{0.4pt} C - Az \end{matrix}>CH.$$

xanthine.   guanine

L'hypoxanthine est une oxypurine et l'adénine une aminopurine

$$HC<\begin{matrix} AzH - CO - C - AzH \\ \| \\ Az \rule{2cm}{0.4pt} C - Az \end{matrix}>CH \qquad HC<\begin{matrix} Az = C(AzH^2) - C - AzH \\ \| \\ Az \rule{2cm}{0.4pt} C - Az \end{matrix}>CH$$

hypoxanthine   adénine

L'acide urique est une trioxypurine

$$OC<\begin{matrix} AzH - CO - C - AzH \\ \| \\ AzH \rule{2cm}{0.4pt} C - AzH \end{matrix}>CO$$

Les *bases pyrimidiques* trouvées parmi les produits d'hydrolyse des acides nucléiques sont la *thymine*, l'*uracile*, et la *cystosine*.

La pyrimidine étant

$$CH \underset{\textstyle Az - CH}{\overset{\textstyle Az = CH}{<>}} CH$$

la thymine est une méthyldioxypyrimidine

$$CO \underset{\textstyle AzH - CH}{\overset{\textstyle AzH - CO}{<>}} C - CH^3$$

l'uracile est une dioxypyrimidine

$$CO \underset{\textstyle AzH - CH}{\overset{\textstyle AzH - CO}{<>}} CH$$

et la cystosine est une amino oxypyrimidine

$$CO \underset{\textstyle AzH \text{———} CH}{\overset{\textstyle Az = C\,(AzH^2)}{<>}} CH$$

En nous reportant à la formule de constitution de la purine indiquée ci-dessus, nous constatons que cette purine contient le noyau pyrimidique. Les composés puriques, et notamment l'acide urique, peuvent donc être considérés comme des dérivés pyrimidiques, compliqués par l'adjonction d'un groupement carboazoté : dans le cas de l'acide urique ce groupement carboazoté est un reste d'urée $CO(AzH)^2$.

Ces indications suffisent pour montrer l'extrême importance physiologique du noyau pyrimidique des acides nucléiques.

Les *acides paranucléiques* sont des composés riches en phosphore : ils en contiennent 8 p. 100 environ; les paranucléines n'en contiennent que 2 à 3 p. 100. Ils sont décomposés par les acides minéraux dilués ou par les lessives alcalines à la température d'ébullition. Leurs produits de décomposition n'ont pas été méthodiquement étudiés; on sait seulement qu'ils contiennent de l'acide phosphorique, mais qu'ils ne contiennent jamais de bases nucléiniques. C'est pour cette raison que, au point de vue chimique, il faut séparer les acides paranucléiques des acides nucléiques, et les paranucléines des nucléines.

Parmi les nucléoalbuminoïdes, il faut ranger un grand nombre de substances, dont la plupart sont encore mal connues, entrant dans la constitution du protoplasma.

Les cellules, ou tout au moins certaines d'entre elles, contiennent, outre des nucléoalbuminoïdes qui sont surtout dans le protoplasma, des nucléines qui se rencontrent plus particulièrement dans le noyau. — On a même admis qu'on pouvait trouver dans les cellules de l'acide nucléique libre [1]. C'est ainsi qu'on croyait que le sperme de certains poissons contient cet acide nucléique. On sait aujourd'hui qu'il n'en est rien : dans ce sperme, l'acide nucléique est combiné à des *protamines*. Nous avons vu qu'on tend à admettre aujourd'hui que ces protamines sont des substances albuminoïdes élémentaires, et que les substances albuminoïdes vraies sont constituées par des noyaux protaminiques autour desquels se grouperaient des noyaux d'acides aminés. Ces *nucléoprotamines* seraient donc les nucléoalbuminoïdes les plus simples.

Parmi les paranucléoalbuminoïdes, citons celle du lait (caséine) et celle du jaune de l'œuf. Cette dernière résulte de la combinaison d'une vitelline avec une paranucléine ferrugineuse, l'hématogène.

On peut rattacher au groupe des nucléoalbuminoïdes la *nucléohistone* qu'on extrait des glandes lymphatiques.

En broyant des glandes lymphatiques et en soumettant à la centrifugation le jus trouble qu'on obtient, on en sépare une masse de leucocytes. En traitant cette masse par l'eau, on la dissout, et on obtient une liqueur contenant plusieurs substances protéiques. Par le sulfate de magnésie dissous à saturation, on en sépare des globulines ; il reste en solution une protéide, la nucléohistone. Pour l'obtenir, dans la solution aqueuse non magnésiée des leucocytes, on ajoute de l'acide acétique étendu qui la précipite, laissant les globulines en solution.

---

1. On a malheureusement désigné sous le nom de *nucléines* bien des corps très différents. Ce mot a été appliqué aux nucléoalbuminoïdes, aux nucléines et même à l'acide nucléique. C'est ce dernier composé qui, le premier de cette série de corps, a été préparé et étudié par Miescher, qui l'avait appelé *nucléine*.

La nucléohistone est soluble dans l'eau, soluble dans les alcalis dilués, mais insoluble dans les acides dilués.

Traitée par les agents hydratants (acides minéraux dilués bouillants, vapeur d'eau surchauffée, alcalis dilués bouillants), elle se dédouble en une substance présentant les propriétés générales des protéoses, l'*histone*, et en une substance présentant les propriétés générales des nucléines, la *leuconucléine*.

L'*histone* est une substance protéique, soluble dans l'acide chlorhydrique, mais (et c'est là une propriété qui la distingue des autres substances albuminoïdes) insoluble dans l'ammoniaque en excès.

La *leuconucléine*, qui contient environ 5 p. 100 de phosphore, est dédoublée par l'action d'une solution alcoolique d'alcali fixe en substance albuminoïde et en acide nucléique, l'*acide thymonucléique*. Ce dernier, qui contient environ 10 p. 100 de phosphore, est décomposé par les acides minéraux bouillants en produits divers, parmi lesquels on trouve des bases xanthiques, de l'adénine surtout et de la guanine, des bases pyrimidiques, thymine, etc., des hydrates de carbone, de l'acide phosphorique, etc.

III. — SUBSTANCES ALBUMOIDES.

On range dans ce groupe des albumoïdes toutes les substances protéiques qui n'appartiennent ni au groupe des substances albuminoïdes, ni au groupe des protéides.

Parmi les albumoïdes, les physiologistes ont à considérer trois groupes de substances :

> 1° Les *gélatines;*
> 2° Les *élastines;*
> 3° Les *kératines.*

La *gélatine* (colle ou glutine) et la *substance collagène*, sa *génératrice*, sont composées de carbone, hydrogène, oxygène et azote. Comme les substances albuminoïdes, elles donnent, sous l'influence des acides ou des alcalis à l'ébullition, ou par la putréfaction, différents produits de décomposition, parmi lesquels il convient de signaler l'eau, l'ammoniaque, le gaz carbonique et des acides aminés, leucine, acide glutaminique, acide aspartique, glycocolle, alanine, phénylalanine et lysine. On ne trouve pas de glycocolle parmi les produits de décomposition des substances albuminoïdes; par contre, la tyrosine, et les substances indoxyliques qui sont des produits constants de la décomposition des substances albuminoïdes, ne se retrouvent pas parmi les produits de décomposition des gélatines.

Les gélatines donnent la réaction colorée du biuret, mais ne donnent ni la réaction de Millon [1], ni la réaction xanthoprotéique.

La gélatine est un produit artificiel, résultant d'une transformation de la substance collagène : c'est cette dernière qu'on trouve dans les tissus conjonctif, cartilagineux, osseux, etc. La substance collagène est transformée en gélatine par l'action de l'eau surchauffée dans l'autoclave.

La gélatine est insoluble dans l'eau froide; elle s'y gonfle seulement et s'y ramollit. Elle se dissout fort bien dans l'eau chaude, donnant une solution visqueuse et filante, se prenant en gelée par refroidissement.

La gélatine perd facilement cette propriété de se gélifier par refroidissement : ses solutions, soumises à l'action d'acides très dilués ou d'alcalis très dilués à la température d'ébullition, et même ses solutions aqueuses neutres, maintenues pendant peu de temps à 110-120°, restent parfaitement liquides après refroidissement.

Les solutions de gélatine ne sont pas dialysables. Elles ne sont pas coagulées à l'ébullition. Elles ne sont précipitées ni par l'acide acétique, ni par les acides minéraux, ni par le ferrocyanure de potassium en liqueur acétique; mais elles sont précipitées par l'alcool, par le tannin acétique, par le chlorure de sodium dissous à saturation, par le sulfate de magnésie dissous à saturation, par l'acide picrique, par la

---

1. On sait que la réaction colorée de Millon est liée à la présence du noyau tyrosino dans la molécule.

liqueur de Brücke et l'acide chlorhydrique, par l'acide phos-
phomolybdique, et par l'acide phosphotungstique.

L'*élastine* constitue la substance la plus abondante des
fibres élastiques. Elle est insoluble dans l'eau, insoluble dans
les acides minéraux dilués. On ne peut la dissoudre qu'en
faisant agir sur elle la vapeur d'eau surchauffée en vase clos,
ou les acides minéraux concentrés. Sous l'influence des
agents dédoublants et hydrolysants, elle fournit les mêmes
produits de décomposition que les substances albuminoïdes,
sauf l'acide aspartique et l'acide glutaminique : on trouve de
la leucine, de la tyrosine, de l'arginine, de la lysine et un
peu de glycocolle. Elle donne les réactions colorées des sub-
stances albuminoïdes et notamment la réaction du biuret et
la réaction de Millon.

La *kératine* (Voy. chap. XII, p. 220).

CHAPITRE V

LES DIASTASES OU ENZYMES

Tous les êtres vivants empruntent au monde extérieur de la matière et de l'énergie. Les êtres pourvus de chlorophylle empruntent la plus grande partie de l'énergie qui leur est nécessaire aux radiations solaires; les êtres dépourvus de chlorophylle l'empruntent aux composés chimiques, dont ils provoquent la décomposition exothermique. Selon que cette décomposition est accompagnée d'une grande ou d'une faible libération d'énergie, la quantité de substance décomposée par l'être vivant est, toutes choses égales, petite ou grande. Lorsque la quantité de substance décomposée, pour satisfaire aux besoins énergétiques d'un être, est très grande; lorsque, en particulier, le rapport de la quantité de substance matériellement fixée par l'être vivant, à la quantité de substance par lui décomposée, est très petit, on dit qu'il se produit une *fermentation*, et que l'être vivant possède la *propriété-ferment*, exerce la *fonction-ferment*, ou plus simplement est un *ferment*. On dit encore, en précisant, que le phénomène de décomposition est une *fermentation vitale*, et que l'être qui la provoque est un *ferment figuré*.

Supposons, pour fixer les idées, que, dans une solution convenable de glycose, on ensemence ces êtres unicellulaires, connus sous le nom de *levure de bière*, et que la liqueur soit soumise à une aération énergique ; une partie du sucre en dissolution est utilisée par la levure, pour la fabrication des composants ternaires de son protoplasma et pour la production de réserves ; une autre partie est brûlée par l'oxygène atmosphérique et l'énergie libérée dans cette combustion est utilisée par

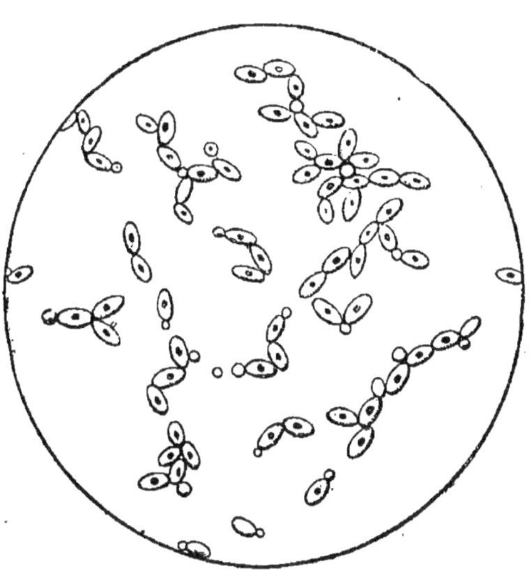

Fig. 28. — Levure de bière.

l'être vivant. Dans ce cas, la quantité de substance brûlée est petite, la quantité de substance fixée est grande. Supposons maintenant que cette même levure soit ensemencée dans la même solution de glycose, mais que la liqueur ne soit pas convenablement aérée, que l'oxygène soit rare ; une partie du sucre sert encore à la constitution des tissus, mais cette partie est proportionnellement petite ; l'accroissement de la levure est lent ; une autre partie du sucre est dédoublée en alcool et acide carbonique, car la rareté de l'oxygène ne permet plus à l'oxydation de la glycose de se faire complètement, et comme ce dédoublement ne libère qu'une quantité d'énergie infiniment moindre que celle qui provient de l'oxydation totale, la quantité du sucre dédoublé est nécessairement très grande. Dans ces conditions, on dit que la levure se comporte comme un ferment; la décomposition alcoolique de la glycose est un phénomène de fermentation vitale.

Tout récemment encore, on admettait que ces phénomènes de fermentations vitales sont une manifestation directe, immédiate, de l'activité vitale d'êtres organisés : entre l'être vivant et la substance à décomposer, on ne plaçait aucune substance intermédiaire, sécrétée par l'être vivant, et capable, par sa composition et ses propriétés chimiques, de provoquer le dédoublement. La fermentation n'était pas un phénomène chimique, mais un phénomène vital. On en trouvait la preuve dans l'action des antiseptiques sur les ferments : tous les agents capables de tuer ou de désorganiser la levure, tels que le phénol, le thymol, le fluorure de sodium, l'acide prussique, arrêtent la transformation de la glycose. Nous indiquerons à la fin de ce chapitre les réserves qu'il convient de faire au sujet de cette proposition.

Cette transformation de la glycose par la levure de bière est le type de toute une série de transformations chimiques, produites par des êtres vivants, levures, bactéries, bacilles; c'est le type des fermentations par ferments figurés; c'est le type des fermentations vitales : citons comme autres exemples : la transformation du sucre de lait en acide lactique par le *ferment lactique*, la transformation de l'alcool en acide acétique par le *mycoderma aceti*, etc.

Lorsqu'on introduit dans une solution de saccharose insuffisamment aérée de la levure de bière, on constate, comme dans le cas de la glycose, une production d'alcool et un dégagement de gaz carbonique, aux dépens de la saccharose. Mais cette transformation se fait en deux temps : dans un premier temps, la saccharose est transformée en sucre interverti; dans un second temps, le sucre interverti est transformé en alcool et gaz carbonique. Si on ajoute à la solution de saccharose un agent antiseptique, phénol, thymol, fluorure de sodium, acide prussique, etc., la levure ajoutée est encore capable d'intervertir la saccharose; mais elle est incapable de pro-

duire une transformation du sucre interverti en alcool et gaz
carbonique. Par conséquent, l'interversion de la saccharose
par la levure de bière n'est pas une manifestation de l'acti-
vité vitale de la levure, puisqu'elle se produit encore après
la mort de la levure; ce n'est pas un phénomène de fermen-
tation vitale. Cette interversion est produite par quelque
chose, engendré par la levure de bière, séparable de la levure
de bière, agissant indépendamment de la levure de bière. *Ce
quelque chose est un ferment soluble*, ou *diastase*, ou *enzyme*;
l'interversion de la saccharose par ce ferment soluble est un

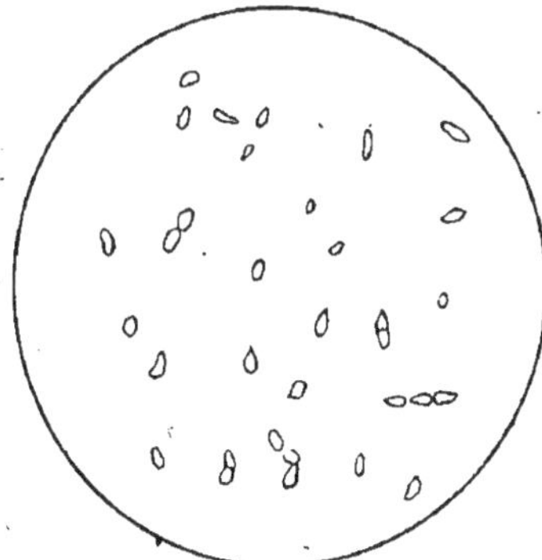 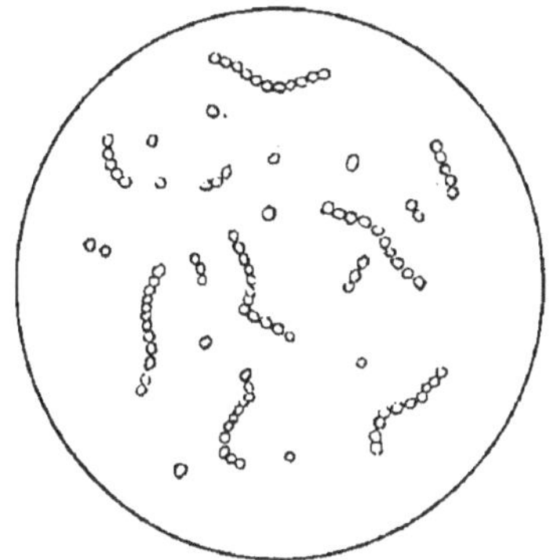

Fig. 29. — Ferment lactique.   Fig. 30. — Ferment acétique.

phénomène de *fermentation par diastase ou enzyme*, un phé-
nomène de *fermentation diastasique*.

Cette diastase est le type d'une série d'agents de même nature,
capables de produire des actions chimiques dans les mêmes
conditions que la diastase que nous venons de signaler. Parmi
ces ferments solubles, ou enzymes, ou diastases, se rangent
la ptyaline de la salive, la pepsine du suc gastrique, la tryp-
sine du suc pancréatique, l'invertine du suc intestinal, etc.

Cette fermentation est le type d'une série de fermentations
de même nature, de fermentations diastasiques, de fermen-
tations par ferments solubles. Telles sont la saccharification
de l'amidon par la salive, la peptonisation des substances
albuminoïdes par la pepsine et par la trypsine, l'interversion
de la saccharose par le suc intestinal.

Ces diastases, ces fermentations diastasiques, présentent

pour le physiologiste un intérêt capital, parce qu'elles permettent de ramener à des phénomènes purement chimiques, quelques-uns tout au moins des phénomènes intimes de la vie.

Les diastases, ferments solubles, ou enzymes, sont fort mal connus quant à leur nature ; — on admet le plus souvent que ce sont des substances chimiquement définissables par leur composition et leurs propriétés, mais qu'on n'a pas pu préparer à l'état de pureté suffisante, et en quantité assez grande, pour procéder à l'analyse.

Les fermentations diastasiques, nulles aux températures voisines de 0°, lentes à s'accomplir aux températures basses, 10 à 15° par exemple, deviennent de plus en plus actives à mesure que s'élève la *température*, jusqu'à une limite *optima*, variable avec la fermentation considérée, mais généralement voisine de 40° ; au delà de la température optima, la fermentation diastasique devient rapidement de moins en moins active, à mesure qu'augmente la température, jusqu'à une limite, toujours notablement inférieure à 100°, à partir de laquelle la fermentation est arrêtée et définitivement arrêtée, alors même qu'on viendrait à ramener la température à l'optimum. On traduit généralement ces faits par les formules suivantes : *les diastases n'agissent pas au voisinage de* 0° ; *leur activité* ne peut s'exercer qu'entre des limites de température peu étendues, *et présente un maximum pour une température voisine de* 40° ; *elles sont détruites* par la chaleur *à une température élevée, toujours inférieure à la température d'ébullition de l'eau.* Au contraire, le froid, qui les empêche d'agir, ne les détruit pas ; on a pu refroidir les liqueurs diastasiques ou des solutions de diastases dites pures à — 190°, au moyen de l'air liquide, sans observer d'altération sensible de leurs propriétés diastasiques.

En admettant que les diastases soient des substances pondérables [1], *la quantité de substance active pourrait être infi-*

---

1. Cette réserve s'explique par l'impossibilité où l'on est d'isoler les enzymes des impuretés qui les accompagnent.

niment petite par rapport à la quantité de substance transformée : on a pu préparer en effet des liqueurs diastasiques ne renfermant que de très petites quantités de substances dissoutes, et cependant capables de produire des transformations chimiques très grandes : le poids de la diastase est, dans certains cas, 1 000 fois, 10 000 fois, 100 000 fois, 1 million de fois et plus, plus petit que le poids de substance transformée dans un temps relativement court, disons quelques heures, pour fixer les idées. On peut donc énoncer la proposition suivante : *une quantité infiniment petite de diastase peut déterminer des transformations chimiques infiniment grandes.*

Les diastases présentent encore un autre caractère fondamental : *elles ne se détruisent pas en agissant.* Cette proposition n'est pas évidente *a priori* : en effet, lorsqu'on étudie la vitesse des transformations diastasiques, on constate que cette vitesse diminue rapidement à mesure que progresse la transformation; lorsqu'on étudie la composition finale du liquide transformé, on constate que la transformation n'est jamais totale, et que la liqueur renferme toujours, à côté des produits de transformation, une portion de la substance primitive, plus ou moins considérable selon la quantité de cette substance à l'origine, selon la quantité de diastase employée, selon la composition du milieu, selon la température, etc. Les choses se passent donc, en apparence, comme si la diastase se détruisait à mesure qu'elle agit. Mais ce n'est qu'une apparence : si, en effet, par un procédé convenable, on parvient à éliminer les produits de transformation diastasique, on constate que la liqueur possède ses propriétés diastasiques primitives inaltérées qualitativement et quantitativement. Ces faits nous conduisent par une autre voie à la conclusion déjà énoncée : *une quantité infiniment petite de diastase peut, dans des conditions expérimentales convenables, déterminer des transformations chimiques infiniment grandes.*

Mais il importe de ne pas oublier que les *produits de la transformation diastasique* exercent sur la fermentation diastasique une *action d'arrêt*, une *action inhibitrice*, croissant avec la quantité des produits de transformation, et conduisant à un *arrêt définitif* des transformations, quand est réalisé un certain équilibre entre les produits de transformation et la substance transformable, équilibre dépendant de la quantité absolue de la substance transformable, de la quantité de diastase et des conditions physiques et chimiques de l'expérience.

L'inaltérabilité des diastases dans le cours des fermentations diastasiques, et leur propriété de produire des transformations chimiques infiniment grandes, conduit à les rapprocher des *agents catalytiques*, et à considérer les phénomènes de fermentations diastasiques comme des *phénomènes de catalyse.* — On sait que les chimistes appellent « agents catalytiques » des substances qui interviennent dans les réactions chimiques, pour les provoquer ou pour les accélérer, sans apparaître elles-mêmes dans les produits finaux de la réaction, et sans disparaître dans la réaction. La mousse de platine, qui provoque à la température ordinaire la combinaison de l'oxygène et de l'hydrogène, est un agent catalytique ; l'acide chlorhydrique dilué, qui, à la température d'ébullition, provoque le dédoublement avec hydratation de la saccharose, et se retrouve en totalité à la fin de la réaction, est un agent catalytique ; le chlorure d'aluminium, qui permet l'union de la benzine et du chlorure d'éthyle avec élimination d'une molécule d'acide chlorhydrique, et se retrouve à la fin de la réaction inaltéré qualitativement et quantitativement, est un agent catalytique. Nous sommes autorisés à considérer les *diastases* comme des *agents catalytiques.*

Les différents caractères des diastases que nous venons de signaler : leur *destruction par la chaleur* à une température élevée, mais inférieure à la température d'ébullition, lorsqu'on opère sur des solutions ou sur des produits humides [1] ; leur *activité croissant avec la température jusqu'à une température optima* ; leur *conservation indéfinie* dans les liqueurs diastasiques, quelque grande que soit la transformation

---

1. Les poudres diastasiques, parfaitement desséchées à température peu élevée, disons, pour fixer les idées, non supérieure à 40°, supportent, sans perdre leur propriété diastasique, des températures égales et même supérieures à 100°.

chimique accomplie par elles ; leur propriété de *déterminer sous un poids infiniment petit des transformations infiniment grandes*, ces propriétés des diastases sont *caractéristiques*.

A côté de ces propriétés caractéristiques, nous devons encore signaler les suivantes :

Lorsqu'on met à macérer dans l'*eau* ou dans la *glycérine* une glande sous-maxillaire hachée, on obtient une liqueur possédant les propriétés diastasiques de la salive : on dit que la diastase de la glande sous-maxillaire est soluble dans l'eau et dans la glycérine. D'une façon générale, *toutes les diastases sont solubles dans l'eau et dans la glycérine* : cela veut dire que si l'on met à macérer dans l'eau ou dans la glycérine un tissu ou une substance douée de propriétés diastasiques, ce tissu ou cette substance communiquent à la liqueur aqueuse ou glycérinée leur propriété diastasique.

Lorsqu'on traite par l'*alcool fort* un liquide doué de propriétés diastasiques, que ce liquide soit une liqueur naturelle, comme la salive, ou une liqueur artificielle, comme une macération de glandes salivaires, on détermine la formation d'un précipité. Si on sépare ce précipité par filtration, si on le lave à l'alcool fort et à l'éther, si on le dessèche dans le vide au-dessus de l'acide sulfurique, à une température peu élevée, 15 à 20° par exemple, et si on vient à broyer ce résidu sec dans de l'eau, on communique à cette eau les propriétés diastasiques que possédaient la liqueur ou la macération d'origine. On dit que *les diastases sont précipitées par l'alcool fort, sont insolubles dans cet alcool fort et solubles dans l'eau après traitement par l'alcool*. Cela veut dire simplement que les précipités produits par l'alcool dans les liqueurs diastasiques possèdent la propriété, après avoir subi les traitements que nous avons indiqués, de communiquer à la solution avec laquelle ils sont mis en contact des propriétés diastasiques.

Si, dans une liqueur douée de propriétés diastasiques, on détermine la production de certains précipités, surtout la production de précipités gélatineux ou floconneux, tels que les précipités de savons de chaux, de phosphate de chaux, de substances protéiques, de cholestérine, etc., et si on redissout ces précipités dans une liqueur convenablement choisie, dans l'eau légèrement acidulée, par exemple, dans le cas du phosphate de chaux, on communique à cette liqueur la propriété diastasique. On dit que les diastases *sont mécaniquement entraînées et fixées par les précipités floconneux*. Cela veut dire que le précipité floconneux, produit dans une liqueur diastasique et débarrassé par lavages de la liqueur qui le souille, communique aux liqueurs dans lesquelles on le dissout la propriété diastasique.

Enfin les diastases *ne sont que peu dialysables*. Si, dans un dialyseur, on introduit une solution diastasique, et si on plonge ce dialyseur dans l'eau, on trouve dans celle-ci, au bout d'un certain temps, des traces de diastases; mais cette dialyse, dont on ne saurait contester l'existence, ne s'accomplit ni rapidement, ni abondamment. Ce n'est souvent qu'après une dialyse de vingt-quatre heures qu'on peut manifester, par des procédés délicats, la présence de traces de diastase dans le liquide extérieur, même dans le cas où la liqueur diastasique soumise à la dialyse est riche en diastase. Et même après huit à dix jours de dialyse ininterrompue, la quantité de diastase contenue dans le liquide extérieur est toujours infiniment plus petite que celle contenue dans le liquide intérieur. Cette propriété des diastases est intéressante à signaler, car elle permet d'affirmer que ces diastases, tout en étant douées de propriétés colloïdes, ne sont pas des colloïdes typiques, et particulièrement ne sont pas de même nature que les substances albuminoïdes naturelles.

La distinction que nous avons admise entre les ferments figurés et les diastases n'est pas aussi nette qu'on l'avait supposé. On a démontré en effet récemment que le dédoublement de la glycose en alcool et acide carbonique, que nous avons cité comme type des fermentations vitales, est en réalité lui-même une fermentation diastasique. On a pu, en triturant la levure de bière avec du sable d'infusoires, pour la désorganiser et la détruire, et la soumettant à une pression de 500 atmosphères, dans un appareil spécialement construit à cet effet pour en extraire le jus, obtenir une liqueur qui ne contient point de cellules vivantes et qui, même après précipitation par l'alcool, peut provoquer le dédoublement alcoolo-carbonique de la glycose. On peut précipiter le jus de levure ainsi préparé par l'alcool fort, séparer le précipité, le dessécher dans le vide, et le broyer avec de l'eau : on obtient une liqueur aqueuse capable de provoquer le dédoublement alcoolique de la glycose. On est ainsi conduit à rapporter la fermentation alcoolique à l'action d'une diastase sécrétée par la levure, mais ne diffusant pas dans le milieu ambiant.

Cette diastase nouvelle, cette *alcoolase*, ne diffère des diastases connues et décrites que par son union plus intime avec le protoplasma de la cellule : les diastases que nous connaissons diffusent plus ou moins facilement dans le milieu extérieur ; l'alcoolase n'y diffuse point ; mais ce n'est pas là un caractère différentiel absolu, car entre l'invertine, type des *diastases extracellulaires*, et l'alcoolase, type des *diastases intracellulaires*, nous avons toute une série de diastases intermédiaires plus ou moins fixées et retenues sur le protoplasma.

Les antiseptiques, avons-nous dit, suppriment les fermentations vitales, et permettent les fermentations diastasiques. Mais nous devons remarquer que si les fermentations diastasiques se produisent en présence des antiseptiques, elles sont plus ou moins retardées et diminuées par eux. Entre les diastases, dont l'action est peu modifiée par les antiseptiques, et l'alcoolase, dont l'action est suspendue par eux, au moins lorsqu'elle est fixée sur le protoplasma, nous trouvons tous les degrés intermédiaires, de sorte qu'ici encore nous ne saisissons pas de séparation nette entre les deux groupes de phénomènes.

Une dernière analogie doit être relevée entre les ferments figurés et les diastases. On sait que les conditions physiques et chimiques du milieu ambiant ont une importance capitale dans les fermentations vitales : les ferments figurés, ou tout au moins certains d'entre eux, ne se développent bien et ne produisent des fermentations franches et actives que dans des conditions étroitement limitées de température, d'humidité, de composition chimique du milieu. De même, les diastases, ou tout au moins certaines d'entre elles, ne manifestent bien leur activité que dans des conditions étroitement limitées de température et de composition chimique, ou tout au moins de réaction du milieu. Cette nécessité de réaliser certaines conditions physiques ou chimiques, pour permettre aux diastases d'agir avec efficacité, est un fait de première importance, sur lequel on ne saurait trop insister.

Le jour approche peut-être où nombre de phénomènes chimiques de l'organisme, considérés comme essentiellement vitaux, seront ramenés à des phénomènes diastasiques.

On tend actuellement à grouper les diastases suivant la nature des modifications physiques ou chimiques qu'elles provoquent : c'est ainsi qu'on distingue des *diastases de coagulation* [1] : ce sont le fibrinferment qui détermine la coagulation de la fibrine, le labferment qui provoque la coagulation du caséum, la pectase qui fait coaguler la pectine ; — des *diastases hydratantes* : telles sont la trypsine, la papaïne, la pepsine qui peptonisent les substances albuminoïdes ; l'invertine, la maltase, la lactase, la tréhalase qui hydratent, en les dédoublant, des sucres de la série de la saccharose ; l'émulsine, la myrosine qui hydratent et dédoublent des glycosides ; la stéapsine qui saponifie les graisses neutres ; — des *diastases oxydantes* : la laccase qui agit sur le laccol, et la tyrosinase qui agit sur la tyrosine ; — enfin des *diastases dédoublantes* plus particulièrement appelées *zymases* dont le type est l'alcoolase.

Les diastases ou enzymes nous sont révélées par leur action chimique. Or, il existe des liquides ou des tissus organiques qui ne présentent aucune activité diastasique, mais peuvent en acquérir sous certaines actions chimiques déterminées. On

---

1. Les diastases de coagulation ne sont que des diastases hydratantes : comme ces dernières, elles produisent des dédoublements avec hydratation. Ce n'est qu'au point de vue pratique qu'on peut avoir quelque intérêt à en faire un groupe distinct.

dit que ces liquides ou ces tissus organiques contiennent des *proferments*, ou *prodiastases*, ou *proenzymes*, transformables en diastases par des agents chimiques déterminés. Si, par exemple, on fait une macération aqueuse de pancréas d'animal à jeun, et si, au bout de quelques heures, on sépare le liquide du tissu par filtration, ce liquide possède un pouvoir tryptique nul ou très faible. Mais si, avant de faire la macération du pancréas, on a traité son tissu par un acide très dilué, par l'acide salicylique à 1 p. 1 000 par exemple, on obtient une liqueur de macération possédant un énergique pouvoir tryptique même quand on l'a débarrassée de l'agent transformateur. L'acide salicylique a donc engendré de la trypsine aux dépens d'une substance contenue dans le tissu pancréatique, substance qui ne possédait aucune activité tryptique ; cette substance est dite protrypsine ou trypsinogène : c'est un proferment.

Si on fait une macération aqueuse d'une muqueuse gastrique de mammifère adulte, la liqueur obtenue ne peut provoquer la caséification du lait ; elle ne contient donc pas de labferment (diastase de la présure) ; mais si on acidule légèrement cette liqueur par l'acide chlorhydrique, on constate, après quelques minutes, que la liqueur neutralisée peut provoquer la coagulation du lait. La liqueur de macération, qui ne contenait pas de labferment, contenait donc une substance capable d'engendrer du labferment sous l'influence de l'acide chlorhydrique dilué ; on dit qu'elle contenait une prodiastase, un prolabferment.

Mais, pourrait-on dire, il est inutile d'imaginer l'existence de prodiastases à côté des diastases, et les phénomènes observés peuvent recevoir une interprétation beaucoup plus simple. La macération aqueuse de muqueuse gastrique de mammifère adulte ne coagule pas le lait, parce que les conditions chimiques de milieu, nécessaires à l'action du labferment, ne sont pas réalisées ; en ajoutant de l'acide chlorhydrique et en le neutralisant ensuite par la soude, on a introduit dans la liqueur des éléments chimiques nouveaux, notamment du chlorure de sodium, et on a ainsi rendu le milieu convenable à l'action d'un labferment préexistant. —

Cette conception ne saurait être soutenue. Supposons en effet qu'on ait préparé une macération aqueuse de muqueuse gastrique de mammifère adulte, absolument inactive sur le lait, et qu'on en fasse trois parts : la première est additionnée de 1 p. 1 000 d'acide chlorhydrique, abandonnée une heure au laboratoire, puis neutralisée par la soude; la seconde est additionnée de 1 p. 1 000 d'acide chlorhydrique et immédiatement neutralisée par la soude; la troisième enfin est additionnée du mélange neutre d'acide chlorhydrique et de soude; ces trois liqueurs contiennent les mêmes éléments chimiques; or la première seule, dans laquelle la liqueur a été soumise pendant une heure à l'action de l'acide chlorhydrique, possède le pouvoir caséifiant. Les différences observées ne tiennent donc pas à la modification de composition du milieu, mais bien, comme nous l'avons supposé, à une transformation de proferment en ferment.

Supposons qu'on ait reçu, au sortir du vaisseau, du sang dans une solution d'oxalate de soude, de façon que le mélange contienne 1 p. 1 000 d'oxalate, et qu'on ait séparé le plasma oxalaté des globules. Ce plasma oxalaté ne coagule pas spontanément, et ne fait pas coaguler les solutions chlorurées sodiques de fibrinogène; mais, si on ajoute à ce plasma 1 p. 1 000 de chlorure de calcium, le plasma coagule et le sérum qui s'en sépare est capable de provoquer la coagulation d'une solution chlorurée sodique de fibrinogène. On traduit ces faits en disant que le plasma oxalaté ne contient pas de fibrinferment, mais un profibrinferment transformable en fibrinferment par l'action des sels de chaux.

Faut-il supposer que l'introduction de sels de chaux dans la liqueur a simplement modifié la composition chimique du milieu, la rendant convenable pour permettre à un fibrinferment préexistant de manifester son action? Cette hypothèse ne peut être soutenue : supposons, en effet, qu'après avoir fait coaguler le plasma oxalaté par addition de chlorure de calcium, on en sépare le sérum, et qu'on débarrasse celui-ci de ses sels dissous par une dialyse prolongée en présence d'eau chlorurée sodique maintes fois renouvelée, on obtient une liqueur capable de faire coaguler les solutions chlorurécs sodiques de fibrinogène. Par contre, le plasma oxalaté primitif débarrassé de ses sels dissous par une dialyse prolongée, en présence d'eau chlorurée sodique maintes fois renouvelée, est inapte à faire coaguler les solutions chlorurées sodiques de fibrinogène. Il y a donc eu réellement transformation de profibrinferment en fibrinferment par l'action des sels de chaux, et non pas seulement modification du milieu, rendant possible l'action d'un fibrinferment préexistant.

Ces faits sont intéressants en outre en ce qu'ils nous montrent que la transformation des prodiastases en diastases se fait sous des influences différentes pour les divers diastases : le prolabferment est transformé en labferment par les acides dilués ; il ne le serait pas par les sels de chaux ; le profibrinferment est transformé en fibrinferment par les sels de chaux ; il ne le serait pas par les acides dilués.

CHAPITRE VI

LES ENZYMOÏDES

Sommaire. — Enzymes et enzymoïdes. — Toxines en général; toxalbumines et toxoprotéines; toxine diphtérique, toxine tétanique. Toxines et diastases. Venins des serpents. Ressemblances et dissemblances des toxalbumines et des venins. — Antitoxines, propriétés et mode d'action sur les toxalbumines. Antitoxines et diastases. — Agglutination des microbes par les sérums d'animaux immunisés; agglutinines; spécificité des agglutinations; agglutination des hématies. — Sérums précipitants; conditions nécessaires et suffisantes pour la production de ces sérums et pour la précipitation; double spécificité des sérums précipitants, spécificité chimique et spécificité zoologique; exceptions et applications. Précipitines. — Phénomène de Pfeiffer, bactériolyse et bactériolysines ou lysines. Les deux temps de la bactériolyse et ses deux agents : immunisine et alexine. Hémolyse et hémolysines. Bactériolysines et hémolysines naturelles.

En étudiant les diastases ou enzymes, nous avons vu que ces substances sont détruites par la chaleur à une température inférieure à 100°; qu'elles provoquent des transformations chimiques d'ordre catalytique, et, par conséquent, se retrouvent inaltérées qualitativement et quantitativement à la fin de l'opération, et par conséquent sont capables, en quantité infiniment petite, de provoquer des transformations infiniment grandes. Nous avons constaté que ces diastases ou enzymes sont solubles dans l'eau et dans la glycérine, insolubles dans l'alcool, précipitées par l'alcool de leurs solutions aqueuses ou glycérinées, et solubles dans l'eau après traitement alcoolique et dessiccation à basse température; qu'elles sont douées de propriétés colloïdes et qu'en particulier elles ne dialysent que très lentement et très imparfai-

tement, et se laissent englober et entraîner par les préci-
pités floconneux, qu'on détermine dans les liqueurs où elles
existent.

On a rapproché des diastases, dans le cours des dernières
années, un certain nombre de substances, contenues soit
dans les cultures microbiennes, soit dans les liquides de
l'organisme, et notamment dans le sérum sanguin des ani-
maux normaux et des animaux vaccinés contre certains
microbes ou contre leurs cultures filtrées ; substances qui
présentent avec les diastases un certain nombre de pro-
priétés communes. Tels sont certaines toxines microbiennes
et les venins des serpents ; telles sont les antitoxines ; telles
sont les agglutinines et les précipitines ; telles sont enfin les
bactériolysines, les hémolysines, etc.

Pour rappeler les analogies de ces substances avec les
enzymes, sans les confondre avec elles, nous les réunirons
sous la dénomination commune d'*enzymoïdes*. Il convient en
effet de les séparer nettement des enzymes vraies, ces der-
nières produisant des transformations chimiques incontes-
tables, tandis que l'essence du phénomène produit par les
enzymoïdes nous est imparfaitement connu, ou totalement
inconnu.

Une rapide revue de divers groupes d'enzymoïdes nous
permettra de connaître leurs principales propriétés, et leurs
analogies ou dissemblances avec les enzymes.

———

On désigne, sous le nom générique de *toxines*, les poisons
non alcaloïdiques[1], produits par les microbes, ou sécrétés
par les cellules des animaux et des végétaux. Les microbio-
logistes tendent à les séparer en deux groupes : les *toxalbu-
mines*, sécrétions cellulaires, détruites par la chaleur entre
60 et 70°, mais non coagulables, n'agissant sur l'organisme

———

1. Les chimistes réunissent parfois, dans le groupe des toxines, les toxines pro-
prement dites, à affinités diastasiques, et les *alcaloïdes toxiques*, ces derniers com-
prenant les *leucomaïnes*, produites dans l'organisme animal, et les *ptomaïnes*, pro-
duites dans les milieux de cultures microbiennes. L'étude des leucomaïnes et des
ptomaïnes n'a pas à être faite ici.

qu'après une période d'incubation toujours longue (toxine diphtérique, toxine tétanique, etc.); et les *toxoprotéines*, dérivés cellulaires, coagulables par la chaleur, agissant sur l'organisme sans période d'incubation (venins, protéines pesteuses, cholériques, etc.).

Nous n'entrerons pas dans l'étude détaillée de ces toxines, qui appartient à la microbiologie plus qu'à la physiologie; nous nous bornerons à rechercher leurs relations avec les diastases.

La mieux étudiée, parmi les toxalbumines, est la *toxine diphtérique*. Les bouillons de culture du bacille de la diphtérie, séparés des bacilles par filtration sur porcelaine dégourdie, possèdent des propriétés toxiques remarquables, et provoquent, chez l'animal vivant, les mêmes accidents que les cultures totales (bouillon et microbes). On démontre que la substance active de ces bouillons est détruite par la chaleur à une température inférieure à 100°, qu'elle est précipitée par l'alcool et peut être retirée par l'eau du précipité alcoolique desséché à basse température, qu'elle est entraînée par les précipités floconneux produits dans le bouillon, et notamment par le précipité de phosphate de chaux, qu'elle dialyse avec une très grande lenteur.

La *toxine tétanique* présente les propriétés générales de la toxine diphtérique : sa destruction par la chaleur, sa précipitation par l'alcool et les précipités floconneux, sa faible dialyse, etc.

A côté de ces *toxalbumines microbiennes*, il faut placer certaines *toxalbumines végétales*, telles que l'abrine qu'on extrait des graines du jéquirity, la ricine qu'on extrait des graines du ricin, la rubine qu'on extrait des écorces d'acacia, etc.; elles possèdent les propriétés générales des toxalbumines microbiennes : solubilité dans la glycérine, destruction par la chaleur humide au-dessous de 100°, et en général à une température peu élevée, faible dialyse, précipitabilité par l'alcool, entraînement par les précipités floconneux, par exemple, par ceux de phosphate de chaux ou de substances protéiques.

Ce sont là des propriétés d'enzymes sans doute; mais il

convient de noter les faits suivants. — Quelle que soit la dose de toxalbumine injectée, les accidents pathologiques n'apparaissent jamais immédiatement : il y a toujours une période d'incubation, plus ou moins longue sans doute, selon la dose de toxalbumine injectée, mais ayant toujours une assez longue durée, dépassant toujours vingt-quatre heures. — D'autre part, les phénomènes provoqués par les toxalbumines sont des phénomènes physiologiques, et nous ignorons absolument si ces phénomènes physiologiques sont la conséquence de phénomènes chimiques, produits par la toxalbumine. En supposant même que la toxalbumine agisse bien chimiquement, nous ignorerions la nature et la quantité de la substance transformée par elle dans l'organisme, et nous ne pourrions en conséquence appliquer aux toxalbumines la loi fondamentale de l'action des diastases, à savoir qu'elles agissent en quantité infiniment petite pour produire des transformations chimiques infiniment grandes. — Sans doute, mais c'est là tout autre chose, les toxalbumines agissent en quantité infiniment petite pour provoquer des phénomènes physiologiques infiniment grands[1] : ici nous sommes dans le domaine physiologique et non plus dans le domaine chimique.

Nous séparons nettement des toxines proprement dites, ou toxines-enzymoïdes, divers produits microbiens, tels que la tuberculine extraite des cultures du bacille tuberculeux, et la malléine, extraite des cultures du bacille morveux, qui résistent à l'action prolongée d'une température de 100° sans altérations.

A côté des toxalbumines, nous avons placé les toxoprotéines, parmi lesquelles se rangent les *venins* en général et les *venins des serpents* en particulier.

La substance active des venins est, en général, détruite par la chaleur à une température inférieure à 100°; mais, en général aussi, cette destruction nécessite une action prolongée de la chaleur, et une température plus élevée que la température de destruction des toxalbumines microbiennes.

---

1. Les toxines diphtérique et tétanique peuvent déterminer la mort de 20 millions à 100 millions de fois leur poids de matière vivante.

Comme les toxalbumines microbiennes, d'ailleurs, les venins des serpents sont précipités par l'alcool, entraînés par les précipités floconneux, minéraux ou protéiques, très faiblement dialysables, et enfin capables de produire des accidents graves à dose extrêmement faible.

Les deux caractères qui les séparent des toxalbumines sont d'abord leur résistance plus grande à la chaleur; ensuite, et c'est là la différence fondamentale, la suppression de la période d'incubation, quand la dose injectée est suffisante.

Les toxalbumines et les venins présentent, d'autre part, des caractères biologiques communs fort importants. Il est possible, par des injections répétées, suffisamment espacées, de toxalbumines ou de venins (en commençant par des doses extrêmement faibles), d'immuniser des animaux contre l'action toxique de doses 10, 100 et 1 000 fois mortelles de la toxalbumine et du venin; — les animaux immunisés fournissant un sérum sanguin antitoxique, c'est-à-dire tel que, mélangé à la toxalbumine (en proportions convenables *in vitro*), il la rende inactive sur un animal sensible à son action; c'est-à-dire encore tel que, injecté à dose convenable dans l'organisme d'un animal, il immunise temporairement ce dernier contre une dose de toxalbumine ou de venin capable de produire des accidents, la toxalbumine ou le venin ayant été injectés indépendamment du sérum, soit quelque temps avant, soit en même temps, soit après le sérum.

Les toxalbumines et les venins présentent encore un caractère biologique commun, important à connaître. Injectés sous la peau ou dans les veines à dose convenable, ils provoquent les accidents caractéristiques; introduits dans le tube digestif à dose plusieurs fois mortelles, ils sont absolument inoffensifs.

Les animaux immunisés contre les toxalbumines et contre les venins fournissent, nous venons de le dire, un sérum antitoxique ou antivenimeux; — on rapporte cette propriété remarquable qu'ils possèdent à la présence d'une substance dite *antitoxine*, qu'on a rapprochée aussi des diastases. Comme les diastases et comme les toxines, en effet, elle est détruite par la chaleur à une température relativement basse comprise entre 60 et 70°; — elle est précipitée par l'alcool, entraînée par les précipités floconneux, minéraux ou protéiques (phosphate de chaux, globulines, etc.); — elle dialyse difficilement.

Lorsqu'on mélange *in vitro* la toxine et l'antitoxine, ou plus exactement le sérum antitoxique, en proportions convenables, on obtient un mélange inoffensif pour les animaux sensibles

Fig. 31. — Préparation du sérum aseptique (sérum antidiphtérique, p. ex.). Le trocart *t* est enfoncé dans la jugulaire; le sang s'écoule dans le flacon A par le tube θ_1; le tube θ_2 contenant un bouchon d'ouate est ouvert; le tube θ_3 est fermé à la lampe. Dans le flacon B la coagulation et la rétraction du caillot sont faites; le tube θ_1 a été scellé; le tube θ_2 a été ouvert; il suffit de comprimer de l'air par θ_2 au moyen d'une poire de caoutchouc pour amorcer le siphon θ_3 et recueillir le sérum.

à la toxine. On peut démontrer, au moins dans le cas particulier du venin et du sérum antivenimeux, que l'antitoxine détruit ou altère la toxine. En effet, si, *in vitro*, on mélange du venin et une quantité convenable de sérum antivenimeux, et si, après un contact suffisant (une demi-heure par exemple), on porte le mélange à 65-70°, température suffisante pour détruire l'antitoxine, mais insuffisante pour agir sur le venin, le mélange se montre inoffensif pour les animaux sensibles; donc la toxine a été détruite ou modifiée. On admet, sans d'ailleurs l'avoir démontré, qu'il en est de même pour les autres toxines et les sérums antitoxiques correspondants[1].

Mais, si la toxine est modifiée ou détruite dans le mélange de toxine et de sérum antitoxique, cette modification ou cette destruction ne se produit pas instantanément; elle exige un certain temps : en effet, après avoir mélangé le venin et le sérum antivenimeux, en proportions convenables pour assurer la destruction du venin en une demi-heure, si, aussitôt après le mélange, on chauffe à 65-70°, on constate que le mélange possède des propriétés toxiques énergiques, et d'autant plus énergiques que le mélange a été chauffé plus tôt.

La transformation de la toxine par l'antitoxine, la non-instantanéité de cette transformation sont des faits qui pourraient conduire à établir un rapprochement entre l'action de l'antitoxine sur la toxine et l'action des diastases sur les substances transformées par elles. — Mais ce rapprochement n'est pas légitime pour les raisons suivantes :

Dans toute action diastasique vraie, comme dans toute action d'antitoxine sur la toxine correspondante *in vitro*, on peut considérer deux éléments fondamentaux : 1° la vitesse de la réaction à un moment donné; 2° l'état d'équilibre final du mélange.

Dans le cas des actions diastasiques, la vitesse de la réaction dépend essentiellement, toutes autres conditions égales, de la quantité de diastase agissante : elle croît avec la quantité de diastase; — l'état d'équilibre chimique terminal, c'est-à-dire le rapport des quantités de substance transformée et de substance non transformée est, toutes autres conditions égales, à peu près indépendant de la quantité de diastase employée.

Dans le cas des actions d'antitoxines sur les toxines, au contraire, l'état d'équilibre final, ou, si l'on veut, la toxicité finale du mélange, est très rapidement atteinte. — On n'a pas exécuté d'expériences permettant de connaître les lois de la vitesse de la réaction; mais cet état d'équilibre, la toxicité finale, dépend essentiellement de la quantité d'antitoxine employée :

---

1. La démonstration précédente n'a pu être répétée, parce que la température de destruction est la même pour la toxine et l'antitoxine correspondante.

la quantité d'antitoxine détruite est proportionnelle à la quantité d'antitoxine employée.

En schématisant ces faits, nous dirons : 1° en ce qui concerne l'action des diastases : la vitesse de la réaction dépend essentiellement de la quantité de diastase; l'état final est à peu près indépendant de la quantité de diastase; 2° en ce qui concerne l'action des antitoxines : la vitesse de la réaction est vraisemblablement indépendante de la quantité d'antitoxine, l'état final dépend essentiellement de la quantité d'antitoxine.

Cette revue rapide des propriétés des antitoxines nous montre clairement qu'il ne faut pas les ranger dans le groupe des diastases vraies; les antitoxines sont des enzymoïdes sans doute, c'est-à-dire possèdent les solubilités, les précipitabilités, l'alibilité des enzymes; mais ce ne sont pas des enzymes[1].

Nous étudierons enfin rapidement, dans ce groupe essentiellement hétérogène des enzymoïdes, un certain nombre de substances, imaginées par les biologistes pour rendre compte de certaines propriétés remarquables des sérums sanguins, les agglutinines et les précipitines, les bactériolysines et les hémolysines, etc. Nous ne prétendons pas d'ailleurs que ces substances soient des enzymes, car rien ne prouve qu'elles ne soient pas purement et simplement les substances protéiques du sérum; — en les rangeant parmi les enzymoïdes, nous entendons dire seulement que ce sont des substances colloïdes, transformables par la chaleur à une température inférieure à 100° et de nature essentiellement inconnue actuellement.

Supposons qu'on ait cultivé sur gélose un vibrion cholérique déterminé, et qu'après vingt-quatre heures on délaie la culture dans de l'eau salée à 1 p. 100 : on obtient une émulsion homogène et stable, dans laquelle les vibrions conservent leur mobilité. Si, à cette émulsion, on ajoute une

1. Nous ne connaissons pas l'antitoxine pure, isolée des impuretés qui l'accompagnent dans le sérum antitoxique; nous ne connaissons donc pas la quantité pondérable agissante; nous ne savons pas dès lors si une quantité infiniment petite d'antitoxine transforme une quantité de toxine infiniment grande.

petite quantité du sérum sanguin d'un animal (lapin ou cobaye par exemple) fortement immunisé contre l'injection intrapéritonéale du vibrion qui a servi à faire l'émulsion, on constate au microscope que très rapidement ces vibrions perdent leur mobilité, puis se réunissent en amas plus ou moins considérables, s'agglutinent, comme on est convenu de dire. Cette *agglutination* augmente tellement, les amas deviennent si volumineux que, très rapidement, on peut se passer du microscope pour les déceler, et qu'à l'œil nu, on distingue sans

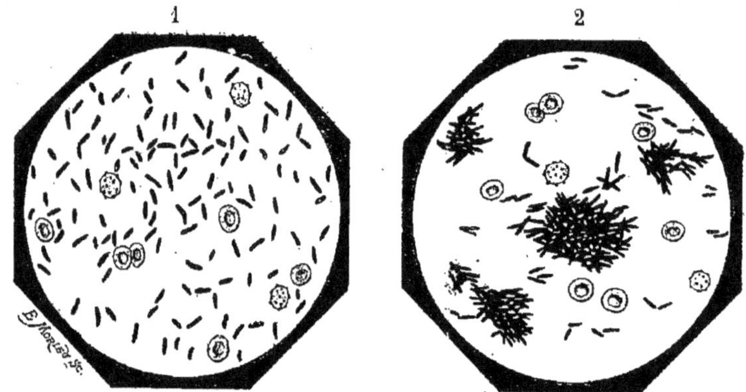

Fig. 32. — Réaction de Widal (d'apr. J. Courmont). 1. Préparation d'une culture de 24 heures de bacille d'Eberth additionnée de 1/10 de sang non typhique (séro-réaction négative). — 2. Préparation d'une culture de 24 heures de bacille d'Eberth agglutinée par 1/10 de sang typhique (séro-réaction positive).

peine dans la liqueur de gros flocons, nageant dans un liquide parfaitement clair et formés par les vibrions agglutinés.

Cette agglutination n'a pas comme condition nécessaire la vitalité des vibrions ; elle se produit également bien avec des émulsions de ces mêmes vibrions tués par une douce chaleur ou par un antiseptique convenable.

Le sérum agglutinant agit d'autant plus énergiquement et d'autant plus vite pour une même dose que la température est plus élevée jusqu'à 55° ou 60° ; au delà de cette température, il ne tarde pas à perdre sa propriété agglutinante. La substance active de ce sérum est précipitée par l'alcool et entraînée par les précipités de phosphate de chaux, d'albuminoïdes, etc. ; elle n'est pas détruite par la dessiccation à basse température et se dissout dans l'eau et dans la glycérine.

Ce sont là sans doute des propriétés d'enzymes ; mais faut-il faire des enzymes de substances quelconques possédant ces propriétés ? A ce titre, les substances albuminoïdes elles-mêmes seraient des enzymes.

La substance active de ces sérums agglutinants est dite *agglutinine*. Le point le plus intéressant de l'histoire des agglutinines est leur spécificité à l'égard d'un microbe déterminé. C'est ainsi que le sérum d'un animal immunisé contre le vibrion cholérique ne possède généralement pas d'action agglutinante pour les autres bactéries, pour le bacille typhique par exemple, et inversement. On a même prétendu que la propriété agglutinante ne s'appliquait qu'à la variété microbienne contre laquelle l'animal était immunisé. Mais c'était aller trop loin. Si, d'une façon générale, les sérums agglutinants sont spécifiques pour une espèce microbienne déterminée, cette règle comporte des exceptions. Le sérum agglutinant une variété de vibrions cholériques en agglutine génélement les autres variétés, bien qu'à un moindre degré. Le sérum agglutinant le bacille typhique peut, quand il est employé à dose suffisamment grande, agglutiner le bactérium coli (toujours moins toutefois que le bacille typhique) et inversement.

Nous pouvons donc admettre d'une façon générale la spécificité des sérums agglutinants, sans oublier toutefois que cette spécificité n'est pas toujours absolue.

Cette propriété agglutinante, pratiquement spécifique, est utilisée par les bactériologistes dans deux circonstances principales : 1° quand il s'agit d'identifier avec une espèce microbienne déterminée un microbe donné (on s'assure que le microbe donné est bien agglutinable par un sérum agglutinant l'espèce dont il s'agit) ; — 2° quand il s'agit de déterminer l'agent microbien cause de troubles pathologiques, chez l'homme ou les animaux (le pouvoir agglutinant du sérum, maximum chez l'animal fortement immunisé contre le microbe considéré, s'observe en effet également, quoique à un degré beaucoup moindre, pour l'animal infecté par le microbe) ; cette réaction constitue le séro-diagnostic typhique, par exemple : le malade atteint de fièvre typhoïde vraie donne un sérum agglutinant plus particulièrement (sinon toujours exclusivement) les cultures homogènes de bacilles typhiques.

La propriété agglutinante des sérums ne se manifeste pas pour les microbes seulement; on peut l'observer à l'égard des hématies. Si, par exemple, on injecte sous la peau ou dans le péritoine d'un animal d'une espèce donnée A (lapin par exemple) du sang défibriné, ou des globules rouges séparés par centrifugation et lavages à l'eau salée du sérum (5 à 10 centimètres cubes par exemple) d'un animal d'une espèce B (chien par exemple), et si on renouvelle cette injection trois ou quatre fois, à six ou huit jours d'intervalle, le sérum de l'animal A acquiert la propriété d'agglutiner *in vitro* les hématies du sang d'un animal B. Comme dans le cas de l'agglutination des microbes, on peut observer au microscope les premiers stades de cette agglutination, qui ne tarde pas à être telle qu'elle se manisfeste avec la plus grande netteté à l'œil nu, les globules étant condensés en gros flocons se réunissant au fond du vase, recouverts par le sérum clair ne contenant plus d'hématies. Comme dans le cas de l'agglutination des microbes, la propriété agglutinante est spécifique pour les seules hématies provenant d'un animal d'espèce B, dont l'animal A a reçu les hématies en injection.

Nous devons noter que la propriété agglutinante, qu'on peut toujours faire apparaître dans le sérum d'un animal donné pour une espèce microbienne donnée, ou pour une espèce d'hématies donnée, existe parfois dans le sérum normal des sujets de certaines espèces animales pour certains microbes et pour certaines hématies.

Les agglutinines sont-elles des enzymes? Agissent-elles chimiquement? Et, en supposant qu'elles agissent chimiquement, provoquent-elles des actions d'ordre catalytique, provoquent-elles des actions infiniment grandes, étant elles-mêmes en quantité infiniment petite, et demeurant inaltérées du fait de leur action? Nous n'en savons absolument rien.

———

Lorsqu'on injecte sous la peau ou dans le péritoine d'un animal *a* d'espèce A, du sérum sanguin d'animaux d'espèce B (quelques centimètres cubes par exemple) et qu'on répète cette injection quatre à cinq fois, en les espaçant de cinq à six jours, on constate que le sérum sanguin de l'animal *a* possède la propriété, étant mélangé au sérum d'un animal d'espèce B, d'y faire apparaître successivement un louche, un trouble, un fin précipité en suspension et enfin des flocons qui se condensent au fond du mélange.

Si, au lieu de faire des injections de sérum sanguin, on fait, dans les mêmes conditions, des injections des substances albuminoïdes du sérum séparées par des procédés convenables (précipitation par le sulfate d'ammoniaque, par exemple), et dissoutes dans un liquide convenable (eau salée à 1 p. 100, par exemple), on constate que le sérum de *a* acquiert la propriété de précipiter le sérum des animaux d'espèce B, comme précédemment.

Si on sépare par des procédés convenables les albumines et les globulines d'un sérum (précipitation des globulines par le sulfate de magnésie à saturation, — précipitation des albumines par saturation de sulfate d'ammoniaque du sérum magnésié débarrassé de ses globulines) et si on injecte les albumines dissoutes dans l'eau salée à 1 p. 100 à un animal *a* de l'espèce A, et les globulines dissoutes dans l'eau salée à 1 p. 100 à un animal *a'* de l'espèce A, les substances albuminoïdes ayant été préparées en partant du sérum d'un animal d'espèce B, on constate que le sérum de *a* n'acquiert aucune propriété précipitante, mais que le sérum de *a'* en acquiert. Par conséquent, l'apparition du pouvoir précipitant dans le sérum d'un animal *a* d'espèce A a comme condition nécessaire et suffisante la présence dans le liquide injecté de globulines provenant du sang d'un animal d'espèce B.

Si, au lieu de faire agir le sérum, dit sérum précipitant, sur le sérum total du sang d'un animal d'espèce B, on le fait agir soit sur les albumines, soit sur les globulines extraites de ce sérum par les procédés ci-dessus indiqués, on constate qu'il y a précipitation de la solution des globulines, mais qu'il n'y a pas précipitation de la solution des albumines. Donc, la précipitation produite dans le mélange du sérum, dit sérum précipitant, provenant de l'animal *a* d'espèce A et du sérum du sang d'un animal d'espèce B a comme condition nécessaire et suffisante la présence des globulines dans ce dernier sérum.

On peut observer des faits tout à fait semblables, en injectant sous la peau ou dans le péritoine d'un animal *a* d'espèce A des liquides albumineux provenant d'un animal d'espèce B, le sérum de l'animal *a* acquiert, après plusieurs injections répétées à quelques jours d'intervalle, la propriété de précipiter le liquide qui a servi aux injections. Des essais ont été faits avec succès avec le lait et avec le blanc d'œuf. On démontre, en ce qui concerne le lait, que deux des substances albuminoïdes de ce liquide possèdent la propriété de faire apparaître un pouvoir précipitant, à savoir la caséine et la lactoglobuline ; — et que le sérum précipitant, obtenu au moyen des injections de lait, précipite et la caséine et la lactoglobuline du lait d'un animal d'espèce B. On démontre, en ce qui concerne le blanc d'œuf, que la propriété précipitante est engendrée grâce aux injections des substances du blanc d'œuf précipitables par le chlorure de sodium ou par le sulfalte de magnésie, en particulier des globulines ; et que le sérum précipitant, obtenu au moyen des injections de blanc d'œuf, précipite les globulines du blanc d'œuf d'animal d'espèce B.

Les sérums précipitants possèdent une double spécificité, qu'on peut considérer comme chimique et comme zoologique. Ils possèdent une spécificité chimique, c'est-à-dire que le sérum précipitant, obtenu à la suite d'injections répétées d'une substance protéique donnée, ne précipite que cette substance protéique et nullement les substances protéiques d'espèce chimique différente. Ainsi le sérum précipitant de lapin, préparé par injections répétées de sérum de bœuf, précipite les globulines du sérum de bœuf et les globulines du lait de vache, mais ne précipite pas la caséine du lait de vache ; le sérum précipitant de lapin, obtenu par injections répétées de caséine pure de vache, précipite le lait de vache et les solutions de caséine de vache, mais ne précipite pas le sérum sanguin ou les solutions de sérumglobuline de bœuf. — Ils possèdent une spécificité zoologique, c'est-à-dire qu'un sérum précipitant d'un animal *a* d'espèce A, préparé par injections répétées d'un liquide albumineux provenant d'animaux d'espèce B, précipite ce liquide albumineux provenant d'animaux d'espèce B et ne précipite pas les mêmes liquides albumineux, ou les solutions d'albuminoïdes pures qu'on en peut extraire, quand ils proviennent d'animaux d'espèce autre que B. Notons en passant qu'on ne détermine jamais l'apparition du pouvoir précipitant dans le sérum d'un animal d'espèce A en lui injectant un liquide albumineux quelconque provenant d'animaux de même espèce A.

Toutefois, cette double spécificité n'est pas absolue; on a signalé quelques exceptions. C'est ainsi, d'une part, que le sérum précipitant la caséine du lait précipite également les solutions de caséum (produit de transformation par le lab-ferment) et inversement, bien que la caséine et le caséum diffèrent par plusieurs propriétés et notamment par la grandeur de leur pouvoir rotatoire spécifique. C'est ainsi, d'autre part, que le sérum précipitant la sérumglobuline du sang de cheval (sérum d'un animal préparé par injections répétées de sérum de cheval) précipite aussi, moins abondamment toutefois, le sérum d'âne, et inversement. — Mais, hâtons-nous de le dire, ce ne sont là que des exceptions intéressantes, mais pratiquement peu importantes. Pratiquement, on peut admettre la double spécificité que nous venons de signaler.

La spécificité zoologique a reçu des applications importantes : en injectant des lapins ou des chiens avec du lait de vache, de chèvre, de jument, on a obtenu des sérums précipitants, permettant de reconnaître l'origine d'un lait donné, et de déceler des mélanges de laits étrangers dans un lait donné. — En injectant à des lapins ou à des chiens du sérum de sang humain, ou du liquide d'ascite humaine, on a obtenu des sérums précipitants pour le sérum humain seul (exception faite du sérum de certains singes, qui précipite aussi, bien que moins abondamment), et permettant de caractériser au point de vue médico-légal le sang humain, même dans les vieilles taches de sang desséchées à l'air (on en broie la poussière avec de l'eau et on filtre).

On rapporte la propriété précipitante à la présence dans le sérum précipitant d'une *précipitine*, dont la nature nous est absolument inconnue, qui se confond peut-être avec l'une des globulines du sérum précipitant.

Cette précipitine est détruite par la chaleur au-dessous de 100°; elle n'est pas détruite par la dessiccation à basse température; elle est soluble dans l'eau : elle est précipitée par l'alcool et par les sels précipitant les globulines. Ce sont là des propriétés d'enzymes; mais elles ne suffisent pas pour nous permettre de considérer les précipitines comme de véritables enzymes.

Sans doute, la précipitation se produit, toutes autres conditons égales, d'autant mieux que la température est plus élevée, jusqu'à un optimum de température compris entre 40° et 50°. Mais nous ignorons si cette précipitation est la conséquence d'une transformation chimique préalable; et, le fût-elle, nous ignorerions si le rapport des poids de la substance transformée et de la précipitine est infiniment grand. Nous ignorons enfin la nature exacte de la substance précipitée; elle est formée, pour une part au moins, de la substance protéique de l'espèce B, mais nous ignorons si les globulines de l'animal a ne prennent pas part à sa constitution.

Rangeons donc les précipitines dans notre groupe de rebut des enzymoïdes, sans entendre par là les assimiler le moins du monde à des enzymes.

———

Si on introduit dans la cavité péritonéale d'un cobaye fortement immunisé contre un vibrion cholérique, une émulsion de ce vibrion, obtenue en mettant en suspension dans l'eau salée à 1 p. 100 une culture de vibrion cholérique sur gélose, vieille de vingt-quatre heures, on constate, en retirant après une demi-heure un peu du liquide péritonéal, que les vibrions injectés ont été immobilisés, transformés en boules et dissociés en granules. C'est ce qu'on appelle le *phénomène de Pfeiffer*. L'expérience peut se répéter *in vitro* : si l'on mélange l'émulsion du vibrion cholérique avec du sérum de cobaye fortement immunisé contre ce vibrion, la *bactériolyse* se produit. Ce phénomène est spécifique, c'est-à-dire ne se produit que pour l'espèce microbienne contre laquelle l'animal a été vacciné (vibrion cholérique, bacille typhique), et, au moins dans le cas de vibrion cholérique, se produit avec une intensité maxima pour la variété de vibrion contre laquelle l'animal a été vacciné. — On rapporte cette propriété du sérum de l'animal vacciné à la présence de substances dites *bactériolysines*, ou simplement *lysines*.

En cherchant à analyser le phénomène, on a constaté que la bactériolyse comprend deux temps distincts et que les bactériolysines représentent deux substances distinctes. Supposons en effet qu'on chauffe pendant un quart d'heure à 60° du sérum d'un animal immunisé contre le vibrion cholérique, — nous dirons pour simplifier du choléra-sérum, — et qu'on le fasse agir sur une émulsion de vibrions cholériques, la bactériolyse ne se produit pas. Mais supposons qu'on ajoute à ce choléra-sérum, rendu inactif par chauffage à 60°, du sérum d'un animal neuf non vacciné, sérum par lui-même absolument inactif sur le vibrion cholérique, nous constatons que ce mélange possède un énergique pouvoir bactériolytique. Ces faits démontrent que le choléra-sérum bactériolytique contient deux substances distinctes, intervenant l'une et l'autre dans la bactériolyse : une substance détruite au-dessous de 60° et existant dans le sérum normal comme dans le choléra-sérum; et une substance résistant à l'action d'une température de 60° et n'existant que dans le choléra-sérum.

La bactériolyse ne résulte pas de l'action simultanée de ces deux substances, mais de leur action successive. Supposons en effet que des vibrions cholériques aient été immergés dans un choléra-sérum préalablement chauffé à 60°, puis séparés de ce choléra-sérum par centrifugation; ces vibrions, inaltérés après ce traitement, subissent la bactériolyse quand on les immerge dans un sérum normal nonchauffé.

Le choléra-sérum non chauffé ne produit la bactériolyse que chez les vibrions cholériques; le typhus-sérum non chauffé ne la produit que chez le bacille typhique, etc.; — le sérum normal non chauffé produit par contre la bactériolyse soit du vibrion cholérique, soit du bacille typhique, etc., indistinctement, si ces différents microbes ont été au préalable immergés respectivement dans le sérum chauffé à 60° d'animaux immunisés contre eux. Par conséquent, la spécificité bactériolytique des sérums d'animaux immunisés réside dans la substance qui résiste à 60° et non dans la substance contenue dans le sérum normal.

La substance spécifique a été appelée substance thermostabile, parce qu'elle résiste au chauffage à 60°, substance sensibilisatrice, parce qu'elle rend le microbe sensible à l'action du sérum normal, substance immunisante ou *immunisine*, parce qu'elle existe dans le sérum des animaux immunisés contre le microbe.

La substance banale, contenue dans le sérum normal, a été appelée substance thermolabile parce qu'elle est détruite à 60°, substance complémentaire, complément, addiment, parce qu'elle vient compléter l'action de l'immunisine, ou enfin *alexine*.

Que sont ces substances? Nous l'ignorons. Comme tous les agents que nous avons étudiés dans ce chapitre, elles sont solubles dans l'eau, au moins dans l'eau salée à 4 p. 100, précipitées par l'alcool, entraînées par les précipités, peu dialysables, détruites par la chaleur au-dessous de 100°. Ce sont des enzymoïdes. Mais ce ne sont pas des enzymes. Nous ignorons s'il s'agit ici d'une action d'ordre chimique; et, cette action fût-elle chimique, nous ignorerions s'il y a, comme dans toute action diastasique vraie, disproportion entre la quantité de substance transformée et la quantité de l'agent de transformation. Ce ne sont pas des enzymes, parce que ces substances disparaissent en agissant. Supposons en effet que, dans un choléra-sérum chauffé à 60°, nous immergions des vibrions cholériques et que nous les séparions par centrifugation, le liquide qui reste est, ou tout au moins peut être, dans certaines circonstances, inefficace pour sensibiliser de nouveaux vibrions cholériques : l'immunisine se fixe sur le microbe qu'elle sensibilise; elle disparaît en agissant.

Un phénomène analogue à la bactériolyse peut s'observer sur les hématies, *l'hémolyse* ou mieux *l'hématolyse*. Nous avons vu précédemment qu'en injectant à un animal *a* d'espèce A des hématies provenant d'un animal d'une autre espèce B, on fait apparaître dans le sérum de l'animal injecté *a*, une agglutinine spécifique. On y fait apparaître en même temps une *hémolysine*. En effet, après avoir agglutiné les hématies d'un animal d'espèce B, le sérum de l'animal *a* les dissout, ou, pour parler plus exactement, rompt l'union de leur stroma avec leur hémoglobine et fait passer celle-ci en solution dans le liquide ambiant.

On établit que l'hémolysine est spécifique et n'agit que sur les hématies de l'espèce B, dont le sang a servi aux injections préparatoires. On établit que l'hémolyse, comme la bactériolyse, s'accomplit en deux temps, et que les hémolysines, comme les bactériolysines, sont formées de deux substances, une sensibilisatrice ou immunisine, et un complément ou alexine. On établit que la spécificité de l'hémolyse est due à la spécificité de l'hémo-immunisine, et que l'alexine est la même alexine banale, qui agit déjà sur les diverses bactéries sensibilisées. On établit enfin que l'hémo-immunisine est fixée par les hématies dans le phénomène de la sensibilisation préparatoire à l'hémolyse proprement dite et par conséquent disparaît en agissant. — L'histoire de l'hémolyse est calquée sur l'histoire de la bactériolyse.

Notons ce fait intéressant que certains sérums d'espèces animales déterminées possèdent un pouvoir bactériolytique naturel à l'égard de certaines espèces microbiennes, ou un pouvoir hémolytique naturel à l'égard des hématies de certaines espèces animales. Ces pouvoirs bactériolytiques et hémolytiques naturels peuvent être rapportés à l'action d'immunisines naturelles, complétée par l'action de l'alexine contenue dans tout sérum sanguin.

CHAPITRE VII

LE SANG

Le sang circulant dans les vaisseaux est constitué par un liquide, le plasma sanguin, tenant en suspension des éléments figurés qui sont de trois sortes : les *globules rouges*, les *globules blancs* et les *hématoblastes*.

Retiré des vaisseaux et abandonné au repos, le sang reste liquide pendant un temps variable suivant l'espèce animale, suivant les conditions physiologiques, etc., de cinq à dix minutes en général chez les mammifères ; il *coagule* alors assez brusquement, c'est-à-dire se transforme en une gelée cohérente, se rompant assez facilement en fragments irréguliers, sous la pression du doigt. Au moment de la coagulation, toute la masse est gélifiée, mais, bientôt et spontanément, cette masse se rétracte et expulse

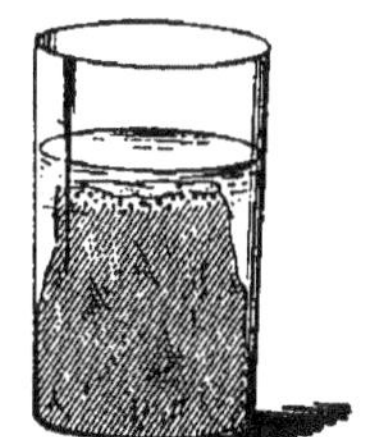

Fig. 33. — Sérum et caillot.

un liquide clair, de telle sorte qu'au bout de quelques heures la gelée sanguine est remplacée par un bloc rouge assez ferme, rétracté, le *caillot*, entouré d'un liquide transparent, très légèrement jaunâtre, le *sérum*. Dans certains sangs, dont la coagulation se fait lentement, et dont les globules ont une densité notablement plus grande que le plasma (par exemple le sang de cheval), le dépôt des globules est déjà partiel au moment où la coagulation se produit : les couches supérieures

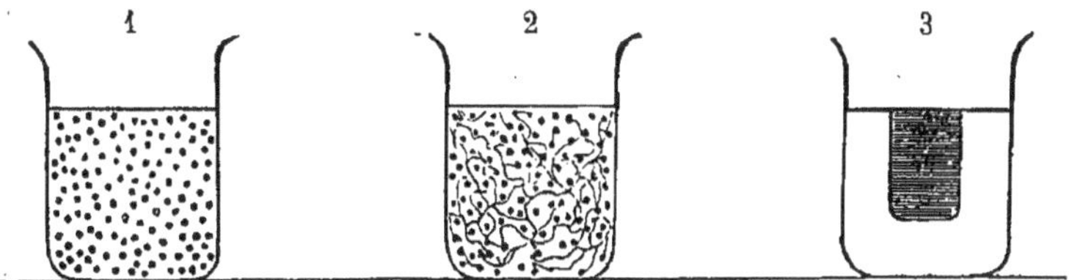

Fig. 34. — Schéma de la coagulation (d'apr. Waller). 1. Sang frais (corpuscules et plasma). — 2, en train de se coaguler (apparition de la fibrine) ; 3, à coagulation achevée (coagulum et sérum).

du caillot, ne contenant que fort peu de globules rouges, sont blanches ou jaunâtres, et constituent ce qu'on appelle la *couenne* du caillot.

Le *caillot* est formé par les globules sanguins, englobés dans les mailles d'un réticulum, dont les filaments sont constitués par une substance que nous apprendrons à connaître sous le nom de *fibrine*, substance qui n'existait pas en suspension dans le sang circulant.

Le *sérum* diffère donc du plasma par de la fibrine en moins. Nous verrons ultérieurement comment il faut modifier cet énoncé pour rester dans la vérité.

SANG DANS LES VAISSEAUX	SANG COAGULÉ.	
Plasma................ {	Sérum.	Sérum.
	Fibrine..	} Caillot.
Globules.	Globules.	

N'oublions pas que *sérum* et *plasma* ne sont pas des expressions synonymes : dans les vaisseaux il y a du plasma et non pas du sérum.

LE PLASMA SANGUIN

Pour *obtenir du plasma sanguin*, deux conditions doivent être réalisées : il faut empêcher le sang de coaguler; il faut opérer la séparation des éléments figurés et du plasma dans lequel ils sont en suspension.

Différents procédés permettent d'avoir du sang non spontanément coagulable :

1° Procédé de la *jugulaire*.
2° — des *vases paraffinés*.
3° — du *refroidissement*.
4° — du *sang des ovipares*.
5° — des *sels neutres*.
6° — des *décalcifiants*.
7° — du *fluorure de sodium*.
8° — des *extraits de sangsues*.
9° — des *protéoses*.

1° Le sang est fluide et reste fluide dans les vaisseaux. Si donc on isole entre deux ligatures, sur l'animal vivant, un fragment de vaisseau rempli de sang, on pourra conserver ce sang liquide. Si on suspend verticalement ce fragment de vaisseau, les globules plus lourds se déposent au fond. L'expérience ne peut, pratiquement, être réalisée que sur la *jugulaire* du cheval, parce que le sang du cheval est le seul dans lequel les globules soient notablement plus lourds que le plasma, et par conséquent le seul dans lequel les globules se déposent réellement bien. Le cheval d'ailleurs ne possède de chaque côté du cou qu'une veine jugulaire très longue, très grosse, dans laquelle viennent s'ouvrir seulement deux ou trois petites veinules, disposition anatomique qui rend facile la préparation.

Par une incision cutanée, on met à nu la jugulaire, on pose des ligatures sur les quelques petites veines qui s'y ouvrent, on isole la jugulaire des tissus voisins en la disséquant, et on pose sur cette veine deux ligatures : une à la base du cou, puis, après que la veine s'est gonflée de sang, une autre au voisinage de la tête. On sectionne au delà des ligatures, et on suspend la veine verticalement par l'une de ses extrémités. Les globules se déposent rapidement, et, après quelques minutes, on voit, par transparence à travers les parois vasculaires, les deux cinquièmes inférieurs ou la moitié inférieure du vaisseau occupés par les globules rouges, surmontés d'une petite zone de globules blancs, — les trois cinquièmes supérieurs ou la moitié supérieure du vaisseau occupés par un liquide translucide, fortement coloré en jaune, le plasma. En posant sur le vaisseau une ligature au niveau des couches profondes du plasma, on peut isoler un segment de jugulaire rempli de plasma. Ainsi obtenu, le plasma est pur, mais il est instable. Dès qu'on le retire du vaisseau, il coagule.

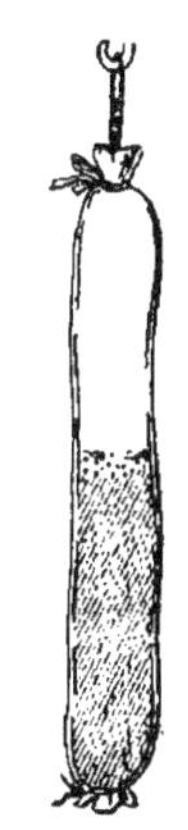

Fig. 35. — Conservation du sang liquide dans une veine excisée.

2° Si, au moyen d'une canule paraffinée ou vaselinée intérieurement, introduite dans une artère, et d'un tube de caoutchouc paraffiné ou vaseliné intérieurement, on fait arriver le sang dans un vase dont les parois sont recouvertes d'une couche de paraffine ou de vaseline, on constate que le sang s'y conserve non coagulé pendant très longtemps; — si on centrifuge ce sang, dit, pour abréger, *sang paraffiné*, on sépare les globules et le plasma, dit *plasma paraffiné*. Ce plasma, transvasé au moyen d'une pipette intérieurement paraffinée ou vaselinée dans un tube paraffiné, s'y conserve non coagulé. Ce procédé fournit donc un plasma normal et non spontanément coagulable à la température ordinaire, au moins tant qu'il reste en vase paraffiné. Si on y introduit un corps non paraffiné, ou si on le transporte dans un vase non paraffiné, il coagule d'ailleurs très rapidement. Ce procédé ne fournit pas toujours de bons résultats, il est fort délicat à manier.

3° Si l'on *refroidit* le sang rapidement, au moment où il est extrait du vaisseau, jusqu'à une température voisine de 0°, on peut le maintenir liquide. Si le sang refroidi est du sang de cheval, les globules se déposent rapidement, le plasma refroidi surnage. On obtient de bons résultats en employant trois vases métalliques cylindriques, à parois minces, de diamètre croissant, introduits les uns dans les autres. Le vase intérieur est rempli de glace ; l'espace annulaire qui existe entre le vase intérieur et le vase moyen, espace qui doit être très réduit, est laissé vide ; l'espace annulaire qui existe entre le vase moyen et le vase extérieur est rempli de glace.

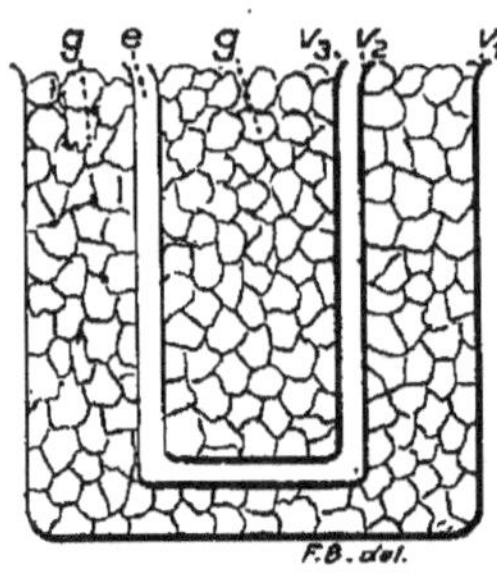

Fig. 36. — Appareil pour recevoir le sang à 0° ; v_1, v_2, v_3 les 3 vases métalliques, g, glace ; e, espace compris entre v_2 et v_1 pour recevoir le sang.

On fait arriver le sang dans l'espace annulaire compris entre les deux enceintes de glace. Si cet espace est suffisamment mince, le sang peut être rapidement refroidi et la coagulation empêchée. Avec le sang de cheval, les globules se déposent : le plasma occupe les parties supérieures. Ainsi préparé, ce plasma, comme le précédent, est pur, mais il est instable : dès qu'il est réchauffé, vers 10 à 12° il coagule. — On peut toutefois, en modifiant légèrement ce procédé, obtenir un plasma pur et stable. Le sang de cheval, très rapidement refroidi, est abandonné quelques instants au repos, pour permettre le dépôt de la majeure partie des globules, et le plasma surnageant est prélevé et jeté sur un triple filtre de bon papier, reposant sur un entonnoir à double paroi, contenant de la glace, de façon que la température du liquide reste toujours entre 0° et 0°,5. Le filtre retient les cellules en suspension ; et le plasma qui passe est en général non coagulable, même à la température ordinaire. Cette manipulation est, on le comprend, fort délicate.

4° Si on pratique une saignée, chez un oiseau, un reptile ou un batracien, le sang qui s'échappe coagule comme le sang des mammifères, complètement et très rapidement. Mais si on recueille leur sang au moyen d'une canule introduite dans l'artère, si on prend soin que le sang ne vienne pas en contact avec la surface de la plaie, et si on perd les premières portions qui s'écoulent, le sang obtenu reste non coagulé pendant très longtemps (huit jours et plus) à la température ordinaire. — Si on dispose d'un procédé permettant de séparer les globules du plasma (repos ou centrifugation), on obtient un *plasma pur et stable* à la température ordinaire.

Les procédés qui nous restent à décrire fournissent des plasmas impurs, mais stables.

5° Lorsqu'on reçoit le sang, au sortir du vaisseau, dans une solution de *sel neutre* (*chlorure de sodium, sulfate de soude, sulfate de magnésie*, etc.) suffisamment abondante et suffisamment concentrée, on obtient des mélanges salés, des sangs salés, non spontanément coagulables.

On recevra, par exemple, le sang dans un égal volume d'une solution saturée de sulfate de soude, dans un égal volume d'une solution à 10 p. 100 de chlorure de sodium, dans le tiers ou la moitié de son volume d'une solution à 30 p. 100 de sulfate de magnésie. Dans le sang de cheval ainsi salé, les globules se déposent assez rapidement, mais bien plus lentement que dans le sang refroidi ; on le comprend d'ailleurs sans peine, l'addition d'une forte proportion de sel au sang ayant notablement augmenté la densité du plasma.

Dans le sang salé de chien abandonné au repos, les globules ne se déposent plus d'une façon sensible : au bout d'un temps très long, il n'y a qu'une couche très petite de plasma. On doit alors soumettre ce sang salé à l'action de la *force centrifuge*. Lorsqu'on soumet à une rotation rapide autour d'un axe un liquide tenant en suspension des éléments figurés un peu plus denses que ce liquide, ces éléments sont chassés vers la partie du vase la plus éloignée de l'axe de rotation. Si donc on imagine que du sang soit placé dans un tube disposé dans le plan de rotation, suivant un rayon du cercle de rotation, par la rotation, les globules se rendront au fond du tube, se séparant du plasma. Il existe des *machines*, dites *centrifuges*, qui permettent d'opérer facilement et assez rapidement cette séparation [1].

En abandonnant au repos du sang salé de cheval, ou en centrifugeant un autre sang salé, on obtient des *plasmas salés*

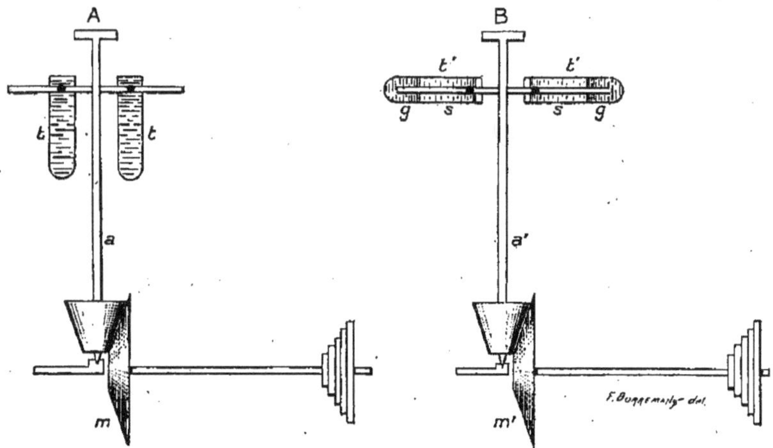

Fig. 37. — Schéma d'une centrifuge. A, l'appareil étant en repos; B, l'appareil étant en mouvement; *a, a'*, axes de rotation; *m, m'*, transmissions du mouvement; *t t*, les tubes en position verticale pendant le repos; *t' t'*, les tubes en position horizontale pendant le mouvement; les globules *g*, se sont accumulés vers le fond des tubes; le sérum *s* s'est réuni dans la portion voisine de l'axe de rotation.

stables, mais impurs, et très impurs, car la proportion des sels ajoutés est très grande.

Les plasmas salés peuvent être rangés en deux groupes : les *plasmas faiblement salés*, ayant pour type le plasma de sang additionné d'un égal volume de chlorure de sodium à 10 p. 100 (sang salé à 5 p. 100); et les *plasmas fortement salés*, ayant pour type le plasma de sang additionné d'un demi-volume d'une solution de sulfate de magnésie à 30 p. 100 (sang magnésié à 10 p. 100). Les premiers coagulent lorsqu'on leur ajoute une quantité d'eau distillée suffisante pour ramener leur salure à 1 ou 2 p. 100; les seconds ne coagulent

1. La centrifuge doit pouvoir faire environ 2 000 tours à la minute.

pas alors même que, par dilution aqueuse, on a ramené leur salure à 1 ou 2 p. 100; mais ils coagulent quand, après dilution, on leur ajoute du sérum sanguin.

6° Lorsqu'on ajoute au sang sortant des vaisseaux une proportion d'*oxalate neutre d'alcali* capable d'en précipiter les sels de chaux, on rend ce sang non spontanément coagulable : le *sang* est alors dit *décalcifié* ou *oxalaté*.

Faisons arriver dans un vase, contenant 1 volume d'une solution d'un oxalate neutre d'alcali à 1 p. 100, 10 volumes de sang; ou faisons arriver dans un vase contenant 1 partie en poids d'oxalate neutre d'alcali pulvérisé, 1 000 parties de sang sortant du vaisseau, et agitons vigoureusement, pour dissoudre rapidement le sel; nous obtenons des sangs non coagulés; les sangs oxalatés à 1 p. 1 000 ne coagulent pas spontanément. Les savons d'alcalis, qui, comme les oxalates, précipitent les sels de chaux, permettraient également d'obtenir des sangs non spontanément coagulables, mais la quantité de savon qu'il faut ajouter est grande, en tout cas assez grande pour rendre le sang visqueux. On ne les emploie jamais pour obtenir du plasma.

Dans la catégorie des sels décalcifiants, empêchant la coagulation du sang, on peut ranger les *citrates neutres d'alcalis*. Sans doute, l'addition d'un citrate neutre d'alcali au sang ou au sérum n'y détermine aucune précipitation calcique, et le sang citraté n'est pas décalcifié au même titre que le sang oxalaté; mais on a le droit de considérer les citrates comme des décalcifiants, parce qu'on peut, au moyen de ces sels, obtenir des plasmas possédant toutes les propriétés des plasmas oxalatés, et en particulier pouvant comme ceux-ci coaguler par l'addition d'un sel de chaux dissous. Pour empêcher le sang de coaguler par les citrates, il convient d'employer 2 à 3 p. 1 000 de ces sels.

Les sangs décalcifiés (oxalatés ou citratés) coagulent soit par addition d'une quantité convenable de sels de chaux, soit par addition de sérum sanguin normal, oxalaté ou citraté.

Les sangs décalcifiés, abandonnés au repos, laissent déposer leurs globules. Avec le sang de cheval, la séparation est terminée en un quart d'heure ou une demi-heure; — avec le sang de chien, la séparation se fait aussi en général rapidement; cependant, quelquefois il est nécessaire de favoriser la séparation par la centrifuge; avec le sang de bœuf, il est nécessaire d'avoir toujours recours à la centrifuge. On obtient ainsi un *plasma décalcifié* (oxalaté ou citraté) impur, mais stable. Ce plasma présente sur le plasma salé le double avantage d'être peu chargé d'impuretés, puisqu'il suffit de 1 p. 1 000 d'oxalate ou de 3 p. 1 000 de citrate, — et d'avoir une densité sensiblement égale à la densité normale, ce qui facilite le dépôt rapide des globules.

7° Lorsqu'on ajoute au sang sortant des vaisseaux 2 à 3 p. 1 000 de fluorure de sodium (1 vol. d'une solution de fluorure de sodium à 3 p. 100 et 9 vol. de sang par exemple), on rend le sang non spontanément coagulable. De ce sang fluoré, on sépare le *plasma fluoré* par repos ou par centrifugation. Il convient de séparer le plasma fluoré des plasmas décalcifiés (oxalaté ou citraté), parce qu'il ne coagule pas par addition de sels de chaux. Le plasma de sang fluoré coagule par addition de sérum naturel (ou de sérum fluoré à 2 ou 3 p. 1 000).

8° On peut obtenir, au moyen des *têtes de sangsues*, des extraits aqueux capables d'empêcher le sang de coaguler. Des têtes de sangsues médicinales sont immergées pendant quelque temps dans l'alcool fort, desséchées et pulvérisées; cette poudre est broyée avec de l'eau salée à 1 p. 100 et bouillie; la liqueur filtrée, ajoutée au sang au moment de la prise, en empêche la coagulation. Il convient d'employer pour 100 centimètres cubes de sang, une quantité de l'extrait correspondant à deux têtes de sangsues.

9° Lorsqu'on injecte dans le système veineux du chien une solution de protéoses[1] (par exemple le produit obtenu par digestion peptique de la fibrine, notamment le produit com-

---

1. L'injection doit être faite sur le chien, et non chez le lapin : en injectant, chez le lapin, des doses de protéoses non immédiatement mortelles, on n'obtient pas de sang non spontanément coagulable. Parmi les protéoses, les hétéroprotéoses et les protoprotéoses seules sont actives; les deutéroprotéoses et les peptones n'ont pas d'action sur la coagulation du sang. Les protéoses dérivées de la fibrine peuvent être remplacées par les caséoses ou par les gélatoses; toutefois, ces dernières doivent être employées, surtout les gélatoses, à une dose notablement supérieure.

mercial connu sous le nom de peptone de Witte), on rend le sang non spontanément coagulable.

On injecte, en général, 3 décigrammes [1] de protéoses pesées sèches par kilogramme de chien, ces protéoses étant dissoutes dans une solution de chlorure de sodium à 7 p. 1 000, à raison de 1 partie de protéoses pour 10 parties de solution; l'injection se fait par la veine jugulaire vers le cœur, en une seule fois, et en deux à trois minutes. Déjà une minute après la fin de l'injection, et pendant une à deux heures, pour les doses indiquées, on recueille un sang qui n'est plus spontanément coagulable. En soumettant ce sang à la centrifuge, on en sépare les globules et le *plasma peptoné*.

Substances protéiques du plasma.

Le plasma tient en solution une très forte proportion de substances protéiques : 70 à 80 p. 1 000 chez l'homme, le cheval, le bœuf, etc.

Le plasma renferme trois substances albuminoïdes et une protéide.

1 Albumine.............	La *sérumalbumine.*
2 Globulines	La *sérumglobuline.* La *substance fibrinogène.*
1 Protéide.............	La *nucléoalbuminoïde du plasma.*

Dans le plasma humain, la proportion des substances albuminoïdes oscille autour des nombres suivants.

45 parties sérumalbumine		
30 — sérumglobuline	}	pour 1 000 de plasma
4 — fibrinogène		

et comme on peut admettre, au moins d'une façon sensiblement exacte, que le sang humain normal contient, pour un volume de plasma, un volume de globules, on peut admettre qu'il y a

22 parties sérumalbumine		
15 — sérumglobuline	}	dans 1 000 de sang.
2 — fibrinogène		

1. Ce nombre convient lorsqu'on emploie la peptone de Witte.

La *sérumalbumine*[1] présente les propriétés générales des albumines (Voy. ch. iv, p. 87). Il suffira d'ajouter que la sérumalbumine coagule à une température voisine de 75° et présente un pouvoir rotatoire gauche :

$$[\alpha]_D = -63°.$$

Les globulines du plasma qu'on peut séparer des albumines, soit en saturant le plasma de sulfate de magnésie, soit en le demi-saturant (addition d'un égal volume d'une solution aqueuse saturée) de sulfate d'ammoniaque, sont la sérumglobuline et le fibrinogène. Elles présentent les propriétés générales des globulines (Voy. ch. iv, p. 87). Elles se distinguent l'une de l'autre par les caractères suivants :

La *sérumglobuline*[2] (appelée aussi quelquefois *paraglobuline, substance fibrinoplastique*) coagule à une température comprise entre 68 et 75° : lorsqu'on élève progressivement la température d'une solution de sérumglobuline, on constate que cette solution reste transparente jusqu'à 68°; à cette température apparaît un louche qui augmente avec la température jusqu'à 75°, en se transformant en flocons; la liqueur, débarrassée des flocons produits à 75°, peut alors être bouillie sans précipiter ni louchir. On résume ces faits en disant que la sérumglobuline coagule à 68-75°.

Les solutions de sérumglobuline peuvent être additionnées de sel marin, à la température ordinaire, jusqu'à en contenir 15 p. 100, sans précipiter. Lorsqu'elles sont saturées de sel marin à la température ordinaire, elles précipitent une partie, mais seulement une partie de leur sérumglobuline.

Le *fibrinogène* coagule à 56°. Lorsqu'on élève progressi-

---

1. Rien ne prouve que la sérumalbumine soit un individu chimique. Il est fort possible et même fort probable que c'est un mélange d'albumines. Certains auteurs en distinguent 3, caractérisées par leur température de coagulation : sérumalbumines α, β et γ.

2. La sérumglobuline n'est peut-être qu'un mélange de globulines. Certains auteurs distinguent notamment une *euglobuline* et une *pseudoglobuline*. L'euglobuline est une globuline typique insoluble dans l'eau distillée, se précipitant par conséquent totalement par dialyse en présence d'eau distillée renouvelée; la pseudoglobuline est un produit intermédiaire aux albumines et aux globulines typiques : soluble dans l'eau distillée, et par conséquent ne se précipitant pas par dialyse, comme les albumines, insoluble dans les liqueurs saturées de sulfate de magnésie ou demi-saturées de sulfate d'ammoniaque comme les globulines.

vement la température d'une solution de fibrinogène jusqu'à
55°, la liqueur reste claire ; — on voit un louche apparaître
vers 55° et augmenter rapidement pour une élévation de
température de quelques dixièmes de degré. A 56°, il se
forme de volumineux flocons : si on sépare par filtration ces
flocons du liquide dans lequel ils ont pris naissance et si on
continue à élever la température de la liqueur au-dessus de
56° : la liqueur reste claire jusqu'à 64° ; — à 64° apparaît un
nouveau trouble, qui augmente jusqu'à 70° environ. On
résume ces faits en disant que le fibrinogène est dédoublé à
56° en deux substances : une coagulée à cette température,
l'autre coagulable à 64-72°[1].

Les solutions de fibrinogène sont précipitées, mais seule-
ment en partie précipitées, lorsque, à la température ordi-
naire, elles sont additionnées de 15 p. 100 de chlorure de
sodium. Elles sont au contraire totalement précipitées par le
chlorure de sodium dissous à saturation à froid.

Si une liqueur contient à la fois du fibrinogène et de la sérumglobu-
line, on peut en retirer facilement du fibrinogène pur et de la sérum-
globuline pure. Ajoutons 15 p. 100 de chlorure de sodium à la liqueur :
il se produit un précipité, uniquement composé de fibrinogène. — Satu-
rons de chlorure de sodium, il se produit un précipité comprenant la
totalité du reste du fibrinogène et une partie de la sérumglobuline ; —
la liqueur débarrassée de ce précipité ne contient plus que de la sérum-
globuline, qu'on précipitera par exemple par le sulfate de magnésie
dissous à saturation à froid.

On peut avoir intérêt à savoir si une liqueur renferme du fibrinogène,
ou si ce fibrinogène est pur ou mélangé de sérumglobuline.

Une liqueur contenant du fibrinogène coagule en général[2] à 56°.

1. Ici deux explications sont possibles : ou bien les solutions de fibrinogène con-
tiennent une seule substance dédoublée à 56° ; ou bien elles contiennent deux sub-
stances, que mettent en évidence leurs températures de coagulation. Il faut se
rattacher à la première explication, parce que jamais la quantité du coagulum à
64-72° n'est égale ou supérieure à celle du coagulum à 56° et que le rapport de ces
deux quantités ne varie pas considérablement. En serait-il ainsi s'il s'agissait
d'un mélange ? Sans doute, ce rapport varie suivant la nature et la composition
du liquide dissolvant ; mais ces variations sont des faits constants, quand il s'agit
de coagulation de substances albuminoïdes.

2. Il faut dire : en général, et non pas toujours, parce que certains liquides qui
contiennent du fibrinogène, ne coagulent pas à une température inférieure à 60-
61°. Tels sont la plupart des liquides des transsudats. On a démontré que cela tient
à la présence dans ces liquides de certaines substances mal définies, qui ont la
propriété d'élever la température de coagulation de fibrinogène. Le fibrinogène
qu'on peut extraire et préparer pur, en partant de ces liquides, coagule, en effet,
comme le fibrinogène normal, à 56°.

Supposons une telle liqueur; saturons-la de chlorure de sodium; séparons par filtration le précipité : si la liqueur filtrée précipite par saturation de sulfate de magnésie, elle renferme de la sérumglobuline (non totalement précipitée, nous l'avons dit, par le chlorure de sodium à saturation); — si elle ne précipite pas par saturation de sulfate de magnésie, elle ne renfermait que du fibrinogène (totalement précipité, nous l'avons dit, par le chlorure de sodium à saturation).

On peut démontrer la présence de fibrinogène dans le plasma sanguin contenu dans les vaisseaux. Si une jugulaire de cheval, isolée, pleine de sang, est suspendue verticalement, et si, après dépôt des globules, elle est chauffée, on voit se produire à 56° un précipité floconneux dans le plasma, précipité qui témoigne de l'existence de fibrinogène dans ce plasma.

Le plasma sanguin, ou tout au moins le plasma sanguin hors des vaisseaux, contient une *nucléoalbuminoïde* en petite quantité. Supposons qu'à un plasma oxalaté, débarrassé par centrifugation des éléments figurés qu'il tenait en suspension, on ajoute deux volumes d'eau et une quantité d'acide acétique suffisante pour lui donner une réaction très légèrement acide; supposons qu'on abandonne ensuite cette liqueur, pendant quelques heures, à une température voisine de 0°; on voit se déposer un précipité peu abondant. Ce précipité peut être redissous soit par une solution alcaline diluée, soit par une solution chlorhydrique très étendue. La solution chlorhydrique parfaitement claire et transparente, additionnée de pepsine, se trouble légèrement au bout d'un certain temps; et le précipité ainsi engendré est un précipité phosphoré, présentant les propriétés des nucléines : il provient d'une nucléoalbuminoïde contenue dans la liqueur soumise à l'action de la pepsine:

Le caractère le plus intéressant de cette nucléoalbumoïde, et en même temps le plus important, c'est de se précipiter à froid dans les liqueurs très légèrement acétiques, beaucoup mieux qu'à la température du laboratoire, et de se redissoudre, au moins partiellement, quand on ramène la température à 15°.

COAGULATION DU SANG

1. Le sang extrait des vaisseaux coagule. Pourquoi coagule-t-il?

On a cherché autrefois la *cause de la coagulation du sang* dans l'une des conditions nouvelles dans lesquelles se trouve le sang :

> *Refroidissement,*
> *Repos,*
> *Contact de l'air,*
> *Suppression du contact vasculaire.*

a. Le *refroidissement* ne peut expliquer la coagulation du sang. En effet, si l'on maintient le sang à la température du corps, la coagulation se produit, et se produit plus rapidement que dans le sang abandonné au refroidissement naturel. — Si, au contraire, on refroidit rapidement le sang à une température voisine de 0°, il ne coagule pas, tant qu'il reste à cette température.

b. Le *repos* ne peut expliquer la coagulation du sang. Sans doute, lorsqu'on bat le sang vigoureusement pendant quelques minutes après son extraction, il peut être conservé liquide; toutefois la fibrine qui constitue les mailles du caillot, la fibrine dont la production est le phénomène caractéristique de la coagulation, la fibrine s'est produite. Mais, sous l'influence du battage, au lieu de se précipiter en filaments fins, courts, tendus dans toutes les directions, elle s'est agglomérée en filaments gros et longs, formant de grandes masses fibreuses.

c. Le *contact de l'air* ne peut expliquer la coagulation du sang; — car, si l'on fait arriver du sang directement dans le vide barométrique, sans qu'il soit en contact avec l'air, il coagule.

d. Le sang coagule hors des vaisseaux, parce qu'*il n'est plus en contact avec la paroi vasculaire normale saine.* Toutes les fois que le sang est en contact avec cette paroi saine, il reste liquide[1]; dès qu'il n'est plus en contact avec elle, il

---

1. Cette proposition souffre pourtant des exceptions : on peut provoquer, en effet, la coagulation intravasculaire du sang, les parois vasculaires étant normales, en injectant dans la circulation une petite quantité (4 à 5 centimètres cubes pour un chien de 15 kilogrammes) d'un liquide de macération d'un tissu quelconque (muscle, foie, rein, etc., hachés, mis à macérer à la température ordinaire, avec deux fois leur poids d'eau salée à 1 p. 100, pendant vingt-quatre heures). L'animal meurt en quelques secondes, et l'autopsie faite immédiatement révèle la présence de volumineux caillots dans la veine porte et dans ses branches, dans les veines caves et le cœur droit, dans l'aorte, etc.

coagule. Pourquoi? On a constaté que si l'on fait écouler dans un vase bien paraffiné, au moyen d'un tube de caoutchouc bien paraffiné intérieurement, le sang pris directement dans une artère par une canule paraffinée intérieurement, ce sang ne coagule pas : on peut l'agiter avec des baguettes paraffinées, ou le transvaser avec des pipettes paraffinées, sans déterminer la formation de la fibrine. Mais si l'on fait écouler ce sang dans un vase non paraffiné, ou si on plonge dans ce sang des baguettes de verre non paraffinées, la coagulation se produit[1]. Quelques auteurs ont alors supposé que la paroi des vaisseaux ne se laisse peut-être pas mouiller par le sang, comme les parois paraffinées, cirées, vaselinées; cette hypothèse est insoutenable, car on ne comprendrait pas comment des échanges matériels pourraient se faire (et ils se font, c'est de toute évidence) entre le sang et les liquides tissulaires, si le sang ne mouillait pas la paroi vasculaire.

Nous constatons purement et simplement que le sang dans les vaisseaux normaux ne coagule pas; nous n'en connaissons pas actuellement la raison.

Ne nous arrêtons pas à chercher la cause de la coagulation du sang : disons que le sang a la propriété de coaguler lorsqu'il est hors des vaisseaux. *Ne cherchons pas pourquoi il coagule, cherchons comment il coagule.*

2. Nous avons dit précédemment que le sang abandonné dans un vase coagule en une masse gélatineuse, qui, en se rétractant, ne tarde pas à exsuder un liquide clair, le sérum. La masse rétractée est constituée par un réseau fibrillaire fin, englobant dans ses mailles les éléments figurés du sang. La substance qui constitue ce réseau est appelée *fibrine*.

Nous avons dit également que, par le battage du sang extrait des vaisseaux au moyen de baguettes ou de brindilles, on obtient une masse filamenteuse blanchâtre, adhérente aux brindilles, opaque et élastique. Cette masse est la même substance que celle dont les filaments fins constituent la trame du caillot : par le battage, ces filaments se sont soudés et

---

1. On peut remplacer, dans ces expériences, la paraffine par la cire d'abeilles, par la vaseline, toutes substances qui ne se laissent pas mouiller par le sang ou par le plasma.

agglomérés. L'identité de la fibrine du caillot et de la fibrine de battage n'est pas facile à saisir de prime abord. Elle devient manifeste, si on considère la fibrine du caillot du plasma débarrassé des globules rouges : bien que se formant sans battage, elle a tous les caractères de la fibrine de battage. Si on laisse coaguler un plasma additionné de quantités croissantes de globules rouges, jusqu'à reproduire un mélange identique au sang, on trouve toutes les formes de caillot intermédiaires au caillot du plasma et au caillot du sang total.

La quantité de fibrine du sang est très variable, mais, d'une façon générale, on peut dire qu'on recueille de 1 à 2 grammes de fibrine, pesée sèche, par litre de sang.

Pour doser la fibrine qu'on peut retirer d'un sang déterminé, on peut recueillir le sang dans un flacon de verre, contenant quelques fragments de verre, ou mieux quelques fragments métalliques, taré avant l'expérience. On ferme le flacon aussitôt après y avoir fait arriver le sang; on agite vigoureusement pour que la fibrine se dépose en flocons compacts. On pèse le flacon et son contenu; on en déduit le poids du sang qu'on a défibriné. On décante le sang défibriné; on lave à l'eau légèrement salée (1 p. 100) pour enlever le sang défibriné qui imbibe la fibrine, jusqu'à décoloration complète; on jette sur un filtre taré; on lave à l'eau, à l'alcool, à l'éther; on dessèche à 105-110° jusqu'à poids constant; on pèse.

3. *Quelles sont les propriétés de cette fibrine?*

La fibrine (nous prenons comme type la fibrine du sang de cheval), telle qu'on l'obtient par battage, est une substance blanchâtre, opaque, dure, élastique, filamenteuse. Elle est insoluble dans l'eau pure; elle est très peu soluble dans les solutions salines neutres étendues, de chlorure de sodium, de sulfate de soude, de sulfate de magnésie, etc., à 1 p. 100, par exemple. Mais elle se dissout bien et abondamment dans le fluorure de sodium à 1 p. 100, dans le chlorure de sodium à 5 et 10 p. 100, etc. Les fibrines qu'on peut extraire du sang des diverses espèces animales ne sont vraisemblablement pas identiques : elles diffèrent notamment par leurs solubilités; la fibrine du cheval est très facilement soluble; celle du bœuf l'est beaucoup moins; celle du chien l'est moins encore. Considérons une solution fluorée à 1 p. 100 de fibrine. Cette solution est coagulable par la chaleur; elle est précipitée par la dialyse, par la dilution, par le chlorure de sodium à saturation et par le sulfate de magnésie à saturation. Le sulfate de magnésie à saturation la précipite totalement de sa solution. Ces propriétés appartiennent également aux autres solutions salines de fibrine, notamment aux solutions dans le chlorure de sodium. La *fibrine* doit donc être considérée comme une *globuline*.

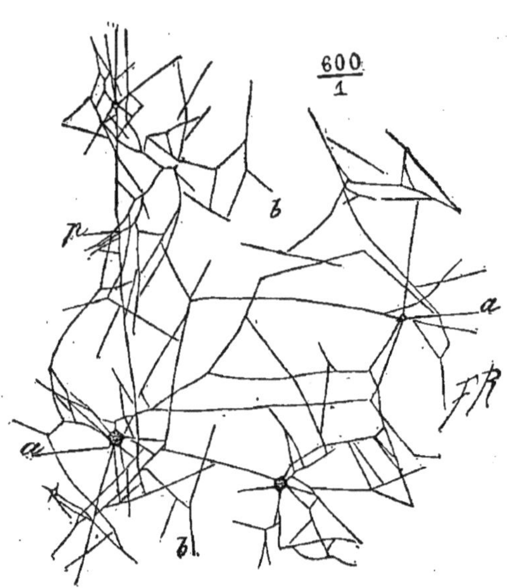

Fig. 38. — Réticulum fibrineux du sang de l'homme, après coloration avec le sulfate de rosaniline; *a*, granulation libre formant le centre d'un système du réticulum (d'apr. Ranvier).

Élevons progressivement la température d'une solution chlorurée ou fluorée de fibrine : elle reste claire jusqu'au voisinage de 56°. Vers cette température, et dans un intervalle de 1° environ, elle louchit et coagule. La liqueur, débarrassée de ce coagulum floconneux, peut être chauffée au delà de 56°, jusqu'à 64°, sans se troubler. A 64°, nouveau trouble qui augmente avec la température jusqu'à 72°. La fibrine, comme le fibrinogène, est donc dédoublée à 56° en deux substances albuminoïdes, l'une coagulée à 56°, l'autre coagulable à 64-72°.

La fibrine, par ses propriétés, se rapproche donc du fibrinogène. Elle s'en distingue en ce que ses solutions ne sont que partiellement précipitées par le chlorure de sodium dissous à saturation à froid.

Le *sérum sanguin*, c'est-à-dire le liquide exsudé par le caillot, ou le liquide qui, après défibrination du sang par battage, tient les globules en suspension et peut en être séparé par le repos ou par centrifugation, le sérum est un liquide clair, qu'on peut chauffer jusqu'à 65° environ sans le faire loucher. Il ne renferme donc plus de fibrinogène. Il renferme trois substances albuminoïdes et une protéide.

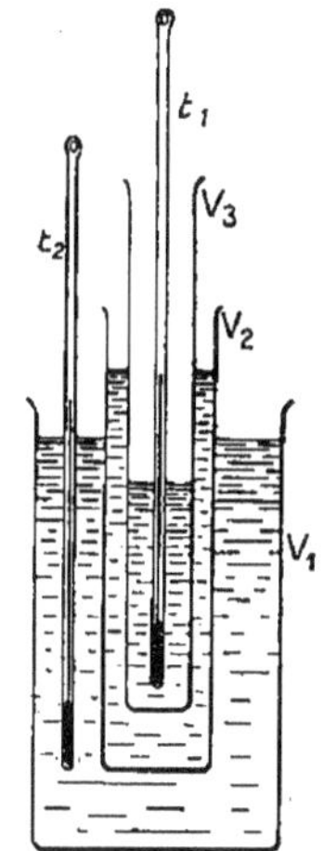

1 Albumine..   La *sérumalbumine*.
2 Globulines.   { La *sérumglobuline*.
               { La *fibringlobuline*.
1 Protéide...   La *nucléoalbuminoïde du sérum*.

La sérumalbumine et la sérumglobuline existent dans le plasma ; la fibringlobuline, coagulable à 65°, n'existe pas dans le plasma ; elle apparaît pendant la coagulation dans le sang ; elle est difficile à isoler et à caractériser ; qu'il nous suffise d'avoir signalé son existence.

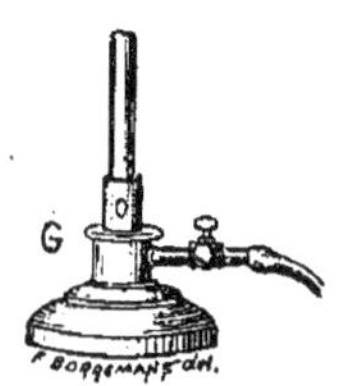

Ce qui coagule dans le sang, c'est le plasma ; ce ne sont pas les globules, car si l'on sépare le plasma des globules (sang de cheval), soit par le procédé du refroidissement, soit par le procédé de la jugulaire, soit par le procédé des tubes paraffinés, le plasma réchauffé, ou extrait de la veine, ou transvasé dans un tube non paraffiné, se prend en caillot ; les globules forment une masse visqueuse, ne contenant pas de fibrine.

Fig. 39. — Schéma de l'appareil destiné à déterminer les températures de coagulation d'un liquide albumineux. G, brûleur Bunsen ; V_1, vase bain-marie à eau ; V_2 vase contenant de l'eau, destiné à modérer les variations de température dans le vase V_3 contenant le liquide albumineux ; t_1, t_2, thermomètres.

4. *La fibrine préexiste-t-elle dans le plasma ?*

Non, car le plasma ne possède pas la propriété de maintenir en dissolution la fibrine, et il ne contient pas en suspension des particules solides capables par une simple agglomération de donner de la fibrine. Non, car toutes les substances qu'on peut extraire du plasma diffèrent de la fibrine; en particulier, les différentes globulines qu'on en peut retirer diffèrent de la fibrine, soit par leur précipitabilité totale par le chlorure de sodium à saturation (substance fibrinogène), soit par leur point de coagulation (sérumglobuline) plus élevé.

5. *Quelle est dans le plasma la substance albuminoïde aux dépens de laquelle se produit la fibrine?*

C'est le fibrinogène. Le plasma renferme du fibrinogène. Le sérum n'en renferme plus, car il peut être porté à 56° sans coaguler; ce n'est qu'à partir de 64° que commence à se manifester un trouble; le sérum n'en renferme plus, car il peut être additionné de 15 p. 100 de chlorure de sodium sans précipiter; le fibrinogène a donc disparu pendant la coagulation du sang et totalement disparu. D'autre part, si l'on prépare une jugulaire de cheval, et si l'on porte cette jugulaire à 56°, le plasma extrait du vaisseau, débarrassé du coagulum floconneux produit à 56°, ne donne plus de fibrine. Enfin les solutions de fibrinogène, ne contenant pas d'autres substances protéiques, peuvent fournir, dans des conditions données, de la fibrine.

Rappelons encore à ce propos que la fibrine et le fibrinogène présentent des propriétés assez voisines : ces deux substances, qu'on peut obtenir facilement sous forme filamenteuse, appartiennent au groupe des globulines, et sont dédoublées à 56° en une substance albuminoïde coagulée et une autre substance albuminoïde, qui est encore une globuline, coagulable à 64-72°.

6. *Quelles sont les relations du fibrinogène et de la fibrine?*

Trois hypothèses sont possibles : — ou bien le fibrinogène subit une simple transformation isomérique, changeant de propriétés sans changer de constitution centésimale; — 2° ou bien le fibrinogène se combine avec quelque élément du plasma sanguin; — 3° ou bien le fibrinogène est dédoublé en deux ou plusieurs substances.

On doit immédiatement écarter les deux premières hypothèses. En effet, si le fibrinogène et la fibrine étaient des substances isomériques, les poids de la fibrine engendrée et du fibrinogène générateur devraient être égaux ; — si la fibrine résultait de la combinaison du fibrinogène avec quelque chose autre, le poids de la fibrine formée devrait être supérieur au poids du fibrinogène générateur. Il n'en est rien : le poids de la fibrine produite par un plasma coagulant est plus petit que le poids du fibrinogène contenu dans ce plasma, car il est plus petit que le poids du coagulum obtenu en portant à 56° le plasma, coagulum qui lui-même ne représente qu'une partie du fibrinogène [1].

Cette infériorité du poids de la fibrine ne saurait d'ailleurs être attribuée à une transformation incomplète du fibrinogène en fibrine, car, après coagulation, le sérum ne coagule plus à 56° ; il ne commence à louchir qu'à partir de 64° ; par conséquent il ne contient plus trace de fibrinogène.

Nous pouvons donc dire que, dans la coagulation, *le fibrinogène subit un dédoublement*.

Nous pouvons encore trouver une nouvelle preuve de ce dédoublement dans la présence dans le sérum d'une globuline coagulable à 64°, la fibringlobuline, qui ne préexistait pas dans le plasma [2]. Dans la coagulation, le fibrinogène est dédoublé.

Est-ce à dire que la fibrine se produit par simple dédoublement du fibrinogène? En aucune façon. Il est possible qu'avant, ou pendant, ou après ce dédoublement, il se produise quelque combinaison avec quelque élément du plasma, soit du fibrinogène, soit d'un de ses termes de dédoublement. Nous pouvons dire qu'il y a eu dédoublement, nous ne pouvons pas dire qu'il n'y a eu que dédoublement.

Nous avons constamment parlé de dédoublement et non de

---

1. La fibrine ne représente que 60 à 70 p. 100 du fibrinogène générateur, ainsi qu'on l'a constaté en faisant coaguler des solutions de fibrinogène pur.

2. On a prétendu récemment que la fibringlobuline préexiste dans le plasma sanguin et ne saurait par conséquent résulter du dédoublement du fibrinogène. On aurait même pu, au moyen de sels précipitants convenablement choisis, séparer du plasma un fibrinogène qui se transformerait en fibrine sans laisser apparaître la fibringlobuline dans le sérum. S'il en est réellement ainsi, la fibringlobuline n'est pas le second terme du dédoublement du fibrinogène ; mais on ne saurait mettre en doute ce dédoublement puisque le poids de la fibrine est inférieur au poids du fibrinogène générateur. Le second terme du dédoublement serait à déterminer.

décomposition. En effet, les caractères qui nous permettent actuellement de définir le fibrinogène, la fibrine et la fibringlobuline sont des caractères physiques; ils ne sauraient donc suffire pour établir qu'il existe une différence chimique entre ces substances. L'expression *dédoublement*, applicable aussi bien dans le cas de différences physiques que dans le cas de décompositions chimiques, doit seule être employée, si l'on ne veut pas aller au delà des faits observés. Il est possible que, dans la formation de la fibrine, il se soit produit un dédoublement purement physique, une partie du fibrinogène prenant les propriétés physiques de la fibrine, l'autre, les propriétés physiques de la fibringlobuline, sans qu'il y ait eu changement de composition chimique; et cette dernière hypothèse mérite considération, car la proportion de fibrine produite par une quantité donnée de fibrinogène n'est pas constante; elle varie de 60 à 70 p. 100 de la quantité du fibrinogène.

7. *Sous quelle influence se produit cette transformation du fibrinogène? Est-elle spontanée? Est-elle provoquée? Et si elle est provoquée, par quoi est-elle provoquée?*

Le dédoublement du fibrinogène n'est pas spontané, car il existe des liquides organiques — tels que les liquides des transsudats péritonéal et péricardique, les liquides d'hydrocèle, etc. — qui présentent sensiblement la même constitution que le plasma sanguin, qui, notamment, contiennent du fibrinogène, sans jouir de la propriété de coaguler spontanément. On peut également obtenir, au moyen du sang de cheval refroidi et filtré à froid, au moyen du sang de chien ou de lapin reçu en vases paraffinés, au moyen du sang d'oiseau, des plasma non spontanément coagulables, nous l'avons dit précédemment. Enfin les solutions de fibrinogène pur sont remarquablement stables et ne se transforment pas spontanément. Ces liquides (transsudats, solutions de fibrinogène ou plasmas de sang) non spontanément coagulables, quoique renfermant du fibrinogène, coagulent lorsqu'on les additionne de sang défibriné ou de sérum sanguin. Le sang défibriné et le sérum sanguin renferment donc *un agent capable de provoquer la coagulation* des liquides contenant du fibrinogène. Quel est cet agent? C'est une *diastase*. Car si on précipite par l'alcool fort le sang défibriné ou le sérum sanguin, si on maintient en contact avec l'alcool, pendant plusieurs semaines, le précipité produit, et si, après avoir desséché dans le vide le résidu, on le broie dans une petite quantité d'eau, cette eau acquiert la propriété de faire coaguler les liquides contenant du fibrinogène et non spontanément coagulables. L'agent, contenu dans le sang défibriné et dans le sérum, capable de provoquer la coagulation des transsudats non spontanément coagulables, est donc précipité par l'alcool et soluble dans l'eau; il est en outre détruit par la chaleur, entraîné par les précipités floconneux, fixé par la fibrine, etc.; en un mot, il se comporte comme une diastase.

La transformation du fibrinogène en fibrine est provoquée par une diastase, qu'on appelle *fibrinferment* [1]. La coagulation du sang est un phénomène diastasique.

8. *Le fibrinferment existe-t-il dans le sang circulant? S'il n'y existe pas, d'où provient-il? Aux dépens de quels éléments du sang se produit-il? Pourquoi se produit-il?*

Le fibrinferment n'existe pas dans le sang circulant. On en peut fournir de nombreuses preuves.

Si on recueille du sang d'oiseau au moyen d'une canule introduite dans le vaisseau, on peut le conserver pendant plusieurs jours non coagulé. Si à ce sang on ajoute soit du sérum sanguin, soit une solution de fibrinferment, on le fait rapidement coaguler. C'est dire que le sang d'oiseau ne contient pas de fibrinferment.

Si on recueille du sang de chien ou de lapin en vases paraffinés, au moyen d'une canule et d'un tube paraffinés, on peut le conserver non coagulé. Si à ce sang on ajoute une petite quantité de sérum sanguin ou une solution de fibrinferment, on en détermine la coagulation rapide. C'est dire que le sang ainsi obtenu ne contenait pas de fibrinferment, puisque, capable de coaguler sous l'influence de cet agent, il restait liquide.

---

1. On lui donne encore les noms de *thrombine*, ou *thrombase*, ou *plasmase*.

Supposons qu'on fasse arriver le sang, au moment de la prise, directement dans un grand excès d'alcool (10 volumes d'alcool à 95 p. 100 et 1 volume de sang par exemple), et qu'après avoir maintenu le précipité formé en contact avec l'alcool pendant plusieurs semaines, on cherche à en extraire du fibrinferment (par dessiccation dans le vide et épuisement par l'eau), on n'en trouve pas trace. Si, au contraire, on reçoit le sang dans un vase entouré de glace pour empêcher la coagulation de se produire, et si, après quelques minutes, ou mieux encore après quelques heures, on le mélange à l'alcool, on peut obtenir du fibrinferment. C'est donc que le fibrinferment n'existe pas dans les vaisseaux, mais se produit hors de l'organisme.

Si on reçoit du sang au sortir du vaisseau dans une solution de fluorure de sodium, de façon que le mélange contienne 3 p. 1 000 de ce sel, ce sang est non spontanément coagulable. Or, il coagule par addition de quantités très petites de sérum sanguin ou de fibrinferment; le sang fluoré à l'origine ne contient pas de fibrinferment. On ne saurait d'ailleurs supposer que le fluorure de sodium détruit le fibrinferment, car si on fluorure à 3 p. 1 000 du sérum sanguin, ce sérum fluoré a conservé toute son activité, comme agent coagulant des liqueurs fibrinogénées.

Le sang circulant ne contient donc pas de fibrinferment.

On arrive à la même conclusion par les considérations suivantes.

Si le fibrinferment existait dans le sang circulant, il passerait dans les transsudats : le ferment amylolytique, dont la présence a été démontrée dans le sang, se retrouve dans tous les transsudats, dans les transsudats péricardique et péritonéal, dans le liquide d'hydrocèle. Pourquoi le fibrinferment, s'il existait dans le sang, ne passerait-il pas dans les transsudats? Or il ne s'y trouve pas, puisque ces transsudats ne coagulent pas spontanément, mais coagulent seulement lorsqu'ils ont été additionnés de sérum ou de fibrinferment. Donc le sang circulant ne contient pas de fibrinferment.

Le *fibrinferment* n'est produit ni par le plasma, ni par les globules rouges ; il *est produit par les globules blancs* [1].

Suspendons verticalement une jugulaire de cheval ; lorsque le dépôt des globules s'est produit, séparons par des ligatures une zone supérieure ne contenant que du plasma, une zone inférieure contenant des globules rouges, une zone moyenne contenant la couche des globules blancs, la partie inférieure du plasma et la partie supérieure des globules rouges. Ajoutons un peu du liquide contenu dans chacune de ces trois zones séparément à un liquide de transsudat non spontanément coagulable : les globules rouges se montrent absolument inactifs, le plasma se montre extrêmement peu actif, le liquide de la couche des globules blancs se montre extrêmement actif. C'est donc aux dépens des éléments de la couche des globules blancs du sang que se produit le fibrinferment.

Nous trouvons une vérification de cette conclusion en observant la marche de la coagulation du sang de cheval qu'on laisse se réchauffer après l'avoir laissé se déposer à la température de 0°. C'est au voisinage de la couche des globules blancs, dans les couches profondes du plasma, qu'apparaissent les premiers filaments de fibrine.

9. *Le fibrinogène du plasma sanguin et les globules blancs sont-ils les seuls éléments du sang appelés à jouer un rôle dans la coagulation du sang?*

Non, *la présence des sels de chaux*, dissous dans le plasma, est une *condition nécessaire* de la coagulation du sang.

Lorsqu'on précipite, à l'état de composés insolubles, les sels de chaux du sang, avant la coagulation, le sang ne coagule pas spontanément ; le sang additionné de 1 p. 1 000 d'oxalates d'alcalis (l'oxalate de calcium est insoluble) ne coagule pas. Si on rend au sang décalcifié, non spontanément coagulable, les sels de chaux solubles, ce sang coagule, comme le sang normal retiré directement des vaisseaux. Donc la présence de sels de chaux dissous dans le plasma est une condi-

---

1. La lymphe ne contient comme éléments figurés que des globules blancs ; elle est spontanément coagulable. Donc, les globules blancs peuvent produire du fibrinferment. Cela ne prouve pas, d'ailleurs, que les globules rouges n'en sauraient produire.

tion nécessaire de la coagulation. On peut faire coaguler le sang oxalaté en lui ajoutant du chlorure de strontium au lieu de sel de chaux. Mais on ne peut le faire coaguler par addition de chlorure de baryum ou de magnésium.

Toutefois, une objection se présente. Pour précipiter les sels de chaux d'une liqueur, il faut ajouter un excès d'oxalate, c'est-à-dire une quantité plus grande que celle qui est nécessaire pour former l'oxalate de calcium précipité. Le sang décalcifié n'est donc pas seulement décalcifié, il est en même temps oxalaté. Ce sang ne coagule pas, pourquoi? Est-ce parce qu'il est décalcifié? Est-ce parce qu'il est oxalaté? Sans doute, on lui rend sa coagulabilité en lui rendant ses sels de chaux solubles : mais l'addition de ces sels de chaux a comme premier résultat de précipiter l'excès d'oxalate, de sorte que le sang recalcifié est en même temps désoxalaté. L'objection subsiste.

Supposons qu'on ait préparé un sang oxalaté à 1 p. 1 000. A ce sang non spontanément coagulable, on ajoute 2 p. 1000 de chlorure de magnésium : il n'y a pas précipitation de l'excès d'oxalate, et le sang reste spontanément coagulable. Supposons maintenant qu'à ce sang oxalaté et magnésié, on ajoute des traces de sels de chaux dissous, insuffisantes pour précipiter l'excès d'oxalate de la liqueur (en présence de chlorure de magnésium des traces de sels de chaux ne précipitent pas d'oxalate), on constate la coagulation du sang. Ainsi, voici un cas dans lequel le sang a pu coaguler malgré l'excès d'oxalate qu'il contient; on ne saurait donc dire que c'est cet excès d'oxalate qui l'empêche de coaguler.

Supposons maintenant qu'on soumette à la dialyse, en présence d'eau chlorurée sodique à 6 p. 1000, du sang oxalaté à 1 p. 1000, et qu'on renouvelle l'eau salée de dialyse fréquemment, jusqu'à enlèvement de la totalité de l'oxalate du sang soumis à la dialyse; on constate que ce sang ne coagule pas, bien qu'il ait été ainsi désoxalaté. Mais il coagule très bien, si on l'additionne de très petites quantités de sels de chaux dissous.

Donc, *le sang oxalaté est non spontanément coagulable parce qu'il est décalcifié.*

10. Le phénomène de la coagulution du sang est un phénomène complexe : *il y a production de fibrinferment, il y a transformation du fibrinogène par le fibrinferment; il y a précipitation de la fibrine engendrée.*

Dans quelle phase, ou dans quelles phases interviennent les sels solubles de chaux?

Ce n'est ni dans la transformation du fibrinogène en fibrine, ni dans la précipitation de la fibrine engendrée. Car, si à une solution de fibrinogène ne contenant pas de sels de chaux, on ajoute une solution de fibrinferment ne contenant pas de sels de chaux (et même oxalatée), on produit de la fibrine typique; — car si à du sang oxalaté on ajoute du sérum (le sérum contient du fibrinferment) oxalaté, on détermine une coagulation typique.

Les sels de chaux interviennent donc dans la production du fibrinferment.

Supposons qu'on ait préparé un sang oxalaté et que, par centrifugation, on ait séparé les globules du plasma oxalaté. Ce plasma n'est pas spontanément coagulable; *donc il ne contient pas de fibrinferment.* Mais il coagule par addition d'un excès de sels de chaux solubles; donc il contient une substance capable de se transformer en fibrinferment par l'action des sels de chaux : *il contient un profibrinferment* ou *prothrombine.*

Par conséquent, les sels de chaux du sang n'interviennent pas dans la production du profibrinferment excrété par les globules blancs hors des vaisseaux, mais seulement dans la transformation du profibrinferment en fibrinferment.

En résumé, *les globules blancs, hors des vaisseaux sanguins, possèdent la propriété d'abandonner au plasma une substance, le profibrinferment, qui est transformé en fibrinferment par les sels de chaux dissous dans le plasma. Ce fibrinferment dédouble le fibrinogène dissous dans le plasma sanguin en deux substances : l'une qui se précipite, la fibrine, l'autre qui reste en solution dans le sérum, la fibringlobuline.*

11. *Il existe des substances capables d'empêcher l'action du fibrinferment sur le fibrinogène.*

Lorsqu'on injecte dans les vaisseaux veineux du chien certaines substances, dont les principales sont les protéoses, on rend le sang non spontanément coagulable. Des études d'ordre physiologique permettent d'établir que, sous l'influence des substances injectées, l'organisme a sécrété une substance douée de propriétés anticoagulantes, capable de s'opposer à l'action du fibrinferment, possédant des propriétés qui la rattachent au groupe des diastases, un *antifibrinferment* ou *antithrombine*.

Ces notions n'ont été acquises que lentement : plusieurs théories ont été tour à tour proposées. Nous ne voulons pas les décrire avec détails ; nous voulons seulement indiquer les principaux faits successivement établis.

Denis (*de Commercy*), traitant par le chlorure de sodium à saturation le plasma sanguin salé (plasma au sulfate de soude), détermine la précipitation d'une substance, qu'il appelle *plasmine*. Cette plasmine se dissout dans l'eau, grâce au chlorure de sodium dont elle est souillée, et la solution ainsi obtenue possède la propriété de coaguler spontanément. Cette plasmine, dit Denis, n'est pas de la fibrine, puisqu'elle se dissout facilement et abondamment dans l'eau faiblement salée : la fibrine ne préexiste donc pas dans le sang. La liqueur dans laquelle la plasmine a coagulé spontanément renferme encore une substance albuminoïde en solution ; donc, dit Denis, par sa coagulation spontanée la plasmine se dédouble en fibrine concrète et en fibrine dissoute.

Nous savons aujourd'hui que la plasmine de Denis est un mélange de fibrinogène et de sérumglobuline ; — c'est cette sérumglobuline que Denis retrouve en solution après coagulation de la solution de plasmine. Elle ne résulte pas du dédoublement de la plasmine ; elle préexiste dans la plasmine.

Alexander Schmidt démontre que les liquides de transsudats, ne coagulant pas spontanément, coagulent quand on les additionne de sang défibriné, de sérum ou de sérumglobuline (la substance fibrinoplastique de Schmidt). Or Schmidt croyait que ces liquides de transsudats ne contiennent que du fibrinogène et pas de sérumglobuline. Les liquides qui ne contiennent que du fibrinogène, dit-il, ne coagulent pas spontanément ; lorsqu'on ajoute de la sérumglobuline, soit en solution pure, soit en solution dans le sang ou le sérum, on provoque la coagulation ; c'est donc que la fibrine résulte de la combinaison du fibrinogène et de la sérumglobuline (ou substance fibrinoplastique).

La sérumglobuline, répond *Brücke*, ne possède pas par elle-même la propriété de faire coaguler les liquides de transsudats, car, si l'on prépare cette substance aussi pure que possible, elle est absolument inactive : il faut attribuer à des impuretés entraînées par la sérumglobuline la propriété que Schmidt attribue à cette substance.

La remarque de Brücke, reprend Schmidt, est juste en partie : l'addition de sérumglobuline pure ne peut pas faire coaguler les liquides de transsudats ; il faut encore ajouter quelque chose, et ce quelque chose est une diastase, le fibrinferment. Mais la sérumglobuline n'en est pas moins nécessaire à la coagulation : l'addition du fibrinferment aux solutions de fibrinogène ne détermine pas la coagulation; l'addition de fibrinferment et de sérumglobuline en détermine toujours la coagulation. — Donc, dit Schmidt, la coagulation du sang nécessite comme matériaux de formation de la fibrine, deux substances, le fibrinogène et la sérumglobuline, et comme agent de transformation, le fibrinferment.

Hammarsten combat cette conclusion de Schmidt. Il prépare un fibrinogène non souillé de sérumglobuline : il prépare un fibrinferment non souillé de sérumglobuline, mélange les deux solutions et constate une formation de fibrine. — La liqueur dans laquelle s'est produite la fibrine tient en solution une substance albuminoïde qui ne préexistait pas, puisque le fibrinogène était pur. Donc, dit Hammarsten, la production de la fibrine résulte d'un dédoublement du fibrinogène sous l'action du fibrinferment. C'est renouvelée, mais corrigée, la conception de Denis. Si Schmidt n'obtenait pas de coagulation par l'action du fibrinferment sur le fibrinogène, c'est qu'il opérait avec des solutions de diastase peu actives; s'il avait employé des solutions plus actives, il aurait obtenu la coagulation. S'il obtient la coagulation en ajoutant de la sérumglobuline, c'est que cette substance favorise l'action de la diastase et lui permet d'agir dans des conditions où elle eût été inactive.

Le rôle des sels de chaux dans la coagulation du sang a donné lieu à de nombreuses recherches. *Arthus et Pagès* démontrent que la présence de sels de chaux dissous dans le plasma est une condition essentielle de la coagulation du sang. Ils admettent que ces sels ne jouent aucun rôle dans la production du fibrinferment, mais interviennent comme agents de constitution dans la production de la fibrine. Sous l'influence du fibrinferment, disent-ils, le fibrinogène du plasma sanguin, en présence des sels calciques solubles du plasma, subit un dédoublement en deux substances dont l'une, la fibringlobuline, se retrouve dans le sérum, dont l'autre se précipite sous forme de substance organocalcique, la fibrine. *Pekelharing* montre qu'Arthus et Pagès se sont trompés en admettant que les sels de chaux ne jouent aucun rôle dans la formation du fibrinferment. C'est grâce à ces sels qu'un proferment, exsudé par les globules blancs du sang, est transformé en fibrinferment actif. Pekelharing arrive à cette conclusion que le proferment issu des globules blancs se combine aux sels de chaux du plasma pour former du fibrinferment, et que ce dernier cède des sels de chaux au fibrinogène, ou plus exactement à l'un des termes de son dédoublement, pour former de la fibrine, composé albuminoïdo-calcique; le ferment, redevenu ainsi proferment, fixe de nouveau des sels de chaux et agit sur une nouvelle quantité de fibrinogène. *Hammarsten* enfin vient rectifier la seconde proposition énoncée par Pekelharing en établissant que la fibrine n'est point un composé calcique, et, par conséquent, que le rôle fibrinoplastique attribué aux sels de chaux par cet auteur est inexact.

On peut avoir à rechercher la présence du fibrinferment dans une liqueur, et à l'y doser. — Pour reconnaître le fibrinferment, on se fonde sur la propriété qu'il possède de faire coaguler soit les solutions de fibrinogène pur, soit les liquides de transsudats séreux, soit les plasmas de sang fortement magnésiés après dilution, soit les plasmas du sang fluoré à 3 p. 1000, toutes liqueurs non spontanément coagulables, et coagulables seulement par addition de fibrinferment. — Pour doser le fibrinferment d'une liqueur organique ou, plus exactement, pour 'comparer les teneurs en fibrinferment de deux liqueurs organiques, on se fonde sur les faits suivants. Si, à des volumes égaux de plasma de sang de chien, fluoré à 3 p. 1000, on ajoute des quantités croissantes d'une même liqueur contenant du fibrinferment, pourvu que ces quantités soient petites, la quantité de fibrine produite après un temps donné croît avec la quantité de fibrinferment ajoutée. Il suffira, dès lors, dans une série de tubes contenant un même volume de plasma de sang de chien fluoré à 3 p. 1000, d'ajouter des quantités croissantes de chacune des deux liqueurs, et de déterminer, après vingt-quatre heures, par exemple, les quantités équivalentes, soit par pesée de la fibrine produite, soit plus simplement au simple examen *visuel*.

LE SUCRE DU SANG

Le sang renferme un sucre en solution dans le plasma.

Pour mettre en évidence le sucre du sang, on débarrasse ce liquide des substances albuminoïdes et des matières colorantes qu'il contient.

Supposons que nous portions à l'ébullition du sang additionné de 1 p. 1000 d'acide acétique : les substances albuminoïdes sont coagulées, les matières colorantes sont décomposées et précipitées. La liqueur, débarrassée du coagulum qui s'est produit, est incolore et transparente : elle renferme toutes les substances non coagulables du sang.

Cette liqueur, ramenée à un petit volume par évaporation, possède un *pouvoir rotatoire droit*, elle *réduit la liqueur de Fehling*; elle *fermente par la levure de bière* en donnant de l'alcool et du gaz carbonique. Elle contient *un sucre*; ce sucre peut être de la glycose ou de la maltose, car ces deux sucres possèdent la triple propriété physique, chimique et biologique, que nous venons de trouver à l'extrait de sang. Nous avons indiqué, dans l'étude des sucres, le moyen de distinguer la maltose de la glycose : une solution de maltose bouillie avec un acide dilué, 1 à 2 p. 100 d'acide sulfurique, par exemple, a son pouvoir réducteur augmenté, sensiblement dans le rapport de 1 à 2, et son pouvoir rotatoire réduit dans le rapport de 3 à 1 : — une solution de glycose, bouillie avec un acide dilué, conserve ses pouvoirs réducteur et rotatoire. L'extrait de sang se comporte comme la solution de glycose. *Le sucre du sang est donc de la glycose.* — On a pu d'ailleurs isoler, en partant du sang, la glycose qu'il contient, sous forme de phénylglycosazone, avec sa couleur, sa forme cristalline, son point de fusion et ses solubilités caractéristiques.

On *dose*, en général, le *sucre du sang* par réduction de la liqueur de Fehling. Cette réduction doit se faire dans des liqueurs transparentes et non albumineuses : transparentes, parce qu'il n'est pas possible d'observer exactement la décoloration de la liqueur de Fehling dans une liqueur opaque en général, et surtout dans une liqueur rougeâtre ; — non albumineuses, parce qu'en présence de l'alcali caustique contenu dans la liqueur de Fehling, les substances albuminoïdes pourraient donner de l'ammoniaque qui troublerait les résultats de l'analyse. Il faut donc préparer un extrait du sang : *deux procédés principaux* ont été proposés : 1° le procédé par *ébullition avec du sulfate de soude* ; — 2° le procédé par *ébullition avec de l'eau acidulée.*

Fig. 40. — Presse à sang de Cl. Bernard.

Dans le *premier procédé*, le sang est reçu sur des cristaux de sulfate de soude : poids égaux de sulfate de soude et de sang ; le mélange est porté à l'ébullition, jusqu'à ce que la masse ne présente plus de coloration ou de reflet rouge ; par addition d'une quantité convenable d'eau, destinée à remplacer l'eau volatilisée, on ramène au poids primitif. On obtient ainsi une liqueur sulfatée, qu'on retire du coagulum albuminoïde par pression au moyen de la presse à main de Cl. Bernard. Des expériences directes ont appris que 25 centimètres cubes de sang donnent en moyenne 40 centimètres cubes de cette liqueur sulfatée. Connaissant la quantité de sucre contenue dans la liqueur sulfatée, on peut, par une proportion arithmétique facile à établir, déterminer la quantité de sucre du sang.

Dans le *second procédé*, le sang est versé dans 6 à 8 volumes d'eau acidulée à 1 p. 100 par l'acide acétique, et le mélange est porté à l'ébullition ; — le coagulum produit à l'ébullition est bouilli à deux reprises avec le même volume d'eau acidulée à 1 p. 1000 et les trois liquides sont réunis : ces liqueurs contiennent la totalité du sucre qu'on peut retirer du sang. On concentre par l'ébullition ; on achève la coagulation des substances albuminoïdes qu'elles peuvent encore renfermer, en les faisant bouillir avec une petite quantité d'acétate de fer (lequel à l'ébullition détermine la coagulation totale des substances albuminoïdes naturelles coagulables, et se décompose lui-même en acide acétique volatil et sous-acétate de fer insoluble). Enfin, après avoir neutralisé, s'il y a lieu, on ramène la liqueur à un petit volume : par exemple quatre fois le volume du sang employé.

Quel que soit le procédé adopté, on a une liqueur contenant le sucre, et pouvant être soumise à l'analyse par réduction. Pour faire cette détermination, on se sert soit de liqueur de Fehling additionnée d'une forte proportion de potasse, soit plutôt de liqueur de Fehling ferrocyanurée à 2 p. 1000 ; dans l'un et dans l'autre cas, l'oxyde cuivreux produit ne se précipite pas : la liqueur se décolore, passant du bleu au jaune pâle. On détermine la quantité de liqueur sucrée qu'il faut employer pour réduire exactement un volume donné de liqueur de Fehling ; on en conclut la quantité de sucre du sang.

Dans ces méthodes de dosage, on suppose que le sang ne contient, comme substance réductrice, que de la glycose. Sans doute, la majeure partie des substances réductrices du sang est représentée par de la glycose, ainsi qu'il résulte des rapports de poids de la substance réductrice totale et du précipité du phénylglycosazone : — mais il est probable, ou tout au moins possible, que le sang renferme, à côté de la glycose, de petites quantités de substances réductrices autres, qu'on néglige d'ailleurs dans les analyses physiologiques.

La quantité de sucre, contenue normalement dans le sang des mammifères et notamment de l'homme, est comprise entre 1 gramme et 1 gr. 50 par litre de sang. Quand la quantité de sucre atteint 2 grammes, 3 grammes et plus par litre de sang, on dit qu'il y a *hyperglycémie* ; quand la quantité de sucre du sang est moindre que 1 gramme par litre, on dit qu'il y a *hypoglycémie*.

Lorsqu'on veut connaître la quantité du sucre contenu dans le sang d'un animal, il faut pratiquer le dosage du sucre aussitôt après la prise du sang. Si, en effet, on conserve le sang pendant quelque temps hors des vaisseaux, le sucre disparaît peu à peu : il y a *glycolyse*. Cette glycolyse se produit dans le sang, hors de l'organisme, par l'action d'un agent que ses propriétés rapprochent des diastases, le *ferment glycolytique*, dérivé des éléments de la couche des globules blancs du sang. On peut empêcher cette glycolyse de se produire par différents procédés :

a. Par refroidissement du sang ;

b. Par addition d'une forte proportion de sels neutres au sang (8 à 10 p. 100 de sulfate de soude, sulfate de magnésie, chlorure de sodium, etc.) ;

c. Par addition au sang de 2 p. 1 000 de fluorure de sodium, au moment de la sortie du sang des vaisseaux ;

d. Par ébullition du sang.

Si donc on veut conserver du sang, sans que son sucre diminue, si, par exemple, on veut doser le sucre du sang longtemps après la prise, il faut avoir recours à l'un de ces procédés.

Le sucre du sang provient-il de la décomposition de combinaisons complexes, produite par les réactifs employés pour extraire le sucre du sang ? C'est peu vraisemblable, car si l'on soumet à la dialyse du sang défibriné, en présence d'eau salée à 1 p. 100, le sucre passe dans le liquide extérieur avec la même vitesse et dans les mêmes proportions que s'il était libre. Nous admettrons donc que le sucre existe dans le sang à l'état de liberté chimique.

On a recherché dans le sang normal la présence du *glycogène.* L'emploi des méthodes ordinaires de recherche de ce corps a donné des résultats négatifs. Ce n'est qu'en employant des procédés particulièrement longs et délicats qu'on a pu mettre en évidence dans le sang la présence de très petites quantités de glycogène, 0 gr. 010 par litre de sang environ.

Ce glycogène, d'ailleurs, ne serait pas dissous dans le plasma sanguin, mais fixé sur les globules blancs, où l'on peut le manifester par la réaction iodo-iodurée.

LES DIASTASES DU SANG

On a trouvé dans le sang normal, ou dans le sérum normal, deux diastases principales : — 1° une *diastase amylolytique* ou amylase, capable de saccharifier l'amidon et le glycogène, et de les transformer en dextrines, maltose et glycose : la possibilité d'obtenir de la glycose avec cette amylase, alors que les amylases du malt, de la salive, du suc pancréatique ne donnent que de la maltose, a conduit à admettre dans le sang l'existence d'une *maltase* capable de transformer la maltose en glycose, et d'une *amylase* proprement dite donnant des dextrines et de la maltose ; — 2° une diastase dédoublant la monobutyrine de la glycérine en glycérine et acide butyrique, une *monobutyrinase*, mais n'exerçant, contrairement à ce qu'on a annoncé, aucune action sur les graisses neutres naturelles, formées des triglycérides des acides oléique, palmitique et stéarique.

LES GLOBULES ROUGES

Les *globules rouges* du sang sont essentiellement formés par une trame incolore, le stroma globulaire, imprégnée de pigment rouge.

Le stroma est constitué par une ou plusieurs substances de nature protéique, appartenant au groupe des nucléoprotéides. Chez les mammifères, dont les globules ne sont pas nucléés, on ne trouve, dans ces stromas, que des nucléoalbuminoïdes ; — chez les oiseaux, dont les globules sont nucléés, on y trouve à la fois des nucléoalbuminoïdes et des nucléines.

Le volume des globules sanguins est variable ; il dépend de la nature et de la composition du liquide dans lequel ils sont plongés : les solutions aqueuses de sels neutres très diluées gonflent les globules ; les solutions aqueuses de sels neutres concentrées les ratatinent.

Si donc on mélange du sang défibriné total avec des solutions aqueuses de sels neutres, on pourra, suivant la composition de ces solutions, augmenter, diminuer ou ne pas modifier le volume des globules sanguins. Les solutions qui ne modifient pas le volume des globules (il existe une concentration, répondant à ce desideratum, variable pour chaque sel neutre) sont *isotoniques* au sérum sanguin, les solutions qui diminuent le volume des globules sont *hyperisotoniques* au sérum ; les solutions qui augmentent le volume des globules sont *hypoïsotoniques* au sérum.

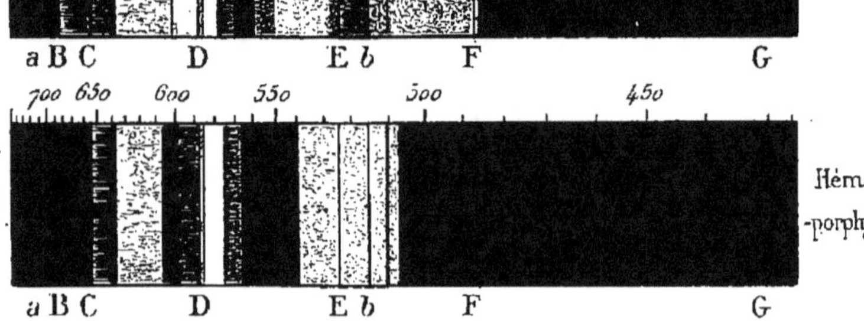

MASSON & Cie — Éditeurs. Imp. Dufrénoy — Paris.

LES PIGMENTS DU SANG

Le sang est coloré en rouge par deux substances colorantes très voisines l'une de l'autre, l'*oxyhémoglobine*, de couleur rouge vif, et l'*hémoglobine*, de couleur rouge violet; la première pouvant être obtenue par oxydation de la seconde, la seconde par réduction de la première.

Ces matières colorantes, bien que solubles dans le plasma sanguin, n'y sont cependant pas normalement dissoutes : elles sont fixées sur les globules rouges, comme une teinture, et elles y sont assez solidement fixées, pour que le plasma n'en contienne pas trace en solution.

On peut, par différents procédés, rompre cette union des globules et des matières colorantes, faire passer les matières colorantes en solution dans le plasma : c'est ce qu'on appelle *laquer le sang* ou *hémolyser le sang*. Les procédés les plus généralement employés consistent :

1° A additionner le sang ou les globules séparés du sérum, de quelques volumes d'eau distillée (2 à 5 volumes par exemple).

2° A ajouter de l'éther (1/20 à 1/10 du volume du sang) par petites portions et agiter le mélange de sang et d'éther, après chaque addition d'éther.

3° A refroidir le sang ou les globules rouges séparés du sérum jusqu'à congélation et à les réchauffer assez brusquement.

4° A traiter le sang, ou les globules rouges séparés du sérum, par un sérum hémolytique correspondant (Voy. ch. VI, p. 136).

L'hémoglobine n'est stable qu'à l'abri de l'oxygène; dès qu'elle est mise en contact avec une atmosphère contenant de l'oxygène, elle se transforme en oxyhémoglobine par fixation d'oxygène. Le sang retiré des vaisseaux, défibriné et agité à l'air, absorbe de l'oxygène; son hémoglobine est oxydée, transformée en oxyhémoglobine. Cette dernière substance est stable en présence de l'air, à la pression ordinaire de l'atmosphère : aussi est-ce sur l'oxyhémoglobine qu'ont porté les premières et surtout les plus nombreuses recherches.

A. — *Oxyhémoglobine.*

L'*oxyhémoglobine* a pu être préparée pure et *cristallisée.*

Pour obtenir cette substance, il convient de séparer les globules du plasma ou du sérum par le repos, ou par la centrifugation, de les laver avec une solution de chlorure de sodium ou de sulfate de soude à 1 p. 100, tant que cette solution entraîne des substances albuminoïdes, et de les laquer par l'addition d'un peu d'eau et d'un peu d'éther [1]. A la solution d'oxyhémoglobine ainsi obtenue, refroidie à 0°, on ajoute un quart de son volume d'alcool également refroidi à 0° et on abaisse la température du mélange à — 2° et même à — 10°. Après quelques heures ou quelques jours, on voit se déposer des cristaux d'oxyhémoglobine.

On obtient de meilleurs résultats en opérant de la façon suivante : Les globules ayant été lavés à l'eau salée comme ci-dessus, on les agite vigoureusement pendant 2 heures avec des flocons d'asbeste. Par ce traitement, l'oxyhémoglobine quitte les globules et se dissout dans l'eau salée dans laquelle ils étaient en suspension après lavage; les stromas globulaires s'accollent à l'asbeste : en filtrant sur papier, on obtient une solution d'oxyhémoglobine. Cette solution est introduite dans un boyau dialyseur, et celui-ci est plongé dans de l'alcool à 45 p. 100. Le tout est porté à la glacière et y reste jusqu'à ce que commencent à se déposer des cristaux d'oxyhémoglobine (24 heures environ). On introduit alors le contenu du dialyseur dans un vase qu'on porte dans une enceinte refroidie au-dessous de 0° : la cristallisation s'y achève. Pour purifier les cristaux, on les redissout dans une très petite quantité d'eau à 37°, on dialyse à 0° en présence d'alcool à 45 p. 100, et on continue comme ci-dessus. Les cristaux, séparés du liquide par filtration, sont desséchés sur une assiette poreuse, puis dans le vide en présence de chlorure de calcium.

Les cristaux d'oxyhémoglobine ne sont jamais très volumineux; quelquefois, ils sont visibles à l'œil nu, ou mieux à la loupe, mais c'est généralement au microscope qu'on examine leurs formes géométriques.

---

1. On ajoute l'eau et l'éther par très petites portions en agitant chaque fois, et on s'arrête dès que le laquage est fait.

Lorsqu'on ne veut pas obtenir l'oxyhémoglobine pure, mais observer seulement les cristaux de cette substance, il suffit de mélanger volumes égaux de sang défibriné et d'une solution de fluorure de sodium à·2 p. 100, et d'abandonner le mélange à la température ordinaire pendant huit à dix jours. Lorsqu'on opère avec les sangs de cobaye, de rat, de chien, de cheval, ces mélanges, qui sont imputrescibles grâce au fluorure de sodium (le fluorure de sodium à 1 p. 100 empêche tout développement microbien), se remplissent de très beaux cristaux d'oxyhémoglobine parfaitement réguliers.

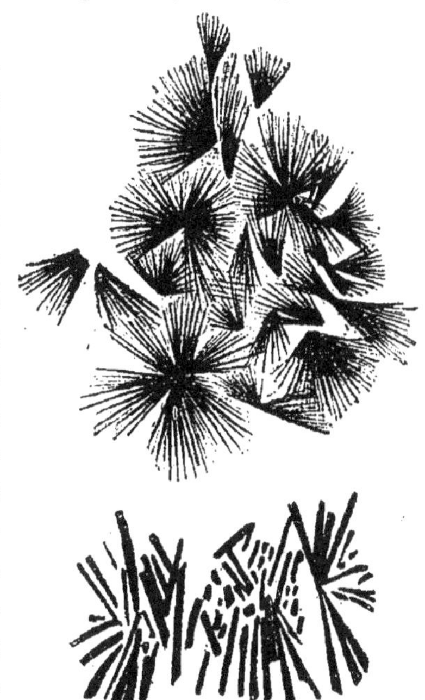

Fig. 41. — Cristaux d'hémoglobine et d'oxyhémoglobine du chien (d'apr. Hénocque).

Un autre procédé très recommandable consiste à introduire dans un tube dialyseur des globules laqués et à le plonger dans un vase contenant de l'alcool dilué (de 25 à 40 p. 100). L'alcool se mélange à la solution d'oxyhémoglobine en dialysant, et le précipité se forme cristallin.

L'oxyhémoglobine préparée pure est une substance d'un rouge brun, soluble dans l'eau (en donnant des solutions colorées en rouge foncé), insoluble dans l'alcool.

Fig. 42. — Cristaux d'oxyhémoglobine de lapin (d'apr. Hénocque).

L'oxyhémoglobine est une *substance ferrugineuse*; elle est

formée de carbone, hydrogène, oxygène, azote, soufre et fer.

Les différentes oxyhémoglobines retirées des sangs des différents animaux sont-elles identiques?

Non, pour cinq raisons principales.

1. Les oxyhémoglobines des différents sangs *ne cristallisent pas avec la même facilité* : les oxyhémoglobines des sangs de cobaye, d'écureuil, de chien, de cheval, cristallisent facilement ; les oxyhémoglobines des sangs d'homme, de veau, de porc, cristallisent difficilement.

2. Les oxyhémoglobines des différents sangs *ne cristallisent pas sous la même forme* : les cristaux du sang de cobaye sont des tétraèdres, les cristaux du sang de rat sont des octaèdres, ceux des sangs de chien et de chat sont généralement de longs prismes à quatre faces latérales, ceux du sang de cheval sont parfois de

Fig. 43. — Cristaux d'oxyhémoglobine ; *a* et *b*, de l'homme ; *c*, du chat ; *d*, du cochon d'Inde ; *e*, du cheval ; *f*, de l'écureuil.

courts prismes orthorhombiques. Les cristaux de tous ces sangs sont du système du prisme orthorhombique ; mais le sang d'écureuil donne des tablettes à six faces appartenant au système rhomboédrique. Donc, non seulement les différentes oxyhémoglobines ne cristallisent pas sous la même forme, mais elles appartiennent à deux systèmes cristallins.

3. Les différentes oxyhémoglobines *ne contiennent pas la même proportion d'eau de cristallisation* : c'est ainsi que les

cristaux du sang de chien contiennent de 3 à 4 p. 100, ceux du cobaye 7 p. 100, ceux de l'écureuil 9,4 p. 100 d'eau de cristallisation.

4. La *solubilité* des différentes oxyhémoglobines *n'est pas la même*. Si les cristaux de l'oie sont très solubles dans l'eau, ceux du cheval sont moins solubles, ceux du chien et de l'écureuil sont encore moins solubles, et ceux du rat et du cobaye sont difficilement et relativement peu solubles.

5. Enfin *la proportion du fer* contenu dans les différentes oxyhémoglobines, sans présenter des différences très grandes, *n'est pas rigoureusement la même* : elle varie de 0,34 à 0,47 p. 100. Ces variations ne sauraient d'ailleurs être rapportées à une quantité plus ou moins grande de l'eau de cristallisation, car le rapport du fer au soufre varie de 0,38 à 0,88 et celui du fer à l'azote de 0,020 à 0,027 selon l'origine du produit. Exemples :

POUR 100 D'OXYHÉMOGLOBINE	Az	S	Fe	$\dfrac{Fe}{S}$	$\dfrac{Fe}{Az}$
Chien............	16,38	0,57	0,34	0,60	0,021
Cheval............	17,31	0,65	0,47	0,72	0,027
Bœuf............	17,70	0,45	0,40	0,88	0,022
Porc	17,43	0,48	0,40	0,83	0,023
Poule	16,45	0,86	0,34	0,38	0,020

Pour toutes ces raisons, nous conclurons que *les différentes oxyhémoglobines*, retirées du sang des différents animaux, *ne sont pas identiques*.

Cependant *les différentes oxyhémoglobines ne diffèrent pas profondément* les unes des autres, quant à leur constitution chimique. Nous en avons une double preuve :

1. Nous dirons ultérieurement que, sous l'influence de certains agents, l'oxyhémoglobine est *décomposée* en une substance albuminoïde et une substance ferrugineuse, l'*hématine*. Quelle que soit l'oxyhémoglobine considérée, l'hématine produite se présente toujours avec les mêmes propriétés (composition, solubilités, spectre d'absorption), et, par conséquent, peut être considérée comme étant toujours la même substance. *Il y a plusieurs oxyhémoglobines, il n'y a qu'une seule hématine.*

2. L'oxyhémoglobine présente un *spectre d'absorption caractéristique, le même* pour toutes les oxyhémoglobines.

Lorsqu'on observe au spectroscope, sous une épaisseur de 1 centimètre, une solution d'oxyhémoglobine contenant 1 p. 1 000 d'oxyhémoglobine, on constate que toute la portion

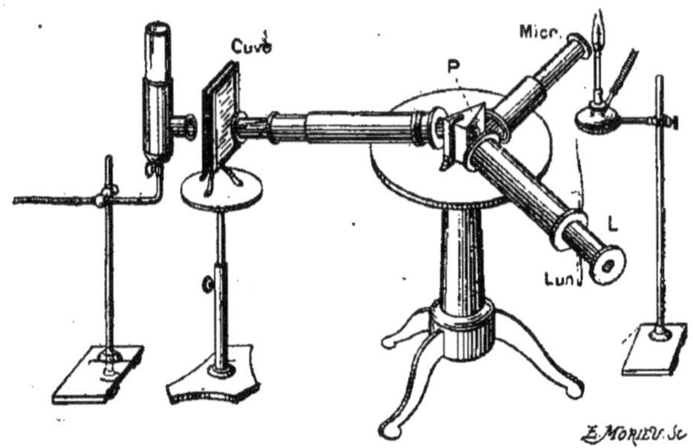

Fig. 44. — Examen du sang au spectroscope.

violette du spectre est absorbée ; en outre, on constate l'existence de deux bandes d'absorption très nettes, très sombres, comprises dans la région jaune vert du spectre, entre les raies D et E du spectre solaire : l'une un peu plus sombre et un peu moins large au voisinage de la raie D, l'autre un peu plus claire et un peu plus large au voisinage de la raie E.

Fig. 45. — Spectre d'absorption de l'oxyhémoglobine. — B, C, D, etc. représentent la position des raies du spectre solaire.

En supposant la solution examinée sous une épaisseur de 1 centimètre, lorsque la teneur de la solution en oxyhémoglobine augmente progressivement, on voit l'absorption porter peu à peu sur la région indigo, puis sur la région bleue du spectre ; en même temps, les deux bandes d'absorption deviennent de plus en plus larges, s'étalent l'une vers l'autre, d'une part, et vers les raies D et E, d'autre part.

Lorsque la solution contient 3,7 p. 1 000 d'oxyhémoglobine,

les régions violette et indigo, et la moitié au moins de la région bleue (jusqu'au milieu de l'espace séparant les raies F et G du spectre) sont absorbées; — les deux bandes d'absorption viennent exactement au contact, la première de la raie D, la seconde de la raie E.

Lorsque la quantité d'oxyhémoglobine dissoute, augmentant encore, atteint 6,5 p. 1 000, toute la région bleue, indigo et violette, à partir de la raie F, est absorbée; les deux bandes d'absorption se sont confondues en une bande unique, dont les bords s'étendent au delà de la raie D vers le rouge, au delà de la raie E vers l'extrême vert; en même temps l'extrême rouge est absorbé.

Enfin, si la solution renferme 8,5 p. 1 000 d'oxyhémoglobine, on constate une absorption totale de toute la région du spectre, depuis l'orangé jusqu'au violet, et de toute la région

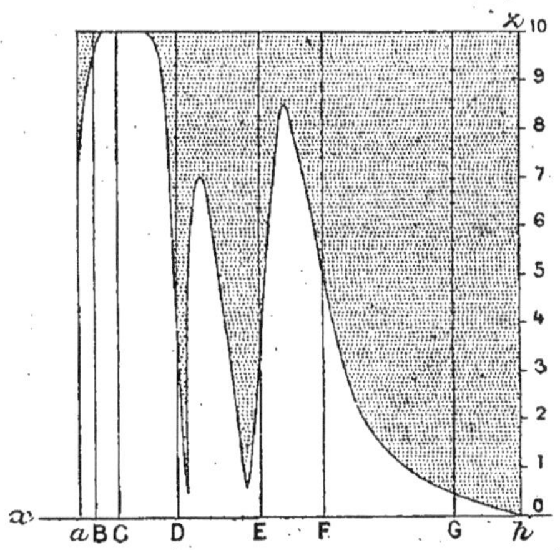

Fig. 46. — Tableau représentant les spectres d'absorption d'une solution d'oxyhémoglobine examinée sous une épaisseur de 1 centimètre. — B, C, D..., sont les raies du spectre solaire. Sur l'ordonnée hz on a indiqué les teneurs en oxyhémoglobine de la solution examinée. Pour avoir le spectre d'absorption d'une solution d'oxyhémoglobine contenant n pour 1 000 de pigment dissous, il suffit, par la division n de l'ordonnée hz, de mener la parallèle à xy.

de l'extrême rouge : seuls le rouge et le rouge orangé ne sont pas absorbés.

Si nous avons décrit avec détails les spectres d'absorption des solutions d'oxyhémoglobine examinées sous une épaisseur toujours la même, 1 centimètre, c'est qu'on a coutume de dire que l'oxyhémoglobine est caractérisée par un spectre à deux bandes comprises entre les raies D et E du spectre solaire. Cela est vrai, mais seulement pour des solutions convenablement diluées, pour des solutions contenant de 5 à 6 p. 1 000 d'oxyhémoglobine.

Comme toutes les oxyhémoglobines donnent, sous l'influence de certains agents destructeurs, la même hématine, et comme elles présentent toutes le même spectre d'absorption, on ne saurait admettre une grande dissemblance dans leur constitution chimique. Ce dernier caractère, la similitude absolue des spectres d'absorption, a une grande valeur démonstrative, car on sait que des substances peuvent présenter des spectres d'absorption nettement dissemblables (telles l'oxyhémoglobine et l'hémoglobine p. ex.), tout en ne différant que fort peu, quant à leur constitution chimique [1].

On en peut conclure avec certitude que les différentes oxyhémoglobines possèdent toutes en commun au moins le groupement atomique auquel elles doivent leurs propriétés d'absorption de la lumière.

La connaissance de ce spectre d'absorption de l'oxyhémoglobine présente un autre intérêt : elle permet de démontrer que l'*oxyhémoglobine préparée pure*, l'oxyhémoglobine dont nous venons d'indiquer quelques propriétés, *est bien réellement la matière colorante*, ou tout au moins une matière colorante extrêmement voisine de celle *qui teint les globules rouges du sang circulant*. Si, en effet, on examine au microspectroscope (microscope muni, comme oculaire, d'un petit spectroscope à vision directe), sur un animal vivant, un vaisseau sanguin d'une membrane mince, un vaisseau de la langue, de la patte, du poumon de la grenouille, ou un vaisseau du mésentère du lapin, ou un vaisseau de l'aile ou de l'oreille de la chauve-souris, etc., on aperçoit, si le vaisseau a des dimensions convenables, les deux bandes d'absorption de l'oxyhémoglobine. Donc la matière colorante du sang circulant est la même que celle que nous avons étudiée, après l'avoir préparée pure, ou, tout au moins, elle en diffère assez peu pour que le spectre d'absorption ne soit pas modifié.

L'oxyhémoglobine est remarquable en ce qu'elle possède à la fois des propriétés cristalloïdes et des propriétés colloïdes. Comme les cristalloïdes, elle peut être obtenue sous

---

1. Il ne faudrait pourtant pas exagérer la valeur de ce fait, car il existe aussi des substances manifestement très dissemblables qui présentent des spectres d'absorption très analogues sinon identiques. On sait par exemple que l'oxyhémoglobine et le picrocarminate d'ammoniaque ont le même spectre d'absorption.

forme cristalline; — comme les colloïdes, elle est indialysable; comme les colloïdes encore, elle est partiellement retenue sur la bougie filtrante de porcelaine dégourdie.

B. — *Hémoglobine*.

Le sang, avons-nous dit, renferme deux matières colorantes, l'oxyhémoglobine et l'hémoglobine. On peut passer de l'oxyhémoglobine à l'hémoglobine par réduction, et de l'hémoglobine à l'oxyhémoglobine par oxydation. En soumettant à l'action du vide une solution d'oxyhémoglobine, on obtient une solution d'hémoglobine; en réduisant par le sulfhydrate d'ammoniaque une solution d'oxyhémoglobine, on obtient une solution d'hémoglobine.

L'*hémoglobine* est une substance soluble dans l'eau, insoluble dans l'alcool, ne différant chimiquement de l'oxyhémoglobine que par de l'oxygène en moins.

On peut l'obtenir facilement sous forme cristalline, en partant des globules du sang de cheval. On laque ces globules par addition de deux volumes d'eau, et on abandonne ce mélange à la putréfaction. On ajoute alors un quart de son volume d'alcool fort et on abandonne dans un lieu frais. Il se dépose des cristaux brillants, noirâtres, ayant la forme de tablettes hexagonales régulières, visibles à l'œil nu, se détruisant rapidement au contact de l'air, dont ils absorbent l'oxygène, pour donner de l'oxyhémoglobine.

L'hémoglobine est caractérisée par son *spectre d'absorption*. Une solution d'hémoglobine, contenant 1 p. 1 000 d'hémoglo-

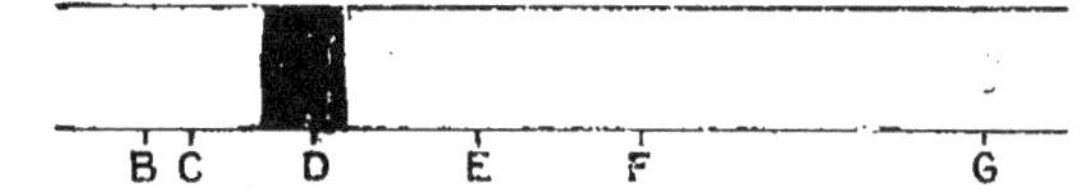

Fig. 47. — Spectre d'absorption de l'hémoglobine. — B, C, D, etc., représentent les raies du spectre solaire.

bine, examinée sous une épaisseur de 1 centimètre, absorbe l'extrême rouge, d'une part, la moitié du bleu, l'indigo et le violet, d'autre part; enfin son spectre présente une bande d'absorption unique, large, comprise entre les raies D et E du spectre solaire, un peu plus voisine de D que de E.

En supposant les solutions examinées sous une épaisseur de 1 centimètre :

Pour une solution contenant 3 p. 1 000 d'hémoglobine, la bande d'absorption occupe tout l'espace compris entre les raies D et E.

Pour une solution contenant 10 p. 1 000 d'hémoglobine, le rouge est absorbé jusqu'à la raie B du spectre solaire ; le violet, l'indigo et la plus grande partie du bleu sont également absorbés ; enfin, la bande d'absorption s'étend de la raie D à la raie F du spectre solaire : il ne passe plus que deux faisceaux lumineux compris : le premier, rouge orangé, entre les raies B et D ; le second, bleu, au voisinage et peu au delà de la raie F.

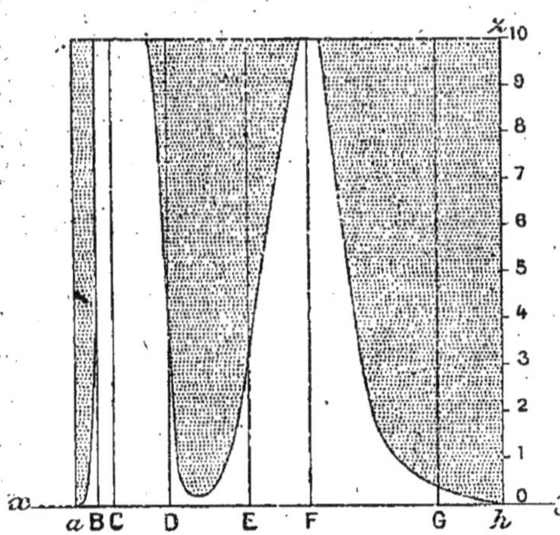

Fig. 48. — Tableau représentant les spectres d'absorption d'une solution d'hémoglobine examinée sous une épaisseur de 1 centimètre. — B, C, D..., sont les raies du spectre solaire. — Sur l'ordonnée hz, on a indiqué les teneurs en hémoglobine de la solution examinée. — Pour avoir le spectre d'absorption d'une solution d'hémoglobine, contenant n pour 1 000 de pigment dissous, il suffit, par la division n de l'ordonnée hz, de mener la parallèle à xy.

Le spectre de l'hémoglobine est donc caractérisé par l'existence d'une bande d'absorption, située dans la région D-E du spectre, pour une concentration convenable de la solution, indépendamment des absorptions portant sur les deux extrémités du spectre.

On *dose*, en général, la matière colorante du sang *à l'état d'oxyhémoglobine*. Plusieurs procédés permettent de faire ce dosage. Ils sont fondés sur les propriétés suivantes de l'oxyhémoglobine. L'oxyhémoglobine est :

1° une matière *colorante* ;

2° une substance *absorbant* certaines radiations lumineuses ;

3° une substance oxygénée *dissociable* ;

4° une substance *ferrugineuse*.

1. Pour doser la quantité d'une matière *colorante* contenue dans une liqueur, on peut employer les *procédés* dits *colori-*

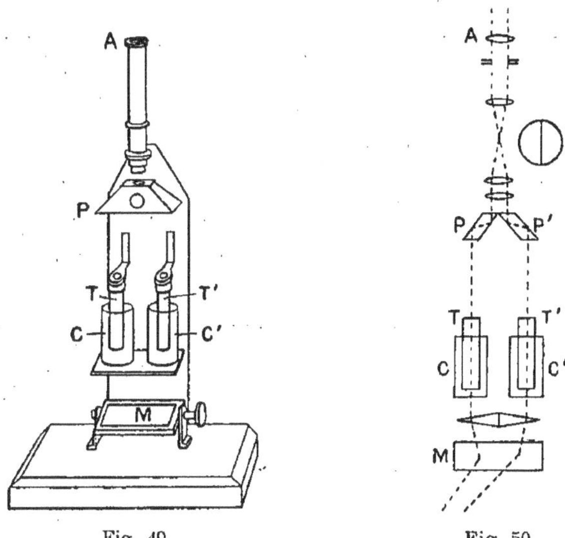

Fig. 49.   Fig. 50.

Fig. 49. — Colorimètre. CC', cuves destinées à recevoir les liqueurs colorées à comparer ; TT', cylindres de verre terminés par des faces planes qu'on peut élever ou abaisser de façon à modifier l'épaisseur de la couche liquide située entre leur face plane inférieure et le fond de la cuvette : une graduation portée sur le bâti de l'appareil donne cette épaisseur ; P, système de prismes à réflexion totale destinés à rapprocher et à juxtaposer dans le champ de la lunette A les rayons lumineux ayant traversé les deux liqueurs ; M, miroir plan d'éclairement. — Fig. 50. Marche des rayons lumineux dans le colorimètre.

métriques. — On prépare tout d'abord une série de solutions titrées de la substance colorante qu'on se propose de doser, solutions de plus en plus riches en substance dissoute, et on compare la solution analysée aux différents termes de cette série, quant à l'intensité de sa coloration.

Des appareils, dits *colorimètres*, permettent de faire cette comparaison avec la plus grande facilité et avec une grande exactitude.

Supposons, par exemple, qu'on ait préparé une série de

solutions d'oxyhémoglobine, contenant 1, 2, 3,... p. 1 000 d'oxyhémoglobine, et que la liqueur sanguine analysée (il convient de la laquer préalablement pour que la teinte soit la même) ait une coloration de même intensité que la solution contenant 7 p. 1 000 d'oxyhémoglobine, on conclura que cette liqueur contient 7 p. 1 000 d'oxyhémoglobine. — Au lieu de préparer chaque fois une solution titrée d'oxyhémoglobine, on possède une série de verres rouges d'oxyhémoglobine, plus ou moins colorés, chacun des termes de cette série correspondant comme teinte à des solutions d'oxyhémoglobine contenant une proportion donnée de cette matière colorante, et examinée sous une épaisseur déterminée.

2. L'oxyhémoglobine, substance *absorbant* certaines radiations lumineuses, peut être dosée *spectrophotométriquement*. Les déterminations spectrophotométriques consistent essentiellement à déterminer la quantité d'une certaine lumière absorbée par la solution, examinée sous une épaisseur donnée. Il existe des appareils de différents modèles, reposant sur différents principes, qui permettent de connaître la quantité de lumière absorbée : ce sont des *spectrophotomètres*. Étant connue la quantité de lumière absorbée par une solution donnée, on peut, par des formules simples, calculer la quantité de matière colorante contenue dans la solution, si l'on a une fois pour toutes déterminé le coefficient d'absorption de cette substance.

Les procédés spectrophotométriques permettent même, dans un mélange d'hémoglobine et d'oxyhémoglobine, de calculer les quantités respectives d'hémoglobine et d'oxyhémoglobine. Ce sont les seuls procédés qui permettent actuellement de faire cette détermination. Il suffit de déterminer la quantité de lumière absorbée par la solution mixte pour deux radiations lumineuses différentes; cela permet d'écrire deux équations à deux inconnues, suffisantes pour calculer les quantités d'hémoglobine et d'oxyhémoglobine.

2 *bis*. A la méthode spectrophotométrique se rattache la *méthode hématoscopique*. Elle consiste à déterminer l'épaisseur minima sous laquelle on doit examiner une solution d'oxyhémoglobine ou de sang dilué et laqué, pour observer les deux

bandes caractéristiques de l'oxyhémoglobine. Les épaisseurs de deux solutions, pour lesquelles se manifeste le phénomène, sont inversement proportionnelles aux quantités d'oxyhémoglobine dissoutes dans un même volume des deux solutions. Pratiquement, on se sert de l'appareil appelé *hématoscope*, formé par deux lames de verre de 60 millimètres de longueur, en contact à une extrémité, distantes de 300 μ à l'autre extrémité, comprenant ainsi entre elles un espace angulaire dans lequel on fait pénétrer le sang dilué ou laqué. On déplace l'appareil devant un spectroscope, ou mieux un micro-spectroscope, et on détermine l'épaisseur minima pour laquelle le spectre présente nettement les deux bandes séparées par un intervalle franchement éclairé. On procède de même avec la solution type titrée, et on a tous les élé-

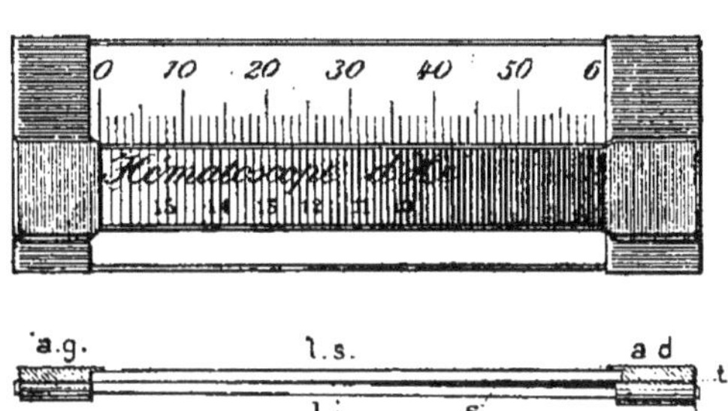

Fig. 51. — Hématoscope d'Hénocque. La lame inférieure *li* est séparée de la lame supérieure *ls* par un espace prismatique représenté en noir. La lame inférieure porte à ses deux extrémités des agrafes de laiton. Celle de gauche *ag* maintient les lames en contact; celle de droite *ad* présente un talon *t* ayant 0 mm. 3 d'épaisseur, ce qui détermine l'écartement des lames.

ments pour calculer la teneur en oxyhémoglobine du sang dilué et laqué. Cette méthode est peu précise, car la détermination du point où commence à se manifester le *phénomène des bandes* est chose très délicate. Elle est insuffisante pour les recherches précises, mais convient en clinique, car elle ne demande que de très petites quantités de sang.

3. Supposons que le sang soit vigoureusement agité au contact de l'air : la matière colorante passe à l'état d'oxyhémoglobine, à une fraction négligeable près. Supposons qu'on provoque par un procédé quelconque la *dissociation* de cette oxyhémoglobine et qu'on recueille l'oxygène mis en liberté; on en conclura la quantité d'oxyhémoglobine, puisque 1 gramme d'oxyhémoglobine abandonne 1^{cc},58 d'oxygène, mesuré à 0° et à 760 millimètres.

Pour faire cette mesure, on soumet le sang battu à l'air à l'*action du vide à la température de* 100°, l'oxygène provenant de la dissociation de l'oxyhémoglobine est mis en liberté, ainsi que l'oxygène dissous dans le sang. Si on connaît la quantité normalement dissoute dans le sang (et le calcul a pu en être fait, d'une façon sensiblement exacte, une fois pour toutes), par différence, on connaît la quantité d'oxygène provenant de la dissociation de l'oxyhémoglobine ; on pourra, par conséquent, calculer la quantité de cette dernière substance.

4. La matière colorante du sang est la seule substance *ferrugineuse* qui soit contenue dans ce liquide ; si donc on détermine la *quantité de fer* contenue dans un volume déterminé de sang, on pourra calculer la quantité d'oxyhémoglobine contenue dans ce volume de sang, si on a, une fois pour toutes, déterminé la proportion de fer contenu dans un poids donné d'oxyhémoglobine de l'animal considéré.

Pratiquement, il faudra dessécher le sang, incinérer le résidu, reprendre les cendres par l'eau acidulée par l'acide chlorhydrique, et doser le fer dans la solution obtenue.

En opérant par l'un ou l'autre de ces procédés, mais surtout par la *méthode spectrophotométrique*, ou par la *méthode de dosage du fer*, on trouve que 100 grammes de sang humain contiennent de 12 à 15 grammes d'hémoglobine, en moyenne 13 grammes et demi.

Cette matière colorante constitue la plus grande partie des globules rouges, puisque 100 parties en poids de globules rouges desséchés contiennent, chez l'homme, environ 90 parties d'hémoglobine ; la matière colorante constitue ainsi les 9 dixièmes du globule rouge, abstraction faite, bien entendu, de l'eau qui entre dans la constitution du globule.

Méthémoglobine. — L'oxyhémoglobine n'est pas le seul composé oxygéné de l'hémoglobine : il en existe un autre, la *méthémoglobine.*

La méthémoglobine se produit aux dépens de l'hémoglobine sous l'influence de certains agents oxydants, ferricyanure de potassium, permanganate de potasse, nitrite de potasse, nitrite d'amyle, chlorate de soude, aniline, antifébrine, etc. ; inversement, sous l'influence de certains agents réducteurs, la méthémoglobine fournit de l'hémoglobine. Mais, d'une part, la méthémoglobine ne se produit pas par action directe de l'oxygène atmosphérique, et, d'autre part, elle n'est pas dissociable.

On a pu établir, d'ailleurs, que lorsqu'on fait agir les agents oxydants méthémoglobinisants sur l'oxyhémoglobine, il se produit tout d'abord une réduction de l'oxyhémoglobine à l'état d'hémoglobine, avec libération de l'oxygène dissociable, et que l'oxydation méthémoglobinisante ne constitue que le second stade de la réaction. De même, si on fait agir les mêmes agents sur la carboxyhémoglobine (résultant de la substitution d'une molécule d'oxyde de carbone à la molécule dissociable d'oxygène de l'oxyhémoglobine), dans un premier stade, il y a dégagement d'oxyde de carbone, dans un second, oxydation et transformation en méthémoglobine. Tous ces faits établissent nettement que la méthémoglobine est un oxyde d'hémoglobine, stable, différant profondément de l'oxyhémoglobine et nullement une oxyhémoglobine oxydée.

La méthémoglobine se produit quand on ajoute à une solution d'oxyhémoglobine, ou à du sang laqué, quelques gouttes d'une solution concentrée de ferricyanure (cyanure rouge) de potassium. Lorsqu'on opère avec une solution pure d'oxyhémoglobine, si, après addition de ferricyanure de potassium, on refroidit à 0°, et si on ajoute un quart de volume d'alcool refroidi à 0°, la méthémoglobine se dépose sous forme cristalline. La méthémoglobine de cobaye se présente sous forme de tétraèdres; celles de rat et d'écureuil, sous forme de plaques hexagonales.

Les *solutions aqueuses de méthémoglobine* présentent un

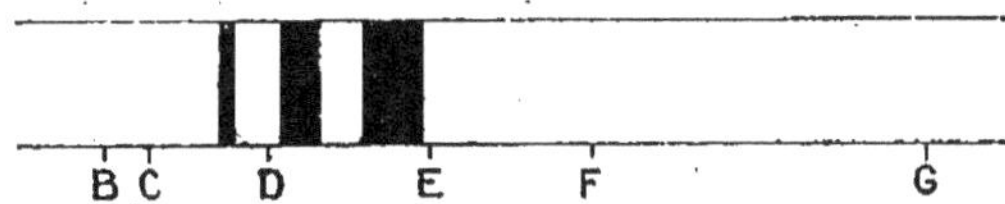

Fig. 52. — Spectre d'absorption des solutions alcalines de méthémoglobine.

spectre d'absorption à trois bandes : l'une dans le rouge entre C et D, les deux autres entre les raies D et E du spectre solaire.

Les solutions de méthémoglobine, additionnées d'ammoniaque, présentent également trois bandes situées sensiblement dans les mêmes régions du spectre : les deux premières étant toutefois un peu déplacées vers le violet.

L'*hémoglobine* forme avec l'*oxyde de carbone* une combinaison résultant de l'union directe d'une molécule d'hémoglobine et d'une molécule d'oxyde de carbone, ou de la substitution d'une molécule d'oxyde de carbone à la molécule d'oxygène dissociable dans l'oxyhémoglobine. C'est l'*hémoglobine oxycarbonée ou carboxyhémoglobine.*

Cette combinaison n'est pas dissociée soit à 15°, soit à 40°; par conséquent, le *sang oxycarboné* ou une solution d'*hémoglobine oxycarbonée* ne se décomposent pas au contact de l'air à ces températures. Cette combinaison, d'autre part, est plus stable que l'oxyhémoglobine; de telle sorte que du sang ou une solution d'oxyhémoglobine, abandonnés au contact d'une atmosphère contenant la proportion normale d'oxygène (par conséquent une atmosphère en présence de laquelle l'oxyhémoglobine ne se dissocie pas) et de très petites quantités d'oxyde de carbone, absorbe ce gaz : l'oxyhémoglobine est transformée en hémoglobine oxycarbonée.

La connaissance de ces faits permet de comprendre comment un animal meurt dans une atmosphère contenant des quantités relativement faibles d'oxyde de carbone : l'oxyde de carbone est absorbé lentement par l'hémoglobine, mais, comme l'hémoglobine donne avec lui une combinaison non dissociable, toute l'hémoglobine ainsi saturée d'oxyde de carbone est de l'hémoglobine perdue pour la fixation et le transport de l'oxygène.

La fixation d'oxyde de carbone sur la matière colorante du sang est physiologiquement équivalente à une saignée.

L'*hémoglobine oxycarbonée* s'obtient *cristallisée* par les procédés employés pour préparer l'oxyhémoglobine cristallisée, mais en partant du sang oxycarboné; les formes cristallines sont les mêmes que celles de l'oxyhémoglobine correspondante.

L'*hémoglobine oxycarbonée* présente un *spectre d'absorption* très semblable au spectre d'absorption de l'oxyhémoglobine ; ce spectre présente deux bandes d'absorption situées entre les raies D et E du spectre solaire, sensiblement dans les mêmes zones que les raies de l'oxyhémoglobine, mais cependant légèrement déplacées vers l'extrémité violette du spectre.

Traitée par les agents réducteurs, et en particulier par le sulfhydrate d'ammoniaque, l'hémoglobine oxycarbonée n'est pas ramenée à. l'état d'hémoglobine : elle conserve son spectre d'absorption. Dans les mêmes conditions, l'oxyhémoglobine est réduite, et son spectre à deux bandes est remplacé par un spectre à bande unique.

L'*hémoglobine* donne avec le *bioxyde d'azote* une combinaison, l'*hémoglobine oxyazotée*, ou *azotoxyhémoglobine*. Cette combinaison est plus stable que l'hémoglobine oxycarbonée : elle se produit lorsqu'on fait passer un courant de bioxyde d'azote dans une solution d'hémoglobine oxycarbonée. On ne peut pas produire l'hémoglobine oxyazotée par action directe du bioxyde d'azote sur le sang oxygéné, car, en présence de l'oxygène, le bioxyde d'azote fournit, on le sait, des vapeurs nitreuses, qui altéreraient profondément la matière colorante du sang.

Cette hémoglobine oxyazotée s'obtient *cristallisée* : ses cristaux présentent les mêmes formes que ceux de l'hémoglobine oxycarbonée et de l'oxyhémoglobine correspondantes : son *spectre d'absorption* est, comme les spectres de ces deux dernières substances, un spectre à deux bandes comprises entre D et E.

On connaît enfin une *cyanhémoglobine*, résultant de la fixation du cyanogène sur l'hémoglobine. Elle se produit quand on fait passer un courant de cyanogène gazeux dans une solution d'hémoglobine, ou quand on chauffe à 40° une solution d'oxyhémoglobine avec une solution étendue d'acide cyanhydrique.

Le cyanogène ne se substitue directement ni à l'oxyde de

carbone dans la carboxyhémoglobine, ni au bioxyde d'azote dans l'azotoxyhémoglobine.

Les produits de décomposition des pigments sanguins.

Parmi les substances qu'on peut obtenir en partant de la matière colorante du sang, deux présentent une importance considérable, au point de vue de la connaissance de la constitution de l'hémoglobine et de ses rapports avec d'autres matières colorantes de l'organisme : l'*hématine* et l'*hématoporphyrine* ; — d'autres, telles que l'*hémine* et l'*hématoïdine* présentent également quelque intérêt, au point de vue physiologique et médical. Nous étudierons sommairement ces différentes substances.

Lorsqu'on porte, pendant quelque temps, *à 80°* une solution d'oxyhémoglobine ou du sang, l'oxyhémoglobine est transformée en méthémoglobine, et celle-ci est décomposée en une substance albuminoïde coagulée et une matière colorante brune, l'*hématine*.

Lorsqu'on traite par l'*alcool* une solution d'oxyhémoglobine, cette matière colorante est précipitée sans décomposition ; mais si on maintient pendant quelque temps l'oxyhémoglobine précipitée en contact avec l'alcool, le précipité brunit ; il se produit un dédoublement en substance albuminoïde coagulée et *hématine*.

Lorsqu'on fait agir sur l'oxyhémoglobine le *suc gastrique* ou le *suc pancréatique*, cette matière colorante est décomposée en une substance albuminoïde qui subit les transformations digestives, gastriques ou pancréatiques, et *hématine*. — Aussi, trouve-t-on l'hématine dans les excréments, soit à la suite d'une alimentation contenant du sang, soit à la suite d'hémorragies gastriques ou intestinales.

Ces différentes réactions nous montrent que l'*oxyhémoglobine* doit être considérée comme une *protéide*, résultant de la combinaison d'une substance albuminoïde, appelée *globine*, et de l'*hématine*. L'oxyhémoglobine de cheval fournit 94 p. 100 de son poids de globine, 4,5 p. 100 d'hématine, 1,5 p. 100 de substances diverses.

La *globine* peut être obtenue de la façon suivante : à une solution aqueuse (pauvre en sels) d'oxyhémoglobine, on ajoute une solution très diluée d'acide chlorhydrique, jusqu'à ce que se soit redissout le précipité formé par l'addition des premières gouttes; puis on ajoute à la liqueur 1/5 de son volume d'alcool à 80 p. 100 et 1/2 volume d'éther et on agite : l'hématine passe en solution dans l'éther; la globine reste dans le liquide aqueux. On en précipite la globine par neutralisation au moyen d'ammoniaque.

La *globine* est une substance protéique, insoluble dans l'eau, soluble dans les acides très dilués (ac. chlorhydrique, ac. acétique), ou dans les alcalis fixes très dilués (soude, potasse), insoluble dans l'ammoniaque, etc. En un mot, elle présente les propriétés des histones.

L'*hématine*, préparée pure, donne par la calcination un résidu d'oxyde de fer : c'est donc une substance *ferrugineuse*; sa formule est $C^{32}H^{32}Az^4FeO^4$. C'est une substance insoluble dans l'eau, dans l'alcool, dans l'éther; soluble dans l'eau alcalinisée, mais insoluble dans l'eau acidulée; soluble dans l'alcool ou l'éther acidifiés.

Les *solutions alcalines d'hématine* sont *caractérisées spectro-*

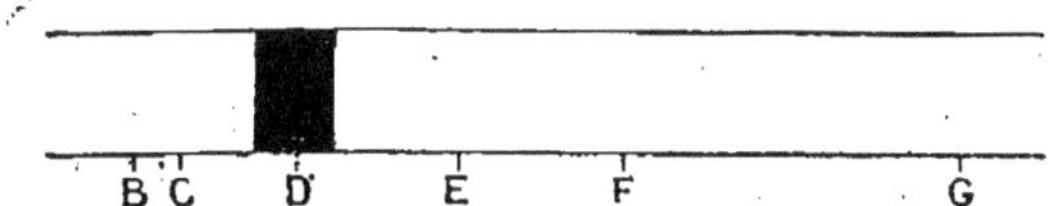

Fig. 53. — Spectre d'absorption des solutions alcalines d'hématine.

scopiquement par un spectre d'absorption à une bande, située à cheval sur la raie D du spectre solaire; — ses *solutions*

Fig. 54. — Spectre d'absorption des solutions acides d'hématine.

acides sont caractérisées par quatre bandes situées dans l'orangé, le jaune, le vert et le vert bleu : la première très nette, les trois autres souvent peu distinctes.

Pour préparer cette hématine pure, on se sert des cristaux d'hémine ou chlorhydrate d'hématine (dont nous indiquons ci-dessous le mode d'obtention). On dissout ces cristaux dans une solution étendue de potasse, et on traite cette dernière par l'acide chlorhydrique dilué : l'hématine, insoluble dans l'eau acidulée, se précipite en flocons bruns, qu'on lave à l'eau bouillante.

Supposons qu'on ait débarrassé les globules rouges du plasma ou du sérum dans lequel ils flottent, par décantation et lavages répétés à l'eau salée, qu'on dissolve ces globules par l'eau ou par l'éther, qu'on ajoute à cette solution globulaire 20 volumes d'acide acétique glacial et qu'on maintienne

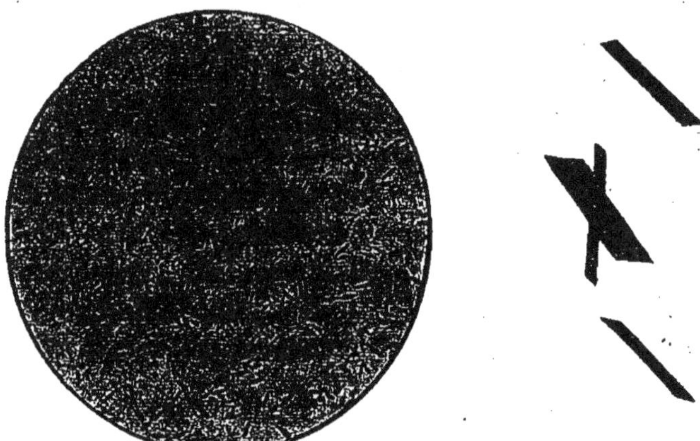

Fig. 55. — Cristaux d'hémine   Fig. 56. — Cristaux de Teichmann
(photographie d'une préparation).   (hémine ou chlorhydrate d'hématine).

deux heures au bain-marie bouillant. Il se produit un dépôt bleu noir, formé de cristaux microscopiques, insolubles dans l'eau, insolubles dans les acides étendus, insolubles dans l'alcool, l'éther, le chloroforme. Ce sont des cristaux d'hémine, appelés encore *cristaux de Teichmann*. On peut, par lavages à l'eau, à l'alcool, à l'éther, les débarrasser des restes de la liqueur dans laquelle ils se sont formés.

Ainsi préparés, ces cristaux, qui affectent généralement la forme de tablettes rhomboédriques allongées, souvent groupées, sont solubles dans les alcalis caustiques étendus. Ce sont ces solutions qui, neutralisées par un acide étendu, précipitent l'hématine.

L'*hémine* a pour formule $C^{32}H^{32}Az^4FeO^4HCl$: c'est du *chlorhydrate d'hématine*.

L'hémine présente un certain intérêt pratique : elle permet de déterminer la véritable nature des vieilles *taches de sang*. Supposons qu'on ait du sang desséché : on le broie avec une très petite quantité de chlorure de sodium, et on humecte la

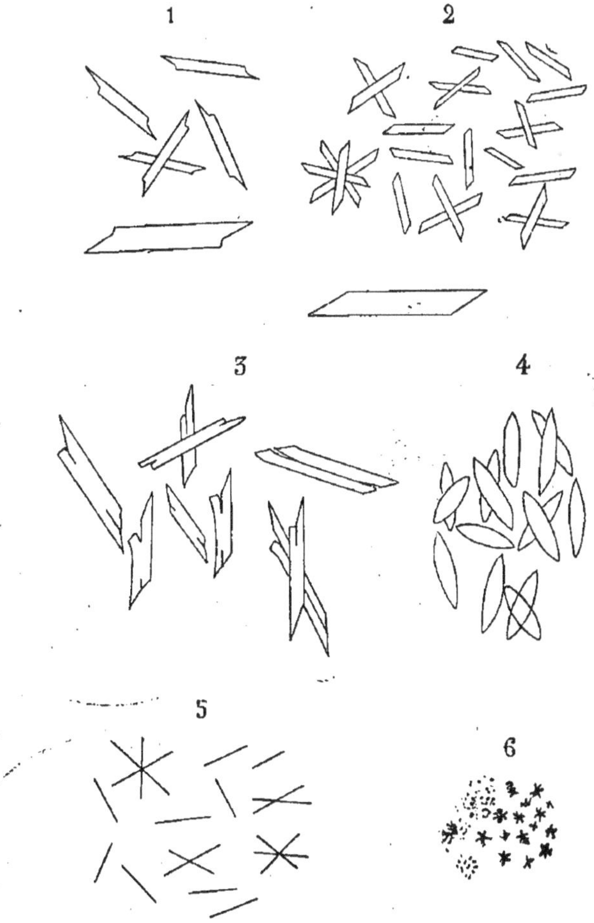

Fig. 57. — Variétés de forme de cristaux d'hémine (d'apr. Florence).

poudre ainsi obtenue avec de l'acide acétique glacial ; on chauffe légèrement, en évitant d'atteindre la température d'ébullition de l'acide acétique, et on laisse refroidir. En examinant au microscope, on reconnaît la présence de cristaux d'hémine, qui se sont produits aux dépens de la matière colorante du sang desséché.

Lorsqu'on traite l'hématine ou l'hémine par l'acide chlor-hydrique fumant, ou par l'acide sulfurique concentré, ou par l'acide acétique glacial saturé d'acide bromhydrique, elles sont décomposées : le fer est enlevé, fixé par l'acide minéral, et l'hématine est transformée en une autre *matière colorante, non ferrugineuse*, l'hé-matoporphyrine.

Fig. 58. — Cristaux d'hématoïdine.

L'hématoporphyrine, dans ces méthodes de préparation, s'obtient dissoute dans les acides : pour l'obtenir précipitée, il suffit de diluer par l'eau distillée

Fig. 59. — Cristaux d'hémochromogène. 1, 2, 4, cristaux provenant du chien ; 3, de la chèvre.

ces solutions acides. On peut également l'obtenir en solutions alcalines. Les solutions acides sont couleur pourpre; les solutions alcalines sont d'un beau rouge; — les solu-

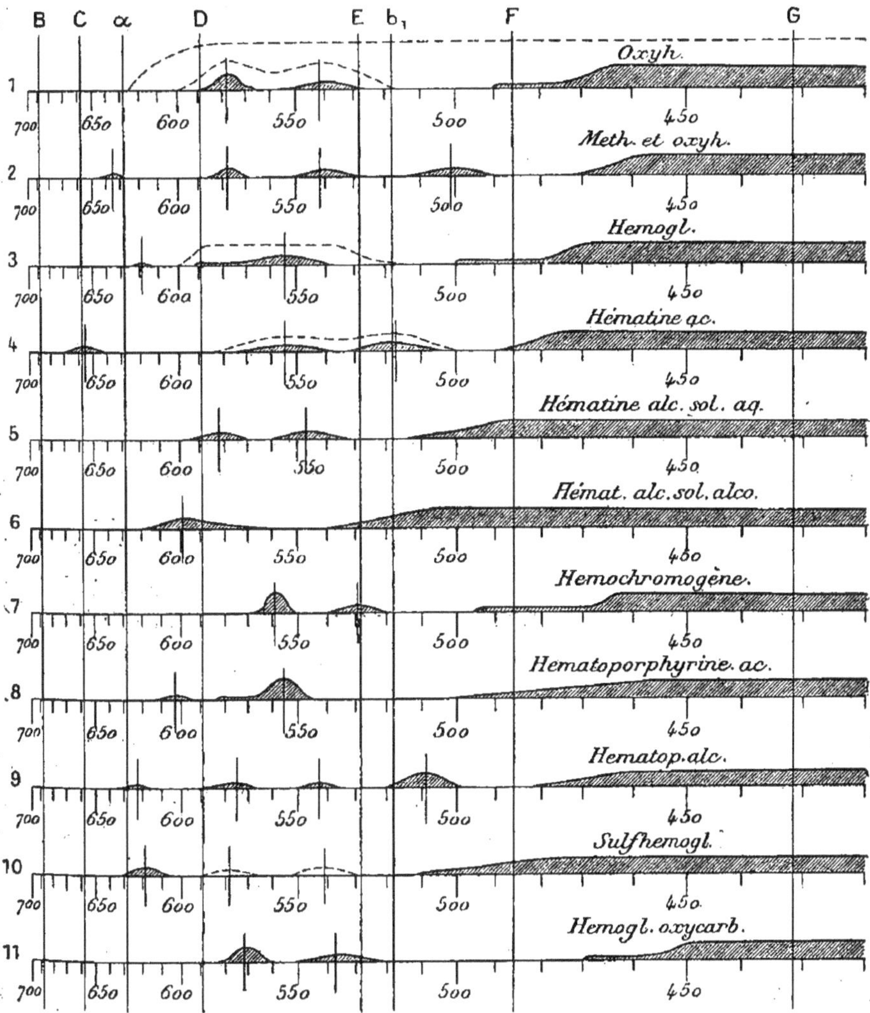

Fig. 60. — Spectres d'absorption des pigments sanguins et de leurs dérivés.

tions acides présentent un spectre d'absorption à deux bandes, les solutions alcalines un spectre à 4 bandes.

L'hématoporphyrine a pour formule $C^{32}H^{36}Az^4O^6$. Cette formule est la formule de la bilirubine, l'une des matières colorantes de la bile. L'*hématoporphyrine* n'est pas identique à la bilirubine, mais elle *est isomère de la bilirubine*.

Dans l'organisme, on peut observer, dans quelques cas, une transformation de la matière colorante du sang en bilirubine : dans de vieux extravasats sanguins, on a observé souvent la présence de tablettes cristallines rhombiques orangées. On avait appelé la substance ainsi cristallisée *hématoïdine*; mais on a reconnu que cette hématoïdine est identique à la bilirubine.

Ces faits sont intéressants à connaître : on est ainsi parvenu artificiellement à obtenir aux dépens de l'oxyhémoglobine une matière colorante isomérique de la bilirubine, — la bilirubine étant elle-même une matière colorante produite par l'organisme aux dépens de l'oxyhémoglobine.

Nous avons étudié les produits principaux de la décomposition de l'oxyhémoglobine. A l'abri de l'oxygène, l'hémoglobine donne une série de produits de décomposition analogues : en particulier, au lieu d'obtenir de l'hématine, on obtient de l'*hémochromogène* (sous l'influence des agents oxydants, cet hémochromogène se tranforme en hématine, et inversement, sous l'influence des agents réducteurs, l'hématine se transforme en hémochromogène).

On a pu établir récemment de très intéressantes relations chimiques entre l'hémoglobine des vertébrés et la chlorophylle des plantes.

De l'hémoglobine, on peut, comme nous l'avons indiqué, obtenir de l'hématine puis de l'hématoporphyrine $C^{16}H^{18}Az^2O^3$; de l'hématoporphyrine on peut passer à un corps, la mésoporphyrine, $C^{16}H^{18}Az^2O^3$ qui est transformable en hémopyrrol $C^8H^{13}Az$; l'hémopyrrol absorbant directement l'oxygène atmosphérique, pour se tranformer en urobiline $C^{32}H^{40}Az^4O^7$.

De la chlorophylle, on peut obtenir une substance, dite phylloporphyrine $C^{16}H^{18}Az^2O$, transformable elle-même en hémopyrrol, puis en urobiline.

Les deux importants pigments, animal et végétal, hémoglobine et chlorophylle, se rattachent ainsi à l'hémopyrrol, dérivé du pyrrol.

CHAPITRE VIII

GAZ DU SANG

ET

ÉCHANGES GAZEUX RESPIRATOIRES

Sommaire. — L'oxyhémoglobine est une combinaison dissociable. Qu'est-ce qu'une substance dissociable? Qu'est-ce qu'un phénomène de dissociation? Exemple du carbonate de chaux. Dissociation de l'oxyhémoglobine.

Les gaz du sang. — État des gaz du sang : dissolution et combinaison. Lois de la dissolution des gaz. Dissolution et dissociation. État de l'oxygène dans le sang. État du gaz carbonique dans le sang. État de l'azote dans le sang.

Échanges gazeux pulmonaires. — Composition de l'air alvéolaire. Composition de l'air expiré. Théorie de l'échange gazeux pulmonaire.

L'oxyhémoglobine est une *combinaison oxygénée dissociable*, pouvant se dédoubler, dans des conditions que nous allons préciser, en oxygène et hémoglobine.

Pour comprendre les faits que nous avons à exposer, il faut savoir ce qu'est une *substance dissociable*. — Empruntons un exemple simple de dissociation à la chimie minérale.

Si l'on soumet à l'action d'une température de 860°, en vase clos, du carbonate de chaux, ce corps est décomposé, mais il n'est que *partiellement décomposé*, en gaz carbonique et chaux : il est décomposé jusqu'à ce que le gaz carbonique résultant de la décomposition exerce dans le vase clos une pression de 85 millimètres de mercure. Cette décomposition partielle du carbonate de chaux est un *phénomène de dissociation.* — Le carbonate de chaux est un composé dissociable à la température de 860°.

Inversement, supposons que, dans un vase clos chauffé à 860°, aient été introduits un excès de chaux et du gaz carbonique, ce dernier exerçant une pression supérieure à 85 millimètres; — une partie de ce gaz carbonique se combinera avec la chaux, pour former du carbonate de chaux, jusqu'à ce que la pression du gaz carbonique soit tombée à 85 millimètres.

Si l'on opère à une autre température, à 1 040°, par exemple, les choses se passeront de la même façon, avec cette différence toutefois que la décomposition du carbonate de chaux se poursuivra jusqu'à ce que le gaz carbonique dégagé exerce une pression de 520 millimètres de mercure, — ou que la combinaison du gaz carbonique et de la chaux se poursuivra jusqu'à ce que le gaz carbonique exerce une pression de 520 millimètres de mercure.

Bref, dans les *phénomènes de dissociation*, il s'établit un *équilibre chimique* entre un composé et ses produits de décomposition, cet équilibre dépendant de plusieurs circonstances, dont la plus importante, au moins dans le cas du carbonate de chaux, est la température.

Avant d'aborder l'histoire de la dissociation de l'oxyhémoglobine, il nous faut encore définir la *tension d'un gaz dissous*.

Lorsqu'un liquide est mis en contact avec une atmosphère gazeuse, il dissout une certaine quantité des gaz de cette atmosphère. Par définition, la tension du gaz dissous est égale à la tension du même gaz dans l'atmosphère gazeuse, lorsque l'équilibre est établi. — Si, par exemple, de l'eau est mise en contact avec l'air atmosphérique, elle dissout de l'oxygène et de l'azote ; la tension de l'oxygène dissous est égale à 1/5 d'atmosphère, et la tension de l'azote dissous est égale à 4/5 d'atmosphère, parce que l'oxygène et l'azote atmosphériques ont dans l'atmosphère des tensions égales respectivement à 1/5 et à 4/5 d'atmosphère.

Ces notions étant admises, supposons qu'on ait préparé une solution d'oxyhémoglobine, et imaginons, pour la clarté de notre exposé, que cette solution ne contienne ni hémoglobine, ni oxygène dissous, mais seulement de l'oxyhémoglobine. Supposons que cette solution ait été introduite dans une enceinte fermée de toutes parts et remplisse complètement cette enceinte. Si l'expérience est faite à une température à laquelle l'oxyhémoglobine est dissociable, par exemple à 15°, voici ce qui va se passer : l'oxyhémoglobine se décompose en hémoglobine et oxygène qui restent dissous, et cette décomposition se poursuit jusqu'à ce que l'oxygène dissous ait atteint une certaine tension. Lorsque l'équilibre est réalisé, il existe une certaine relation, variable, bien entendu, suivant les conditions de l'expérience, entre l'oxyhémoglobine et ses produits de décomposition.

Inversement, supposons qu'on ait préparé une solution d'hémoglobine, et imaginons, pour la clarté de notre exposé, que cette solution contienne en outre de l'oxygène dissous ayant une certaine tension, et ne contienne pas d'oxyhémoglobine. Supposons que cette solution ait été introduite dans une enceinte fermée de toutes parts et remplisse complètement cette enceinte. Voici ce qui va se passer : une partie de l'oxygène dissous va se combiner à l'hémoglobine dissoute; et cette combinaison va se poursuivre jusqu'à ce qu'il existe une certaine relation entre l'oxyhémoglobine, l'hémoglobine et l'oxygène dissous, relation qui dépend des conditions de l'expérience.

Au lieu d'opérer en vase clos et complètement rempli par la solution expérimentée, supposons qu'on opère en vase clos, mais contenant de l'air à une certaine tension. Introduisons dans une telle enceinte la solution d'oxyhémoglobine pure dont nous nous sommes précédemment servis : cette oxyhémoglobine se dissocie jusqu'à ce que soit établi un équilibre chimique, dépendant des conditions de l'expérience, entre l'oxyhémoglobine et ses produits de décomposition : en particulier, la tension de l'oxygène dissous atteint une certaine valeur. Mais cette solution est en contact avec une atmosphère gazeuse; que va-t-il se passer? Trois cas peuvent se présenter : 1° la tension de l'oxygène dissous est égale à la tension de l'oxygène dans l'atmosphère, aucune modification nouvelle ne va se produire; — 2° la tension de l'oxygène dissous est supérieure à la tension de ce gaz dans l'atmosphère; — alors une partie de l'oxygène de dissociation se dégage, de telle sorte que la tension de l'oxygène dissous et celle de l'oxygène gazeux soient les mêmes; mais l'équilibre chimique des substances en solution est rompu; une nouvelle quantité d'oxyhémoglobine se décompose, jusqu'à ce qu'un nouvel équilibre chimique soit atteint, et ainsi de suite. On conçoit donc que, dans ces conditions expérimentales, deux équilibres doivent être établis : un équilibre physique entre l'oxygène de l'atmosphère gazeuse et l'oxygène dissous, et un équilibre chimique entre l'oxyhémoglobine, l'hémoglobine et l'oxygène dissous; — 3° la tension de l'oxygène dissous est inférieure à la tension de ce gaz dans l'atmosphère : — alors une partie de l'oxygène de cette atmosphère se dissout dans la liqueur, augmentant la tension de l'oxygène dissous, jusqu'à ce que les tensions de l'oxygène de l'atmosphère et de l'oxygène dissous soient égales : — mais l'équilibre chimique des substances dissoutes est rompu : une partie de l'oxygène dissous se recombine à l'hémoglobine jusqu'à ce qu'un nouvel équilibre chimique soit atteint, et ainsi de suite. Dans ce cas encore, l'équilibre final est la résultante de deux équilibres : un équilibre physique et un équilibre chimique.

Inversement, dans un vase clos, contenant une certaine quantité d'air, introduisons une solution d'hémoglobine pure, ne contenant ni oxygène dissous, ni oxyhémoglobine dissoute. Une partie de l'oxygène de l'atmosphère se dissout dans la solution jusqu'à ce que la tension de l'oxygène dissous et la tension de l'oxygène de l'atmosphère soient égales. Or l'hémoglobine n'est pas stable en présence de l'oxygène : une partie de l'oxygène dissous se combine donc avec elle jusqu'à ce que soit atteint un certain équilibre chimique. Par suite de cette combinaison, l'équilibre physique précédemment réalisé est rompu : de l'oxygène se dissout de nouveau, etc. Finalement l'équilibre résulte de deux équilibres partiels, l'un physique, l'autre chimique.

Supposons enfin que l'expérience soit faite en présence d'une atmosphère indéfinie de gaz, en présence de l'air libre par exemple. Tout se passe comme dans le cas d'une atmosphère limitée d'air, avec cette différence que l'un des termes de l'équilibre physique ne varie pas, la tension de l'oxygène atmosphérique.

Telles sont les notions les plus générales qu'on puisse énoncer relativement à la dissociation de l'oxyhémoglobine.

L'oxyhémoglobine ne se dissocie pas à la température de 0°; mais aux températures supérieures, notamment à la température ordinaire, 15-20°, et à la température du corps 37°, elle se dissocie.

La relation qui existe entre l'oxyhémoglobine, l'hémoglobine et l'oxygène dissous, lorsque l'équilibre chimique est atteint, varie avec la température. Si l'on suppose établi l'équilibre chimique d'une telle solution à 15° et si on élève la température à 40°, une nouvelle portion d'oxyhémoglobine se décompose. En d'autres termes, la tension de l'oxygène résultant de la dissociation de l'oxyhémoglobine, ce qu'on appelle la *tension de dissociation de l'oxyhémoglobine*, varie avec la température : elle *augmente avec la température*.

Le rapport qui existe entre les quantités d'hémoglobine et d'oxyhémoglobine, à une même température, varie avec la quantité de ces substances en solution. Le rapport de la quantité d'oxyhémoglobine à la quantité d'hémoglobine augmente lorsque la quantité de pigments dissous augmente.

La question qui nous occupe peut être envisagée à un autre point de vue :

Les solutions d'hémoglobine, exposées à l'air et agitées au contact de l'air, absorbent des quantités variables d'oxygène, ces quantités dépendant de l'équilibre chimique qui s'établit entre l'oxyhémoglobine, l'hémoglobine et l'oxygène dissous dans les conditions de l'expérience. — Cet oxygène absorbé se compose de deux parts : l'oxygène combiné et l'oxygène dissous. Pour la clarté de notre exposé, négligeons cette dernière part, et ne nous occupons que de l'oxygène combiné.

La tension de dissociation de l'oxyhémoglobine, avons-nous dit, augmente avec la température. Par conséquent, toutes choses égales d'ailleurs, une même solution d'hémoglobine absorbe plus d'oxygène à 15° qu'à 40°.

Le rapport de l'oxyhémoglobine à l'hémoglobine augmente avec la quantité de pigment dissous ; — par conséquent, toutes choses égales d'ailleurs, une solution d'hémoglobine absorbe, pour une même quantité d'hémoglobine, d'autant plus d'oxygène qu'elle est plus concentrée.

Si l'on fait varier la tension de l'oxygène dissous, la quantité d'oxyhémoglobine varie d'une façon remarquable.

Lorsqu'on opère par exemple à 40°, voici ce qu'on observe : dans une atmosphère ne contenant pas d'oxygène, une solution d'hémoglobine n'est pas modifiée. — Supposons que l'atmosphère en contact avec la solution d'hémoglobine

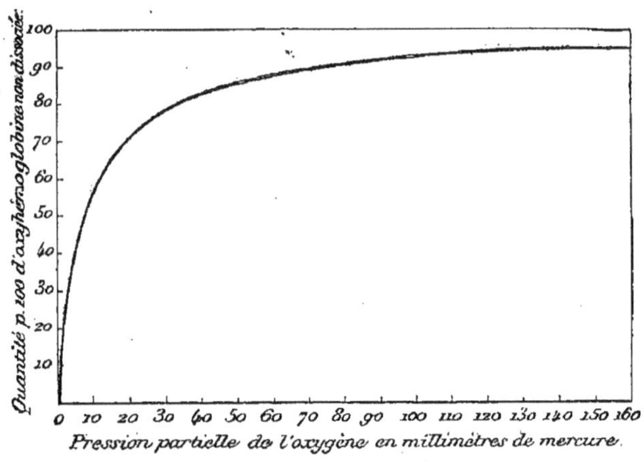

Fig. 61. — Courbe de la dissociation de l'oxyhémoglobine (d'apr. Hüfner).

contienne une faible proportion d'oxygène ; supposons, pour fixer les idées, que cet oxygène ait une tension de 10 millimètres de mercure, par exemple : la solution des pigments sanguins contiendra beaucoup d'hémoglobine et peu d'oxyhémoglobine ; en d'autres termes, elle absorbera peu d'oxygène. — Supposons que la pression de l'oxygène augmente dans l'atmosphère, atteigne 20, 30, etc., millimètres de mercure, la solution des pigments sanguins contiendra de moins en moins d'hémoglobine et de plus en plus d'oxyhémoglobine ; en d'autres termes, elle absorbera de plus en plus d'oxygène. — Il en sera ainsi jusqu'à ce que la pression de l'oxygène atteigne 60 millimètres de mercure environ ; à ce moment, la solution renferme très peu d'hémoglobine et beaucoup d'oxy-hémoglobine : en d'autres termes, elle a absorbé beaucoup d'oxygène. — Lorsque la pression de l'oxygène augmente encore au delà de 60 millimètres, le rapport de l'oxyhémoglobine à l'hémoglobine augmente encore un peu, mais fort peu : en d'autres termes, la quantité d'oxygène absorbé augmente un peu, mais très peu.

En résumé, on peut dire que la quantité d'oxygène absorbé par une solution d'hémoglobine augmente avec la pression de l'oxygène dans l'atmosphère : la quantité d'oxygène absorbé augmente rapidement lorsque croît la pression de l'oxygène de 0 jusqu'à 60 millimètres environ; — elle augmente, mais augmente à peine, lorsque la pression de l'oxygène croît à partir de 60 millimètres.

Telles sont les principales notions qu'il importe de connaître pour comprendre quel est l'état de l'oxygène dans le sang, pour comprendre quel est le mécanisme des échanges gazeux respiratoires.

La quantité d'oxygène faiblement combiné, c'est-à-dire qui peut être mis en liberté dans la dissociation de l'oxyhémoglobine, est de 1 cc. 58 (mesuré à 0° et à la pression 760 millimètres de mercure) pour 1 gramme d'oxyhémoglobine [1].

LES GAZ DU SANG

Lorsqu'on porte du sang à l'ébullition, ou lorsqu'on soumet du sang à l'action du vide barométrique, il se dégage des gaz, qui sont de l'*oxygène*, de l'*azote* et du *gaz carbonique*.

Quel est l'état de ces gaz dans le sang? Sont-ils dissous? Sont-ils combinés?

Lorsqu'un liquide est mis en contact avec une atmosphère gazeuse, une certaine quantité de gaz, variable suivant la nature et la température du liquide, la nature et la tension du gaz, est absorbée par le liquide. Si le gaz n'exerce aucune action chimique sur le liquide, s'il ne se combine à aucun des éléments du liquide, s'il se dégage dans le vide, laissant le liquide inaltéré, on dit que ce gaz est dissous.

Lorsqu'un liquide est en contact avec une atmosphère

---

1. Il n'existe qu'une seule oxyhémoglobine; c'est-à-dire qu'une hémoglobine donnée ne contracte qu'une seule combinaison dissociable avec l'oxygène.

indéfinie d'un gaz, la quantité de gaz dissous, à une tempé-
rature donnée, dans l'unité de volume du liquide, est propor-
tionnelle à la pression exercée par le gaz. — On appelle
coefficient de solubilité d'un gaz dans un liquide, à une tem-
pérature donnée, le nombre qui exprime le volume de gaz,
mesuré à 0° et à la pression 760 millimètres, que peut dis-
soudre, à la température considérée, l'unité de volume du
liquide, le gaz exerçant sur ce liquide la pression 760 milli-
mètres.

Pour fixer les idées, considérons comme liquide dissolvant l'eau, et
comme gaz dissous l'oxygène ; 1 litre d'eau à 0°, étant mis en contact
avec une atmosphère indéfinie d'oxygène pur, exerçant une pression
de 1 mètre de mercure à la surfare du liquide, dissout 0 gr. 075 d'oxy-
gène, — 1 litre d'eau à 0°, étant mis en contact avec une atmosphère indé-
finie d'oxygène pur, exerçant une pression de 0 m. 50 de mercure, en
dissout 0 gr. 0375 ; — 1 litre d'eau à 0°, étant mis en contact avec une
atmosphère indéfinie d'oxygène pur, exerçant une pression de 2 mètres
de mercure, dissout 0 gr. 150 d'oxygène, etc.

Le coefficient de solubilité de l'oxygène dans l'eau à 0° est 0,041 : cela
veut dire que si l'on met en contact avec une atmosphère d'oxygène
pur, exerçant une pression de 760 millimètres de mercure, 1 litre d'eau
à 0°, il s'y dissout une quantité d'oxygène, qui, si elle était mesurée à
0° et 760 millimètres, occuperait 0,041 du volume de l'eau dissolvante,
c'est-à-dire, dans l'exemple considéré, 41 centimètres cubes.

Le coefficient de solubilité des gaz varie avec la *tempéra-
ture* : il diminue lorsque la température s'élève. Par exemple,
les coefficients de solubilité de l'oxygène sont : 0,041 à 0° ; —
0,032 à 10° ; — 0,028 à 20°, etc. Les coefficients de solubilité
de l'azote sont 0,020 à 0° ; — 0,016 à 10° ; — 0,014 à 20°, etc.

D'une façon générale, soit V le volume du liquide dissol-
vant ; soit A le coefficient de solubilité d'un gaz dans ce
liquide à une température donnée ; soit H la pression exercée
par le gaz à la surface du liquide ; le volume v de gaz dissous,
mesuré à 0° et à la pression 760 millimètres, sera :

$$v = V \times A \times \frac{H}{760}.$$

Lorsqu'une atmosphère, composée d'un mélange de plu-
sieurs gaz, est en contact avec un liquide, chacun de ces gaz
se dissout avec son coefficient de solubilité propre, et pro-

portionnellement à la pression qu'il exerce dans le mélange gazeux ; ou, comme on dit quelquefois, chaque gaz se dissout comme s'il était seul.

Ainsi, supposons que de l'eau soit en contact avec l'atmosphère (on sait que l'atmosphère renferme environ 1/5 d'oxygène et 4/5 d'azote); l'eau dissoudra l'oxygène de l'atmosphère, comme si elle était en contact avec une atmosphère d'oxygène pur exerçant une pression égale à 1/5 × 760 millimètres. Le cofficient de solubilité de l'oxygène à 0° est 0,041 ; la quantité d'oxygène, mesurée à 0° et à 760 millimètres, dissoute dans 1 litre d'eau, est donc, dans ces conditions,

$$1 \text{ litre} \times 0,041 \times \frac{1}{5} \times \frac{760}{760} \text{ ou } 0 \text{ lit. } 00822.$$

De même, l'eau dissoudra l'azote atmosphérique comme si elle était en contact avec une atmosphère d'azote pur, exerçant une pression de 4/5 × 760 millimètres. Le coefficient de solubilité de l'azote à 0° est 0,020. La quantité d'azote, mesurée à 0° et 760 millimètres, dissoute dans 1 litre d'eau, est donc, dans ces conditions,

$$1 \text{ litre} \times 0,020 \times \frac{4}{5} \times \frac{760}{760} \text{ ou } 0 \text{ lit. } 016.$$

Lorsqu'un gaz est dissous dans un liquide, il existe deux procédés permettant d'extraire la totalité du gaz : le premier consiste à faire bouillir le liquide, le second consiste à faire le vide à la surface du liquide. L'expérience montre qu'à la température d'ébullition des liquides les gaz simplement dissous se dégagent en totalité : le coefficient de solubilité des différents gaz à la température d'ébullition du liquide dissolvant est égal à 0. — D'autre part, lorsqu'on fait le vide à la surface d'un liquide, la pression exercée sur le liquide par l'atmosphère gazeuse tend vers 0 et la quantité de gaz dissous dans un volume V tend vers la valeur

$$V \times A \times \frac{0}{760}, \text{ c'est-à-dire } 0.$$

Ces notions étant rappelées, nous pouvons aborder l'étude des gaz du sang. Ces gaz sont-ils dissous? Sont-ils combinés?

L'*azote est dissous* dans le sang. Son coefficient de solubilité dans le sang à la température de 40° est 0,013. L'azote est simplement dissous dans le sang. Si on place du sang en contact avec une atmosphère d'air comprimé, ou d'air raréfié, la quantité de l'azote dissous est proportionnelle à la pression de l'azote dans cette atmosphère. Il en est de même si le sang est pris sur des animaux maintenus dans des atmosphères comprimées ou raréfiées : la quantité d'azote contenue dans leur sang varie proportionnellement à la tension de ce gaz dans l'air qu'ils respirent.

L'*oxygène* existe dans le sang sous deux états : *une partie est dissoute, l'autre est combinée* à l'hémoglobine. Nous avons indiqué les conditions d'équilibre physique et d'équilibre chimique dans une solution d'hémoglobine exposée à l'air, dans l'étude que nous avons faite de la dissociation de l'oxyhémoglobine.

Le *gaz carbonique* du sang existe sous *trois états* : état de *simple dissolution*, état de *combinaisons dissociables*, état de *combinaisons stables*.

Le gaz carbonique *dissous* se trouve dans le plasma sanguin.

Le gaz carbonique à l'état de *combinaisons stables* se trouve à l'état de carbonates alcalins.

Le gaz carbonique à l'état de *combinaisons dissociables* se trouve à l'état de bicarbonates alcalins et alcalino-terreux, et de combinaisons avec les globulines du plasma et la matière colorante des globules ; les globulines et l'hémoglobine possèdent en effet la propriété de fixer une certaine quantité de gaz carbonique.

Les gaz du sang se trouvent, par conséquent, dans ce liquide (à l'exception du gaz carbonique des carbonates alcalins), soit à l'état de simple dissolution, soit à l'état de composés dissociables. Par le vide, on peut extraire les gaz dissous et déterminer, à une température convenable, la décomposition totale des composés dissociables du sang. Par l'ébullition, on peut de même chasser les gaz dissous, et déterminer la décomposition totale des composés dissociables du sang. Par l'action simultanée du vide et de l'ébullition, on pourra mettre en liberté la totalité des gaz du sang dissous ou faiblement combinés.

Quant au gaz carbonique des carbonates alcalins, d'une

façon générale, il ne peut être mis en liberté que par l'action d'un acide : ces carbonates sont en effet stables dans le vide à 100°. Lorsqu'on soumet au vide à 100° du sérum sanguin, on peut, après avoir recueilli les gaz mis en liberté, obtenir un nouveau dégagement de gaz carbonique en traitant par un acide. — Lorsqu'au contraire on soumet au vide à 100° le sang total, sérum et globules, ou bien plasma et globules, on ne peut plus, après avoir recueilli les gaz mis en liberté, obtenir un nouveau dégagement gazeux en traitant par un acide ; c'est donc que le sang total contient une substance, que ne contiennent ni le plasma ni le sérum, substance capable de décomposer les carbonates alcalins dans le vide à 100°. Cette substance est nécessairement une substance contenue dans les globules sanguins ; ce n'est pas l'hémoglobine, puisqu'elle est détruite à une

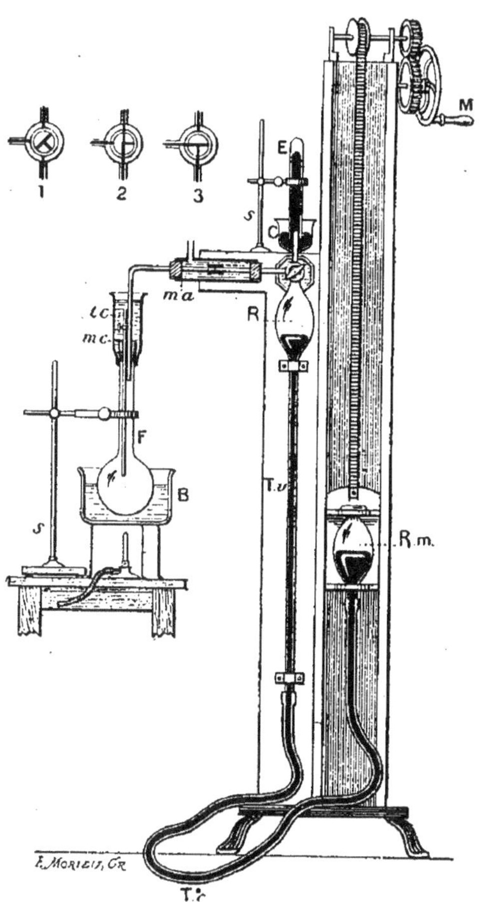

Fig. 62. — Pompe à mercure. Dispositif de Gréhant. — R*m*, réservoir mobile ; M, manivelle actionnant ce réservoir ; T*v*, tube barométrique ; R, réservoir ; T*c*, tube de caoutchouc ; C, cuve ; E, éprouvette pour recueillir les gaz ; F, réservoir destiné à recueillir le sang ; B, bain-marie ; *s*, support ; *mc. ma*, manchons en caoutchouc pleins d'eau ; *tc*, tube de caoutchouc ; 1, 2, 3, positions du robinet surmontant le réservoir R : 1, pendant qu'on établit le vide dans le réservoir R ; 3, pendant qu'on relie le réservoir R au réservoir F contenant le sang ; 2, pour chasser les gaz dans l'éprouvette E.

température inférieure à 100° ; c'est la substance ou l'une des substances de la trame globulaire.

Nous n'entreprendrons pas la description détaillée des appareils qui servent à extraire et à recueillir les gaz du sang; nous n'indiquerons que le principe de la méthode. On introduit le sang dans une enceinte où le vide a été fait, enceinte maintenue à 100° : les gaz sont immédiatement et totalement mis en liberté. L'enceinte dans laquelle s'est fait le dégagement gazeux étant mise en rapport avec une pompe à mercure, on peut aspirer ces gaz et les faire passer dans un tube renversé sur le mercure ; il suffit ensuite de faire l'analyse du mélange gazeux extrait.

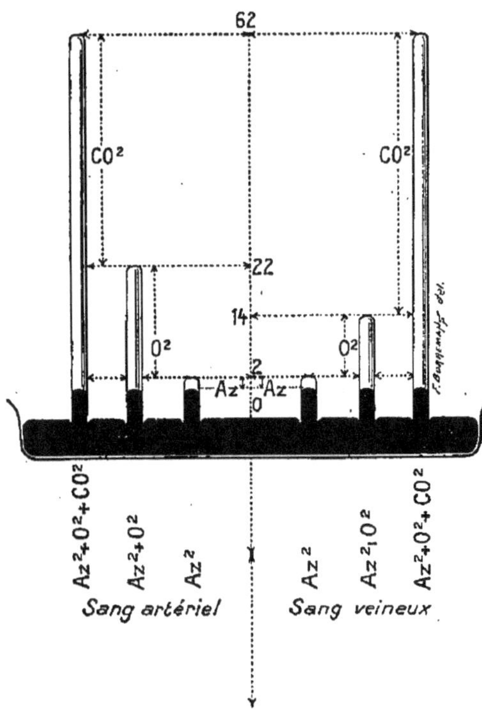

Fig. 63. — Gaz du sang (schéma).

Lorsqu'on veut connaître la quantité des gaz du sang circulant, il convient d'éviter de la façon la plus absolue le contact entre le sang et l'air : il convient en outre que le sang soit rapidement porté à 100°, car le sang conservé quelque temps à une température de 20 à 40°, à l'abri de l'air, hors des vaisseaux, consomme assez rapidement une partie de son oxygène et produit du gaz carbonique[1].

On a trouvé les résultats suivants : 100 centimètres cubes de sang artériel de chien contiennent, en moyenne, les volumes suivants de gaz, mesurés à 0° et 760 millimètres :

[1]. Cette modification des gaz du sang est empêchée par l'addition de quelques millièmes de fluorure de sodium au sang.

Azote...................... 2 centimètres cubes.
Oxygène................... 20   —
Gaz carbonique............ 40   —
    Total.................. 62   —

100 centimètres cubes de sang veineux de chien contiennent en moyenne les volumes suivants de gaz, mesurés à 0° et à 760 millimètres :

Azote...................... 2 centimètres cubes.
Oxygène 12   —
Gaz carbonique............ 48   —
    Total................. 62   —

ÉCHANGES GAZEUX PULMONAIRES

Au niveau des alvéoles pulmonaires s'accomplissent des échanges gazeux : de l'oxygène passe de l'air alvéolaire dans le sang; du gaz carbonique quitte le sang pour passer dans l'air alvéolaire. Ces échanges gazeux s'accomplissent d'après les lois physiques de l'osmose des gaz. L'oxygène passe dans le sang, parce que sa tension dans l'air des alvéoles est supérieure à sa tension dans le sang veineux[1] arrivant au poumon; et il y passe, ou tout au moins y peut passer, jusqu'à ce que sa tension soit la même dans l'air alvéolaire et dans le sang. Le gaz carbonique passe dans l'air alvéolaire, parce que sa tension dans le sang est supérieure à celle qu'il a dans l'air alvéolaire, et il passe, ou tout au moins il peut passer, dans l'air des alvéoles, jusqu'à ce que l'équilibre des tensions carboniques soit établi.

L'air inspiré a la composition de l'air atmosphérique :

Oxygène....................... 20,8 volumes.
Azote......................... 79,2   —
Gaz carbonique................ traces.

L'air expiré a une composition moyenne, chez l'homme

---

1. La question de la détermination de la *tension des gaz du sang* est une question purement physiologique. On la trouvera résumée dans *Éléments de physiologie* par Maurice Arthus, 2e édition, p. 235.

adulte, respirant tranquillement, donnée par le tableau suivant :

Oxygène........................ 16,0 volumes.
Azote.......................... 79,6 —
Gaz carbonique................. 4,4 —

On appelle *coefficient de ventilation* le rapport du volume de l'air inspiré ou expiré à chaque inspiration ou expiration, au volume de l'air contenu dans le poumon. Ce coefficient est égal à un dixième en moyenne.

On peut dès lors connaître la composition de l'air alvéolaire au moment de l'expiration, l'air alvéolaire étant à ce moment composé par un mélange de 9 volumes d'air d'expiration et de 1 volume d'air d'inspiration. Cette composition est dès lors la suivante :

$$O^2 = \frac{1}{10} \times (16,0 \times 9 + 20,8) = 16,48 \text{ vol.}$$

$$Az^2 = \frac{1}{10} \times (79,6 \times 9 + 79,2) = 79,56 \text{ vol.}$$

$$CO^2 = \frac{1}{10} \times (4,4 \times 9 + 0) = 3,96 \text{ vol.}$$

De là on peut conclure, en faisant abstraction de la vapeur d'eau, pour simplifier, que la tension de l'oxygène dans l'air alvéolaire varie de 16,5 à 16,0 p. 100 d'atmosphère, et que la tension du gaz carbonique dans l'air alvéolaire varie de 4,0 à 4,4 p. 100 d'atmosphère.

Ceci montre : 1° que la tension des divers gaz alvéolaires varie peu suivant le stade respiratoire considéré ; 2° que les échanges gazeux pulmonaires s'accomplissent entre le sang et un air riche en gaz carbonique, puisqu'il en renferme au moins 4 p. 100.

La tension de l'oxygène dans le sang veineux arrivant au poumon est nécessairement inférieure à 16 p. 100 d'atmosphère ; la tension de l'oxygène dans le sang artériel qui quitte le poumon ne peut être supérieure à 16,5 p. 100 d'atmosphère.

La tension du gaz carbonique dans le sang veineux qui arrive au poumon est supérieure à 4 p. 100 d'atmosphère ; et la tension de ce gaz dans le sang artériel qui quitte le poumon est au moins égale 4 p. 100 d'atmosphère.

CHAPITRE IX

LYMPHE. — TRANSSUDATS.
EXSUDATS

D'une façon générale, la *lymphe* peut être considérée,
quant à sa constitution qualitative, comme un sang dépourvu
de globules rouges. Elle est constituée par un *plasma* trans-
parent, incolore ou très légèrement citrin, tenant en suspen-
sion des *cellules lymphatiques*, identiques aux globules blancs
du sang.

Le *plasma lymphatique* tient en solution des substances
albuminoïdes, qui sont une sérumalbumine, une sérumglobu-
line et une substance fibrinogène; — du sucre, des sels
minéraux (chlorures et phosphates de soude, de potasse, de
chaux, etc.), des gaz (gaz carbonique et azote, avec traces
d'oxygène).

La lymphe extraite des vaisseaux lymphatiques *coagule*,
comme le sang, spontanément : elle donne un *caillot* incolore,
peu ferme, peu rétractile, constitué par une trame fibrineuse
à laquelle adhèrent les cellules lymphatiques. La quantité de
fibrine produite par un volume de lymphe est toujours moin-
dre que la quantité de fibrine produite par le même volume

de sang : elle oscille de 4 à 8 décigrammes par litre de lymphe.

La coagulation de la lymphe et la coagulation du sang constituent un seul et même phénomène. — Tous les procédés employés pour empêcher ou retarder la coagulation spontanée du sang empêchent ou retardent la coagulation spontanée de la lymphe. La lymphe contient en solution une substance fibrinogène, qui constitue la matière première aux dépens de laquelle se forme la fibrine. Cette substance fibrinogène est dédoublée sous l'influence d'une diastase dérivée des cellules lymphatiques, etc. Tout ce qui a été dit au sujet de la coagulation du sang peut être rigoureusement répété au sujet de la coagulation de la lymphe. Après coagulation, il reste un liquide qualitativement identique au sérum sanguin, le sérum lymphatique.

— Le *chyle* est la *lymphe intestinale* chargée d'innombrables globules gras, absorbés pendant la digestion. La présence, dans le chyle, des globules gras qu'il tient en suspension lui donne une apparence laiteuse. Abstraction faite de ces globules gras, la constitution qualitative du chyle est sensiblement la même que celle de la lymphe.

— Les grandes cavités séreuses, péritonéale, péricardique, pleurale, contiennent normalement quelques gouttelettes de liquide. Parfois même, surtout chez certaines espèces animales, il existe dans ces cavités une assez forte proportion de liquide : il n'est pas rare de trouver dans la cavité péritonéale du cheval 500 centimètres cubes et plus de liquide, dans la cavité péricardique du cheval, 50 centimètres cubes et plus de liquide. Ces liquides sont des *transsudats séreux normaux*.

Ces mêmes cavités peuvent contenir aussi du liquide, et en bien plus grande abondance, sous l'influence des causes pathologiques. Ces transsudats pathologiques peuvent être de *nature non inflammatoire* ou de *nature inflammatoire*. Appartenant au groupe des transsudats non inflammatoires, citons le liquide de l'ascite, le liquide de l'hydrocèle, le liquide de l'hydrothorax et le liquide de l'hydropéricarde; auxquels il faut joindre le liquide de l'œdème. Ce sont les *transsudats séreux pathologiques*.

Appartenant au groupe des transsudats de nature inflammatoire, citons les liquides de la péritonite, de la péricardite et de la pleurésie; ce sont les *exsudats inflammatoires*.

Les exsudats inflammatoires diffèrent des transsudats séreux par les deux caractères suivants, connexes, l'un histologique, l'autre chimique : — les transsudats séreux ne contiennent pas d'éléments figurés en suspension; les exsudats inflammatoires renferment d'abondants globules blancs; — les transsudats séreux ne sont pas spontanément coagulables; les exsudats inflammatoires coagulent spontanément, donnant un caillot semblable au caillot de la lymphe. Si les transsudats séreux ne coagulent pas spontanément, cela ne tient pas à l'absence de fibrinogène, mais à l'absence d'éléments générateurs du fibrinferment, à l'absence de globules blancs : additionnés de fibrinferment, de sérum sanguin, de sang défibriné, les transsudats séreux coagulent, nous l'avons dit en étudiant la coagulation du sang.

La composition chimique des transsudats et des exsudats est qualitativement la même que celle de la lymphe et, par suite, du plasma sanguin. Ils contiennent une sérumalbumine, une sérumglobuline, une substance fibrinogène, etc. On a prétendu que la substance fibrinogène des transsudats et exsudats diffère de la substance fibrinogène du plasma sanguin. Nous avons vu, en étudiant le plasma sanguin, que le fibrinogène coagule à une température de 56°, soit quand il est dans sa solution naturelle, le plasma, soit quand il est en solution dans les solutions salines diluées. La plupart des liquides de transsudats séreux, le liquide de l'hydrocèle notamment, ne coagulent généralement pas à 56°; ce n'est souvent que vers 60° que commence à se former un louche. Cela ne prouve pas que le fibrinogène du plasma sanguin et le fibrinogène du liquide de l'hydrocèle soient différents : si, en effet, on prépare des solutions salines de fibrinogène pur, en se servant comme matière première soit du plasma, soit du liquide de l'hydrocèle, on constate que toutes ces solutions coagulent toujours à 56°. Si on dissout dans le liquide de l'hydrocèle du fibrinogène préparé en partant du plasma sanguin, on n'observe pas de coagulation avant 60°. Donc si le fibrinogène du liquide de l'hydrocèle ne coagule pas toujours à 56°, mais quelquefois à 60°, cela tient non pas à une différence chimique des deux substances coagulables, mais à la nature des liquides dans lesquels elles sont en solution.

— A côté des transsudats normaux, il faut placer l'*humeur aqueuse de l'œil*, qui, par sa constitution chimique et par ses propriétés, est un véritable transsudat. Elle ne coagule pas spontanément, mais, additionnée de sérum sanguin, elle fournit un très minime coagulum fibrineux.

— Le *liquide cérébro-rachidien*, au contraire, ne doit pas être rangé parmi les transsudats, ainsi que l'avaient proposé différents auteurs. Ce n'est pas un transsudat, parce qu'il ne contient ni fibrinogène ni sérumalbumine : il ne contient pas de fibrinogène, car il ne coagule pas à 56° et ne donne de fibrine, ni spontanément, ni après addition de sérum sanguin ; il ne contient pas de sérumalbumine, car toutes les substances albuminoïdes dissoutes sont précipitées par le sulfate de magnésie dissous à saturation.

— Le *pus* est-il assimilable aux transsudats? — Le pus est essentiellement constitué par un liquide dans lequel sont tenus en suspension de très nombreux éléments solides : globules blancs ayant subi la dégénérescence graisseuse et appelés globules du pus, et globules de graisse issus des globules blancs dégénérés et détruits.

Le liquide dans lequel sont suspendus ces globules solides doit être appelé *sérum du pus* et non pas plasma du pus : il contient en effet de la sérumalbumine, de la sérumglobuline comme le sérum sanguin; mais il ne contient pas de fibrinogène : il n'est coagulable ni spontanément, ni après addition de sérum sanguin. Le sérum du pus renferme, en outre, une ou plusieurs substances du groupe des nucléoalbuminoïdes, dérivées vraisemblablement des éléments figurés désagrégés.

CHAPITRE X

LE TISSU CONJONCTIF

Sommaire. — Constitution générale du tissu conjonctif. — *a*. Tissu conjonctif proprement dit. Collagène et gélatine. — *b*. Tissu cartilagineux. Chondrine. — *c*. Tissu osseux. Matières minérales.

Les tissus qu'on réunit sous le nom général de tissu conjonctif se présentent sous des aspects parfois bien différents : le tissu cellaire sous-cutané semble différer profondément du tissu cartilagineux ; le tissu adipeux semble différer profondément du tissu de la dent ; le tissu des tendons et des ligaments semble différer profondément du tissu des os. Cependant ces différents tissus ont une même origine embryologique, un même rôle anatomique, une même constitution histologique, une même composition chimique.

Tous les tissus conjonctifs, sont essentiellement constitués par les éléments suivants :

1. Des *cellules* — cellules du tissu conjonctif, cellule de cartilage, etc.

2. Des *fibres conjonctives* blanches, onduleuses, extrêmement fines, non ramifiées et non anastomosées.

3. Des *fibres élastiques* jaunâtres, ramifiées et anastomosées moins fines que les fibres conjonctives.

4. Une *substance fondamentale* dans laquelle sont plongées les cellules et les fibres.

Nous diviserons, pour la clarté de la description, les tissus conjonctifs en trois groupes : — *a*. Tissu conjonctif proprement dit ; — *b*. Tissu cartilagineux ; — *c*. Tissu osseux.

A. — TISSU CONJONCTIF PROPREMENT DIT

L'étude des cellules du tissu conjonctif est une étude presque exclusivement histologique : englobées dans la substance fondamentale du tissu conjonctif, elles n'ont pu être suffisamment isolées pour que leur composition chimique ait été étudiée avec quelque précision.

Dans le tissu graisseux, qui n'est qu'une variété de tissu conjonctif, les cellules se sont gorgées de matières grasses qui sont des mélanges de tristéarine, tripalmitine et trioléine.

Les fibres conjonctives sont essentiellement constituées par une substance appelée *collagène*. Le collagène est gonflé par les alcalis dilués, ou par l'acide acétique dilué ; les sels neutres contractent le collagène gonflé. Le collagène, soumis à l'action des acides dilués à la température d'ébullition ou à l'action de l'eau surchauffée (dans la marmite de Papin), est transformé en *gélatine* (Voy. ch. iv, p. 103).

Les fibres élastiques sont essentiellement constituées par une substance appelée *élastine* (Voy. ch. iv, p. 105), appartenant au groupe albumoïde.

La substance fondamentale du tissu conjonctif est une *mucine*. On l'en peut extraire et la mettre en évidence en traitant le tissu conjonctif, pendant quarante-huit heures, à la température ordinaire, par l'eau de chaux. La mucine est dissoute par cette liqueur : on peut ensuite l'en précipiter en neutralisant par un acide.

B. — TISSU CARTILAGINEUX

Nous prendrons comme type le *cartilage hyalin*, constitué par des cellules encapsulées, plongées dans une masse fondamentale homogène.

Lorsqu'on traite le cartilage hyalin par la vapeur d'eau surchauffée, on engendre, aux dépens de sa substance fondamentale, une substance soluble dans l'eau chaude, et se gélifiant par refroidissement; cette substance ainsi formée a été appelée *chondrine*, et considérée comme dérivant d'une *substance chondrogène* existant dans le cartilage.

La chondrine toutefois n'est pas une substance simple, mais un mélange complexe, formé en majeure partie de gélatine et de mucine (ou d'une substance voisine des mucines). Comme la gélatine, la chondrine est insoluble dans l'eau froide, dans l'alcool, dans l'éther; comme la gélatine, elle donne des solutions dans l'eau chaude et se gélifie par refroidissement; — comme les mucines, elle est précipitée par les acides étendus et le précipité est insoluble dans un excès d'acide chlorhydrique; comme les mucines, elle fournit, par l'action prolongée de l'acide chlorhydrique dilué bouillant, une substance réductrice de composition voisine de celle des hydrates de carbone.

On admet généralement aujourd'hui que la substance fondamentale du cartilage hyalin est formée d'un mélange de collagène et de combinaisons d'un acide azoté et sulfuré, *l'acide sulfochondroïtique*, avec des alcalis ou terres alcalines, avec du collagène et avec des substances albuminoïdes. — L'acide sulfochondroïtique, dont la constitution complexe a été élucidée, fournit, parmi les produits de sa décomposition par les acides minéraux dilués à l'ébullition, une substance réductrice, proche dérivée des hydrates de carbone, la glycosamine; sa combinaison avec les substances albuminoïdes, que nous signalons dans le cartilage, représente la mucine contenue dans la chondrine.

Sous l'influence de la vapeur d'eau surchauffée, la substance collagène du cartilage donne la gélatine; les sels minéraux de l'acide sulfochondroïtique ne sont pas altérés; les combinaisons de cet acide avec le collagène et les albuminoïdes sont partiellement décomposées; il se forme de la gélatine, des substances albuminoïdes coagulées, et de l'acide sulfochondroïtique libre qui s'unit, au moins partiellement, aux alcalis du tissu. — Dans l'eau surchauffée se dissolvent dès lors la gélatine formée, les sulfochondroïtates d'alcalis formés ou préformés, le sulfochondroïtate de collagène et la mucine non transformés, le tout constituant ce qu'on avait considéré comme une substance unique, la chondrine.

En traitant par un acide dilué la chondrine dissoute à chaud, on détermine la formation d'un précipité formé d'acide sulfochondroïtique libre, de sulfochondroïtate de collagène et de mucine, mélange qu'on a autrefois considéré comme un corps défini, qu'on avait appelé *chondromucoïde*.

C. — TISSU OSSEUX

L'os semble différer profondément des autres formes du tissu conjonctif. Il n'en diffère cependant que par un abondant dépôt de matières minérales (50 à 80 p. 100).

Les matières organiques qui entrent dans sa constitution sont l'*élastine* et l'*osséine*; — l'élastine, que nous avons déjà trouvée dans les fibres élastiques du tissu conjonctif; l'osséine, qui est identique à la substance collagène des fibres conjonctives.

Les substances minérales des os sont : le *phosphate tricalcique*, le *carbonate de chaux* et, en petites quantités, le chlorure de calcium et le phosphate de magnésie.

Voici une analyse des cendres d'os humain (fémur).

Phosphate de chaux.....................	87,45 p. 100
— de magnésie...............	1,57 —
Fluorure de calcium.................	0,35 —
Chlorure de —	0,23 —
Carbonate de —	10,18 —
Oxyde de fer...........................	0,10 —

Les *dents* sont chimiquement constituées comme le sont les os.

Voici une analyse de dents humaines.

	Dentine.	Émail.
Substances organiques...........	29,15	6,82
Chaux.........................	38,18	50,22
Magnésie......................	1,51	0,73
Ac. phosphorique.................	30,24	40,69
Ac. sulfurique................	0,38	0,30
Fluor.........................	0,48	1,09

CHAPITRE XI

LE TISSU NERVEUX

Sommaire. — Constitution générale du tissu nerveux. Neurokératine. Protagon. — Rhodopsine ou pourpre rétinien.

Nous ne voulons qu'indiquer très sommairement les principales substances qu'on trouve dans le tissu nerveux.

Ce sont des *substances protéiques* : albuminoïdes, protéides et albumoïdes. Parmi les premières, signalons des substances appartenant au groupe des albumines, d'autres au groupe des globulines; — parmi les protéides, des nucléoalbuminoïdes; — enfin, parmi les albumoïdes, de la neurokératine.

Ce sont des *matières grasses* : graisses neutres (trioléine, tripalmitine, tristéarine) et graisses phosphorées (lécithine et protagon).

Ce sont des *substances extractives*, dont la plus importante est la cholestérine.

Ce sont des matières salines.

Ces différentes substances ont été étudiées pour la plupart dans d'autres chapitres; bornons-nous à parler de la *neurokératine* et du *protagon*.

La *neurokératine* se rattache intimement à la kératine des productions cutanées par son insolubilité dans l'eau, l'alcool, l'éther, les acides minéraux étendus; — par sa résistance aux sucs gastrique et pancréatique; — par sa composition centésimale; par ses produits de décomposition.

La *kératine* se rencontre dans les productions cutanées épithéliales, par conséquent dans des produits qui tirent leur origine des éléments de l'épiblaste. On sait que le système nerveux central dérive d'une invagination de cellules épiblastiques dans les profondeurs du mésoblaste. La présence de neurokératine dans le tissu nerveux vient établir, par surcroît, un rapprochement chimique entre deux tissus dérivés d'un même feuillet du blastoderme : c'est à ce point de vue que la neurokératine est importante à signaler dans le tissu nerveux. (Voy. chap. xii, p. 220.)

Le *protagon* est considéré par quelques auteurs comme de la lécithine. Il semble cependant qu'on doive distinguer dans le tissu nerveux à la fois de la lécithine, et une autre substance voisine, le protagon. Cette substance, d'après les auteurs qui admettent son individualité, pourrait être considérée comme une combinaison de lécithine et d'une autre substance à laquelle on a donné le nom de *cérébrine*. — Ce protagon, soumis à l'action de la baryte caustique à l'ébullition, fournit les produits de décomposition de la lécithine : acides gras, acide phosphoglycérique et choline; il fournit en outre une substance azotée, mais non phosphorée, que nous nous bornons à signaler, la *cérébrine*.

A l'étude du système nerveux doit se rattacher celle de *l'œil*. Nous nous bornerons d'ailleurs ici à quelques sommaires indications sur une substance remarquable, contenue dans la portion externe des bâtonnets de la rétine, chez un certain nombre d'animaux, un pigment auquel les divers auteurs qui s'en sont occupés ont donné les noms de *pourpre rétinien, pourpre visuel, rhodopsine, érythropsine* ou *rouge visuel*.

La *rhodopsine* a la propriété d'être altérée par la lumière, qu'elle soit contenue dans les bâtonnets rétiniens, ou qu'elle en ait été extraite : sa teinte passe du rouge carmin, au rouge, à l'orangé et au jaune. — La lumière rouge ne produit cette transformation que très lentement.

Pour extraire cette substance, on sacrifie des animaux (grenouilles, par exemple, ou animaux domestiques) maintenus auparavant à l'obscurité; l'œil est enlevé, la rétine est isolée, toujours à l'obscurité au moins partielle. Puis la rétine est traitée par une solution de 2-5 p. 100 de sels biliaires dans l'eau : c'est là le meilleur dissolvant connu de la rhodopsine. On obtient ainsi une solution claire, de couleur rouge pourpre. Desséchée dans le vide, elle laisse déposer un résidu ressemblant à du carminate d'ammoniaque. Dialysée en présence de l'eau, elle perd ses sels biliaires et laisse déposer une poudre violacée.

La rhodopsine présente un spectre d'absorption sans bandes ; elle absorbe la lumière depuis le jaune jusqu'au violet.

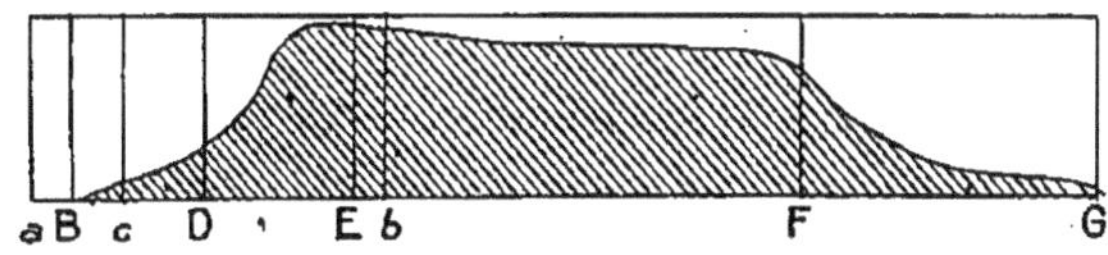

Fig. 64. — Spectre d'absorption de la rhodopsine (d'apr. Kühne).

La rhodopsine est détruite par la chaleur (instantanément à 76°, en quelques heures à 52°) ; elle est détruite par les alcalis, par les acides, par l'alcool, par l'éther, par le chloroforme.

CHAPITRE XII

PRODUCTIONS CUTANEES

Sommaire. — La kératine. — La sueur.

La peau, dans ses parties profondes, est essentiellement constituée par du tissu conjonctif normal, dont nous avons étudié la composition (Voy. ch. x).

Les parties superficielles de la peau peuvent subir, dans certaines régions, des modifications dans leur structure histologique, et se transformer en *productions cornées* : tels sont les *cheveux*, les *poils*, la *laine*, les *ongles*, les *sabots*, les *cornes*, les *plumes*, le *bec*, etc.

La substance fondamentale de ces productions est la *kératine*.

La *kératine* est une substance protéique : en effet, comme les substances protéiques, elle est essentiellement composée de carbone, hydrogène, oxygène, azote et soufre; — comme les substances protéiques, elle donne, sous l'influence des acides minéraux, à haute température, et en général sous l'influence des agents hydrolysants, des produits de décomposition parmi lesquels il faut citer le gaz carbonique, l'ammoniaque, des acides aminés : leucine, tyrosine, acide aspartique, glycocolle, alanine et phénylalanine, sérine, lysine, arginine, cystine, etc., toutes substances dont nous avons indiqué la constitution et les relations chimiques, en étudiant (Chap. iv, p. 68) les produits d'hydrolyse des substances protéiques.

Cette substance est remarquable par sa résistance aux

agents chimiques ; elle n'est ni dissoute ni modifiée par l'eau, par l'alcool, par l'éther, par les acides étendus, par le suc gastrique, ou par le suc pancréatique.

Pour agir sur la kératine, il faut la traiter soit par les alcalis caustiques, soit par les acides forts à la température d'ébullition, et mieux encore à température plus élevée en vase clos.

— La *sueur*, produite par des glandes sudoripares contenues dans l'épaisseur de la peau, a souvent été comparée à l'urine. On admet que la sécrétion sudorale est normalement acide, au moins chez l'homme. Elle contient des matières minérales qui sont surtout des chlorures avec de petites quantités de phosphates et de sulfates ; — et des matières organiques, qui sont surtout des graisses neutres et des acides gras volatils, de la cholestérine, de l'urée, de la créatinine.

La *matière sébacée*, sécrétée par les glandes annexées aux poils, est une substance semi-liquide, contenant, avec des débris épithéliaux, d'abondants globules gras composés de graisses neutres, d'acides gras libres et de savons.

CHAPITRE XIII

LE MUSCLE

On distingue trois sortes de muscles : les *muscles striés*, les
muscles lisses, le *muscle cardiaque*. On sait que les *muscles
striés* sont constitués par des fibres musculaires allongées,
présentant des striations transversales et pourvues d'une
enveloppe nommée le sarcolemme ; — que les *muscles lisses*
sont constitués par des cellules fusiformes, allongées, sans
sarcolemme ; — que le muscle cardiaque est constitué par
des fibres striées courtes, divisés et anastomosées entre elles,
sans sarcolemme. Les fibres ou les cellules musculaires sont
réunies en masses musculaires plus ou moins considérables par
du tissu conjonctif.

Les masses musculaires comprennent ainsi une masse
musculaire proprement dite, englobée dans du tissu conjonc-
tif. Le *sarcolemme* des muscles striés peut être considéré, au
point de vue chimique, comme du tissu conjonctif : on admet
en général qu'il est constitué par une substance voisine de
l'élastine, laquelle est la substance fondamentale des fibres
élastiques.

Laissant de côté le tissu conjonctif du muscle, nous étudierons la composition de la substance musculaire proprement dite.

Le muscle contient des substances protéiques, des sels, des matières extractives, les unes azotées, les autres ternaires; 100 parties de muscle humain contiennent environ 25 p. 100 de résidu solide et 75 p. 100 d'eau. Ces matières solides comprennent : substances protéiques, 15 à 20 p. 100 du muscle; sels minéraux, 3 p. 100 du muscle, etc.

LES SUBSTANCES PROTÉIQUES DU MUSCLE

Il est difficile d'étudier la *substance musculaire non transformée*, telle qu'elle existe dans le muscle vivant : cette substance musculaire subit en effet très rapidement, à la température ordinaire, une transformation importante, aussitôt que le muscle est séparé de l'animal.

Pour obtenir cette substance musculaire non transformée, il faut opérer de la façon suivante : par l'aorte d'une grenouille, on fait passer un courant d'eau salée à 6 p. 100, afin de bien débarrasser tout l'appareil circulatoire, et notamment les vaisseaux des muscles, du sang qu'ils peuvent contenir. On refroidit les masses musculaires à — 10°; on hache avec des ciseaux fortement refroidis, les muscles refroidis; on broie ce hachis de muscle dans un mortier refroidi à — 10°, au moyen d'un pilon refroidi à — 10°. On obtient ainsi une neige musculaire, qu'on soumet à l'énergique pression d'une presse elle-même fortement refroidie. La neige musculaire ainsi pressée laisse sourdre un liquide jaunâtre de consistance sirupeuse, appelé *plasma musculaire* ou *myoplasma*, dont la réaction est alcaline.

On admet que ce myoplasma existe dans le muscle vivant, parce que l'expérience a démontré les deux faits suivants : le muscle refroidi à — 10° est inexcitable à cette température; le muscle refroidi à — 10° recouvre toutes ses propriétés lorsqu'il est ramené à la température ordinaire. Donc, dans la préparation du myoplasma, on n'a pu déterminer de modification, ni par le refroidissement, ni par la divison et la pression du tissu musculaire.

Laissons le myoplasma, préparé comme nous venons de le dire, se réchauffer. Il se forme lentement à 0°, instantanément à la température du corps, un *caillot* floconneux et très faiblement rétractile, qui devient peu à peu acide et laisse alors exsuder une petite quantité d'un liquide clair, le *sérum musculaire* ou *myosérum*.

Le caillot est essentiellement constitué par une substance albuminoïde, la *myosine*. Ce phénomène de coagulation présente quelque analogie avec le phénomène de coagulation spontanée du sang; c'est pour rappeler cette analogie que les auteurs ont employé les termes plasma et sérum. En poursuivant cette analogie, nous pouvons admettre l'existence dans le myoplasma d'une substance génératrice de la myosine, la *substance myosinogène*, équivalente à la substance fibrinogène du sang. De même que, dans la coagulation spontanée du sang, la substance fibrinogène est transformée et donne de la fibrine insoluble dans le plasma sanguin; de même dans la coagulation spontanée du muscle, la substance myosinogène se transformerait en fournissant de la myosine. — Mais, hâtons-nous de le dire, ce ne sont là que des hypothèses.

Le *myosérum* contient deux substances albuminoïdes en solution : une globuline et une albumine, une *myoglobuline* et une *myoalbumine*. Traité en effet par le sulfate de magnésie dissous à saturation, le myosérum précipite une substance albuminoïde présentant toutes les propriétés des globulines : soluble dans les solutions salines neutres diluées, précipitée partiellement de ses solutions par dilution, par dialyse, par le chlorure de sodium dissous à saturation à froid; précipitée totalement par le sulfate de magnésie dissous à saturation à froid. Cette myoglobuline en solution saline diluée est coagulable à 63°. — Débarrassé de cette myoglobuline, le myosérum, saturé de sulfate de magnésie, précipite, par addition d'acide, une nouvelle substance albuminoïde, soluble dans l'eau et dans les solutions salines diluées, non précipitée de ses solutions par dialyse, ou par dilution, ou par le chlorure de sodium, ou le sulfate de magnésie dissous à saturation à froid, la myoalbuline. Cette myoalbumine coagule à 73°.

Le caillot est essentiellement constitué par la myosine. La *myosine* est une substance insoluble dans l'eau, soluble dans les solutions salines neutres, notamment dans les solutions de chlorure de sodium et de chlorure d'ammonium contenant de 5 à 10 p. 100 de sel, précipitée de ses solutions par dialyse, par dilution, totalement précipitée par le sulfate de magnésie dissous à saturation : *c'est donc une globuline.* Comme le fibrinogène et la fibrine, elle est coagulée à 56° ; comme le fibrinogène, elle est totalement précipitée par le chlorure de sodium dissous à saturation à froid dans ses solutions.

La myosine se distingue du fibrinogène par sa non transformation par le fibrinferment. La myosine se distingue de la fibrine par sa précipitabilité totale par le chlorure de sodium dissous à saturation à froid.

Le caillot musculaire, le *myocaillot*, n'est pas uniquement formé par la myosine : il renferme une autre substance albuminoïde, à laquelle on a donné le nom de *paramyosinogène* (ou *musculine*). Cette substance, qui est une globuline comme la myosine, se distingue de cette dernière par sa coagulabilité à 47°.

Le myoplasma contiendrait donc quatre substances albuminoïdes : le *myosinogène*, le *paramyosinogène*, la *myoglobuline* et la *myoalbumine*. Abandonné à lui-même à la température ordinaire, ce myoplasma coagule spontanément : cette coagulation résulterait de la transformation du myosinogène en myosine. En se précipitant, cette myosine entraînerait le paramyosinogène non transformé pour constituer le myocaillot : le *myosérum* ne contenant plus que deux substances albuminoïdes, la *myoglobuline* et la *myoalbumine*.

On a même supposé que cette transformation du myosinogène en myosine serait un phénomène de fermentation diastasique, comme la transformation du fibrinogène en fibrine : elle se produirait sous l'influence d'une diastase, le *myosinferment*, préparable comme le fibrinferment.

Nous avons présenté ces notions sous forme dubitative, parce qu'elles ne nous semblent pas du tout démontrées. Le parallèle qu'on a tenté de faire entre la coagulation spontanée du sang et la coagulation spontanée du myoplasma repose sur des hypothèses et nullement sur des faits précis : c'est donc, au moins actuellement, une simple vue de l'esprit, rien de plus.

Cette coagulation du plasma musculaire, qui s'accomplit *in vitro, s'accomplit-elle dans le muscle laissé en place?* Oui, répondent les auteurs : c'est grâce à cette transformation que se produit la *rigidité musculaire.* On sait que, plus ou moins vite après la mort, les masses musculaires deviennent rigides. Si l'on soumet à la pression le muscle rigide, on obtient un liquide qui ne coagule pas spontanément, comme le myoplasma que nous avons étudié : le liquide obtenu contient une myoglobuline et une myoalbumine, mais ne contient ni myosine, ni paramyosinogène en quantité appréciable. Si l'on fait macérer un muscle rigide, haché, dans une solution de chlorure de sodium ou de chlorhydrate d'ammoniaque à 10 p. 100, on obtient une liqueur contenant en solution de la myosine et du paramyosinogène. Nous retrouvons ainsi, dans le muscle rigide, des substances du plasma coagulé.

Non seulement *le muscle rigide est un muscle coagulé*, mais encore *tout muscle coagulé est ou a été rigide* : l'expérience démontre de la façon la plus nette que la rigidité apparaît au moment où il n'est plus possible de retirer du muscle convenablement refroidi un plasma spontanément coagulable.

La *rigidité* et la *coagulation du muscle* sont donc *un seul et même phénomène.* Or, si l'on soumet à la presse, à la température ordinaire, un muscle, au moment où il est pris sur l'animal vivant, le liquide qui s'écoule est du myosérum. On peut donc affirmer que l'action mécanique exercée par la presse, à la température ordinaire, sur le tissu musculaire, a suffi pour en provoquer la rigidité.

Le muscle vivant, au repos et reposé, a une réaction neutre ; le muscle vivant et fatigué jusqu'à l'épuisement a une réaction acide. Le muscle rigide a une réaction acide. La réaction acide du muscle rigide apparaît-elle en même temps que la rigidité? est-elle en rapport avec la coagulation du muscle? Probablement non, ainsi qu'il résulte des faits suivants :

1. Le plasma musculaire préparé à froid, comme nous

avons dit, coagule sans devenir acide : il ne prend une réaction acide que quelque temps après la formation du myocaillot.

2. Un muscle vivant, fatigué jusqu'à l'épuisement (par exemple, un muscle d'animal strychniné), a une réaction acide, sans être pour cela rigide.

LES PIGMENTS DU MUSCLE

Les muscles sont colorés en rouge; ils doivent cette coloration partie à l'*hémoglobine du sang* qui remplit les nombreux vaisseaux compris entre leurs fibres, partie à l'*hémoglobine de leur propre tissu*. La fibre musculaire est en effet colorée en rouge, comme le globule rouge du sang, par l'hémoglobine et par l'oxyhémoglobine : en faisant macérer dans l'eau un muscle débarrassé de sang par lavages intravasculaires, on obtient une liqueur présentant à l'examen spectroscopique les raies de l'oxyhémoglobine.

On a décrit dans le muscle une autre substance colorante, la *myohématine*, caractérisée par son spectre d'absorption : il y aurait même une *myohématine* et une *oxymyohématine*, dérivant l'une de l'autre par oxydation ou par réduction, comme l'hémoglobine et l'oxyhémoglobine. On a contesté l'existence de ces substances, qui n'ont jamais été préparées, et qui ne sont connues que grâce à leurs spectres d'absorption : on a dit que ces substances sont des produits de transformation de l'hémoglobine du muscle par les réactifs employés. La question n'est pas encore définitivement résolue : cependant nous admettrons l'existence de cette substance, parce que sa présence a été constatée dans les muscles des insectes, lesquels, on le sait, ne possèdent pas d'hémoglobine : donc, au moins chez ces êtres, la myohématine ne provient pas d'une transformation de l'hémoglobine par les réactifs.

LES SUBSTANCES EXTRACTIVES DU MUSCLE

Les *matières extractives du muscle* sont les unes ternaires, les autres azotées, les autres minérales.

— Les *substances minérales du muscle* sont les substances minérales de tous les tissus, chlorures et phosphates, sels de potassium, de sodium, de calcium et de magnésium. Mais il convient de signaler la richesse du muscle en phosphore et en sels de potasse, sa pauvreté relative en sels de soude et en chlorures. En voici un exemple.

1 000 parties de muscle contiennent :

Potasse..	4,65
Soude...	0,77
Chaux et magnésie...............................	0,50
Acide phosphorique..............................	4,64
Chlore...	0,67

— Parmi les *substances ternaires du muscle*, signalons le glycogène, l'inosite, la glycose, l'acide lactique.

Le muscle contient du *glycogène* en quantité variable, pouvant atteindre 1 et même 1,5 p. 1 000[1]. En étudiant le foie, nous décrirons les procédés de préparation et de dosage du glycogène du foie : ces procédés sont applicables au muscle; nous ne les développerons pas ici. Disons seulement que le procédé le plus généralement employé pour démontrer la présence de glycogène dans le muscle, et y doser cet hydrate de carbone, consiste essentiellement à dissoudre totalement, à l'ébullition, le muscle dans une solution de soude caustique, à raison de 3 à 4 parties de soude pour 100 parties de muscle[2], et, dans cette liqueur, qui contient des alcalialbuminoïdes, des protéoses, du glycogène non altéré (car le glycogène, nous l'avons dit précédemment, n'est pas altéré par la soude caus-

---

1. La quantité de glycogène du muscle est essentiellement variable : elle diminue par la contraction et disparaît dans les convulsions strychniques; — elle diminue et disparaît rapidement sous l'influence du refroidissement ou du jeûne.

2. On ajoute, par exemple, à 20 grammes de muscle, 90 centimètres cubes d'eau et 10 centimètres cubes d'une lessive de soude caustique à 15 p. 100.

tique, même à l'ébullition), etc., à précipiter les alcalialbu-
minoïdes par neutralisation, les protéoses par la liqueur de
Brücke et l'acide chlorhydrique, puis le glycogène par
l'alcool.

L'*inosite* a la composition centésimale des glycoses, $C^6H^{12}O^6$.
C'est une substance soluble dans l'eau, insoluble dans
l'alcool fort, insoluble dans l'éther. Cette substance cristalli-
sable ne possède pas de pouvoir rotatoire, elle n'est pas
réductrice, elle ne fermente pas par la levure de bière, carac-
tères qui la séparent profondément des glycoses que nous
avons étudiées : glycose, lévu-
lose et galactose. — L'inosite
peut subir la fermentation lacti-
que, après addition de craie et
de fromage.

La préparation et le dosage
de l'inosite sont des opérations
délicates, que nous négligeons
de décrire. Le muscle contient
de 0,1 à 0,3 p. 1 000 d'inosite.

Le muscle vivant et reposé ne
contient que fort peu de *sucre*;
le muscle séparé du corps con-

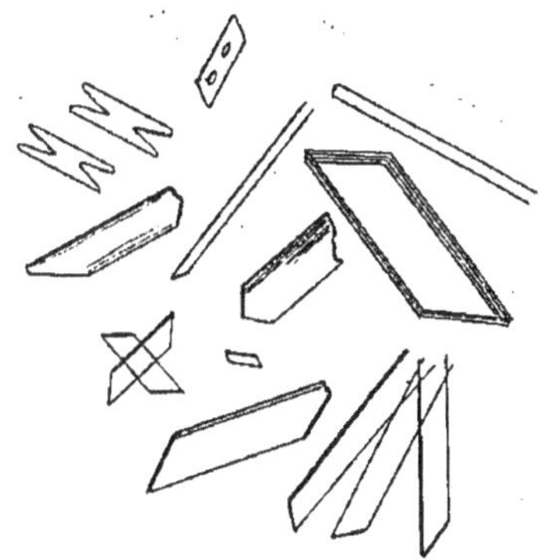

Fig. 65. — Cristaux d'inosite
(Halliburton).

tient un peu de sucre. On sait que ce sucre est un sucre
réducteur, fermentescible, dextrogyre, qui est très vraisem-
blablement de la glycose.

Le muscle vivant reposé et bien vascularisé a une *réaction
neutre*; le muscle vivant et épuisé et le muscle mort et rigide
ont une *réaction acide*. Cette réaction acide est due à la pré-
sence d'un *acide lactique*[1]. L'acide lactique qu'on trouve dans
le muscle porte le nom d'acide *sarcolactique* : il diffère de
l'acide lactique qui se forme dans le lait abandonné à l'air,
aux dépens de la lactose, ce dernier portant le nom d'*acide
lactique de fermentation*. L'acide sarcolactique est dextrogyre,
l'acide de fermentation est inactif sur la lumière polarisée;
leurs sels de chaux et de zinc diffèrent par leur solubilité et

---

1. La quantité d'acide lactique du muscle peut atteindre 1 p. 1 000.

par leur teneur en eau de cristallisation. L'acide sarcolactique répond à la constitution $CH^2OH-CH^2-CO^2H$; l'acide lactique de fermentation répond à la constitution $CH^3-CHOH-CO^2H$.

L'acide sarcolactique du muscle ne dérive d'ailleurs pas des hydrates de carbone et notamment du glycogène qu'il contient, car il se produit dans les muscles d'animaux qui ont été privés de glycogène par un jeûne préalable suffisamment prolongé.

Ces acides lactiques préparés purs sont des liquides sirupeux, fortement acides au goût et aux papiers réactifs, solubles dans l'eau, dans l'alcool, dans l'éther.

— Parmi les *substances extractives azotées du muscle*, citons la *créatine* et des substances de la *série urique* ou *xanthique*.

La *créatine* est une substance quaternaire, composée de carbone, hydrogène, oxygène et azote. C'est une substance cristallisable, soluble dans l'eau, insoluble dans l'alcool et dans l'éther. La créatine, que nous n'avons pas à connaître d'une façon détaillée, présente deux réactions importantes à connaître pour le physiologiste. — Bouillie avec de l'eau de baryte caustique, elle se décompose en méthylglycocolle et en urée. — Bouillie avec les acides dilués, elle perd de l'eau et se transforme en créatine, substance qu'on trouve en très petite quantité dans le muscle, et en quantité assez grande dans l'urine.

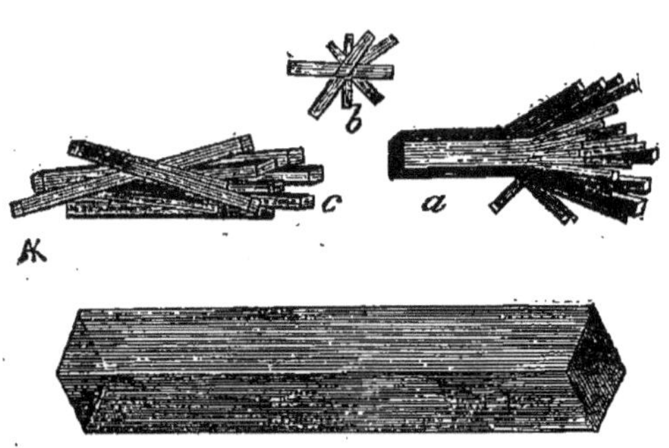

Fig. 66. — Cristaux de créatine de viande de bœuf (d'après Robin et Verdeil).

$$C^4H^9Az^3O^2 = H^2O + C^4H^7Az^3O$$

Créatine. Créatinine.

Le muscle contient une assez grande quantité de créatine, 2 à 4 p. 1000 : la créatine peut être considérée comme un produit de désassimilation des substances albuminoïdes du muscle. On ne retrouve la créatine dans les tissus autres que le muscle et dans les liquides de l'organisme qu'en très petite quantité : elle est donc éliminée sous une autre forme. Nous venons d'indiquer les relations de la créatine avec l'urée et la créatinine : nous pouvons donc admettre que la créatine est transformée dans l'organisme soit en urée, soit en créatinine, et éliminée sous l'une ou l'autre de ces formes par les urines. Nous pouvons même admettre, étant données les relations intimes de la créatine et de la créatinine, qui ne diffèrent que par H^2O, que la créatine s'élimine surtout, sinon exclusivement, sous forme de créatinine.

La créatine a été obtenue synthétiquement par l'union de la cyanamine $CAz\text{-}AzH^2$ et du méthylglycocolle $AzH(CH^3)\text{-}CH^2\text{-}CO^2H$. Elle doit dès lors être considérée comme une méthylglycocyanamine.

$$AzH = C{\Large<}{\overset{\textstyle AzH^2}{\underset{\textstyle Az(CH^3)\text{-}CH^2\text{-}CO^2H}{}}}$$

Or, nous avons vu précédemment que l'arginine, qui constitue le noyau fondamental de la molécule albuminoïde, répond à la constitution

$$AzH = C{\Large<}{\overset{\textstyle AzH^2}{\underset{\textstyle AzH\text{-}(CH^2)^3\text{-}CH(AzH^2)\text{-}CO^2H}{}}}$$

L'analogie des deux substances est manifeste. On peut les considérer l'une et l'autre comme des produits de substitution de la guanidine

$$AzH = C{\Large<}{\overset{\textstyle AzH^2}{\underset{\textstyle AzH^2}{}}}$$

la créatine étant l'acide méthylguanidinacétique, l'arginine étant un acide guanidinamidovalérianique. Ces notions chimiques devaient être relevées, car elles permettent d'entrevoir les relations qui existent vraisemblablement entre la créatine et le noyau fondamental des substances albuminoïdes.

Le muscle contient encore d'autres substances extractives azotées. Ce sont : l'acide urique et des corps appartenant à la *série xanthique*. On réunit sous cette dernière dénomination une série de corps composés de carbone, hydrogène, azote et généralement oxygène, que nous avons précédemment obtenus comme produits de décomposition des acides nucléiques, et appelés pour cette raison les bases nucléiniques. Bornons-nous à signaler dans le muscle la présence, à côté de l'acide urique, de quelques-uns de ces corps : la xanthine, l'hypoxan-thine et la guanine.

CHAPITRE XIV

LE FOIE ET LA BILE

TISSU HÉPATIQUE

Le tissu hépatique, — débarrassé par lavage intra-vascu-
laire à l'eau salée à 1 p. 100 du sang dont il est normalement
gorgé, — a une réaction très légèrement alcaline, s'il vient
d'être enlevé à un animal vivant; une réaction très nettement
acide, s'il n'est examiné que tardivement après la mort.

Le tissu hépatique contient environ 75 p. 100 d'eau et
25 p. 100 de substances fixes, substances protéiques, sub-
stances hydrocarbonées, matières grasses, substances extrac-
tives et matières minérales.

Les substances protéiques du foie sont des albumines, des
globulines, des nucléoprotéides, qu'on peut séparer et carac-
tériser par les méthodes générales fondées sur leurs solubi-

lités, leurs précipitabilités, leurs températures de coagulation, etc.

Les substances hydrocarbonées du foie sont le glycogène et la glycose.

Les matières grasses sont des graisses neutres, trioléine, tripalmitine et tristéarine et de la lécithine. Le foie normal contient environ 2 à 3 p. 100 de graisses; mais, dans le cas d'infiltration graisseuse et de dégénérescence graisseuse, leur proportion augmente et peut atteindre 10, 15 et même 20 p. 100.

Les principales substances extractives sont l'urée, les bases xanthiques, l'acide sarcolactique (ce dernier dans le foie devenu acide après la mort), etc.

Parmi les substances minérales du tissu hépatique, il faut signaler le fer, dont la quantité peut atteindre 1 p. 1000 du poids du tissu frais. Ce fer est à l'état de combinaison avec des substances protéiques vraisemblablement nucléiniques, qui masquent ses réactions : il ne peut être caractérisé nettement que dans les cendres hépatiques.

Le foie est un organe à fonctions multiples : nous devons considérer sa *fonction glycogénique* et sa *fonction biliaire*.

LE GLYCOGÈNE DU FOIE

Le foie est le grand régulateur du sucre du sang et des tissus. Que l'organisme reçoive, par les branches de la veine porte, qui l'ont puisé dans l'intestin, un excès de sucre, le foie arrête ce sucre au passage et le fixe dans ses cellules, sous forme de glycogène. Que le sucre des tissus et du sang, constamment consommé par le jeu régulier des organes, diminue, le foie forme du sucre, soit aux dépens de glycogène mis en réserve dans son tissu, soit aux dépens de substances albuminoïdes, et ramène à un taux constant la proportion du sucre répandu dans tout l'organisme.

Ce qu'il importe de connaître, par conséquent, ce sont les hydrates de carbone du foie.

Le foie contient du *glycogène* : on peut le démontrer, soit par une réaction histochimique, soit par une préparation chimique.

Le glycogène se colore en brun-acajou par la liqueur iodo-iodurée (Voy. ch. III, p. 61) : traitons par ce réactif un fragment de tissu hépatique, ou des cellules hépatiques dissociées, nous verrons, en examinant au microscope ces éléments, autour du noyau de la cellule des globules très nettement brun-acajou. Cette réaction montre que le glycogène se trouve dans l'intérieur de la cellule hépatique, constituant de petits granules, disposés autour du noyau, et répandus par zones irrégulières dans le protoplasma cellulaire.

Le glycogène, nous l'avons dit précédemment, est soluble dans l'eau, donnant des solutions opalescentes, et insoluble dans l'alcool ; il est transformé, à l'ébullition en présence d'acides dilués, en sucre réducteur et fermentescible.

Faisons bouillir le foie haché et broyé avec de l'eau, nous obtenons une liqueur très fortement opalescente. Cette liqueur, traitée par l'alcool, donne un précipité blanc floconneux abondant. Ce précipité, lavé à l'alcool et desséché, se colore en brun-acajou par la solution iodo-iodurée ; épuisé par l'eau, ce précipité, lavé et desséché, donne des solutions qui, après ébullition avec l'acide chlorhydrique dilué, réduisent la liqueur de Fehling et fermentent par la levure de bière : le précipité contient donc du glycogène.

Mais, ainsi obtenu, le glycogène est fort impur ; l'alcool précipite non seulement le glycogène, mais encore les substances protéiques non coagulées contenues dans l'extrait de foie. Pour obtenir un glycogène pur, en se servant du foie comme matière première, il faut séparer, dans l'extrait aqueux du foie, le glycogène des substances protéiques. On y parvient en traitant cet extrait aqueux par la liqueur de Brücke et l'acide chlorhydrique (Voir chap. IV, p. 83) : les substances protéiques sont précipitées : le glycogène reste en solution. Dans la liqueur ainsi débarrassée des subtances protéiques, il suffit d'ajouter 2 volumes d'alcool à 95 p. 100 pour précipiter le glycogène. — Ainsi obtenu, le glycogène ne contient pas de substances protéiques, mais il contient en général des sels métalliques. Pour le purifier, on peut le dissoudre dans l'eau et soumettre la solution à la dialyse, en présence d'eau distillée : les sels métalliques dialysent ; le glycogène, substance colloïde, ne dialyse pas. La solution, débarrassée de la plus grande partie de ses sels, est précipitée par l'alcool fort. On obtient ainsi le glycogène, dont nous avons étudié les propriétés au chapitre III, p. 61.

Le physiologiste doit pouvoir non seulement reconnaître le glycogène dans le foie, et l'en retirer, mais encore l'y doser.

Le dosage se fait comme la préparation ; il convient toutefois de faire bouillir le tissu hépatique haché un grand nombre de fois avec une nouvelle quantité d'eau pour dissoudre la totalité du glycogène. Les extraits aqueux, réunis et concentrés à l'ébullition, sont débarrassés des substances protéiques qu'ils contiennent par la liqueur de Brücke et l'acide chlorhydrique ajoutés après refroidissement du liquide (car, à chaud, l'acide chlorhydrique pourrait transformer une partie du glycogène en sucre), et précipités par 2 volumes d'alcool à 95 p. 100. Le précipité est lavé à l'alcool à 60 p. 100, puis à l'alcool à 95 p. 100, puis à l'éther, desséché dans le vide jusqu'à poids constant, et pesé.

L'épuisement complet du foie par l'eau bouillante est une opération très longue ; il est même difficile de savoir si l'épuisement est complet. Aussi procède-t-on avec avantage de la façon suivante : on fait bouillir le foie avec environ 4 p. 100 de son poids de soude caustique dissoute dans une quantité convenable d'eau [1] ; le tissu hépatique est ainsi complètement dissous ; les substances protéiques sont transformées en alcalialbuminoïdes ou protéoses ; le glycogène n'est pas altéré. On précipite les alcalialbuminoïdes par neutralisation, et, dans la liqueur obtenue par filtration, on détermine le glycogène, comme dans la méthode précédente, en achevant la précipitation des substances protéiques par la liqueur de Brücke chlorhydrique, puis précipitant le glycogène par l'alcool.

La quantité de glycogène contenue dans le foie des mammifères est très variable. Elle est ordinairement de 30 à 40 p. 1000, mais, dans certains cas, notamment après un repas riche en hydrates de carbone, elle est beaucoup plus considérable et peut atteindre 100 à 120 p. 1000.

Lorsque le foie est en place sur l'animal vivant, il contient du glycogène ; mais il ne contient pas d'hydrate de carbone réducteur ; il ne contient pas de sucre, ou du moins il ne contient que de très petites quantités de sucre.

Lorsque le foie est séparé du reste de l'organisme et aban-

---

1. On ajoutera, par exemple, à 20 grammes de tissu hépatique, 90 centimètres cubes d'eau et 10 centimètres cubes d'une lessive de soude caustique à 15 p. 100.

donné pendant quelque temps à la température ordinaire, ou mieux encore à 40°, une partie du glycogène contenu dans les cellules hépatiques se transforme : *un sucre réducteur et fermentescible* se forme à ses dépens. Au bout d'un temps variable suivant la quantité de glycogène du foie et suivant la température, la totalité du glycogène a disparu et s'est transformée en sucre.

Lorsque le foie est bouilli, le glycogène ne se transforme plus en sucre : l'agent de la transformation est donc détruit par l'ébullition. Lorsque le foie est haché en présence d'une solution de fluorure de sodium à 1 p. 100 (qui tue les éléments vivants, ou supprime les manifestations de leur vitalité), il conserve la propriété de transformer son glycogène en sucre : l'agent de la transformation n'est donc pas la cellule vivante.

Cette transformation se fait dans le foie extrait du corps par l'action d'une *diastase amylolytique*, analogue, mais très vraisemblablement non identique, à la diastase que nous rencontrerons dans la salive, le suc pancréatique, et en général dans la plupart des liquides et des tissus organiques, car elle transforme le glycogène en glycose et non pas seulement en dextrines et maltose, comme le font ces diastases.

Cette transformation, qui s'accomplit dans le foie extrait du corps, se produisait-elle pendant la vie? Oui, répondent la plupart des physiologistes : le foie contient du glycogène, il contient une diastase capable de le transformer en sucre : le sucre produit par le foie pendant la vie est produit aux dépens du glycogène et par fermentation diastasique. Pourquoi vouloir rejeter cette hypothèse expliquant simplement les choses et imaginer des théories compliquées? — Que la majeure partie du sucre formé par le foie provienne du glycogène, c'est fort probable, car le glycogène est généralement abondant dans le foie et il est facilement transformé en sucre; mais que tout le sucre soit produit uniquement et toujours par l'action du ferment amylolytique du foie, sur le glycogène, c'est inadmissible.

Il est certain qu'une partie du sucre produit par le foie provient, ou peut provenir, tout au moins dans certaines conditions, des substances protéiques.

LA BILE

La bile sécrétée ou excrétée par le foie est un liquide rouge, brun, jaune ou vert, suivant l'espèce animale, dans les canaux biliaires et la vésicule biliaire ; elle devient vert sombre, lorsqu'elle a été maintenue quelque temps au contact de l'air ; elle est amère au goût, grasse au toucher, filante et visqueuse.

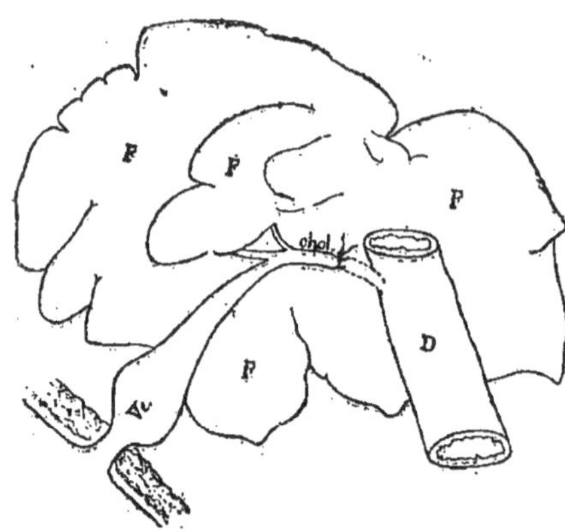

Fig. 67. — Disposition des voies biliaires chez un chien auquel on avait pratiqué, un an auparavant, une fistule biliaire (d'apr. Doyon et Dufour) : F, foie ; D, duodénum ; Ve, vésicule ; chol., cholédoque muni de la ligature. Le pointillé indique le trajet normal de l'extrémité inférieure du canal.

Elle contient deux groupes de substances caractéristiques :

Les *sels biliaires*,
Les *pigments biliaires*,

Elle contient en outre une *nucléoprotéide*, de la *cholestérine*, des sels, chlorures et phosphates, sels de potasse, de soude, de chaux et de fer.

La quantité de bile produite en vingt-quatre heures, chez l'homme, est de 500 à 800 centimètres cubes. La quantité de bile produite, chez des chiens de 15 à 20 kilogrammes, est de 150 à 200 centimètres cubes en vingt-quatre heures.

Fig. 68. — Chien porteur d'une fistule biliaire, dispositif de Dastre.

Voici, comme exemples, quelques analyses de bile humaine.

Eau.....................	974,80	964,74	974,00
Résidu sec...............	25,20	35,26	25,40
Mucine..................	5,29	4,29	5,15
Sels biliaires.............	9,31	18,24	9,04
Extr. éthéré (Graisses, léci- thine, cholestérine, etc.).	2,28	5,48	3,75
Sels.....................	8,32	7,25	7,46

Sels biliaires.

A côté des sels à acides minéraux, chlorures et phosphates, la bile renferme toujours des sels à acides organiques, dits *sels biliaires*. Ce sont les sels sodiques de deux acides organiques azotés : l'un est l'acide *glycocholique*, l'autre est l'acide *taurocholique*. Ces acides sont dits *acides biliaires* : ils sont caractéristiques de la bile, car ils ne se trouvent que dans la bile, et se trouvent toujours dans la bile. La bile de tous les animaux ne contient pas toujours les deux sortes de sels biliaires : ainsi, dans la bile de chien, on ne trouve que du taurocholate de soude ; — dans la bile de bœuf, au contraire, et aussi dans la bile humaine, on trouve à la fois le glycocholate et le taurocholate de soude.

Les *sels biliaires* sont solubles dans l'eau, solubles dans l'alcool, insolubles dans l'éther : l'éther les précipite de leur solution alcoolique. Voici comment on peut préparer ces sels biliaires :

La bile est évaporée et le résidu est traité par l'alcool absolu qui dissout les sels biliaires, la cholestérine, la lécithine, les matières grasses, etc., de la bile. Cette solution alcoolique étant très fortement colorée, on la maintient en général en contact prolongé avec du noir animal, qui fixe la matière colorante. — Parmi les substances dissoutes dans l'alcool, les sels biliaires seuls sont insolubles dans l'éther et dans l'alcool éthéré ; toutes les autres substances sont solubles dans l'alcool. Par conséquent, en ajoutant de l'éther à la solution alcoolique décolorée, on détermine la formation d'un précipité uniquement constitué de sels biliaires.

Le précipité de sels biliaires se produit sous forme d'une fine poussière blanche, qui tombe au fond de la liqueur alcoolo-éthérée et s'y agglomère en une masse d'aspect pâteux ou résineux. Si on laisse cette masse amorphe en contact, pendant quelques jours, avec l'alcool fortement éthéré, dans lequel elle s'est précipitée, elle se transforme généralement en une masse cristalline formée de longues aiguilles soyeuses, groupées en faisceaux. C'est ce qu'on appelle la *bile cristallisée de Plattner.*

Les sels biliaires présentent une réaction remarquable, appelée *réaction des sels ou des acides biliaires*, ou *réaction de Pettenkofer*.

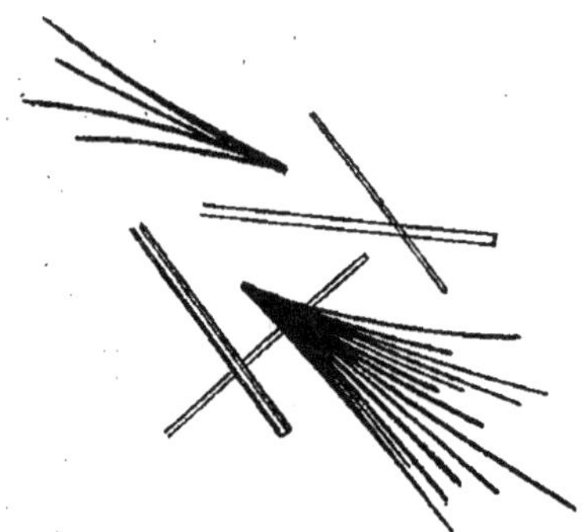

Fig. 69. — Bile cristallisée de Plattner. Cristaux microscopiques.

Si, à une solution d'acide biliaire ou de sel biliaire, on ajoute par petites portions, en évitant que la température ne s'élève au-dessus de 70°, les deux tiers de son volume d'acide sulfurique concentré, puis quelques gouttes d'une solution de sucre de canne à 10 p. 100, on voit le liquide prendre une superbe coloration rouge-pourpre foncé. Cette réaction se produit très nettement avec des solutions ne contenant pas plus de 4 p. 100 de sels biliaires.

Cette réaction est due à l'action sur les sels biliaires d'un corps qui prend naissance dans l'action de l'acide sulfurique sur le sucre, le furfurol. — Aussi peut-on faire la réaction de la façon suivante : à 1 centimètre cube de la liqueur à analyser, on ajoute 1 centimètre cube d'une solution aqueuse de furfurol à 1 p. 1000 et 1 centimètre cube d'acide sulfurique concentré, en évitant que la température ne dépasse 70°. On obtient la coloration rouge-pourpre. Sous cette forme la réaction est dite *réaction d'Udranszky* [1].

Cette coloration rouge-pourpre foncé, qui se produit par

---

1. Si, au lieu d'opérer sur la bile elle-même, on fait la réaction d'Udranszky sur la solution alcoolique de bile décolorée par le noir animal, on peut manifester très nettement dans 1 centimètre cube de cet extrait alcoolique 0 gr. 0001 d'acide cholalique.

l'action de l'acide sulfurique et du sucre, ou de l'acide sulfurique et du furfurol sur les sels biliaires, est-elle caractéristique de ces sels? Non, d'autres substances donnent la même réaction. Pour être caractéristique des sels ou acides biliaires, la réaction de Pettenkofer doit être contrôlée et complétée par l'examen spectroscopique de la liqueur rouge-pourpre foncé obtenue.

Lorsque la liqueur rouge-pourpre, obtenue dans l'essai de Pettenkofer, est très diluée, elle absorbe les parties les plus réfrangibles du violet, l'extrême violet ; — moins diluée, elle absorbe une plus grande partie du violet ; — moins diluée encore, elle absorbe la totalité du violet. Lorsque la liqueur a été diluée de façon qu'elle absorbe la totalité du

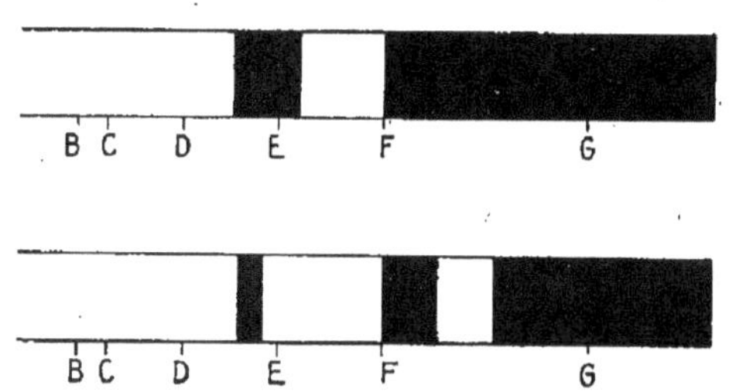

Fig. 70. — Réaction de Pettenkofer. Spectres d'absorption. — I, liqueur concentrée ; II, liqueur diluée.

violet, son spectre d'absorption présente deux bandes d'absorption : l'une située au niveau de la raie F du spectre solaire, l'autre située entre les raies D et E du spectre, au voisinage de la raie E. Lorsque, enfin, la liqueur est très concentrée, le spectre d'absorption se compose de la bande située au voisinage de la raie E du spectre solaire et d'une vaste zone d'absorption s'étendant sur les parties indigo et violette du spectre.

Les sels biliaires sont des glycocholates et taurocholates d'alcalis (sels de soude chez les mammifères et la plupart des vertébrés, sels de potasse chez certains poissons marins).

On peut obtenir, séparés et purs, le glycocholate de soude ou l'acide glycocholique, et le taurocholate de soude ou l'acide taurocholique.

La préparation du *taurocholate de soude* est facile : la bile de chien contient, nous l'avons dit, du taurocholate de soude, mais ne contient pas de glycocholate. Si donc on prépare la bile cristallisée de Plattner, en se servant, comme matière première, de la bile de chien, on aura du taurocholate de soude. Ayant le sel de soude, on obtiendra facilement l'acide libre : il suffit de dissoudre le taurocholate de soude dans l'alcool, d'ajouter un peu d'acide chlorhydrique, pour mettre en liberté l'acide taurocholique, de séparer par filtration le chlorure de sodium insoluble dans l'alcool, et de précipiter la liqueur alcoolique par l'éther. Pour achever la purification, en éliminant les restes de chlorure de sodium, on redissout l'acide biliaire dans l'alcool absolu et on le reprécipite par l'éther. Quand cette précipitation se fait en liqueurs absolument anhydres, l'acide se précipite en masse résineuse se transformant peu à peu en masse cristalline. Quand les liqueurs sont additionnées d'un peu d'eau, la précipitation peut se faire cristalline d'emblée.

Mais on ne connaît pas de bile ne contenant que du *glycocholate*; — pour préparer ce sel, on doit se servir de bile de bœuf, laquelle contient à la fois du glycocholate et du taurocholate de soude : il faut séparer les deux sels, ou leurs deux acides : la séparation est facile à réaliser, parce que l'acide glycocholique est peu soluble dans l'eau (1 partie dans 300 parties d'eau à la température ordinaire), tandis que l'acide taurocholique est très soluble dans l'eau. Supposons qu'on ait préparé, avec de la bile de bœuf, la bile cristallisée de Plattner; les sels biliaires ainsi obtenus sont dissous dans l'eau, et leur solution est traitée par l'acide sulfurique étendu, jusqu'à ce qu'il se produise un trouble persistant. Le fin précipité ainsi produit, uniquement constitué d'acide glycocholique, se transforme en quelques heures en masses d'aiguilles cristallines. — On peut d'ailleurs purifier ce précipité en le séparant par filtration, desséchant à la température de 100°, dissolvant dans l'alcool absolu et précipitant par l'éther. Le précipité amorphe se transforme peu à peu en une masse cristalline.

Il existe de nombreuses autres méthodes de préparation et de purification des acides biliaires : il n'est pas utile de les décrire.

Ainsi préparés purs, les *acides biliaires* sont, ou peuvent être, cristallisés en longues et fines aiguilles; les acides biliaires, comme leurs sels sodiques, sont solubles dans l'alcool fort, insolubles dans l'éther, précipités de leurs solutions alcooliques par l'éther : le précipité ainsi produit, d'abord amorphe, ne tarde pas à cristalliser, lorsqu'il est maintenu en contact avec la liqueur alcoolo-éthérée dans laquelle il a pris naissance. — L'acide glycocholique est très peu soluble dans l'eau; l'acide taurocholique est au contraire très soluble dans l'eau.

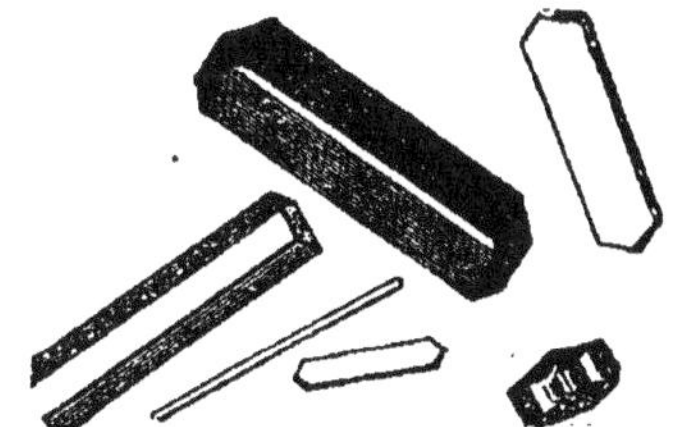

Fig. 71. — Acide glycocholique cristallisé.

Quelle est la constitution chimique de ces acides?

L'analyse élémentaire nous apprend que l'*acide glycocholique* est une substance *quaternaire*, composée de carbone, hydrogène, oxygène, et azote, répondant à la formule $C^{26}H^{43}AzO^6$; — que l'*acide taurocholique* est composé de cinq éléments : carbone, hydrogène, oxygène, azote et *soufre*, répondant à la formule $C^{26}H^{45}AzSO^7$.

Faisons bouillir l'*acide glycocholique* avec une lessive alcaline, solution saturée à chaud d'eau de baryte par exemple, ou avec un acide minéral dilué, acide chlorhydrique par exemple; l'acide biliaire est dédoublé, avec fixation d'une molécule d'eau, en un acide aminé, le *glycocolle* (acide aminoacétique) $AzH^2CH^2CO^2H$ et un acide organique non azoté, l'acide *cholalique*.

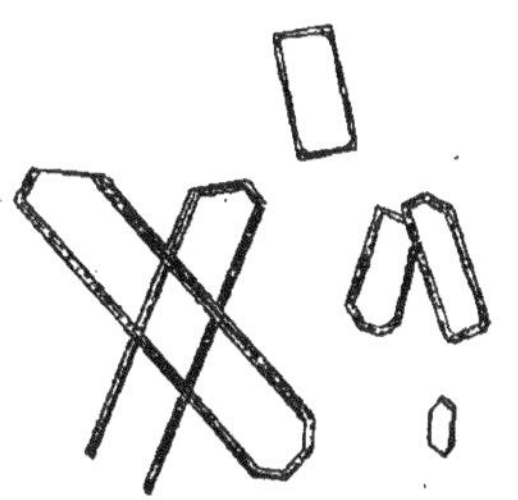

Fig. 72. — Cristaux microscopiques de taurine (Halliburton).

$$C^{26}H^{43}AzO^6 \ + \ H^2O \ = \ C^2H^5AzO^2 \ + \ C^{24}H^{40}O^5,$$

Ac. glycocholique.   Glycocolle.   Ac. cholalique.

Faisons bouillir l'*acide taurocholique* avec une solution saturée à chaud d'eau de baryte, ou avec de l'acide chlorhydrique dilué, l'acide biliaire est décomposé, avec fixation d'une molécule d'eau, en un acide aminé, la *taurine* (qui est

sulfurée) ou acide amino-éthylsulfonique $SO^2\begin{cases}CH^2\text{-}CH^2AzH^2\\OH\end{cases}$
et un acide organique non azoté, l'acide *cholalique*.

$$C^{26}H^{45}AzSO^7 \ + \ H^2O \ = \ C^2H^7AzSO^3 \ + \ C^{24}H^{40}O^5.$$

Ac. taurocholique.   Taurine.   Ac. cholalique.

Ces faits établissent avec une grande netteté la parenté chimique et la parenté d'origine des deux groupes de sels biliaires, puisque *les acides biliaires résultent de la combinaison d'un même acide, l'acide cholalique, avec des acides aminés, le glycocolle dans un cas, la taurine dans l'autre.*

L'*acide cholalique*, qu'on peut ainsi préparer, soit avec l'acide glycocholique, soit avec l'acide taurocholique, donne la *réaction de Pettenkofer* (et la modification d'Udranszky); c'est au noyau cholalique que les acides biliaires et leurs sels doivent leur propriété de donner cette réaction colorée.

Nous avons constamment dit l'acide glycocholique et l'acide taurocholique; nous aurions dû dire les acides glycocholiques et les acides taurocholiques : il semble, en effet, que *les sels biliaires des différents animaux et les acides correspondants ne sont pas identiques* : il y aurait des acides biliaires très voisins les uns des autres, ayant les mêmes propriétés chimiques, la même constitution générale, mais *différant par l'acide cholalique* qui entre dans la constitution de leurs molécules, et présentant quelques propriétés différentes; — de même qu'il y a différentes oxyhémoglobines et hémoglobines, chez les différents animaux. On a notamment décrit des acides *hyoglycocholique*, *hyotaurocholique* et *hyocholalique*, chez le *porc*; — des acides *anthropoglycocholique*, etc., chez l'*homme*; — un acide *chénotaurocholique*, chez l'*oie*.

Nous ne décrirons pas les méthodes longues et délicates qui permettent de doser les acides biliaires de la bile; nous donnerons seulement quelques résultats.

La bile de l'homme a été trouvée renfermer de 8 à 20 p. 1 000 de sels biliaires, ces sels étant pour les trois quarts du glycocholate de soude, pour un quart du taurocholate de soude.

Voici quelques analyses :

	POUR 1 LITRE DE BILE.		
Sels biliaires.................	9,30	18,24	9,04
Taurocholate.......	3,03	2,08	2,18
Glycocholate.................	6,27	16,16	6,86

La bile du chien contient de 3,5 à 12 p. 1 000 de taurocholate de soude.

Pigments biliaires.

On dit généralement qu'il existe deux pigments biliaires fondamentaux : la *bilirubine* et la *biliverdine*, la bilirubine étant transformable en biliverdine par l'oxygène atmosphérique. Cette proposition n'est pas exacte : la bile ne contient ni bilirubine ni biliverdine, mais les combinaisons salines de ces deux substances, des bilirubinates et des biliverdinates d'alcalis ; les bilirubinates étant transformables en biliverdinates par l'oxygène de l'air. On peut d'ailleurs préparer facilement, au moyen de ces sels, les composés qui y jouent le rôle d'acides, la bilirubine et la biliverdine.

— La *bilirubine* ($C^{32} H^{36} Az^4 O^6$)[1] a pu être isolée et préparée pure, amorphe ou cristallisée. Amorphe, c'est une poudre jaune rougeâtre, rappelant le sulfure d'antimoine amorphe ; — cristallisée, elle se présente sous forme de tablettes rhombiques dont les angles obtus sont souvent arrondis.

La bilirubine est absolument insoluble dans l'eau, très peu soluble dans l'éther, très peu soluble dans l'alcool ; elle est soluble dans l'alcool amylique (surtout à chaud) ; elle est très soluble dans le chloroforme. Les solutions chloroformiques de bilirubine ne présentent pas de spectre d'absorption ; elles absorbent toutes les radiations, du rouge au violet, l'absorption allant en augmentant régulièrement du rouge vers le violet.

La bilirubine ne fixe pas facilement l'oxygène de l'air pour se transformer en biliverdine. Cette oxydation ne s'accomplit

---

1. Cette substance a été également appelée : cholépyrrhine, biliphéine, bilifulvine, hématoïdine, etc.

bien que par l'emploi d'agents d'oxydation modérée, tels que l'eau oxygénée, etc.

La bilirubine se comporte comme un acide : elle se combine avec les alcalis, donnant des *bilirubinates d'alcalis* un peu solubles dans l'eau, solubles dans les alcalis et les carbonates d'alcalis et insolubles dans le chloroforme ; — elle se combine avec les terres alcalines, donnant des bilirubinates alcalino-terreux, insolubles dans l'eau et dans le chloroforme. Par conséquent, la bilirubine se dissout, à l'état de bilirubinate alcalin, dans une solution aqueuse d'alcalis ou de carbonates alcalins ; inversement, la bilirubine est précipitée de sa solution chloroformique, à l'état de bilirubinate alcalin, par agitation de celle-ci avec une petite quantité d'une solution alcaline.

Fig. 73. — Bilirubine.

Les solutions aqueuses de bilirubinates alcalins sont précipitées par les acides minéraux, l'acide décomposant le bilirubinate et mettant en liberté la bilirubine, insoluble dans l'eau. — Ces mêmes solutions aqueuses de bilirubinates alcalins sont précipitées par les solutions de sels alcalino-terreux, à l'état de bilirubinates alcalino-terreux insolubles dans l'eau.

Ces différentes propositions sont résumées dans le tableau suivant :

	Eau.	Chloroforme.
Bilirubine..........................	Insoluble.	Soluble.
Bilirubinates alcalins..................	Solubles.	Insolubles.
Bilirubinates alcalino-terreux..........	Insolubles.	Insolubles.

Les bilirubinates d'alcalis, au contact de l'air, se transforment en biliverdinates (second groupe de pigments biliaires).

Si on traite par un agent hydrogénant, par l'amalgame de sodium, par exemple, une solution aqueuse de bilirubinates alcalins, on transforme la bilirubine en *hydrobilirubine*,

$$C^{32}H^{36}Az^4O^6 \;+\; H^2O \;+\; H^2 \;=\; C^{32}H^{40}Az^4O^7$$

Bilirubine.   Hydrobilirubine.

substance qu'on considère comme identique à l'urobiline, pigment urinaire.

Sous l'influence de certains agents réducteurs, notamment de l'acide iodhydrique, la bilirubine fournit de l'hémopyrrol $C^8 H^{13} Az$, dérivé du pyrrol. Nous avons indiqué ci-devant que cet hémopyrrol, qu'on peut dériver de l'hématine et de l'hématoporphyrine (Voy. chap. VII, p. 194), absorbe l'oxygène atmosphérique et se transforme en urobiline.

On peut retirer la bilirubine de la bile, en agitant la bile fraîche acidulée, aussitôt après sa sortie de la vésicule biliaire (aussitôt, afin que ses bilirubinates n'aient pas été transformés en biliverdinates au contact de l'air), avec du chloroforme ; on obtient une solution chloroformique de bilirubine. Mais, en opérant ainsi, on n'obtient que de très petites quantités de bilirubine, de trop petites quantités pour pouvoir faire une étude de cette matière colorante.

Pour obtenir en grande quantité la bilirubine, il faut la retirer de certains calculs biliaires. On trouve assez fréquemment, chez le bœuf, des calculs de bilirubinate de chaux, dans la vésicule biliaire. Ces calculs contiennent, outre le bilirubinate de chaux, d'autres substances, et en particulier de la cholestérine : le bilirubinate de chaux est insoluble dans l'éther ; la cholestérine est soluble dans ce dissolvant ; les calculs, réduits en poudre, sont donc débarrassés par l'éther de la cholestérine. La poudre de bilirubinate de chaux est décomposée par l'acide chlorhydrique en bilirubine insoluble dans l'eau et chlorure de calcium soluble dans l'eau : par lavages à l'eau, on débarrasse la bilirubine de ses impuretés salines. Ainsi obtenue, la bilirubine est amorphe ; pour l'obtenir cristallisée, on la dissout dans le chloroforme bouillant : elle cristallise par refroidissement.

— La *biliverdine*, $C^{32}H^{36}Az^4O^8$, peut être considérée comme un produit d'oxydation de la bilirubine, dont elle diffère par O^2 en plus.

Elle est connue à l'état amorphe ; — on a également obtenu des cristaux peu nets, plaquettes rhombiques à angles émoussés, en faisant évaporer une solution de biliverdine dans l'acide acétique glacial.

Elle est insoluble dans l'eau, dans l'éther, et dans le chloroforme. Elle se dissout dans l'alcool, dans l'alcool amylique, dans l'acide acétique glacial, dans le chloroforme additionné d'acide acétique glacial.

Remarquons que la bilirubine et la biliverdine peuvent être facilement séparées l'une de l'autre, grâce à leurs différences de solubilité : la bilirubine étant très soluble dans le chloroforme et très peu soluble dans l'alcool, la biliverdine étant insoluble dans le chloroforme et très soluble dans l'alcool.

Les solutions alcooliques de biliverdine ne donnent pas de spectre d'absorption à bandes : elles absorbent toutes les radiations lumineuses, l'absorption étant d'autant plus énergique que la radiation est plus voisine de l'extrême violet.

La biliverdine, comme la bilirubine, donne avec les alcalis et les terres alcalines des composés appelés *biliverdinates.* Les biliverdinates sont décomposés par les acides minéraux en biliverdine et sels minéraux. Les biliverdinates d'alcalis sont solubles dans l'eau, les biliverdinates alcalino-terreux sont insolubles dans l'eau. Par conséquent, la biliverdine se dissout dans les solutions d'alcalis ou de carbonates alcalins; ces solutions sont précipitées soit par les acides minéraux à l'état de biliverdine, insoluble dans l'eau, soit par les sels alcalino-terreux à l'état de biliverdinates alcalino-terreux insolubles dans l'eau.

Les agents hydrogénants transforment la biliverdine en *hydrobilirubine,* comme ils transforment la bilirubine :

$$C^{32}H^{36}Az^4O^8 \; + \; H^6 \; = \; C^{32}H^{40}Az^4O^7 \; + \; H^2O.$$
Biliverdine.   Hydrobilirubine.

Il suffit, par exemple, de traiter une solution de biliverdine dans l'esprit-de-vin par l'amalgame de sodium pour obtenir de l'hydrobilirubine.

Pour préparer la biliverdine, on agite au contact de l'air une solution de bilirubinate d'alcali : le bilirubinate d'alcali absorbe de l'oxygène et se transforme en biliverdinate : la solution verdit. Cette solution aqueuse de biliverdinate alcalin est traitée par l'acide chlorhydrique dilué, qui décompose cette substance en biliverdine insoluble dans l'eau et chlorure alcalin soluble. La biliverdine précipitée est purifiée par dissolution dans l'alcool et précipitation de sa solution alcoolique par un grand excès d'eau.

— La bilirubine et la biliverdine sont les pigments fondamentaux, mais non les seuls pigments de la bile. On a décrit, dans la bile normale de certains animaux, deux autres pigments : un pigment jaune brun, le *biliprasinate de soude*, et un pigment vert, la *biliprasine*. Le biliprasinate, sous l'influence d'un courant d'acide carbonique, ou sous l'influence des acides dilués, se transforme en un pigment vert (biliprasine); la bilirubine n'est pas modifiée par ces réactifs. La biliprasine se transforme en un pigment jaune (biliprasinate) par l'action des alcalis; dans le vide, elle prend également la coloration jaunâtre (bilirubine), caractères qui la distinguent des biliverdinates.

Le biliprasinate, pigment jaune, est un sel alcalin de la biliprasine, pigment vert, ainsi qu'il résulte des expériences dans lesquelles on fait agir un acide sur le biliprasinate, et un alcali sur la biliprasine. Le biliprasinate et la biliprasine sont des termes d'oxydation des bilirubinates, intermédiaires aux bilirubinates et aux biliverdinates : ils se produisent en effet comme premiers termes de l'oxydation des bilirubinates, soit par l'air, soit par des oxydants peu énergiques. (On trouve du biliprasinate dans la bile jaune du veau; — on trouve de la biliprasine dans la bile verte du veau et du bœuf et dans celle du lapin.)

— Les matières colorantes de la bile présentent une réaction remarquable, appelée *réaction des pigments biliaires* ou *réaction de Gmelin*.

Cette réaction repose sur la propriété que possèdent les matières colorantes biliaires de donner, sous l'influence des oxydants, tels que l'acide nitrique, une série de produits d'oxydation, présentant des colorations vives et variées.

Supposons que, dans un verre à réaction, on verse quelques centimètres cubes d'acide nitrique fort (contenant en petite quantité des vapeurs nitreuses dissoutes), et qu'au-dessus de cette couche dense d'acide, on verse, en évitant autant que possible le mélange des deux liquides, la solution moins dense de bilirubinate alcalin ou la bile diluée. Au bout de quelques instants, on observe, dans les couches inférieures de la solution biliaire, une série de zones superposées, présentant les colorations suivantes : en bas, au contact de l'acide, il y a une zone jaune rouge, puis, au-dessus, et dans l'ordre suivant, des zones rouge, violette, bleue et verte [1]. L'existence de cette succession de zones colorées, disposées dans l'ordre précédent, est caractéristique des pigments biliaires.

Quand la bile à examiner est riche en mucine et en pseudo-mucine, ou quand le liquide à examiner au point de vue des pigments biliaires contient des substances précipitables par l'acide nitrique, la réaction de Gmelin perd toute sa netteté, parce que les colorations sont masquées par le précipité produit. Dans ces cas, il importe, avant de faire l'essai de Gmelin, de séparer les pigments biliaires des substances précipitables. On y parvient facilement au moyen de l'alcool amylique, qui dissout la bilirubine et la biliverdine : il suffit d'agiter vigoureusement le liquide aqueux avec l'alcool amylique non miscible à l'eau, qui dissout les pigments biliaires. La solution amylique sert directement à pratiquer la réaction de Gmelin, car l'acide nitrique ne se mélange pas à l'alcool amylique et ne réagit pas sur lui : les colorations se produisent, comme il a été dit ci-dessus, avec une grande netteté.

On peut donner à la réaction de Gmelin la forme dite *réaction d'Hammarsten*, qui présente parfois des avantages incontestables. On prépare un mélange de 1 volume d'acide nitrique à 25 p. 100 et de 19 volumes d'acide chlorhydrique à 25 p. 100 (ce mélange ne doit être utilisé que quelques jours après sa préparation); et on ajoute à 1 volume de ce mélange 4 volumes d'alcool fort (ce dernier mélange ne doit être fait que peu de temps avant d'être utilisé). On obtient ainsi le réactif d'Hammarsten. — Si, à 2 centimètres cubes de

---

1. La coloration verte est due à la biliverdine; la coloration bleue à un pigment appelé bilicyanine ou cholécyanine, qu'on a pu isoler et qui présente des spectres d'absorption à bandes caractéristiques; la coloration violette résulte du mélange du pigment bleu et d'un pigment rouge, ce dernier mal connu d'ailleurs; la coloration jaune est due à un pigment appelé cholétéline.

ce réactif, on ajoute quelques gouttes de la solution des pigments biliaires, on obtient immédiatement une coloration verte persistant indéfiniment. Si, à cette liqueur verte, on ajoute, goutte par goutte, le réactif, on obtient successivement toute la série des colorations de Gmelin; chacune de ces colorations se produisant pour une quantité déterminée du réactif, et se conservant indéfiniment si l'on cesse d'en ajouter.

D'où proviennent les pigments biliaires? Des *matières colorantes du sang*, de l'hémoglobine et de l'oxyhémoglobine, ainsi que le démontrent les faits suivants :

1. Les *pigments biliaires existent chez tous les vertébrés, excepté chez l'amphioxus* : or, tous les vertébrés, excepté l'amphioxus, ont des globules rouges, par conséquent des globules à *hémoglobine*. Les invertébrés, qui n'ont généralement pas d'hémoglobine, n'ont pas de pigments biliaires.

2. Dans les *extravasa sanguins*, la matière colorante du sang disparaît peu à peu; après un certain temps, on ne trouve plus d'hémoglobine et d'oxyhémoglobine; mais on trouve des cristaux d'une substance, qu'on avait appelée *hématoïdine*; cette hématoïdine présente toutes les propriétés de la bilirubine et doit être considérée comme de la bilirubine.

De ces faits, nous pouvons conclure que les pigments biliaires dérivent des matières colorantes du sang.

On peut même établir que les pigments biliaires dérivent du groupe prosthétique hématine des pigments sanguins. Nous avons indiqué en effet qu'on peut, en partant de l'hématine, ou en partant de la bilirubine, obtenir de l'hémopyrrol, dérivé du pyrrol, directement oxydable par l'oxygène atmosphérique, qui le transforme en urobiline.

Nucléoalbuminoïde biliaire.

La bile est filante et visqueuse. Elle doit cette propriété à la présence d'une substance qu'on a longtemps considérée comme une *mucine*.

Rappelons les propriétés des mucines :

Les mucines communiquent à leurs solutions une remarquable viscosité : elles sont précipitées de leurs solutions par l'acide acétique, et le précipité formé est insoluble dans un excès d'acide ; elles sont précipitées de leurs solutions par l'alcool ; elles se dissolvent dans les alcalis caustiques. Ce sont des substances formées de carbone, hydrogène, oxygène, azote et soufre ; mais elles ne sont pas phosphorées et la proportion d'azote est moindre que celle des albuminoïdes. Par ébullition prolongée avec un acide minéral étendu, elles sont dédoublées en une substance albuminoïde et diverses substances, parmi lesquelles on trouve toujours un hydrate de carbone, typique ou substitué, réducteur.

La substance appelée d'ordinaire mucine biliaire est-elle une mucine? Non.

Sans doute, elle communique à la bile une forte viscosité ; sans doute, elle est précipitée de la bile par l'alcool ; sans doute, elle est précipitée de la bile par l'acide acétique ; sans doute, elle se dissout dans les alcalis dilués. Mais le précipité produit par l'acide acétique est facilement soluble dans un excès d'acide ; mais elle n'est pas seulement formée de carbone, hydrogène, oxygène, azote et soufre : elle contient aussi du phosphore et sa teneur en azote est égale à 16 p. 100, comme celles des substances albuminoïdes ; mais, bouillie avec un acide minéral étendu, elle ne donne pas de substance réductrice.

Ce n'est donc pas une mucine : c'est une *pseudo-mucine*. On en fait en général une *nucléoalbuminoïde*. Appelons-la donc *nucléoalbuminoïde biliaire*.

En discutant sa nature, nous avons indiqué ses propriétés principales, les seules qu'il importe de connaître.

Sa quantité, dans la bile, oscille autour de 1 p. 1000.

Cholestérine $C^{26}H^{44}O$ ou $C^{27}H^{46}O$.

La bile contient de la *cholestérine*, mais cette substance n'est pas, comme celles que nous avons jusqu'ici étudiées dans ce chapitre, caractéristique de la bile : elle se rencontre dans les centres nerveux, dans le jaune d'œuf, etc.

C'est une substance dont la constitution chimique est mal connue ; on sait seulement qu'elle est alcool primaire.

Elle est absolument insoluble dans l'eau, dans les acides étendus et dans les alcalis. Elle se dissout facilement dans l'alcool fort bouillant, et cristallise, par refroidissement de ses solutions alcooliques, sous forme de larges et minces tablettes rhombiques, contenant une molécule d'eau de cristallisation $C^{27}H^{46}O + H^2O$. Elle se dissout également bien dans l'éther et le chloroforme, et cristallise, par évaporation de ses solutions éthérées ou chloroformiques, sous forme de longues aiguilles soyeuses, ne contenant pas d'eau de cristallisation. Elle est soluble dans les huiles, et un peu dans les solutions aqueuses de sels biliaires.

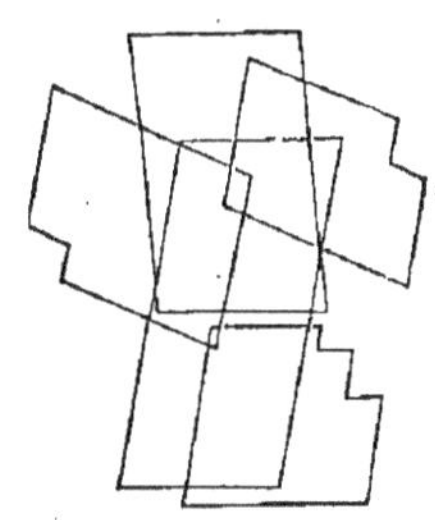

Fig. 74. — Cholestérine.

Il y a un certain nombre de réactions colorées qui permettent de caractériser la cholestérine. Nous nous bornerons à signaler les deux suivantes :

1° *Réaction de Salkowski.* — Si on dissout la cholestérine dans le chloroforme et si on ajoute un volume d'acide sulfurique concentré, la liqueur chloroformique se colore d'abord en rouge sang, puis peu à peu en rouge violet, l'acide sulfurique prenant une couleur rouge sombre avec une fluorescence verte.

2° *Réaction microchimique.* — Si on fait agir sur des cristaux de cholestérine un mélange de 5 parties d'acide sulfurique concentré et de 1 partie d'eau, les cristaux se colorent des bords vers le centre, d'abord en rouge carmin vif, puis en violet. — Cette réaction convient particulièrement pour l'examen microscopique.

— La bile contient également une petite quantité de *lécithines*, de *graisses neutres*, de *savons*.

Enfin, la bile contient des matières salines qui sont des chlorures, des phosphates, des sels de soude, de potasse, de magnésie, de *fer*.

Les cendres de la bile contiennent toujours du fer, mais une très petite quantité de fer : 100 centimètres cubes de bile en renfermeraient de 1 à 6 milligrammes.

Calculs biliaires.

Les concrétions qu'on observe dans les canaux et surtout dans la vésicule biliaire sont de deux sortes : les *calculs de cholestérine*, les plus fréquents de beaucoup, chez l'homme ; — les *calculs pigmentaires*, rares chez l'homme, fréquents chez le bœuf [1].

Les calculs de cholestérine sont très légers : ils flottent sur l'eau ; ils sont peu colorés. La cholestérine s'y présente en couches concentriques à structure cristalline : les cristaux affectent une direction radiaire.

Les calculs pigmentaires sont essentiellement formés de bilirubinate de chaux : ils sont lourds, sombres, sans structure cristalline.

Ces caractères extérieurs permettent en général de reconnaître la nature d'un calcul biliaire. Mais, veut-on vérifier la conclusion tirée de l'inspection du calcul, par une analyse chimique sommaire, on peut procéder de la façon suivante :

Le calcul est-il dissous par l'alcool chaud, ou par l'éther ; — la solution alcoolique donne-t-elle par refroidissement de larges plaquettes cristallines ; — la solution éthérée donne-t-elle par évaporation de longues aiguilles soyeuses ? — le calcul était un calcul de cholestérine. — Cette conclusion peut être vérifiée par les réactions colorées ci-dessus indiquées (p. 253) ; réaction de Salkowski faite soit directement avec le calcul, soit avec les cristaux qui se sont déposés dans la solution alcoolique du calcul ; réaction microchimique faite sur ces derniers cristaux.

Le calcul, réduit en poudre, est-il insoluble dans l'alcool et dans l'éther ; — après traitement par l'acide chlorhydrique, est-il soluble dans le chloroforme, en donnant une solution rouge brun ; — après traitement par l'acide chlorhydrique, est-il soluble dans les solutions alcalines, en donnant des

---

1. Exceptionnellement on a signalé des calculs minéraux de carbonate et de phosphate de chaux.

liqueurs précipitables par les acides ou par les sels alcalino-
terreux, verdissant à l'air? — le calcul était un calcul de bili-
rubinate de calcium. — Cette conclusion peut être vérifiée
par les réactions colorées pratiquées sur les solutions alca-
lines du calcul; réaction de Gmelin, ou réaction d'Ham-
marsten (p. 249).

CHAPITRE XV

LES CAPSULES SURRÉNALES;
LES THYROIDES

Sommaire. — I. *Les capsules surrénales*, l'adrénaline. — II. *Les thyroïdes*. L'iode des thyroïdes. La thyroïodine. La thyréoglobuline.

L'étude chimique des glandes vasculaires sanguines n'est qu'amorcée; aussi nous bornerons-nous à quelques indications sommaires sur quelques substances importantes découvertes dans les capsules surrénales et dans les thyroïdes.

I. — LES CAPSULES SURRÉNALES

On sait que l'ablation totale des capsules surrénales détermine rapidement la mort des animaux, mais on ignore le rôle physiologique de ces organes. Rappelons qu'elles sont situées, au nombre de deux, à la partie postérieure et supérieure de la cavité abdominale, au voisinage plus ou moins immédiat des reins et au-dessus d'eux, au voisinage immédiat de l'aorte et de la veine cave inférieure; qu'elles sont faciles à reconnaître à cause de leur situation et de leur couleur brun clair, et que, sur une coupe, elles présentent une substance médullaire et une substance corticale.

Les physiologistes ont démontré que les capsules surrénales contiennent une substance agissant de façon remarquable sur le cœur et sur les vaisseaux : les extraits aqueux de capsules surrénales injectés dans les veines d'un animal ralentissent le cœur et surtout élèvent la pression artérielle.

Les chimistes ont pu isoler cette substance, la purifier et en déterminer la composition, la constitution, les principales propriétés. C'est l'*adrénaline* [1].

La préparation de l'adrénaline repose sur sa solubilité dans l'eau acidulée et dans l'alcool acidulé et sur son insolubilité dans l'eau ammoniacalisée. Divers procédés ont été indiqués, que nous n'avons pas à passer en revue ici; contentons-nous de résumer le suivant, proposé par l'inventeur de l'adrénaline.

Les capsules surrénales, ou mieux leur substance médullaire, ayant été hachées et triturées avec de la poudre de verre, sont mises à macérer pendant quelques heures (5 heures par exemple) dans de l'eau acidulée (2 à 3 p. 100 d'acide chlorhydrique, ou sul-

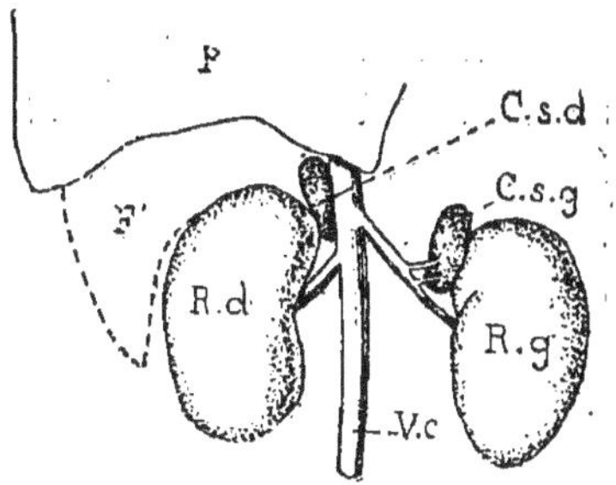

Fig. 75. — Capsules surrénales du cobaye. FF', foie; R. *d*, R. *g*, Reins droit et gauche; C.s.d. C.s.g. Capsules surrénales droite et gauche.

furique, ou oxalique, etc.) au bain-marie à 60°, de préférence en présence d'une atmosphère d'acide carbonique (afin d'éviter l'oxydation que subit facilement l'adrénaline en présence de l'air). La macération est ensuite portée, pendant 1 heure, à 95° : la majeure partie des substances protéiques dissoutes sont ainsi coagulées. La liqueur, séparée par filtration ou par centrifugation, est concentrée dans le vide, additionnée de 2 à 3 volumes d'alcool fort, filtrée, débarrassée de l'alcool par évaporation dans le vide et enfin alcalinisée par l'ammoniaque. Il se produit un précipité cristallin d'adrénaline impure : on la purifie par dissolution dans l'alcool acidulé et précipitation par l'ammoniaque ; la manipulation répétée plusieurs fois donne de l'adrénaline pure.

L'adrénaline se présente en prismes, aiguilles ou paillettes rhomboïdales; elle est très peu soluble dans l'eau froide, plus soluble dans l'eau chaude, extrêmement peu soluble dans l'alcool, insoluble dans l'éther et dans le chloroforme.

---

1. Quelques auteurs l'ont aussi appelée épinéphrine ou suprarénine; mais l'expression adrénaline a prévalu.

Sa solution aqueuse, tout d'abord incolore, prend successivement au contact de l'air les teintes rose, rouge et brune en s'oxydant.

L'adrénaline répond à la formule $C^9H^{13}AzO^3$ et probablement à la constitution suivante :

$$C^6H^3(OH)^2 - CH(OH) - CH^2.AzH.CH^3.$$

L'adrénaline est une base, donnant des sels (chlorhydrate, sulfate, tartrate, benzoate, etc.) en s'unissant directement aux acides correspondants. Ces sels sont plus solubles dans l'eau que l'adrénaline; ils sont décomposés par l'ammoniaque, qui précipite l'adrénaline de leurs solutions aqueuses.

Le tissu des capsules surrénales présente une réaction colorée, dite *réaction de Vulpian*. Si on traite ce tissu, et plus particulièrement la substance médullaire, par une solution aqueuse de chlorure ferrique, il se produit une coloration vert émeraude, qui passe au rouge pourpre sous l'influence des alcalis, pour redevenir verte par neutralisation. L'adrénaline et ses sels présentant la réaction de Vulpian, on est fondé à dire que cette réaction caractérise l'adrénaline dans le tissu des capsules.

Les procédés de dosage de l'adrénaline sont imparfaits; les nombres qu'ils ont donnés ne constituent que des indications : 1 gramme de tissu de capsule surrénale contiendrait de 1 à 2 milligrammes d'adrénaline.

L'adrénaline a d'ailleurs une activité physiologique considérable : 0 mmgr., 01 d'adrénaline suffit, en injection intraveineuse, pour provoquer, chez un chien de poids moyen, une élévation de la pression artérielle de 3 centimètres de mercure.

II. — LES THYROIDES

On sait que l'ablation des thyroïdes détermine chez l'homme l'apparition de troubles trophiques et psychiques, constituant le myxœdème post-opératoire, et que ces mêmes troubles, constituant le myxœdème spontané, s'observent chez des sujets dont les thyroïdes ·ont été atrophiées ou détruites pathologiquement. Quand la thyroïdectomie est pratiquée chez l'adolescent, ou quand l'atrophie des thyroïdes se produit pendant l'enfance, à ces troubles myxœdémateux s'ajoute un arrêt plus ou moins complet du développement. — On sait, d'autre part, que ces accidents divers peuvent être améliorés, sinon supprimés par le traitement dit traitement thyroïdien :

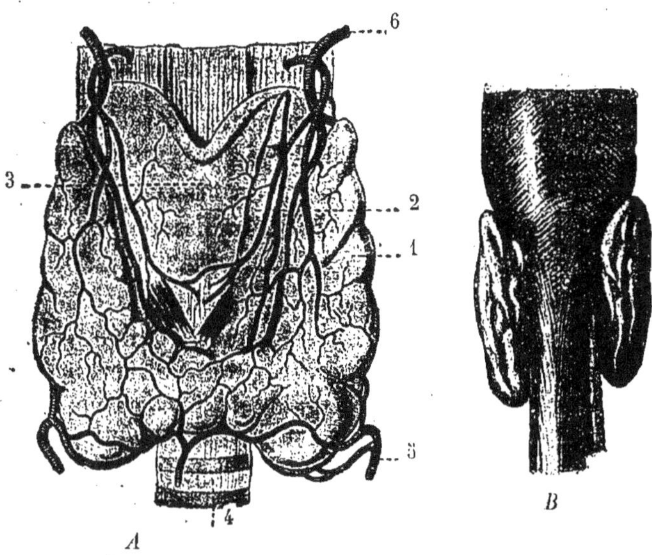

Fig. 76. — A, Glande thyroïde de l'homme. — B, Face postérieure des glandes thyroïdes et de l'œsophage (d'après Zuckerkandl). — 1 Lobe gauche. — 2, Pyramide de Lalouette. — 3, Cartilage thyroïde. — 4, Trachée. — 5 et 6, artères thyroïdiennes.

ingestion de thyroïdes d'animaux, ou injection sous-cutanées d'extraits aqueux ou glycérinés de thyroïdes d'animaux. — On sait enfin que ce traitement doit être soigneusement surveillé parce qu'il ne tarde pas à provoquer des accidents, dont les principaux sont l'amaigrissement du sujet, l'accélération du cœur, etc. Mais on ignore le rôle physiologique des thyroïdes.

Chez l'homme, le corps thyroïde est formé par une masse unique, dans laquelle on peut distinguer deux lobes latéraux, réunis par un isthme médian. Chez les animaux domestiques, il y a deux thyroïdes distinctes, rejetées sur les côtés du larynx.

Il importe de distinguer nettement des thyroïdes, les para-thyroïdes, organes situés au voisinage, à la surface, ou même dans la profondeur des thyroïdes, dont elles diffèrent essentiellement par leur structure histologique et leur rôle physiologique.

Les thyroïdes contiennent en général de l'*iode*; mais cet iode n'est ni à l'état de liberté, ni à l'état d'iodure métallique; il est uni à des substances organiques qui le dissimulent. Pour le mettre en évidence, il faut détruire la matière organique.

Le tissu thyroïdien ayant été haché et desséché est additionné de potasse caustique et calciné, en présence d'une petite quantité d'azotate de potasse, dans un creuset d'argent. La masse fondue est abandonnée au refroidissement, puis dissoute dans l'eau : la solution aqueuse est neutralisée, puis légèrement acidulée par l'acide sulfurique; l'iodure de potassium, qui était contenu dans le résidu de calcination, est, dans ces conditions, décomposé : l'iode est mis en liberté. En agitant avec du chloroforme la liqueur ainsi préparée, on voit ce dissolvant se colorer en violet. On pourrait d'ailleurs manifester la présence de l'iode libre dans cette liqueur, en l'additionnant d'une solution d'empois d'amidon, qui se colorerait en bleu intense.

On a dosé la quantité d'iode contenue dans les thyroïdes de l'homme, des animaux domestiques et de quelques animaux sauvages. Cette quantité est très variable selon l'espèce animale considérée, et, dans une même espèce, selon les individus : elle est d'ailleurs toujours petite, et atteint très rarement 1 centigramme pour 100 grammes de tissu thyroïdien pesé frais. Parfois même, le tissu thyroïdien ne contient pas d'iode en quantité appréciable à l'analyse chimique quantitative et même qualitative.

Du tissu thyroïdien, on a pu retirer une substance iodée très intéressante; la *thyroïodine* ou *iodothyrine*. Des corps thyroïdes (de mouton par exemple) sont, après avoir été hachés et broyés, bouillis pendant 6 à 8 heures avec de l'acide sulfurique à 10 p. 100 dans un appareil à retour (pour éviter la concentration de l'acide). La presque totalité du tissu a été dissoute, il ne reste plus qu'une petite quantité d'une matière brune floconneuse. On jette sur un filtre, on lave la matière brune à l'eau, puis on l'épuise par l'alcool à 85 p. 100 bouillant. La solution alcoolique évaporée laisse un résidu, qu'on épuise par l'éther pour enlever les graisses qu'il peut contenir; il reste une masse brune, riche en iode, la thyroïodine. La thyroïodine étant soluble dans les alcalis, on la purifie par une série de dissolutions dans l'eau alcalinisée et de précipitations par l'acide sulfurique.

La thyroïodine est une substance insoluble dans l'eau, insoluble dans l'éther, insoluble dans le chloroforme; soluble dans les solutions diluées d'alcalis (fixes ou volatil) et de carbonates d'alcalis, soluble dans l'alcool fort.

La thyroïodine est une substance iodée; on le démontre, comme nous l'avons indiqué ci-dessus pour les tissus thyroïdiens, en la calcinant avec un alcali, et manifestant l'iode dans le résidu de la calcination par le chloroforme ou par l'amidon. — La *proportion d'iode* contenue dans la thyroïodine *est variable*; elle peut atteindre 9,3 p. 100 (et même, au dire de certains auteurs, 12 et 14 p. 100) du poids de la thyroïodine; mais elle peut être beaucoup moindre, tomber à 4, 2 et même 1 p. 100. On aurait même, au dire de certains, en partant de corps thyroïdes non iodés, pu préparer par les procédés que nous venons d'indiquer une thyroïodine non iodée.

Ces faits conduisent à penser que la thyroïodine n'est pas une combinaison chimique définie; de deux choses l'une, ou elle est un mélange de deux substances, l'une iodée, l'autre non iodée, en proportions variables, la substance iodée résultant de la fixation d'iode sur la substance non iodée, — ou bien elle est une substance à laquelle l'iode peut s'unir en plusieurs proportions.

Au lieu de traiter le tissu thyroïdien par l'acide sulfurique à 10 p. 100 bouillant, pour préparer la thyroïodine, on peut le traiter par le suc gastrique artificiel et recueillir le résidu de cette digestion gastrique, pour le traiter comme on a fait pour le résidu du traitement par l'acide sulfurique bouillant.

Quel que soit le mode de préparation adopté, acide sulfurique dilué bouillant, ou suc gastrique, il est évident qu'on a profondément altéré les composés chimiques constituant le tissu thyroïdien. Il est très possible que la thyroïodine ne préexiste pas dans le tissu thyroïdien, mais résulte de l'action des agents hydrolysants employés sur les substances iodées de ce tissu.

On s'est appliqué à isoler cette substance génératrice de la thyroïodine dans le tissu thyroïdien. On y est parvenu de la façon suivante.

Les thyroïdes étant hachées et broyées sont mises à macérer à la glacière dans l'eau salée à 1 p. 100 pendant quelques heures. La liqueur, débarrassée des tissus, est additionnée d'un égal volume d'une solution saturée de sulfate d'ammoniaque : il se forme un précipité, qui contient tout l'iode ; il reste en solution une substance protéique non iodée. La substance précipitée est insoluble dans l'eau distillée, soluble dans les solutions salées ou légèrement alcalines, d'où elle est précipitée par les acides, par le sulfate de magnésie à saturation, par le sulfate d'ammoniaque à demi-saturation. C'est une globuline, la *thyréoglobuline*. La substance non précipitée est une nucléoprotéide.

La thyréoglobuline peut être considérée comme la génératrice de la thyroïodine : par les acides dilués bouillants ou par le suc gastrique, elle est dédoublée en thyroïodine et substance albuminoïde, qui subit la protéolyse.

La proportion d'iode de la thyréoglobuline est variable ; au dire de certains auteurs même, en partant des corps thyroïdes non iodés, on pourrait obtenir une thyréoglobuline non iodée.

Les considérations que nous avons présentées ci-dessus au sujet de l'état de l'iode dans la thyroïodine s'appliquent donc aussi à la thyréoglobuline.

L'ablation des thyroïdes détermine des phénomènes pathologiques, myxœdème et arrêt de développement ; on ne doit pas les attribuer à l'absence d'iode ou de ses composés iodés thyréoglobuline ou thyroïodine, parce que les animaux qui ont des thyroïdes sans iode ne présentent pas pour cela de myxœdème.

L'injection ou l'ingestion de tissu thyroïdien, chez les animaux, provoque de l'amaigrissement et des phénomènes cardiaques et vasculaires. Ces phénomènes doivent être rapportés à la thyroïodine et à la thyréoglobuline, parce qu'on les peut engendrer en injectant l'une ou l'autre de ces substances.

C'est d'ailleurs la combinaison iodée, thyroïodine ou thyréoglobuline, et non le substratum, auquel s'unit l'iode dans la thyroïodine ou la thyréoglobuline qui est actif dans la production de ces phénomènes, car les substances non iodées sont inactives et les substances iodées sont d'autant plus actives qu'elles sont plus iodées.

La quantité d'iode contenue dans les thyroïdes, dans la thyréoglobuline ou dans la thyroïodine semble dépendre de l'alimentation de l'animal ou du sujet. Elle est portée au maximum par le traitement iodé.

CHAPITRE XVI

LES ALIMENTS

Les physiologistes ont établi que la nourriture prise par les animaux doit normalement contenir :

1° de *l'eau* ;

2° des *substances minérales*, notamment des phosphates et des chlorures ; des sels de potassium, de sodium, de calcium, de magnésium, de fer ;

3° des *hydrates de carbone*, glycoses, saccharoses ou amyloses ;

4° des *graisses*, graisses neutres, tripalmitine, tristéarine, trioléine, ou lécithines ;

5° des *substances protéiques*, notamment des substances albuminoïdes.

Sans doute, dans des conditions expérimentales qui ne se retrouvent pas dans la pratique courante, et chez quelques espèces animales carnivores, on a pu réduire considérablement la ration d'hydrates de carbone et de graisses, en la remplaçant par une ration équivalente de substances protéiques; mais cette substitution n'est pas compatible, chez l'homme, avec la conservation de la santé, ainsi qu'on l'a établi. — Sans doute encore, on a pu, dans la ration alimentaire de l'homme et des animaux, remplacer tout ou partie des graisses par une quantité équivalente d'hydrates de carbone, ou inversement; mais si, chez l'homme, le remplacement de la majeure partie des graisses par des hydrates de carbone est possible, sans nuire à sa santé, la substitution inverse n'est pas compatible avec l'accomplissement des fonctions digestives normales.

Nous dirons donc que, chez les animaux et chez l'homme en particulier, les cinq groupes de substances indiquées doivent exister dans la nourriture.

Au point de vue quantitatif, et en nous bornant à examiner le cas de l'homme, si la quantité des graisses peut être considérablement réduite sans inconvénient, il n'en est pas de même des quantités de substances protéiques et d'hydrates de carbone. L'homme doit assimiler une quantité minima d'azote, par conséquent ingérer, digérer et absorber une quantité minima de substances protéiques, sous peine de perdre chaque jour plus d'azote qu'il n'en reçoit et d'aller infailliblement à une mort prochaine. L'homme doit ingérer une quantité minima d'hydrates de carbone, sous peine de devoir augmenter les quantités de substances protéiques ou de graisses au delà des limites compatibles avec la conservation du fonctionnement normal de l'appareil digestif et par conséquent de la santé.

Au point de vue quantitatif encore, l'homme doit absorber une quantité d'aliments suffisante pour pourvoir à sa consommation énergétique, laquelle consommation comprend deux parties, la production de chaleur et la production de travail.

Ces notions sommaires de physiologie, qu'il ne convient pas de développer ici, devaient être rappelées, pour bien établir que les aliments, ou plutôt le mélange des aliments ingérés doit répondre à certaines conditions qualitatives et quantitatives; les premières, les conditions qualitatives, présentant d'ailleurs une assez grande laxité.

Nous rappelons enfin que les statistiques alimentaires ont fourni les résultats suivants :

Un homme adulte de poids moyen, n'exerçant aucun travail manuel important, consomme par jour environ 100 grammes de substances protéiques, 50 grammes de

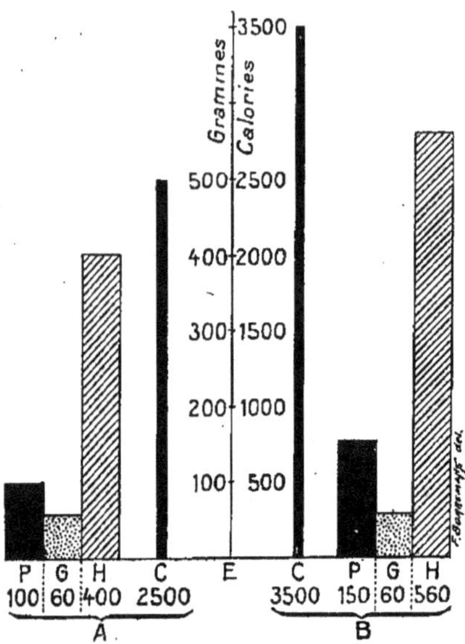

Fig. 77. — Alimentation matérielle et énergétique de l'homme. — A, homme au repos. — B, homme travaillant. — P, protéines ; G, graisses ; H, hydrocarbones ; C, calories ; E, échelle.

graisses, 400 grammes d'hydrates de carbone — ce qui correspond à environ 2 500 calories.

Un homme adulte de poids moyen, accomplissant le travail moyen d'un ouvrier d'industrie, consomme par jour environ 150 grammes de substances protéiques, 60 grammes de graisses et 560 grammes d'hydrates de carbone, ce qui correspond à environ 3 500 calories.

Les aliments sont : 1° d'origine animale ; 2° d'origine végétale.

Les principaux aliments d'origine animale sont :
- *a.* La chair et les viscères des animaux ;
- *b.* Le lait ;
- *c.* L'œuf des oiseaux.

Les principaux aliments d'origine végétale sont :
- *a.* Les graines des céréales et le pain ;
- *b.* Les graines des légumineuses ;
- *c.* Les racines et tubercules ;
- *d.* Les légumes ;
- *e.* Les fruits.

ANALYSE DES ALIMENTS

L'analyse des aliments comprend 5 déterminations fondamentales, celles de l'eau, des cendres, des protéines, des graisses et des hydrocarbones.

1° Détermination de l'eau. — Nous avons indiqué ci-devant (chapitre I, p. 4), comment on détermine l'eau des substances et liquides de l'organisme, et comment on obtient le poids du résidu sec.

2° Détermination des cendres. — Nous avons indiqué ci-devant (chapitre I, p. 5) comment on pratique la carbonisation et l'incinération des liquides et tissus de l'organisme pour obtenir sans pertes leur résidu minéral.

3ᵇ Détermination des protéines. — On désigne sous le nom de *protéines* toutes les substances azotées contenues dans les matières alimentaires à l'exclusion des lécithines.

Ces protéines comprennent deux groupes de substances, les *substances protéiques*, albuminoïdes, protéides et albumoïdes, et les *substances non protéiques*, bases xanthiques, acides-aminés, etc. On peut admettre qu'en général cette seconde catégorie de substances est quantitativement de beaucoup inférieure à la première.

Pour déterminer la proportion des protéines contenues dans une substance alimentaire donnée, on détermine, par la méthode de Kjeldahl, la proportion d'azote qu'elle contient et on multiplie ce nombre par le coefficient 6,25.

En procédant ainsi, on fait une approximation; on admet

en effet que toutes les protéines contiennent $\frac{1}{6,25}$ ou 16 p. 100 de leur poids d'azote. Or, pour les substances albuminoïdes cette proportion varie de 15 à 17,6 p. 100, pour les glycoprotéides de 11,7 à 13,6 p. 100, pour les albumoïdes de 16,4 à 18,3 p. 100, etc. Mais il importe peu que les nombres ne soient qu'approchés, car toutes les études physiologiques sur

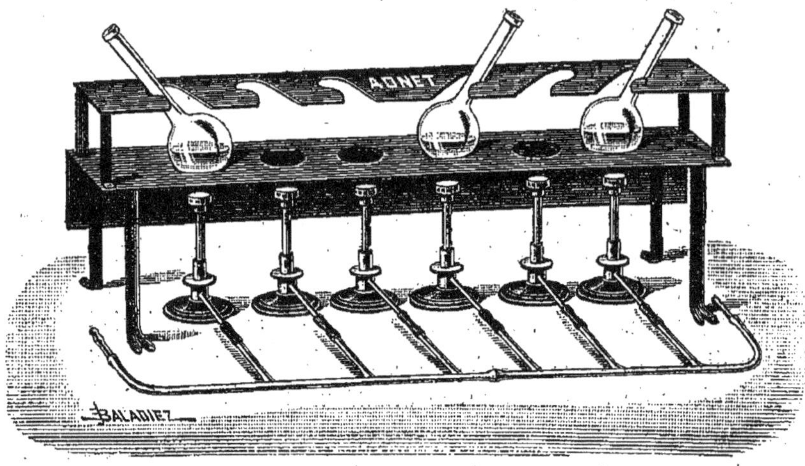

Fig. 78. — Destruction de la matière organique par l'acide sulfurique
pour la détermination de l'azote total.

les échanges matériels et énergétiques comportent une approximation d'au moins 10 p. 100.

Le *dosage de l'azote total* se fait par la *méthode de Kjeldahl.* Cette méthode repose sur les notions suivantes :

1° Si l'on fait bouillir une matière organique quelconque avec de l'acide sulfurique concentré, la matière organique est totalement détruite, et tout l'azote qu'elle contenait se trouve à l'état de sulfate d'ammoniaque;

2° Si l'on fait bouillir une solution de sulfate d'ammoniaque avec un excès de soude caustique, l'ammoniaque est totalement chassée de sa combinaison.

Le dosage peut se faire de la façon suivante :

Dans un ballon, on introduit 25 centimètres cubes d'un mélange d'acide sulfurique concentré et d'acide phosphorique anhydre (mélange formé avec 1 litre d'acide sulfurique et

200 grammes d'anhydride phosphorique) et 0 cc. 1 de mercure ; puis quelques grammes de la substance à analyser (l'acide phosphorique anhydre sert à fixer l'eau de la substance et à empêcher l'hydratation de l'acide sulfurique, qui, pour cette opération, doit être et rester concentré ; — on a constaté que lorsqu'on ajoute un peu de mercure, la destruction et l'oxydation de la matière organique se font plus rapidement). Ce mélange est porté et maintenu à l'ébullition, jusqu'à ce que la décoloration soit complète. La liqueur contient alors du sulfate d'ammoniaque, du sulfate de mercure et de l'acide sulfurique en excès. On laisse refroidir. On ajoute de la soude caustique (solution de densité 1,25), de façon à saturer la presque totalité de l'acide sulfurique libre, et on laisse refroidir de nouveau. On ajoute alors de la soude caustique, jusqu'à réaction nettement alcaline, puis 12 centimètres cubes d'une solution de sulfure de potassium (obtenue en dissolvant 2 parties de sulfure de potassium dans 3 parties d'eau), pour précipiter le mercure à l'état de sulfure de mercure. Cette liqueur est alors soumise à la distillation et l'ammoniaque dégagée est reçue dans une quantité connue d'une solution acide titrée. En déterminant le titre acide de cette solution, après que la distillation de l'ammoniaque est terminée, on peut connaître la quantité d'acide neutralisé par l'ammoniaque, par conséquent la quantité d'azote de la matière organique soumise à l'analyse.

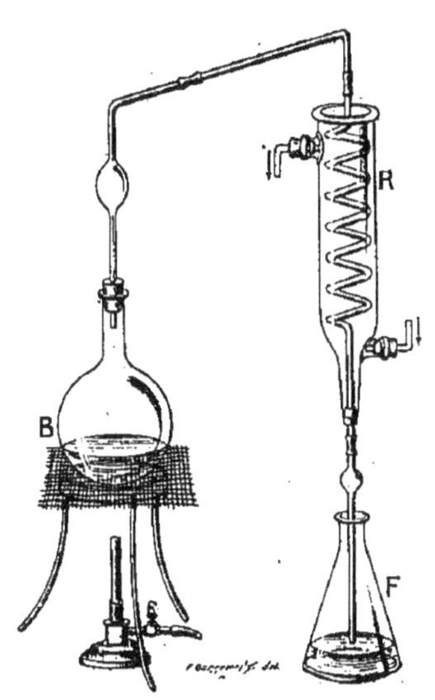

Fig. 79. — Appareil pour déterminer l'ammoniaque produite dans l'action de l'acide sulfurique sur les matières organiques (méthode de Kjeldahl) ; B, ballon contenant la liqueur et la soude ; R, réfrigérant ; F, fiole contenant la solution titrée d'acide.

4° **Détermination des graisses.** — Sous le nom de graisses, on réunit ici toutes les substances solubles dans l'éther : graisses neutres, acides gras libres, lécithines, cholestérine, etc. On détermine, somme toute, l'*extrait éthéré*.

Pour faire cette détermination, il convient tout d'abord de préparer le résidu sec de la substance analysée, en la desséchant à l'étuve à 100°, puis à l'étuve à 110°. Ce résidu sec étant broyé finement dans un mortier (et au besoin mélangé de sable pour assurer sa division, si ses particules tendent à s'accoler entre elles) est épuisé par l'éther bouillant jusqu'à ce qu'il n'abandonne plus rien à l'éther. La liqueur éthérée, débarrassée de l'éther par évaporation, laisse un résidu qu'on pèse : c'est l'extrait éthéré de la substance analysée, ce sont ses graisses. L'épuisement par l'éther peut se faire par l'un quelconque des appareils chimiques dits appareils à épuisement. Les physiologistes emploient plus particulièrement l'appareil de Soxhlet, dont les dispositions essentielles sont indiquées dans la figure 80.

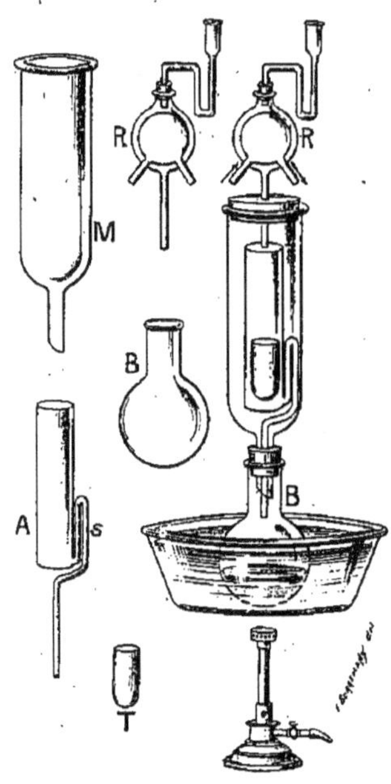

Fig. 80. — Appareil de Soxhlet pour extraire les graisses. — B, ballon à éther ; M, manchon ; A, tube portant un tube siphon *s* ; T, doigt de gant en papier filtre destiné à contenir la substance ; R, réfrigérant. La substance étant placée dans T, on l'introduit dans A et on glisse A dans M. L'appareil est alors monté comme l'indique la figure. En chauffant B au bain-marie, on volatilise l'éther qu'il contient ; cet éther est condensé dans le réfrigérant, tombe sur la substance, puis s'écoule par le siphon *s*, entraînant les matières dissoutes dès que son niveau atteint le sommet du siphon.

Pour certaines substances (en général pour les tissus animaux) il est impossible d'obtenir la totalité des graisses par extraction simple à l'éther. Il est nécessaire, pour obtenir de bons résultats, après avoir extrait la plus grande partie des graisses, de reprendre la matière, d'en chasser l'éther et de la soumettre à l'action protéolytique du suc gastrique artificiel : la solution gastrique et le résidu sont évaporés, desséchés et de nouveau épuisés par l'éther. On obtient ainsi la totalité des graisses.

5° Détermination des hydrocarbones. — Les hydrocarbones ne sont pas toujours déterminés directement; on calcule leur quantité par différence : on compte pour hydrocarbone tout ce qui n'est pas eau, sels, protéines et graisses. Les hydrocarbones comprennent alors les sucres, les amidons, la cellulose, les gommes, les parties ligneuses, etc.

Il y aurait un intérêt physiologique certain à calculer la quantité d'hydrocarbones transformables en sucres. Cette détermination se ferait facilement en hydrolysant par un acide minéral dilué à la température de 120°, à l'autoclave, la substance analysée jusqu'à transformation totale. En déterminant alors la quantité de sucre, on obtiendrait l'*équivalent en sucre* des hydrocarbones; c'est ce qui intéresse le physiologiste.

6° Détermination de la valeur calorifique ou énergétique. —L'eau et les matières minérales ne fournissent pas d'énergie à l'organisme; les hydrocarbones et les graisses en fournissent en se transformant en acide carbonique et en eau; les substances protéiques en fournissent en se transformant en acide carbonique, eau et urée. On admet que

	Calories.
1 gr. d'hydrocarbone fournit...........	4,1
1 gr. de substance protéique fournit...	4,1
1 gr. de graisse fournit...............	9,1

Connaissant les proportions d'hydrocarbones, de substances protéiques et de graisses contenues dans 1 gramme d'une substance donnée, on peut, au moyen de ces nombres, calculer la valeur énergétique de la substance.

ALIMENTS D'ORIGINE ANIMALE

La chair.

La chair est essentiellement constituée de tissu musculaire et de tissu conjonctif. Nous avons décrit, avec quelques détails, la constitution chimique de la fibre musculaire et du tissu conjonctif; nous nous bornerons, par conséquent, à rappeler que la chair est un aliment complet; elle contient :

1° de l'eau : 75 p. 100 de son poids environ;

2° des sels, surtout des phosphates (sel de potasse, mais aussi, quoiqu'en moindre quantité, sels de soude, de chaux, de magnésie) et des chlorures. Par sa matière colorante propre, hémoglobine, elle contient également du fer : 100 grammes de viande contiennent environ 0 gr. 5 d'acide phosphorique; 0 gr. 1 de chlore; 0 gr. 5 de potasse; 0 gr. 1 de soude; 0 gr. 01 de chaux; 0 gr. 04 de magnésie et 0 gr. 005 d'oxyde de fer;

3° des hydrates de carbone, qui sont presque exclusivement représentés par le glycogène;

4° des matières grasses en petite quantité, surtout contenues dans le tissu conjonctif, mais existant également, quoique très peu abondamment, dans la fibre musculaire elle-même;

5° des substances albuminoïdes, dont la plus importante est la myosine.

La chair contient, outre ces substances, de la matière collagène et de l'élastine en petite quantité, et des substances extractives azotées, telles que la créatine, les bases xanthiques, etc.

Voici une analyse de viande de bœuf :

Eau....................................	75,90	p. 100.
Résidu fixe..............................	24,10	—
Substances albuminoïdes.................	18,36	—
Substances collagènes....................	1,64	—
Matières grasses........................	0,90	—
Hydrates de carbone....................	0,60	—
Matières extractives....................	1,30	—
Matières minérales.....................	1,30	—

Cette analyse démontre clairement que la viande n'est pas, pour l'homme, un aliment complet; elle est pauvre en effet en graisses et surtout en hydrates de carbone; la viande est essentiellement un aliment protéique.

Voici quelques analyses de viandes :

	Eau.	Protéines.	Graisses.	Hydrocarbones.	Sels.
Bœuf 1/2 gras............	72,2	21,0	5,5	0,3	1,0
Veau maigre.............	76,8	20,0	1,5	0,2	1,5
Porc maigre.............	71,0	20,5	7,0	0,4	1,1

Les principaux viscères alimentaires ont la composition approximative suivante :

	Eau.	Protéines.	Graisses.	Hydrocarbones.	Sels.
Foie de veau............	71,2	19,4	4,5	2,7	1,6
Rognons de bœuf.....	76,7	16.6	4,8	0,4	1,2
Rognons de mouton...	78,7	16,5	3,2	—	1,3
Cervelle de porc......	75,8	11,7	10,3	—	1,6
Cœur de veau.........	73,2	16,8	9,6	—	1,0
Ris de veau..........	70,9	16,8	12,1	—	1,6

Le bouillon de viande, obtenu par ébullition prolongée, telle qu'on la pratique couramment, et non salé, contient environ 2 p. 100 de matières dissoutes, dont la moitié de substances organiques et la moitié de sels. Les substances organiques sont des substances extractives azotées, créatine et bases xanthiques, et de la gélatine, provenant de la transformation du tissu conjonctif à l'ébullition. Parmi les sels, le phosphate de potasse domine.

L'extrait de viande contient environ 25 p. 100 d'eau et 75 p. 100 de résidu sec, et ce dernier est formé de sels (15 p. 100) et de matières organiques (60 p. 100). Ces matières organiques sont des substances extractives (créatine et bases xanthiques), de la gélatine, des protéoses et des peptones, un peu de glycogène et d'acide sarcolactique. Les sels sont surtout du phosphate de potasse.

La chair des poissons diffère de la chair des mammifères ou des oiseaux par sa teneur en substances protéiques, qui est généralement un peu moindre, et par sa teneur en graisse, qui est généralement plus grande. La chair de certains poissons ne contient que 12 à 14 p. 100 d'albumine; en général, pour la plupart des espèces, elle en contient 14 à 16 p. 100; pour quelques espèces, elle en a jusqu'à 20 p. 100. La teneur en graisse varie considérablement selon les espèces; tantôt elle ne dépasse pas 0,5 p. 100, tantôt elle atteint 5, 10 et 20 p. 100 : la graisse de poisson est toujours une huile, liquide à la température ordinaire, contenant de 60 à 80 p. 100 d'oléine.

Voici quelques analyses de chair de poisson :

	Eau.	Protéines.	Graisses.	Hydrocarbones.	Sels.
Carpe.........	78,90	15,71	4,85	—	0,54
Perche.........	82,60	14.90	1,53	—	0,97
Hareng.........	76,00	17,23	5,26	—	1,51
Maquereau.....	67,60	15,67	15,32	—	1,41
Raie.........	76,40	22,08	0,62	—	0,90
Sole.........	61,40	17,45	20,08	—	0,87

Le lait.

Nous étudierons le lait dans un chapitre spécial ; aussi nous bornerons-nous aux quelques indications suivantes.

Le lait contient :

> Des sels :
> Des graisses neutres (émulsionnées) ;
> Du sucre de lait ;
> Des substances protéiques.

Voici quelques analyses types de lait :

	100 CENTIMÈTRES CUBES DE LAIT			
	de vache.	de chèvre.	d'ânesse.	de femme.
Eau...............	86,0	85,0	90,0	89,0
Résidu fixe..........	14,0	15,0	10,0	11,0
Substances protéiques.	4,1	4,3	2,3	2,0
Graisses.........	3,0	4,1	1,2	3,6
Sucre de lait........	5,2	5,6	6,0	5,0
Sels..............	0,8	1,0	0,5	0,4

Le lait de vache, de chèvre, de mouton est la matière première de la fabrication des *fromages*. Soumis à l'action de la présure, il fournit un caséum, qu'on exprime et qu'on abandonne, dans des conditions très variables, à la maturation ; celle-ci résulte des transformations multiples, subies par la caséine et la graisse sous l'influence de ferments organisés. La composition des fromages est évidemment très variable ; on peut en distinguer trois groupes, selon que la quantité de graisse y est grande, moyenne ou petite. Nous donnons ici trois analyses de fromages respectivement gras, demi-gras et maigre, comme indications générales :

	100 GRAMMES DE FROMAGE		
	gras.	demi-gras.	maigre.
Eau	36	46	48
Résidu fixe	64	54	52
Substances protéiques	28	28	33
Graisses	30	20	8
Sucre et acides	2	3	7
Sels	4	3	4

Le lait, surtout pour la nourriture des enfants, peut être stérilisé; la composition du *lait stérilisé* par la chaleur est celle du lait naturel.

Le lait peut être conservé sous forme de *lait condensé*; on l'obtient par évaporation d'une quantité plus ou moins grande d'eau du lait naturel, et stérilisation par la chaleur. Parfois, on l'additionne de sucre de saccharose. Le lait condensé a la composition du lait naturel, dont il ne diffère que par de l'eau en moins (le lait condensé non saccharosé contient 50 p. 100 d'eau environ et 50 p. 100 de résidu sec; — le lait saccharosé contient généralement 25 p. 100 d'eau et 75 p. 100 de résidu sec), et par de la saccharose en plus dans le lait saccharosé (30 à 40 p. 100).

L'œuf des oiseaux.

L'œuf de poule, qui peut servir de type, est constitué par :

> La coquille,
> Le blanc de l'œuf.
> Le jaune de l'œuf.

— La *coquille* de l'œuf est essentiellement composée de matières minérales, dont la plus importante est le carbonate de chaux, qui en représente les 90 centièmes, et de matières organiques, qui appartiennent au groupe de la kératine. La membrane coquillière est essentiellement formée de kératine.

— Le *blanc de l'œuf* est surtout riche en substances albuminoïdes : la plus importante et la plus abondante est l'*ovalbumine*. Cette ovalbumine est accompagnée de globulines peu abondantes et d'une petite quantité d'une mucoïde ; — le blanc d'œuf frais ne contient pas de protéoses.

Voici des analyses de blanc d'œuf de poule :

Eau.........................	86,7 p. 100	86,6 p. 100	85,8 p. 100
Résidu solide................	13,3 —	13,4 —	14,2 —
Substances albuminoïdes......	12,2 p. 100	12,4 p. 100	12,9 p. 100
Hydrates de carbone..........	0,5 —	0,2 —	0,3 —
Matières minérales...........	0,6 —	0,6 —	0,8 —
Matières grasses.............	Traces.	0,2 —	0,3 —

L'*ovalbumine* est une albumine typique : c'est dire qu'elle

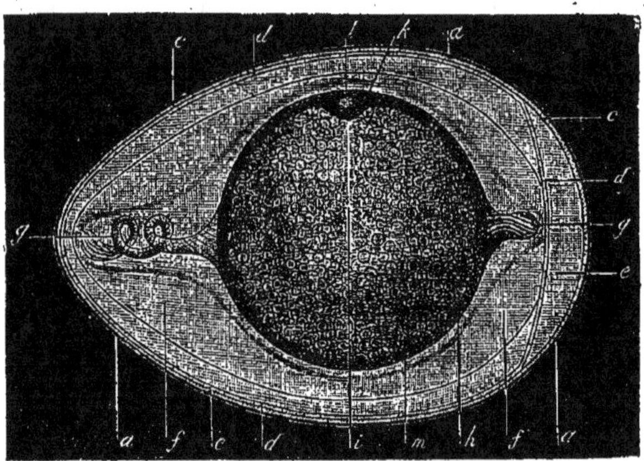

Fig. 81. — Œuf d'oiseau (d'après Gautier) : — *a*, coquille ; *c*, *d*, feuillets de la membrane coquillière ; *e*, chambre à air ; *ff*, blanc ou albumen ; *h*, membrane vitelline enveloppant le jaune ; *gg*, chalazes, ligaments qui suspendent le jaune et s'unissent à la membrane coquillière interne ; *k*, cicatricule ou disque proligère ; *l*, vésicule germinative de Purkinje.

est soluble dans l'eau distillée, soluble dans les solutions salines neutres diluées ; ses solutions sont coagulées par la chaleur. Elles ne sont précipitées ni par la dialyse, ni par la dilution, ni par l'acide acétique, ni par le chlorure de sodium dissous à saturation à froid, ni par le sulfate de magnésie dissous à saturation à froid. — Elles sont précipitées par le chlorure de sodium ou le sulfate de magnésie dissous à saturation à froid, lorsqu'elles ont été convenablement acidulées. Elles sont précipitées par le sulfate d'ammoniaque dissous à saturation à froid, etc.

L'ovalbumine se distingue de la sérumalbumine par son pouvoir rotatoire qui est

$$[\alpha]_D = -35°,5,$$

celui de la sérumalbumine étant

$$[\alpha]_D = -63°.$$

Le blanc d'œuf contient des globulines, qui ne représentent que 5 à 6 p. 100 des substances protéiques totales. On en distingue au moins deux, différant par leurs températures de coagulation.

Enfin on trouve dans le blanc d'œuf une substance, incoagulable par la chaleur, soluble dans l'eau, précipitable par le sulfate d'ammoniaque à saturation comme les protéoses, mais ne donnant pas les réactions protéosiques. Cette substance, donnant lieu à la production, sous l'influence prolongée de l'acide chlorhydrique bouillant, d'une substance réductrice, a été considérée comme une glycoprotéide, c'est l'*ovomucoïde*.

— Le *jaune de l'œuf* est très riche en matières fixes : il contient environ 50 p. 100 de résidu fixe. Ce résidu fixe est formé de :

1° substances protéiques, dont la plus importante est l'ovovitelline, à côté de laquelle il faut signaler, en petite quantité, l'albumine et des nucléines ;

2° matières grasses, qui sont des graisses neutres et de la lécithine ;

3° hydrates de carbone, en petite quantité, qui sont surtout du sucre de glycose ;

4° sels, dont les plus abondants sont des chlorures (sels de chaux et de potasse).

Voici des analyses de jaune d'œuf de poule :

Eau......................	49,20	49,90	50,80
Résidu fixe..............	50,80	50,10	49,20
Protéines................	15,63	15,70	16,20
Graisses.................	33,80	33,30	31,90
Hydrates de carbone.....	traces	traces	traces
Sels.....................	1,20	1,10	1,10

L'*ovovitelline* est une substance protéique insoluble dans l'eau, soluble dans les solutions salines diluées, soluble dans les solutions acides et dans les solutions alcalines étendues. Ses solutions salées coagulent à 70°-75° ; elles sont précipitées par la dilution. Ce sont là les caractères de solubilité des globulines. Mais elle n'est pas précipitée par le chlorure de sodium dissous à saturation, caractère qui la différencie des globulines proprement dites. C'est le type des substances qui constituent la *famille des vitellines*.

On a quelquefois considéré l'ovovitelline comme une paranucléoalbuminoïde, parce que, sous l'action du suc gastrique, elle laisse généralement déposer de la paranucléine. Il est très vraisemblable que cette paranucléine provient d'impuretés qui accompagnent l'ovovitelline, mais ne provient pas de cette ovovitelline elle-même.

Les cendres du jaune d'œuf sont riches en acide phosphorique et contiennent de l'oxyde de fer.

Voici une analyse de cendres de jaune d'œuf : 100 parties de cendres contiennent :

Soude	5,12 à	6,57
Potasse	8,05 à	8,93
Chaux	12,21 à	13,28
Magnésie	2,07 à	2,11
Oxyde de fer	1,19 à	1,45
Acide phosphorique	63,84 à	66,70
Silice	0,55 à	1,40

Cependant le jaune ne contient ni phosphates, ni sels de fer : il contient des combinaisons phosphorées organiques et des combinaisons organiques ferrugineuses.

Les *combinaisons phosphorées organiques* du jaune d'œuf sont des lécithines [lesquelles sont, comme nous l'avons dit précédemment (chap. II), des dioléyl-, distéaryl-, dipalmitylphosphoglycérates de choline] et des nucléines.

Le fer est à l'état de combinaison organique ; cette combinaison a reçu le nom d'*hématogène* (il est évident que c'est aux dépens de cette combinaison ferrugineuse, la seule qui existe dans l'œuf, que se forme l'hémoglobine, ferrugineuse, du sang de poulet). L'hématogène doit être considéré comme une *protéide ferrugineuse*, formée par la combinaison d'une substance albuminoïde et d'un groupe prosthétique ferrugineux, pour les raisons suivantes :

Si l'on épuise le jaune d'œuf par l'alcool et par l'éther, on n'enlève pas trace de combinaisons ferrugineuses : ces combinaisons restent dans le résidu, qui contient les substances albuminoïdes, les nucléines, etc. — Dans ce résidu, le fer n'est pas à l'état de combinaison saline ; on sait que tous les sels de fer, que l'acide du sel soit organique ou minéral, sont solubles dans l'alcool acidulé par l'acide chlorhydrique : or le résidu considéré n'abandonne pas trace de combinaisons ferrugineuses à l'alcool acidulé par l'acide chlorhydrique ; donc le fer est, dans ce résidu, à l'état de combinaison métallo-organique. — Lorsqu'on soumet ce résidu, à l'action du suc gastrique, les substances albuminoïdes sont peptonisées, les protéides sont dédoublées en substances protéosiques et groupes prosthétiques. Or, dans ces conditions, le fer reste en totalité avec le résidu insoluble. Ce résidu insoluble n'abandonne pas de combinaisons ferrugineuses à l'alcool acidulé par l'acide chlorhydrique, donc il contient le fer à l'état de combinaisons non salines. — Par conséquent, la ou les combinaisons ferrugineuses du jaune d'œuf sont des protéides, formées par l'union d'une substance albuminoïde et d'un groupe prosthétique ferrugineux.

On a souvent considéré ce groupe prosthétique comme une nucléine ; mais ce n'est là qu'une hypothèse que rien actuellement n'autorise à confirmer ou à infirmer.

ALIMENTS D'ORIGINE VÉGÉTALE

Les aliments d'origine animale sont riches en substances protéiques ; ils sont en général pauvres en hydrates de carbone ; — les aliments d'origine végétale sont, au contraire, riches en hydrates de carbone et généralement pauvres en substances protéiques.

Les *graines des céréales* entrent pour une part importante dans l'alimentation de l'homme : citons le blé, le seigle, le riz, l'orge, etc. Ces graines sont très riches en hydrates de carbone et très pauvres en matières grasses.

Voici des analyses :

	Blé.	Seigle.	Riz.	Orge.
Eau,............................	13,56	15,26	14,41	13,78
Résidu fixe.....................	86,44	84,74	85,59	86,22
Substances protéiques...........	12,40	11,43	6,94	11,16
Graisses........................	1,70	1,71	0,51	2,12
Extrait non azoté...............	67,89	67,83	77,61	65,51
Cendres.........................	1,79	1,77	0,45	2,63
Résidu ligneux..................	2,66	2,00	0,08	4,80

L'homme utilise pour son alimentation non pas le grain de blé, mais la *farine* de blé, débarrassée du son. — Le blé donne au maximum 80 p. 100 de bonne farine et au minimum 20 p. 100 de son.

Voici des analyses de farine et de son de blé :

	Farine.	Son.
Eau................................	14,86	14,07
Résidu fixe........................	85,14	85,93
Substances protéiques..............	8,91	13,46
Graisses...........................	1,11	2,46
Extrait non azoté..................	74,28	32,63
Cendres............................	0,51	6,52
Résidu ligneux.....................	0,33	30,86

La farine est généralement employée sous forme de *pain*. La farine est additionnée d'eau, de sel et de levain ; le tout est mélangé, de façon à constituer une pâte homogène, qui ne tarde pas à se gonfler par suite du développement de bulles gazeuses dans son épaisseur (le levain a provoqué, aux dépens des hydrates de carbone de la pâte, une fermentation avec dégagement de bulles gazeuses). La pâte levée est soumise à la cuisson à une température de 200° à 250°. Pendant cette opération, une partie de l'amidon est transformée en empois d'amidon, en dextrine et en maltose.

Voici une analyse de pain blanc :

Eau.. 28,6
Résidu fixe.................................. 71,4

Substances protéiques....................... 9,6
Graisses.................................... 1,0
Hydrates de carbone......................... 60,1
Substances diverses......................... 0,7

Les *graines des légumineuses*, haricots, pois, lentilles, etc., sont plus riches en substances protéiques et moins riches en hydrates de carbone que les graines des céréales.

	Haricots.	Lentilles.	Pois.
Eau........................	13,60	12,30	10,60
Résidu fixe...............	86,40	87,70	89,40
Substances protéiques......	23,12	25,70	18,88
Graisses	2,28	1,90	1,22
Substances non azotées.....	53,63	53,50	56,21
Cendres	3,53	2,80	2,26
Substances diverses........	3,84	3,80	2,10

Les pommes de terre, les carottes, les raves, etc., en général les *tubercules* et les *racines alimentaires*, sont très riches en hydrates de carbone et pauvres en substances protéiques et en graisses. Voici quelques analyses :

	Pommes de terre.	Carottes.	Navets.
Eau........................	75,77	87,10	89,40
Résidu sec................	24,23	12,90	10,60
Substances protéiques......	1,79	1,00	1,40
Graisses	0,16	0,20	0,20
Substances hydrocarbonées...	20,56	9,30	7,40
Cendres	0,97	0,90	0,70
Divers.....................	0,75	1,50	0,90

Les *fruits* ont une composition très variable selon leur nature : ils sont en général pauvres en protéines et en graisses, riches en eau. Cependant il existe des fruits peu aqueux, il en existe de riches en graisses, etc.

Exemples :

	Pommes.	Poires.	Fraises.	Raisins.
Eau	84,6	84,4	90,4	77,4
Résidu sec	15,4	15,6	9,6	22,6
Protéines	0,4	0,6	1,0	1,3
Graisses	0,5	0,5	0,6	1,6
Hydrocarbones	13,0	11,4	6,0	13,9
Cellulose	1,2	2,7	1,4	4,3
Cendres	0,3	0,4	0,6	0,5

	Marrons.	Noix.	Dattes.
Eau	45,0	4,8	15,4
Résidu sec	55,0	95,2	84,6
Protéines	6.2	21,0	2,1
Graisses	5,5	54,9	2,8
Hydrocarbones	35,4	15,3	78,4
Cellulose		2,0	
Cendres	1,1	2,0	1,3

Le tableau ci-contre résume les résultats analytiques que nous venons d'indiquer.

VALEUR NUTRITIVE DE QUELQUES ALIMENTS D'APRÈS KONIG

Axis (top and bottom): 0 · 5 · 10 · 15 · 20 · 25 · 30 · 35 · 40 · 45 · 50 · 55 · 60 · 65 · 70 · 75 · 80 · 85 · 90 · 95 · 100

Aliment	Valeurs (de gauche à droite)
Bœuf, demi gras.	21,0 ; 5,5 ; 1,0
Veau maigre.	20,0 ; 1,5 ; 2,0
Porc maigre.	20,5 ; 7,0 ; 1,0
Brochet.	18,5 ; 0,5 ; 1,0
Egle-fin.	17,0 ; 0,5 ; 1,5
Hareng mariné.	19,8 ; 17,0 ; 16,5
Œufs	12,5 ; 12,0 ; 1,0
Lait de vache complet.	3,5 ; 4,0 ; 4,9 ; 0,7
„ … „ … maigre.	3,1 ; 4,6 ; 0,7
Beurre du commerce. 0,7	84,4 ; 0,6 ; 1,0
Saindoux de porc. 0,5	99,0
Fromage maigre.	34,0 ; 11,5 ; 3,5 ; 5,0
Petits pois secs.	23,0 ; 2,0 ; 52,5 ; 5,5 ; 2,5
Riz.	6,5 ; 1,0 ; 78,5 ; 0,5 ; 1,0
Farine moyenne de froment.	10,0 ; 1,25 ; 71,0 ; 0,65 ; 0,75
Farine de seigle.	11,5 ; 2,0 ; 69,5 ; 1,5 ; 1,5
Pain de froment (commun).	6,0 ; 0,5 ; 49,0 ; 0,6 ; 1,0
Pain de seigle.	6,0 ; 0,5 ; 47,0 ; 0,5 ; 1,5
Pommes de terre.	2,0 ; 0,2 ; 20,7 ; 1,0 ; 1,0
Choux.	2,5 ; 0,5 ; 6,5 ; 1,5 ; 1,0
Salade.	1,5 ; 2,5 ; 1,0 ; 0,5
Fruits (à l'état frais).	0,5 ; 10,0 ; 4,0 ; 0,5

Légende :

- Albumines principes azotés.
- Graisse.
- Hydrate de carbone.
- Cellulose.
- Sels (Cendres).
- Eau.

CHAPITRE XVII

LE LAIT

Nous prenons comme type le *lait de vache.*

Le lait est constitué par un liquide, que nous appellerons le *plasma du lait* ou *lactoplasma,* dans lequel sont suspendus deux sortes d'éléments : les uns sont de gros globules ayant de 2 à 10 millièmes de millimètre de diamètre, arrondis et très réfringents; ce sont les *globules du lait;* — les autres sont de très fines *granulations* ayant moins d'un demi-millième de millimètre de diamètre, formant un pointillé noir entre les globules du lait.

Les *globules du lait,* essentiellement constitués par la matière grasse du lait, sont encore appelés les *globules gras* [1]; les fines *granulations,* si l'on admet qu'elles sont essentielle-

---

[1] Le diamètre des globules gras du lait de vache varie de 0 mm, 0025 à 0 mm. 0045; le plus grand nombre a environ 0 mm, 004 soit 4 μ.

ment constituées par du phosphate tribasique de chaux, pourraient être appelées *granulations phosphatiques*.

LES GLOBULES GRAS DU LAIT

Lorsqu'on abandonne le lait au repos, les globules gras, moins denses que le lactoplasma, montent à la surface du lait, et forment une couche distincte, la *crème*. Sous l'action de la centrifuge, la montée de la crème se fait plus rapidement et plus complètement. — Lorsqu'on abandonne le lait au repos pendant plusieurs jours, en évitant toute transformation microbienne, capable d'acidifier le lait, et, par suite, de déterminer la dissolution du phosphate de chaux, les granulations fines, plus denses que le lactoplasma, se déposent au fond du liquide en une mince couche d'un blanc nacré.

Quelle est la constitution des globules du lait? Ont-ils une membrane d'enveloppe[1]*?*

Les globules du lait sont *essentiellement constitués par la matière grasse*. Mais ne sont-ils constitués que par la matière grasse? N'entre-t-il pas d'autres substances dans leur constitution? Ne sont-ils pas pourvus d'une membrane d'enveloppe qui les empêche d'adhérer les uns aux autres? S'ils sont pourvus d'une membrane d'enveloppe, quelle est la nature de cette membrane? Et s'ils n'ont pas de membrane d'enveloppe, ne sont-ils pas englobés dans une atmosphère protectrice, de nature protéique par exemple?

Le lait agité avec de l'*éther* ne lui cède pas sa matière grasse. Le lait se comporte donc, disent les partisans d'une membrane globulaire, comme si les globules gras étaient protégés par une membrane insoluble dans l'éther et inattaquée par l'éther.

Lorsqu'on agite le lait pendant un certain temps, lorsqu'on le *baratte*, on obtient du beurre. *Qu'est-ce que le beurre?* Le beurre résulte de l'agglomération des gouttelettes grasses du

---

1. Si nous entrons dans quelques détails sur la constitution des globules du lait, ce n'est pas que cette question soit très importante ; c'est parce qu'elle nous permet de grouper certaines expériences et de faire connaître certaines propriétés du lait.

lait. Les chocs répétés du barattage, disent les partisans d'une membrane d'enveloppe, ont rompu la membrane et permis aux globules gras, devenus libres, de se souder.

Lorsqu'on additionne le lait d'une lessive de soude caustique et qu'on l'agite avec de l'éther, l'éther dissout la graisse du lait. — Ceci démontre, disent les partisans de la membrane d'enveloppe, que l'enveloppe des globules est composée d'une substance insoluble dans l'éther et soluble dans la soude caustique : cette substance, c'est probablement de la caséine. D'ailleurs, ajoutent les mêmes physiologistes, toutes les fois qu'on précipite la caséine du lait soit par l'acide acétique, soit par le sulfate de magnésie, soit par le chlorure de sodium, la matière grasse se trouve englobée dans le précipité ; donc les globules sont entourés d'une membrane de caséine.

A ces conclusions les adversaires de la membrane d'enveloppe font les objections suivantes :

Si l'on examine au microscope une goutte de lait, placée sur une lame de verre et recouverte d'une lamelle,

Fig. 82. — Globules du lait.

et si l'on exerce une pression sur la lamelle, on ne voit jamais ces globules prendre une forme démontrant la rupture d'une membrane ; les globules s'étalent régulièrement. En serait-il ainsi si les globules avaient une membrane d'enveloppe ?

Sans doute, les globules gras sont entraînés par toutes les précipitations de la caséine dans le lait, mais cela ne prouve pas que la caséine constitue aux globules une membrane, au sens propre du mot. Nous connaissons mal l'état de la substance protéique que nous considérons comme dissoute ; nous avons peut-être tort d'assimiler ces solutions trop complètement aux solutions salines. Il est possible, il est probable même que cette substance se condense autour des globules gras, qui constituent des centres d'attraction, formant à ces globules une atmosphère mal définie et surtout mal limitée. De telle sorte que les globules ne seraient pas entourés d'une véritable membrane bien définie et stable, mais plongés dans une liqueur protéique qui leur constitue, grâce à ses propriétés physiques, grâce à ses propriétés d'adhésion, grâce aux forces capillaires qui sont en jeu, une zone protectrice mal définie et variable.

Cette conclusion est confirmée par les propriétés du *lait homogénéisé*. Il existe depuis peu de temps des machines, dites *machines à homogénéiser*, permettant de diviser les globules gras du lait en particules infiniment petites. Dans cette opération, s'il existait une membrane d'enveloppe, elle serait rompue, et si la persistance de l'émulsion avait comme condition essentielle l'intégrité de cette membrane, les globules se souderaient comme dans l'opération du barattage. Or, dans le lait homogénéisé, les globules gras restent indéfiniment en émulsion, et le lait homogénéisé ne diffère du lait normal qu'en ce que ces globules ne se groupent jamais pour former une crème : ils restent répandus dans toute la masse du lait.

Nous admettons donc que les globules gras sont plongés dans un liquide dont les propriétés physiques permettent à l'émulsion, qui est le lait ou la crème, d'être stable, — même en présence de l'éther. Qu'on vienne à changer ces propriétés physiques, par l'addition de soude, par exemple, on détruira la stabilité de l'émulsion ; on rendra possible la dissolution des globules gras dans l'éther.

L'entraînement des globules gras par les précipités de caséine s'explique aisément par cette propriété générale des colloïdes d'entraîner, en se précipitant, les éléments en suspension.

Quant au barattage, avouons que nous n'en connaissons pas l'explication. Faut-il admettre une modification physique du lait, permettant à l'émulsion de devenir instable et aux globules gras de se souder sous l'influence du barattage ? Nous l'ignorons.

Les *matières grasses du lait* sont les *matières grasses neutres* ordinaires : *trioléine, tripalmitine, tristéarine*, avec de petites quantités de quelques autres triglycérides, dont les plus importants pondéralement sont la tributyrine et la tricaproïne. Le lait contient environ 4 p. 100 de matières grasses, ces matières grasses étant composées de 30 à 35 p. 100 de trioléine, de 58 à 63 p. 100 de trimargarine (mélange de tripalmitine et de tristéarine), de 4 à 5 p. 100 de tributyrine, de 2 à 3 p. 100 de tricaproïne et de traces des autres graisses [1].

Pour doser les matières grasses du lait, on peut employer deux méthodes principales : la première consiste à extraire ces matières grasses et à les peser; la seconde consiste à préparer un extrait éthéré de ces matières grasses et à en déterminer la densité.

1° On prend par exemple 30 centimètres cubes de lait; on ajoute 1 cc., 5 d'une lessive de potasse de densité 1,27 (obtenue en dissolvant 400 grammes de potasse caustique dans l'eau et ajoutant de l'eau pour faire 1 litre à la température ordinaire), puis 100 centimètres cubes d'éther. On agite vigoureusement, puis on laisse reposer, et on décante la plus grande quantité possible de l'éther. On ajoute de nouveau de de l'éther; on agite, on laisse reposer et on décante; et on répète cette manœuvre, jusqu'à ce qu'une petite portion de l'éther décanté ne laisse plus de résidu gras après évaporation. On réunit toutes ces portions d'éther; on chasse l'éther par évaporation; on dessèche le résidu gras à l'étuve à 105-110°; on laisse refroidir dans un exsiccateur et on pèse.

Une modification avantageuse (parce qu'elle permet d'économiser l'éther) de cette méthode consiste à mélanger le lait soumis à l'analyse avec une quantité de plâtre suffisante pour faire une pâte se prenant bien en une masse solidifiable. On dessèche cette masse à l'étuve à air, dont on élève progressivement la température jusqu'à 105-110°; puis on la pulvérise. On l'introduit dans un appareil à épuisement par l'éther et on procède à cet épuisement. L'extrait éthéré est évaporé, desséché et pesé.

2° Lorsqu'on veut employer la méthode densimétrique ou aréométrique, on a généralement recours aux appareils et aux procédés de Soxhlet. Le principe de la méthode consiste à alcaliniser le lait par la potasse, à en faire passer la matière grasse en solution dans une proportion donnée d'éther, et à déterminer la densité de cette solution, au moyen d'un densimètre, à une température donnée. Des tables, vendues avec l'appareil, permettent, sans qu'il soit besoin de faire aucun calcul, de déduire de la densité trouvée la proportion des matières grasses du lait.

LE LACTOPLASMA

On obtient le lactoplasma par une énergique centrifugation du lait; les globules gras se réunissent en totalité à la surface

---

1. Les autres acides gras trouvés dans le beurre, en petite quantité, sont les acides caprique, laurique, arachidique, myristique, etc.

Le lait renfermerait, au dire de divers auteurs, une petite quantité de lécithine, 0 gr. 05 environ pour 100 grammes de lait.

du lactoplasma. Le lactoplasma contient des sels, des gaz, un sucre et des substances protéiques.

La *réaction du lait* est neutre au tournesol. On dit ordinairement que la réaction du lait est *amphotère*, c'est-à-dire qu'il rougit le papier bleu de tournesol et bleuit le papier de tournesol rougi par un acide dilué. En réalité, le lait fait prendre au papier de tournesol une teinte violacée, qui paraît rouge à côté du bleu et qui paraît bleue à côté du rouge. *La réaction du lait est donc neutre au tournesol.*

Les sels dissous dans le lait sont des chlorures, des phosphates et des citrates [1]; il n'y a pas de sulfates. Ce sont des sels de potasse, de soude de chaux et de magnésie.

Voici quelques nombres indiquant la quantité des matières minérales du lait de vache — pour 1 litre.

Chlore	$1^{gr},3$	0,8	0,9
Ac. phosphorique	1 4	2,3	2,5
Chaux	1 2	1,8	2,0
Magnésie	0 2	0,2	0,1
Potasse	2 5	2,0	1,9
Soude	0 5	0,6	0,9

Les gaz dissous dans le lait sont de l'oxygène, de l'azote et du gaz carbonique.

Le sucre de lait.

Le lait contient un sucre, le *sucre de lait* ou *lactose*. Il existe environ 5 p. 100 de lactose dans le lait de vache.

En étudiant les sucres, nous avons dit que la lactose est une saccharose, c'est-à-dire un sucre répondant à la formule $C^{12}(H^2O)^{11}$. La lactose est dextrogyre, réductrice et non fermentescible par la levure de bière. Bouillie avec un acide minéral étendu, elle se dédouble, en fixant une molécule d'eau, en deux sucres du groupe des glycoses : glycose et galactose.

Si la levure de bière n'a pas d'action sur le sucre de lait, d'autres levures peuvent lui faire subir la fermentation

---

1. La proportion d'acide citrique contenue dans le lait de vache atteint et souvent même dépasse 1 gr. 5 par litre.

alcoolique. C'est ainsi qu'en soumettant le lait, dans des conditions convenablement choisies, à l'action de certaines levures, on obtient des boissons alcooliques, dont les plus connues sont le *képhir*, préparé avec le lait de vache, le *koumis*, préparé avec le lait de jument, etc.

Un microorganisme, appelé *ferment lactique*, fait subir à la lactose une fermentation particulière : il transforme la lactose en *acide lactique* :

$$C^{12}(H^2O)^{11} \quad + \quad H^2O \quad = \quad 4C^3H^6O^3.$$
Lactose.   Ac. lactique.

Cet acide lactique, dit *acide lactique de fermentation*, se distingue de l'acide sarcolactique, que nous avons trouvé dans le muscle rigide. Signalons notamment cette différence : l'acide lactique de fermentation et ses sels n'ont pas de pouvoir rotatoire ; l'acide sarcolactique et les sarcolactates sont doués d'un pouvoir rotatoire.

Le ferment lactique existe dans toutes les poussières atmosphériques : le lait abandonné au contact de l'air, ou dans un vase qui n'a pas été stéri-

Fig. 83. — Cristaux de lactose.

lisé, subit la fermentation lactique, le sucre de lait diminue en même temps que la réaction du lait devient acide ; lorsque l'acidité de la liqueur est devenue suffisante, la caséine se précipite : on dit que le lait caille, ou coagule spontanément, ou encore coagule par autoacidification. Cette *coagulation spontanée du lait* n'a rien de commun avec la coagulation spontanée du sang : c'est une précipitation de la caséine du lait par l'acide lactique, résultant de la transformation du sucre de lait, sous l'influence des ferments lactiques.

Pour doser la lactose contenue dans un lait donné, on précipite la caséine par addition d'acide acétique (1 à 2 p. 1000 en général) : on fait bouillir, pour coaguler la lactoglobuline et la lactalbumine ; on jette sur un filtre, et, dans la liqueur filtrée, on dose la lactose par titration avec la liqueur de Fehling, d'après les principes que nous avons énoncés au chapitre III, en tenant compte du pouvoir réducteur de la lactose égal à 0,70 de celui de la glycose.

Les substances protéiques du lait.

Le lait contient trois substances protéiques :

> 1. Une caséine : la *caséine* (ou mieux le *caséinogène*).
> 2. Une albumine : la *lactalbumine.*
> 3. Une globuline : la *lactoglobuline.*

Les caséines sont des paranucléoalbuminoïdes. La caséine du lait de vache contient 0,85 p. 100 de phosphore ; par digestion chlorhydro-peptique, elle laisse déposer une paranucléine, qui contient de 2 à 3 p. 100 de phosphore. — Elles ne sont coagulées ni par la chaleur, ni par l'alcool. Une caséine peut être bouillie dans l'eau, ou maintenue en contact prolongé avec l'alcool, ou traitée par l'alcool absolu bouillant, sans perdre la propriété de se dissoudre dans ses dissolvants primitifs. Les caséines sont incoagulables.

Les caséines sont insolubles dans l'eau distillée : elles sont solubles dans les alcalis caustiques très étendus, et dans les solutions aqueuses de terres alcalines : elles se dissolvent également dans les solutions de carbonates alcalins, mettant le gaz carbonique en liberté. Enfin elles se dissolvent dans les solutions aqueuses de quelques sels neutres d'alcalis, notamment dans les solutions aqueuses de fluorure de sodium, d'oxalate d'ammoniaque et d'oxalate de potasse (contenant de 1 à 5 p. 100 de sel).

Les propriétés des solutions des caséines diffèrent un peu, selon que les caséines ont été dissoutes dans les solutions alcalines étendues, ou dans les solutions de sels neutres d'alcalis.

Les *solutions des caséines dans les alcalis* peuvent être bouillies sans précipiter leur caséine. Elles ne sont pas précipitées quand, après dilution, on les fait traverser par un courant de gaz carbonique. Elles sont précipitées par l'acide acétique, et, pour une quantité convenable d'acide acétique, peuvent être totalement précipitées. Elles sont précipitées, et totalement précipitées, par le chlorure de sodium, ou par le sulfate de magnésie dissous à saturation à la température ordinaire.

Les *solutions des caséines dans les solutions de sels neutres* peuvent être bouillies sans précipiter leur caséine. Ces solutions, et, pour prendre un exemple, les solutions dans le fluorure de sodium à 1 p. 100 de ce sel, sont précipitées par un courant de gaz carbonique agissant après dilution de la solution, et, pour une dilution convenable, peuvent être totalement précipitées. Elles sont précipitées par l'acide acétique, et, pour une proportion convenable d'acide, totalement précipitées. Elles sont totalement précipitées par le sulfate de magnésie dissous à saturation ; — mais elles ne sont nullement précipitées par le chlorure de sodium dissous à saturation à la température ordinaire (à la température d'ébullition, elles sont précipitées au contraire par ce sel dissous à saturation).

Les solutions des caséines dans les sels, et les solutions dans les alcalis diffèrent donc par deux propriétés : 1º les premières sont précipitées, les secondes ne sont pas précipitées, après dilution, par le gaz carbonique ; 2º les premières ne sont pas précipitées, les secondes sont précipitées totalement par le chlorure de sodium dissous à saturation à la température ordinaire.

Le lait ne précipite pas à l'ébullition.

Lorsqu'on additionne le lait de 1 à 2 p. 1000 d'acide acétique on détermine la production d'un précipité floconneux, entraînant les globules gras ; le liquide débarrassé du précipité est transparent et très peu coloré.

Lorsqu'on sature le lait de sulfate de magnésie à froid, on détermine la production d'un précipité floconneux englobant les globules gras, se produisant au sein d'une liqueur transparente.

Lorsqu'on fait passer un courant du gaz carbonique dans du lait dilué ou non dilué, il ne se produit pas de précipitation.

Lorsqu'on sature de chlorure de sodium à froid le lait, il se produit un précipité englobant les globules gras ; la liqueur débarrassée du précipité est transparente.

Le lait se comporte donc comme une *solution de caséine dans les alcalis ou les phosphates alcalins*, et non comme une solution saline.

Le précipité produit dans le lait par l'acide acétique est constitué par une substance appelée *caséine*. Cette substance est insoluble dans les solutions étendues de chlorure de sodium. Le précipité produit dans le lait par le chlorure de sodium dissous à saturation à froid n'est pas la caséine : il se dissout dans les solutions étendues de chlorure de sodium ; on l'appelle *substance caséinogène*. Le lait contient une substance caséinogène, transformée par les acides dilués en caséine et précipitée.

On admet quelquefois que le caséinogène existe dans le lait sous deux états : à l'état de dissolution vraie et à l'état de simple suspension. On s'appuie sur les expériences de filtration du lait sur porcelaine poreuse : dans ces conditions, une partie, mais une partie seulement du caséinogène est retenue par le filtre : d'où cette conclusion que le caséinogène qui a filtré était en solution, et que celui qui a été retenu était en suspension. Comme le lait filtré une première fois abandonne encore du caséinogène pendant une seconde filtration, on est conduit à admettre qu'il existe dans le lait un équilibre physique entre les deux formes de caséinogène. C'est là une explication ingénieuse des faits observés, mais conservant encore un caractère hypothétique.

Lorsqu'on précipite le lait par l'acide acétique, ou par le sulfate de magnésie dissous à saturation à froid, ou par le chlorure de sodium dissous à saturation à froid, la liqueur transparente, séparée du précipité, donne un coagulum protéique à la température d'ébullition. Or la caséine est totalement précipitée de ses solutions phospho-alcalines par ces trois agents : acide acétique, sulfate de magnésie et chlorure de sodium. Donc le lait contient en solution des substances protéiques autres que la caséine. — Ces substances protéiques qui restent en solution dans le lait, après précipitation de la caséine, ne doivent pas être considérées comme un résidu de caséine non précipitée, car ces substances sont coagulables ; le coagulum produit à l'ébullition est notamment insoluble dans les solutions aqueuses de fluorure de sodium à 1 p. 100.

Que sont ces substances albuminoïdes coagulables contenues dans le lait?

Le lait saturé de sulfate de magnésie à froid précipite : le liquide clair, séparé de ce précipité, coagule à l'ébullition ; ce coagulum, nous l'avons vu, n'est pas un reste de caséine puisqu'il n'est pas soluble dans le fluorure de sodium ; ce n'est pas un coagulum de globulines, puisque, par définition, les globulines sont totalement précipitées de leurs solutions par saturation de sulfate de magnésie à froid. Ce ne peut être qu'un coagulum d'albumine. Cette albumine a été appelée *lactalbumine*.

Le lait saturé de chlorure de sodium à froid précipite : le liquide clair, séparé de ce précipité, donne un nouveau précipité lorsqu'on le sature de sulfate de magnésie à froid ; — ce nouveau précipité n'est pas un reste de caséine, parce que la liqueur ne contenait plus de substances protéiques non coagulables ; ce n'est pas une albumine, car les albumines ne sont pas précipitées par le sulfate de magnésie, même en présence de chlorure de sodium ; c'est une globuline. On l'a appelée la *lactoglobuline*.

La lactalbumine présente les propriétés générales des albumines, et notamment de la sérumalbumine, dont elle ne diffère que par son pouvoir rotatoire.

La lactoglobuline présente les propriétés générales des globulines, et dans le groupe des globulines, celles de la sérumglobuline, dont elle ne semble pas différer.

C'est ainsi notamment que le sérum d'un lapin qui a reçu quatre ou cinq injections sous-cutanées ou intrapéritonéales de sérum de bœuf, espacées de six à huit jours, précipite le lait de vache débarrassé de sa caséine, comme il précipite le sérum sanguin de vache. Or nous avons vu (ch. VI, p. 130) la spécificité remarquable de ces sérums précipitants, tant au point de vue de l'espèce de substance albuminoïde précipitée, que de l'espèce animale dont elle provient. Nous pouvons dès lors considérer la lactoglobuline comme identique à la sérumglobuline.

La quantité de caséine contenue dans le lait de vache est d'environ 4 p. 100. La quantité des substances albuminoïdes coagulables est beaucoup moins considérable : elle varie beaucoup suivant le lait considéré. La substance protéique la plus importante du lait, la plus abondante, celle qui caractérise le lait et lui communique ses propriétés, est la caséine; les autres substances protéiques contenues dans le lait doivent être mises au second plan.

La caséification du lait.

Lorsque le lait est traité par la *présure*, il coagule. Les présures sont essentiellement des extraits de caillettes de veaux ou de chevreaux, préparés de différentes façons [1]. Cette coagulation du lait par la présure est la première phase de la fabrication industrielle des fromages; — c'est également la première phase de la digestion du lait, la phase de digestion gastrique. A ce double point de vue, elle mérite d'être étudiée.

Supposons donc qu'on additionne le lait de présure à une température de 30 à 40°. Au bout d'un temps plus ou moins long suivant la nature du lait, suivant la nature et la quantité de la présure employée, le lait se prend en une masse homogène solide, un peu tremblotante, à cassure irrégulière. Abandonné à lui-même, ce caillot se rétracte, expulsant un liquide transparent. Le caillot est essentiellement constitué par une matière protéique précipitée, appartenant à la classe des caséines (nous verrons que ce n'est plus de la caséine), englobant dans sa masse les globules gras du lait.

On ne peut pas ne pas voir l'analogie, au moins l'analogie extérieure de ce phénomène, avec le phénomène de coagulation spontanée du sang. Dans les deux cas, un liquide organique, essentiellement constitué par un liquide ou plasma, tenant en suspension des éléments figurés, globules sanguins ou globules du lait, se prend en une masse gélatineuse totale. Dans les deux cas, cette masse se rétracte en expulsant un liquide clair, un sérum. Dans les deux cas, la masse solide rétractée est essentiellement constituée par une substance

---

1. Un certain nombre de substances végétales possèdent la propriété de coaguler le lait comme la présure; tels sont le suc du figuier, les fleurs d'artichaut, les feuilles de grassette, etc. Certains microbes fabriquent également des substances coagulantes.

protéique, fondamentale, englobant et fixant les éléments figurés du liquide, globules sanguins, ou globules du lait.

Résumons ces notions dans le tableau suivant :

(I) Sang. { Plasma.
             { Globules.   Lait. { Lactoplasma.
                                     { Globules du lait.

(II) { Sang.   { Caillot. { Substance protéique.
     { coagulé. {   { Globules.
     {   { Sérum.
     {
     { Lait.   { Caillot. { Substance protéique.
     { coagulé. {   { Globules.
     {   { Lactosérum.

Le *lait de vache bouilli* coagule toujours moins rapidement que le même lait non bouilli : le caillot obtenu, en partant du lait bouilli, est moins compact et moins rétractile. L'addition d'un peu d'acide ou de sels de chaux favorise la coagulation du lait et rend la rétraction du caillot plus rapide et plus grande. Les alcalis ou les carbonates d'alcalis retardent la coagulation du lait et diminuent la rétraction du caillot. Le lait de vache cru ou bouilli, saturé de gaz carbonique, coagule très rapidement.

Cette coagulation du lait par la présure doit-elle être rapprochée de la coagulation par autoacidification?

Non, car les présures ne sont pas nécessairement des produits acides. — *Non*, car la réaction du lait, après coagulation par des présures neutres, est neutre, comme elle est neutre avant l'addition de la présure. — *Non*, car nous verrons que les produits de la coagulation par la présure et par les acides ne sont pas identiques.

Il faut par conséquent distinguer ces phénomènes en leur donnant des noms convenablement choisis. La coagulation du lait par autoacidification ne peut pas être une coagulation véritable, puisque la caséine est incoagulable : c'est, nous l'avons dit, une *précipitation de la caséine*. Le lait précipite sa caséine par *autoacidification*. La coagulation du lait par la présure n'est pas une coagulation ; ce n'est pas non plus une simple précipitation, car le produit n'est plus de la caséine. Il faut désigner ce phénomène par un nom spécial : nous l'appellerons *caséification* : le lait est caséifié, la caséine est caséifiée par la présure.

Mais qu'est-ce que ce phénomène de caséification?

Les *présures* sont des produits très complexes : elles contiennent des sels et des matières organiques diverses. Quelle est, parmi toutes les substances qui les constituent, la substance active? — Soumises à l'ébullition, les présures perdent leur activité; — traitées par l'alcool, les présures donnent des précipités qui, séparés de la liqueur, desséchés à température peu élevée et dissous dans l'eau, communiquent à cette eau le pouvoir caséifiant. Le principe actif de la présure est une *diastase*, décrite et étudiée sous le nom de *labferment*. La caséification du lait est un phénomène de *fermentation diastasique*.

Quelles transformations s'accomplissent dans le lait pendant et par la caséification? — Le lait, nous l'avons dit, contient trois substances protéiques : une caséine (le caséinogène), une lactoglobuline et une lactalbumine. — Le lait caséifié présente à étudier un caillot et un sérum ; le caillot contient une substance protéique; le sérum contient trois substances albuminoïdes.

La *substance protéique du caillot* est une caséine ; mais ce n'est plus de la caséine ou du caséinogène. Elle se distingue de la caséine et du caséinogène par les caractères suivants : la caséine et le caséinogène préparés purs ne laissent pas de résidu salin à l'incinération ; la substance protéique du caillot n'a jamais pu être obtenue telle que, par incinération, elle ne laisse pas de résidu salin. La substance protéique du caillot est soluble dans les alcalis et les acides, mais elle y est beaucoup moins soluble que la caséine et le caséinogène. Enfin, le pouvoir rotatoire spécifique du caséinogène et de la substance fondamentale du caillot du lait diffère. C'est donc une substance de nouvelle formation ; nous l'appellerons *caséum*. Toutefois, le caséum ne diffère pas profondément, essentiellement, du caséinogène ou de la caséine ; si, en effet, on prépare des lapins à sérums précipitants par injections répétées de lait, de solutions phosphosodiques de caséine ou de solutions phosphosodiques de caséum, on obtient des sérums précipitant indistinctement le lait, les solutions phosphosodiques de caséine ou les solutions phosphosodiques de caséum, pourvu que les caséines injectées et essayées appartiennent à une même espèce animale.

Le *lactosérum* contient trois substances albuminoïdes : la lactalbumine et la lactoglobuline du lait, et une substance albuminoïde de nouvelle formation. Cette substance n'est pas coagulée ou précipitée à l'ébullition ; elle n'est pas précipitée par les acides ; — elle rappelle donc, par ces propriétés, les protéoses : c'est la protéose du lactosérum, la *lactosérumproléose*. C'est la *substance albuminoïde caractéristique du lactosérum*.

Cette étude des substances protéiques du caillot et du sérum du lait caséifié démontre que, dans la caséification, la caséine du lait est transformée, qu'elle subit un dédoublement, donnant naissance à deux substances protéiques, l'une qu'on retrouve dans le caillot, dont elle constitue la masse fondamentale, l'autre qu'on retrouve en solution dans le lactosérum.

La caséification du lait par la présure est donc essentiellement un dédoublement du caséinogène du lait et une précipitation de l'un des produits du dédoublement. L'étude de l'action de la présure sur le *lait oxalaté à 1 p. 1000* permet d'analyser le phénomène avec plus de précision.

Additionnons le lait de 1 p. 1000 d'oxalate neutre de potasse, de soude ou d'ammoniaque et, après l'avoir additionné de présure, portons à 40° ce lait oxalaté (et par conséquent au moins partiellement décalcifié, l'oxalate d'alcali précipitant les sels solubles de calcium à l'état d'oxalate calcique insoluble). Il ne se forme pas de caséum : le lait reste liquide. La caséification parfaite du lait, la production du caséum, exige, dans lait soumis à l'action du labferment, la présence d'une quantité de sels calciques dissous voisine de la quantité normale. Mais si la présure ne caséifie pas, au sens propre du mot, le lait oxalaté à 1 p. 1000, elle transforme cependant profondément ce lait, ainsi que le démontrent les faits suivants :

Le lait oxalaté à 1 p. 1000 ne précipite pas par l'ébullition, et ne précipite pas quand on l'additionne de 1 p. 1000 de chlorure de calcium. — Le lait oxalaté à 1 p. 1000, soumis à l'action du labferment à 40° pendant un temps suffisant, donne à l'ébulition un précipité floconneux, englobant les globules gras du lait, et donne, par addition de 1 p. 1 000 de chlorure de calcium, un précipité dont les flocons s'agglomèrent rapidement en une masse assez homogène et rétractile, englobant les globules gras.

La substance, qui se précipite par addition de chlorure de calcium au lait oxalaté transformé par la présure, est du caséum, car elle en possède toutes les propriétés et notamment les solubilités, précipitabilités et pouvoir rotatoire.

La subtance, qui se précipite à l'ébullition, n'est pas de la caséine : la caséine ne se précipite pas dans le lait (même dans le lait oxalaté) à l'ébullition; c'est du caséum, car elle en possède toutes les propriétés et notamment les solubilités, précipitabilités et pouvoir rotatoire. Sans doute, le caséum normalement formé est insoluble dans le lait oxalaté, tandis que la substance précipitée à l'ébullition y est soluble; mais cette différence est sans grande importance. On est autorisé à supposer que ces deux substances sont entre elles dans le même rapport que la silice soluble et la silice gélatineuse, que l'alumine soluble et l'alumine précipitée, etc. La substance qui, dans le lait oxalaté soumis à l'action de la présure, donne en se précipitant du caséum, la *substance caséogène*[1] par conséquent, est un *caséum soluble*.

La transformation du caséogène en caséum se fait, dans le lait naturel, sous l'influence des sels de chaux dissous. Dans le lait oxalaté transformé par la présure, elle se fait sous l'influence des sels de chaux solubles surajoutés, ou sous l'influence des sels solubles de baryum, de strontium et de magnésium.

En ajoutant au lait 3 p. 1 000 d'un citrate neutre d'alcali, on obtient un *lait citraté à 3 p. 1 000*, qui possède toutes les propriétés du lait oxalaté à 1 p. 1 000, au point de vue de la caséification. Or les citrates neutres d'alcalis ne précipitent pas les sels de chaux du lait : le lait citraté n'est pas un lait décalcifié; mais les citrates possèdent vis-à-vis des colloïdes,

---

1. Quelques auteurs appellent cette substance *paracaséine*.

ou tout au moins de certains colloïdes, un pouvoir antiprécipitant antagoniste du pouvoir précipitant des sels alcalinoterreux.

On peut étudier les phénomènes de caséification au moyen des solutions phosphosodiques de caséine.

Le lait est précipité par 1 p. 1000 d'acide acétique : le précipité de caséine est débarrassé de l'acide qui a servi à la précipitation par lavages à l'eau, et des globules gras qu'il a entraînés par lavages à l'alcool et à l'éther. Ainsi préparée, la caséine est dissoute dans une solution très étendue de soude caustique, et la solution alcaline de caséine est exactement neutralisée par l'acide phosphorique.

Une telle solution présente les deux caractères suivants : la caséine en solution peut être totalement précipitée par addition d'une quantité convenable d'acide acétique; — la caséine en solution peut être précipitée par addition de chlorure de calcium, mais seulement par une assez forte proportion de chlorure de calcium.

Faisons agir sur une telle solution de la présure à 40°. Nous constaterons : 1° que la substance en solution n'est plus totalement précipitée par l'acide acétique, quelle que soit la proportion de cet acide; — 2° qu'elle est précipitée par de très petites quantités de chlorure de calcium.

La caséine a donc été dédoublée en deux substances, l'une qui n'est plus précipitée par l'acide acétique : c'est la lactosérumprotéose; l'autre qui est précipitée par de faibles quantités de chlorure de calcium : c'est la substance caséogène. Par le chlorure de calcium, cette substance caséogène est précipitée à l'état de caséum.

Nous le voyons, la solution phosphosodique de caséine permet d'analyser les phénomènes de caséification de la caséine comme le lait oxalaté.

Si l'on prépare une solution phosphocalcique de caséine, en dissolvant la caséine dans l'eau de chaux et neutralisant par l'acide phosphorique, on obtient une solution qui est caséifiable par la présure, comme l'est le lait naturel. On constate la formation d'un caséum insoluble, et il reste en solution une substance albuminoïde non coagulée par la chaleur, non précipitée par les acides, la lactosérumprotéose.

COLOSTRUM

On désigne sous le nom de *colostrum* le lait jaunâtre, épais et visqueux, sécrété pendant les premières heures, et quelquefois pendant les premiers jours, qui suivent la mise bas. Le colostrum se distingue du lait normal par les caractères suivants :

1. Le colostrum renferme, outre les globules du lait, des éléments appelés *globules du colostrum*, caractérisés par leur

grosseur (20 millièmes de millimètre environ) et par leur aspect granulé.

2. Le colostrum coagule à l'ébullition, tantôt en une masse compacte, rappelant le blanc d'œuf cuit, tantôt en gros grumeaux, flottant dans un liquide jaunâtre et transparent; le coagulum retient les globules gras et les globules de colostrum.

3. Le colostrum, additionné de présure à 40°, n'est pas caséifié : il reste parfaitement liquide.

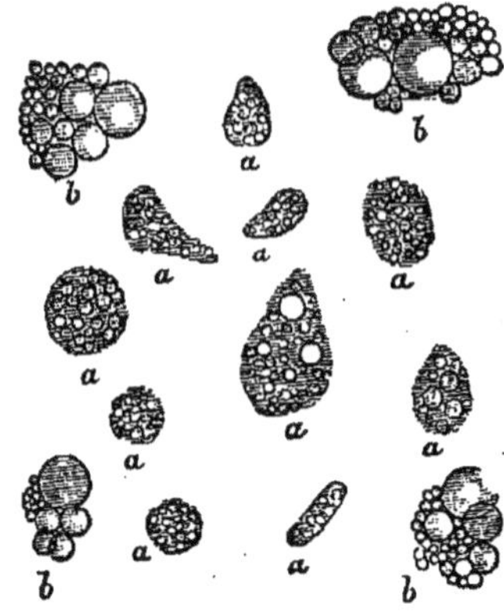

Fig. 84. — Éléments du colostrum (d'après Beauregard et Galippe); *a*, corps granuleux; *b*, globules agglomérés.

La constitution du colostrum est la même que celle du lait, qualitativement, au moins : il contient du sucre de lait, des matières grasses neutres et des substances protéiques qui sont de la caséine, de la lactalbumine et de la lactoglobuline. Mais, tandis que, dans le lait, la caséine constitue la plus grande partie des substances protéiques et donne au lait ses propriétés; dans le colostrum, ce sont les substances albuminoïdes coagulables, lactalbumine et lactoglobuline, qui communiquent au colostrum leurs propriétés. C'est ainsi que le colostrum coagule à l'ébullition : le coagulum de lactalbumine et de lactoglobuline entraîne avec lui la caséine.

— Mais comment expliquer que le colostrum, qui contient de la caséine, ne donne pas de caséum par la présure? Nous n'en savons rien de façon précise. Mais nous pouvons rendre ce colostrum caséifiable : il suffit de l'additionner d'une faible proportion de chlorure de calcium. Le caséum se forme alors, entraînant avec lui les globules gras et une forte proportion de lactalbumine et de lactoglobuline. Le colostrum se comporte donc vis-à-vis de la présure comme les laits oxalatés et citratés; il contient des sels de chaux en dissolution; contient-il un excès de citrates, neutralisant l'action précipitante de ces sels de chaux? C'est possible, mais ce n'est pas démontré.

Pour démontrer, dans le colostrum, la présence des trois substances protéiques : caséine, lactalbumine et lactoglobuline, on peut procéder de la façon suivante :

Additionnons le colostrum d'acide acétique, jusqu'à ce qu'il se produise un précipité floconneux; lavons ce précipité à l'eau; faisons-le bouillir dans l'eau pour coaguler les substances albuminoïdes coagulables qu'il peut contenir; mettons-le en présence de fluorure de sodium à 1 p. 100; une substance protéique se dissout, et la solution fluorée présente toutes les propriétés des solutions salines de caséine. Le colostrum contient donc de la caséine.

Saturons le colostrum de sulfate de magnésie à froid; séparons le précipité par filtration : la liqueur claire coagule par la chaleur : elle contient une substance albuminoïde coagulable, une albumine, la lactalbumine.

Saturons le colostrum de chlorure de sodium à froid; séparons le précipité par filtration : la liqueur claire précipite par le sulfate de magnésie dissous à saturation, elle contient donc une globuline, la lactoglobuline.

Voici quelques analyses de colostrum de vache (1re traite) pour 100 grammes.

Eau	74,79	71,45	67,17	80,80	75,13
Résidu sec	25,21	28,55	32,83	19,20	24,87
Protéines	18,10	15,75	21,76	13,25	18,12
Graisses	2,92	9,28	8,14	2,03	3,97
Hydrocarbones	2,90	2,42	2,21	2,92	1,63
Cendres	1,17	1,10	0,82	1,00	1,15

Tels sont les caractères du colostrum vrai, de celui qui est sécrété aussitôt après la mise bas. Mais, peu à peu, ces caractères se modifient : tout d'abord le colostrum devient caséifiable par la présure, tout en restant coagulable à l'ébullition; — puis le coagulum produit par l'ébullition devient de moins en moins abondant, la liqueur séparée du coagulum devenant de plus en plus trouble et laiteuse. Finalement le colostrum perd sa coagulabilité par l'ébullition : c'est alors du lait véritable. Le colostrum, d'abord très riche en substances albuminoïdes coagulables et relativement pauvre en caséine, est devenu de moins en moins riche en substances albuminoïdes coagulables et de plus en plus riche en caséine, jusqu'à ce que sa constitution soit celle du lait véritable.

Voici des nombres indiquant la composition du colostrum des traites successives.

	1re traite.	2e traite.	3e traite.	4e traite.
Eau...................	74,79	81,42	84,94	85,72
Résidu sec.............	25,21	18,58	15,06	14,28
Protéines.............	18,10	11,27 .	7,32	4,27
Graisses..............	2,92	2,27	2,30	4,98
Hydrocarbones	2,90	3,88	4,39	4,17
Cendres..............	1,17	1,16	1,05	0,83

LAITS DIVERS

Le *lait de chèvre*, d'un blanc nacré éclatant, ne diffère pas essentiellement du lait de vache. Toutefois, nous devons noter que la crème y monte beaucoup plus lentement et beaucoup plus incomplètement que dans le lait de vache. Il subit moins facilement que ce dernier la fermentation lactique. La proportion des matières minérales est assez élevée (8 à 9 p. 1 000); ce sont les chlorures et les sels de chaux qui dominent. Il caille en fournissant un volumineux caséum, massif, rétractile.

Voici deux analyses de laits de chèvres.

Eau.......................	86,13	87,60
Résidu sec.................	13,87	12,40
Protéines..................	4,29	3,70
Graisses...................	4,78	4,20
Hydrocarbones..............	4,04	4,00
Cendres...................	0,76	0,56

Le *lait de brebis* est légèrement jaunâtre. Il est remarquable par sa richesse en caséine (5,5 à 6,0 p. 100), en graisse (7 p. 100) et en phosphate de chaux. Il donne par la présure un caséum mou et peu rétractile.

Voici deux analyses de laits de brebis.

Eau................	79,97	81,10
Résidu sec........	20,03	18,90
Protéines.........	6,18	5,54
Graisses..........	7,40	6,98
Hydrocarbones.....	5,37	5,53
Cendres...........	1,02	0,96

Les *laits de jument* et *d'ânesse*, moins blancs que le lait de vache, sont beaucoup plus pauvres que ce dernier en substances protéiques et en matières grasses. Le lait d'ânesse contient environ 2,5 p. 100 de caséine, 1,5 p. 100 de graisses, 6 p. 100 de lactose. Les acides déterminent dans ces laits un léger précipité floconneux, flottant dans un liquide un peu trouble; — la présure fait cailler ces laits, mais le caillot est toujours peu volumineux, très poreux et très peu rétractile : le lactosérum est trouble. Ils subissent très facilement la fermentation lactique.

Voici des analyses de laits d'ânesses et de juments.

	Anesse.	Anesse.	Jument.	Jument.
Eau...............	89,36	89,25	90,11	90,21
Résidu sec........	10,64	10,75	9,89	9,80
Protéines.........	3,07	2,22	1,99	2,00
Graisses..........	1,17	1,64	1,21	1,56
Hydrocarbones.....	6,00	6,38	6,34	5,73
Cendres...........	0,40	0,51	0,35	0,55

Le *lait des carnivores*, notamment le *lait de chienne*, est remarquable par sa richesse en matières protéiques (7 à 12 p. 100), en graisses (8 à 12 p. 100), en matières minérales (1 à 1,2 p. 100), particulièrement en phosphate de chaux (0,4 p. 100). A l'air, il finit par se putréfier après un long séjour, mais il ne subit pas la fermentation lactique. La présure le caséifie : il se forme un caséum mou, grenu, fin, très peu rétractile, laissant sourdre quelques gouttelettes de lactosérum.

Voici une analyse de lait de chienne.

Eau	80,17
Résidu sec........	19,83
Protéines	7,70
Graisses	8,10
Hydrocarbones.....	2,98
Cendres	1,05

Le *lait de truie* contient parfois jusqu'à 8 à 10 p. 100 de substances protéiques ; 6 à 7 p. 100 de matières grasses (avec prédominance de l'oléine), et 1,5 p. 100 de matières minérales. Il est parfois incaséifiable par la présure, et coagulable par la chaleur comme les colostrums typiques.

Voici une analyse.

Eau	80,92
Résidu sec	19,08
Protéines	6,20
Graisses	7,06
Hydrocarbones	4,75
Cendres	1,07

Le *lait de vache* a servi de type pour notre étude du lait, et cela à juste titre, car il occupe, par sa composition chimique, une place moyenne entre les différents laits fournis par les espèces domestiques. Il est plus riche en caséine que le lait de la jument et de l'ânesse ; il en contient moins que ceux de la brebis, de la chèvre, de la chienne ; — il est plus sucré que le lait de chèvre et de brebis : il l'est moins que le lait de jument et d'ânesse ; — il est plus gras que le lait de jument et d'ânesse : il l'est moins que ceux de chienne et de brebis ; — il est plus riche en matières minérales que le lait de jument et d'ânesse, il est moins riche que ceux de chienne, de truie et de brebis. Sa matière minérale est pauvre en chlore (0,1 p. 100) et en soude (0,05 p. 100) ; riche en acide phosphorique (0,2 p. 100), en chaux (0,18 p. 100) et en potasse (0,2 p. 100).

Voici quelques analyses de lait de vache :

Eau	87,15	86,43	86,15	86,70
Résidu sec	12,85	13,57	13,85	13,30
Protéines	3,57	3,33	3,60	3,40
Graisses	3,69	4,20	3,68	4,00
Hydrocarbones	4,88	5,28	5,69	5,30
Cendres	0,71	0,76	0,78	0,60

Le *lait de femme* a la même composition qualitative que les laits que nous venons d'étudier. Quantitativement, il

diffère du lait de vache par sa pauvreté en substances pro_
téiques et par sa richesse en sucre de lait. En moyenne, le
lait de femme contient 2 à 3 p. 100 de matières grasses, 1,0 à
1,5 p. 100 de substances protéiques, 6 p. 100 de sucre de
lait, et 0,2 p. 100 de matières minérales.

La caséine du lait de femme est précipitée par les acides,

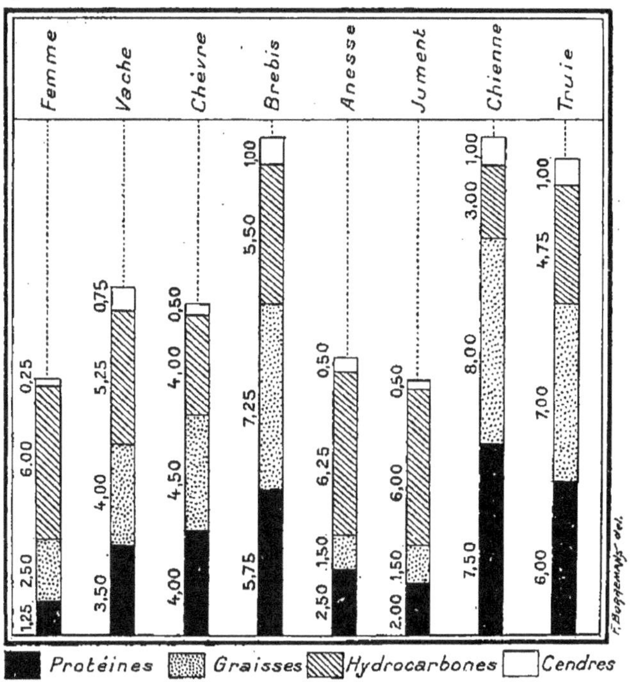

Fig. 85. — Composition du résidu sec de 100 grammes de lait
de diverses espèces.

mais il faut ajouter au lait une forte proportion d'acide ; elle
se précipite alors sous forme de flocons légers nageant dans
un liquide louche [1]. Par la présure, le lait de femme donne
un caséum ; mais ce caséum est peu abondant, très poreux,
à peine rétractile ; le lactosérum est très trouble.

Le lait de femme ne subit pas facilement la fermentation
lactique ; on sait que le lait de vache, au contraire, est un

1. La caséine du lait de femme se distinguerait encore de la caséine du lait de
vache en ce que, traitée par la pepsine chlorhydrique, elle se transformerait sans
déposer de paranucléine.

milieu très favorable au développement des ferments lactiques.
Voici des analyses de lait de femmes :

Eau....................	80,71	81,18	78,91	80,79	80,64	80,39	78,58
Résidu sec...........	9,29	8,82	11,09	9,21	9,36	9,61	11,42
Protéines.......	0,97	0,87	1,03	1,16	1,04	1,17	1,35
Graisses..............	2,19	1,57	3,82	2,60	2,67	2,05	3,32
Hydrocarbones..... ...	5,90	6,17	6,01	5,25	5,45	6,19	6,50
Cendres.............	0,23	0,21	0,23	0,20	0,20	0,20	0,25

CHAPITRE XVIII

LA SALIVE

SOMMAIRE. — Constitution chimique de la salive. La mucine, le sulfocya-
nure. Propriété diastasique de la salive : la ptyaline. Saccharification
de l'amidon : les dextrines et la maltose. Comparaison de la sacchari-
fication par la salive et de la saccharification par les acides.

Différentes glandes, dites *glandes salivaires*, situées au voi-
sinage ou dans les parois de la cavité buccale, déversent leurs
sécrétions dans cette cavité. La *salive mixte* est formée par
le mélange des différentes salives : *parotidienne, sous-maxil-
laire, sublinguale* et *buccale*.

Comme tous les liquides de l'organisme, la salive mixte
contient en solution des sels minéraux. Ces sels sont surtout
des chlorures et des phosphates, des sels de potasse, de soude
et de chaux. On doit aussi signaler dans la salive la présence
d'une petite quantité de carbonates d'alcalis, auxquels il faut
rapporter sa réaction légèrement alcaline.

CONSTITUTION CHIMIQUE DE LA SALIVE

Parmi les éléments organiques de la salive, il en est trois
à signaler : une *mucine*, une *substance albuminoïde*, un *sul-
focyanure*.

— La *mucine salivaire* provient surtout de la sécrétion de la
glande sous-maxillaire; la salive sous-maxillaire est manifes-
tement plus visqueuse que les autres salives. (La salive paro-
tidienne de l'homme ne contient pas de mucine.)

Supposons isolée cette mucine salivaire : c'est une substance blanche, filamenteuse et gluante. Elle se dissout dans les solutions très étendues d'alcalis caustiques (potasse, soude, ammoniaque), donnant des liqueurs à réaction neutre, lorsque le dissolvant n'est pas employé en excès. Ces solutions neutres ne sont ni coagulées, ni précipitées à l'ébullition. Elles sont précipitées par l'alcool en présence de sels. Elles sont précipitées et totalement précipitées par addition d'acide acétique : le précipité produit est absolument insoluble dans un excès quelconque d'acide acétique (l'acide acétique ne précipiterait pas ces solutions en présence d'un excès de chlorure de sodium, 5 à 10 p. 100, par exemple). Elles sont également précipitées par une petite quantité d'acide chlorhydrique, mais le précipité se redissout dans un excès de cet acide. Bouillies avec l'acide sulfurique ou l'acide chlorhydrique dilués, les solutions de mucine salivaire sont décomposées en une substance albuminoïde et en diverses substances, parmi lesquelles on a reconnu l'existence d'un hydrate de carbone typique ou substitué, capable de réduire la liqueur de Fehling.

En se fondant sur ces quelques propriétés de la mucine salivaire, on peut la mettre en évidence dans la salive, la préparer ou la doser.

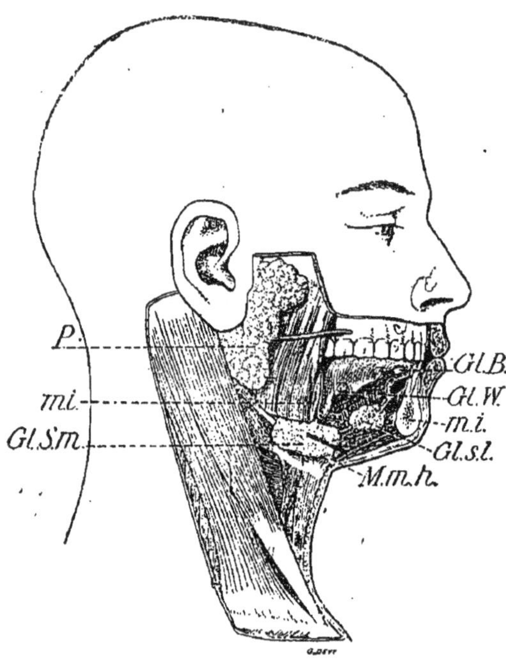

Fig. 86. — Glandes salivaires de l'homme. — *P*, parotide; *G.s.m.*, sous-maxillaire; *Gl.s.l.*, sublinguale; *Gl.B.*, glande de Blandin ou de Nühn; *Gl. W.*, glande de Weber; *m.i.*, maxillaire inférieur; *M.m.h.*, muscle mylo-hyoïdien.

En traitant la salive par l'acide acétique, on détermine la production d'un précipité insoluble dans un excès d'acide acétique : ce précipité est un précipité de mucine, car, de toutes les substances contenues normalement dans la salive, aucune, si ce n'est la mucine, ne possède cette double propriété : — les autres éléments de la salive, chlorures, phosphates, sels d'alcalis et de terres alcalines, sulfocyanures, etc., ne sont pas précipités par l'acide acétique; — la petite quantité de substance albuminoïde contenue dans la salive peut-être précipitée par l'acide acétique, mais le précipité se redissout dans un excès d'acide.

On peut préparer la mucine salivaire en partant de la salive; mais le plus souvent on se sert, pour faire cette préparation, de la macération aqueuse des glandes sous-maxillaires de veau. La liqueur contenant en solution la mucine est additionnée de petites quantités d'acide chlorhydrique : un précipité se forme; on continue d'ajouter l'acide chlorhydrique jusqu'à ce que la liqueur en contienne 0,15 p. 100 : le précipité s'est redissous. On précipite la mucine de cette liqueur acide en diluant par 5 volumes d'eau distillée.

. Enfin, pour doser la mucine salivaire, on ajoute à la salive de l'acide acétique en excès; on lave le précipité avec de l'eau fortement acétique, jusqu'à ce que les eaux de lavage n'entraînent plus ni matières salines, ni substances albuminoïdes.

— La salive contient toujours une très petite quantité d'une *substance albuminoïde*, coagulable par la chaleur, appartenant au groupe des *globulines*.

— Enfin la salive renferme des *sulfocyanures*.

Les *sulfocyanures* se rattachent au groupe du cyanogène. On sait que l'acide cyanique a pour formule $CAzOH$, et le cyanate de potasse $CAzOK$. L'acide sulfocyanhydrique répond à la formule $CAzSH$; c'est donc de l'acide cyanique dans lequel l'oxygène divalent a été remplacé par le soufre également divalent; le sulfocyanure de potassium est $CAzSK$.

Les sulfocyanures d'alcalis sont des sels solubles dans l'eau et dans l'alcool. Lorsqu'on ajoute à leurs solutions une solution de chlorure ferrique, on fait apparaître une coloration rouge-sang intense que l'acide chlorhydrique fort ne fait pas disparaître (les acétates d'alcalis donnent également avec le chlorure ferrique une coloration rouge foncé, mais cette coloration disparaît en présence d'un excès d'acide chlorhydrique).

On peut affirmer l'existence dans la salive de sulfocyanure pour les raisons suivantes :

La salive, acidulée par l'acide chlorhydrique et additionnée d'une solution étendue de chlorure ferrique, prend une coloration rouge-sang intense.

L'extrait alcoolique de salive donne la même réaction colorée.

L'extrait alcoolique contient une substance sulfurée, car, après action d'un mélange de chlorate de potasse et d'acide chlorhydrique (mélange oxydant), il présente les réactions des sulfates : cette substance sulfurée, soluble dans l'alcool, puisqu'elle existe dans l'extrait alcoolique, ne peut être ni un sulfate neutre, ni une substance albuminoïde, ni une mucine, ces substances étant insolubles dans l'alcool.

La salive contient donc une substance sulfurée, transformable en sulfate par les agents oxydants, soluble dans l'eau, soluble dans l'alcool, donnant, en présence d'acide chlorhydrique et de perchlorure de fer, une coloration rouge ; — elle *contient des sulfocyanures.*

Le sulfocyanure existe normalement dans la salive mixte, mais en très faible quantité, environ 0,008 p. 100[1]. Quelquefois même la quantité de ce sel est si faible qu'il est difficile de mettre en évidence son existence par la réaction colorée ; c'est ce qui avait conduit certains auteurs à penser que le sulfocyanure n'est pas un élément normal de la salive.

LA DIASTASE SALIVAIRE

La salive mixte possède une *propriété diastasique* ; elle renferme un *ferment soluble*, la *diastase salivaire*, ou *ferment*

---

1. La salive des non fumeurs contient toujours moins de sulfocyanure que la salive des fumeurs. Des déterminations faites à ce sujet donnent comme moyenne pour les non fumeurs 0,004 p. 100 ; pour les fumeurs 0,012 p. 100.

saccharifiant de la salive, ou mieux *diastase amylolytique* salivaire, *amylase* salivaire ou *ptyaline*.

La salive mixte peut transformer l'amidon cuit; elle peut le *saccharifier* [1].

Les solutions aqueuses d'empois d'amidon ont, on le sait, la propriété de se colorer en bleu par l'eau iodée, de ne pas réduire la liqueur cupropotassique de Fehling et de ne pas fermenter par la levure de bière. — Lorsque ces solutions ont été soumises à l'action de la température du corps, pendant un temps suffisant, variable suivant la salive employée, on constate qu'elles ont perdu la propriété de se colorer en bleu par l'iode et qu'elles ont acquis la propriété de réduire la liqueur cupropotassique de Fehling et de fermenter par la levure de bière. L'amidon a donc été transformé.

Cette action de la salive sur l'amidon est une action diastasique, car elle est suspendue à basse température, accélérée aux températures voisines de 40°, définitivement détruite par l'ébullition, sans que la réaction et la composition chimique du liquide salivaire soient modifiées d'une façon appréciable.

Étudions avec quelques détails cette action de la salive sur la solution d'*empois d'amidon*, en écartant, par des moyens convenablement choisis, l'action des microbes. Pour faire cette étude, examinons la composition de la solution à différents moments.

Nous opérons sur une solution d'empois d'amidon, incapable de réduire la liqueur de Fehling et de fermenter par la levure de bière, se colorant en bleu par l'iode. Nous faisons agir la salive (la salive normale ne réduit pas la liqueur cupropotassique, ne fermente pas par la levure de bière, ne se colore pas par l'iode) jusqu'à ce que le mélange ne se colore plus en bleu par l'iode [2]. A ce moment, nous constatons que la solution a les propriétés suivantes : elle donne un pré-

---

1. Les salives isolées des diverses glandes ne possèdent pas toutes cette propriété saccharifiante : c'est ainsi que les salives parotidiennes de l'homme et du cheval n'ont aucune action sur l'amidon.

2. Quand on fait agir la salive sur de l'empois d'amidon en bouillie, il y a tout d'abord liquéfaction de l'empois; la substance dissoute donne toujours, avec l'iode, la réaction bleue. On dit que l'empois d'amidon a été transformé en *amidon soluble* ou *amylodextrine*.

cipité par l'alcool; elle se colore en rouge par l'eau iodée; elle réduit la liqueur cupropotassique de Fehling; elle fermente par la levure de bière : elle contient des substances appartenant au groupe des *dextrines* et au groupe des *sucres fermentescibles*. Les recherches délicates ont prouvé qu'elle contient en réalité au moins deux dextrines (une *érythrodextrine*, substance qui se colore en rouge par l'eau iodée, et une *achroodextrine*, substance qui ne se colore pas par l'eau iodée), et un sucre, qui est de la *maltose*, c'est-à-dire un sucre dextrogyre, réducteur, fermentescible, du groupe des saccharoses. Les dextrines, surtout l'érythrodextrine, sont abondantes; la maltose est en petite quantité.

Laissons la salive agir plus longtemps sur la solution d'empois d'amidon : il arrive un moment où la solution ne se colore plus en rouge par l'iode : elle conserve ses autres propriétés, sa précipitabilité par l'alcool, son pouvoir réducteur, sa fermentescibilité. Elle ne contient plus d'érythrodextrine, mais elle contient encore de l'*achroodextrine* et de la *maltose*; cette dernière est devenue abondante.

Laissons enfin la salive agir pendant très longtemps sur l'empois d'amidon, pendant plusieurs jours, par exemple, jusqu'à ce que soit atteint l'équilibre final. Nous constatons que la solution renferme toujours de l'*achroodextrine* et de la *maltose* et ne renferme pas de substances de nouvelle formation. Isolons l'achroodextrine, en la précipitant par l'alcool, redissolvons-la dans l'eau, et faisons agir sur cette solution d'achroodextrine de la salive fraîche, nous n'observons pas de transformation : la liqueur, qui ne fermentait pas par la levure de bière avant l'action de la salive, ne fermente pas davantage après l'action de la salive. Ceci est vrai lorsque l'achroodextrine a été préparée au moyen de liqueurs soumises, jusqu'à réaction finie, à l'action de la salive. Si, au contraire, on avait retiré l'achroodextrine des liqueurs, au moment où disparaît la réaction de l'érythrodextrine (coloration rouge par l'eau iodée), cette achroodextrine aurait été partiellement transformée en maltose par la salive. Ce fait a conduit les auteurs à considérer l'achroodextrine comme un mélange de plusieurs substances : on en distingue généralement trois qu'on différencie par leurs précipitabilités différentes par l'alcool, par leurs pouvoirs rotatoires et par leurs pouvoirs réducteurs : l'*achroodextrine* α, l'*achroodextrine* β et l'*achroodextrine* γ, cette dernière étant la seule qui n'est pas modifiée par la salive : c'est celle qu'on retire des solutions soumises pendant très longtemps à l'action de la salive.

En résumé, lorsqu'on fait agir la salive sur une solution d'empois d'amidon, on constate : 1° l'apparition simultanée de dextrines et de maltose; 2° la diminution progressive des dextrines et l'augmentation correspondante de la maltose; 3° la disparition totale de l'érythrodextrine et des achroodextrines α et β, et la conservation indéfinie de l'achroodextrine γ.

De ces faits on a donné l'*interprétation* suivante, qui pendant longtemps fut classique parmi les physiologistes.

L'amidon peut être considéré comme un corps ayant pour formule $(C^6H^{10}O^5)^n$, la valeur de n étant au moins égale à 5. *Sous l'influence de la salive, il se produit une série de dédoublements : chaque dédoublement* (accompagné d'une hydratation partielle) *donne naissance à une dextrine et à de la maltose* : les dextrines des dédoublements successifs ont pour formule $(C^6H^{10}O^5)^p$, p diminuant à chaque dédoublement nouveau. Pour préciser, l'amidon est dédoublé en maltose et érythrodextrine; l'érythrodextrine est dédoublée en maltose et achroodextrine α; l'achroodextrine α est dédoublée en maltose et achroodextrine β; l'achroodextrine β est dédoublée en maltose et achroodextrine γ, cette dernière n'étant plus modifiable par la salive.

Cette interprétation n'est plus universellement admise; certains auteurs lui ont substitué la suivante, reposant sur certaines expériences faites au moyen de la diastase du malt. En maintenant, pendant un temps convenable, à 79-80° une solution de malt, on a obtenu une liqueur qui, agissant sur l'empois d'amidon, fournit bien des dextrines, mais ne donne pas trace de maltose. La saccharification de l'amidon ne résulterait donc pas de dédoublements successifs fournissant chaque fois de la maltose, mais de deux transformations successives, sous l'influence de deux diastases : une transformation de l'empois d'amidon en dextrines par une *amylase vraie*; une transformation des dextrines en maltose par une autre diastase, une *dextrinase*. Dans cette théorie nouvelle, les diverses dextrines ne dériveraient d'ailleurs pas les unes des autres, mais proviendraient de divers amidons plus ou moins facilement attaquables par l'amylase, et ces dextrines seraient les unes transformées, les autres non transformées en maltose par la dextrinase.

Pour d'autres auteurs, l'interprétation serait encore différente L'amidon, nous l'avons indiqué p. 60, se compose de deux groupes de substances, les amylocelluloses et les amylopectines; — le malt contiendrait deux diastases, l'une qu'on pourrait appeler amylocellulase agissant sur les amylocelluloses et les transformant intégralement en maltose; l'autre qu'on pourrait appeler amylopectase agissant sur les amylopectines pour les transformer en dextrines sans aucune formation de maltose. L'amylocellulase serait détruite à 80°, l'amylopectase résisterait à cette température.

Il ne nous est pas possible actuellement de choisir entre ces diverses interprétations.

L'*amidon cru* et le *glycogène* sont transformés par la salive comme l'amidon cuit : les produits de transformation sont identiques; la transformation est seulement beaucoup moins rapide. Le glycogène donne les mêmes produits de transformation que l'amidon : dextrines et maltose.

La *diastase de l'orge germé* transforme l'empois d'amidon en dextrines et maltose, comme le fait la diastase salivaire : ces deux diastases, agissant dans les mêmes conditions de température et de milieu, et déterminant la formation des mêmes produits de transformation, peuvent être considérées comme identiques pratiquement.

Par l'action des *acides minéraux étendus*, à la température d'ébullition, sur les solutions d'empois d'amidon, on obtient tout d'abord les mêmes produits de transformation que par l'action des diastases : dextrines et maltose; mais les produits ultimes de transformation ne sont pas les mêmes. Sous l'influence des acides dilués à l'ébullition, l'achroodextrine γ et la maltose subissent une hydratation et donnent de la glycose. De telle sorte que, lorsque l'action des diastases est épuisée, on a de l'achroodextrine et de la maltose ; — lorsque l'action des acides est suffisamment prolongée, on a de la *glycose* et rien que de la glycose.

La *salive mixte humaine* possède un *pouvoir amylolytique* très énergique ; les salives parotidienne et sous-maxillaire humaines, recueillies pures de tout mélange avec quelque autre salive, possèdent également, au moins parfois, sinon toujours, un pouvoir amylolytique, mais un pouvoir amylolytique faible. En général, toutes les sécrétions salivaires de l'homme, à tout âge, peuvent produire plus ou moins énergiquement la transformation de l'amidon.

CHAPITRE XIX

LE SUC GASTRIQUE

Sommaire. — Le suc gastrique présente à étudier : des combinaisons acides et deux diastases : la pepsine et le labferment.

I. *Combinaisons acides*. — Réaction du suc gastrique. Quelles sont les substances auxquelles le suc gastrique doit sa réaction acide? Acide chlorhydrique ou acide lactique? Acide chlorhydrique libre ou combinaisons chlorées organiques acides? Ce que les auteurs appellent acide chlorhydrique libre. L'acide lactique du suc gastrique. Dosages des combinaisons chlorées du suc gastrique. Trois groupes de procédés.

II. *La pepsine*. — Le pouvoir protéolytique du suc gastrique. La diastase protéolytique du suc gastrique. La diastase ne possède son pouvoir protéolytique qu'en liqueurs acides. Suc gastrique artificiel et solutions de pepsine. Transformations peptiques des substances albuminoïdes. Dyspeptone, parapeptone et peptones de Meissner. Propeptone et peptone de Schmidt-Mülheim. Protéoses et peptone de Kühne. — Pepsinogène.

III. *Le labferment*. — Le pouvoir caséifiant du suc gastrique. La diastase caséifiante du suc gastrique. Suc gastrique artificiel et solution de labferment. Distinction de la pepsine et du labferment. Comparaison de l'action de la pepsine et de l'action du labferment.

IV. *Contenu gastrique*.

Les physiologistes ont démontré que la sécrétion du suc gastrique est intermittente, au moins chez l'homme et chez les mammifères carnivores : elle se produit au moment du repas et sous l'influence des matières alimentaires ingérées. C'est dire que le suc gastrique étudié et analysé n'est pas du suc gastrique pur, mais un mélange de suc gastrique et de matières alimentaires; — c'est un *contenu gastrique* et non un suc gastrique.

Pour provoquer la sécrétion du suc gastrique, chez l'homme, on fait généralement absorber un repas d'épreuve composé

d'ordinaire de pain blanc et d'une infusion légère de thé. On
retire au bout d'un certain temps le contenu gastrique, au
moyen de la sonde stomacale.

Chez le chien, on peut procéder de même; mais, le plus
souvent, on pratique chez cet animal l'opération de la fistule
gastrique, pour éviter le sondage. Après avoir fait absorber
à l'animal des os bouillis, on ouvre la canule obturatrice
et on recueille le liquide qui s'écoule par l'orifice.

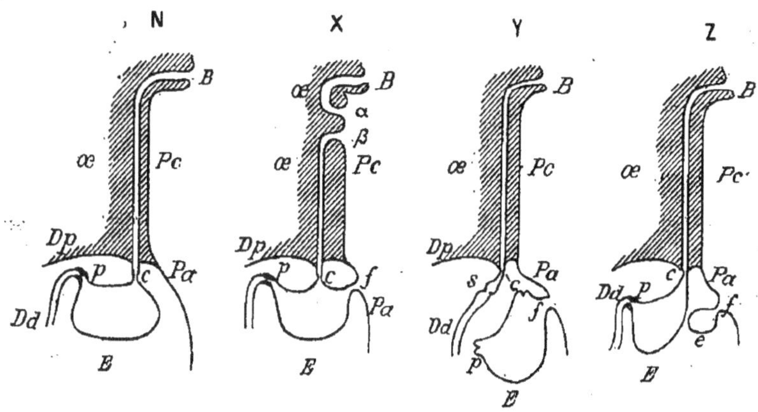

Fig. 87. — Schéma des principales dispositions physiologiques destinées à fournir
du suc gastrique pur. — *B*, bouche; *Œ*, œsophage; *E*, estomac; *c*, cardia; *p*,
pylore; *Dd*, duodénum; *Dp*, diaphragme; *Pc*, peau du cou; *Pa*, peau de l'ab-
domen; *N*, animal normal; *X*, animal préparé pour fournir du suc gastrique par
repas fictif; α, orifice cutané de l'œsophage supérieur sectionné et suturé à la
peau; β orifice cutané de l'œsophage inférieur; *f*, orifice cutané de la fistule
gastrique; *Y*, animal à estomac isolé; *s*, suture de l'œsophage et du duodénum;
le pylore et le cardia ont été, après section, ligaturés; *f*, orifice cutané de fis-
tule gastrique; *Z*, animal porteur du petit estomac de Pawlow; *e*, petit estomac
sécréteur; *f*, son orifice cutané.

On a pu obtenir, chez les chiens, du suc gastrique absolu-
ment pur par trois artifices. 1° On a sectionné le cardia et le
pylore pour isoler l'estomac; puis on a posé des ligatures
obturatrices sur les deux orifices cardiaque et pylorique, de
façon à transformer l'estomac en une poche close; on a pra-
tiqué sur cette poche la fistule gastrique, et, en suturant
l'origine du duodénum à la terminaison de l'œsophage, on a
rétabli la continuité du tube digestif. Le liquide qui s'accu-
mule dans la poche gastrique est pur de tout mélange soit
avec la salive, soit avec les aliments. — 2° On a, sur un chien
porteur d'une fistule gastrique, pratiqué l'œsophagotomie

totale, et constaté qu'une abondante sécrétion gastrique, absolument pure, apparaît, lorsque l'animal absorbe un repas fictif (c'est-à-dire ingère des aliments qui s'échappent en totalité par l'orifice de la fistule œsophagienne). 3° On a enfin, chez le chien, préparé le petit estomac de Pawlow : c'est une poche formée au moyen d'un lambeau de la muqueuse gastrique ; cette poche vient s'ouvrir au dehors pour y déverser sa sécrétion ; l'observation physiologique a établi que cette sécrétion est tout à fait identique à celle de l'estomac normal.

Nous distinguerons ainsi dans l'étude du suc gastrique : le *suc gastrique pur* (obtenu par l'un des deux procédés que nous venons d'indiquer) et le *suc gastrique impur* (ou *contenu gastrique*) (obtenu mélangé avec les aliments, ou leurs produits de transformation).

Le suc gastrique, qu'il soit pur ou impur, est caractérisé par sa *réaction acide* et par deux propriétés : il *peptonise les substances albuminoïdes* et il *caséifie le lait*. Il nous offre à étudier :

1. Des *combinaisons acides* ;
2. Une *diastase peptonisante*, la *pepsine* ;
3. Une *diastase caséifiante*, le *labferment*.

Le suc gastrique du chien, recueilli pur de tout mélange, soit avec la salive, soit avec des aliments, est un liquide transparent, incolore, légèrement filant, à réaction acide, pouvant être bouilli sans se troubler, donnant, par évaporation, un résidu brun jaunâtre fortement acide, et, par calcination, des cendres blanches faiblement alcalines.

Le suc gastrique impur de l'homme et du chien ne diffère pas essentiellement du suc gastrique pur, par ses propriétés physiques.

Le suc gastrique a une réaction acide : il rougit fortement le papier bleu de tournesol. L'acidité du suc gastrique pur du chien, évaluée en acide chlorhydrique, est de 4,8 à 5,2 p. 1000. Cela veut dire que si l'on prend, par exemple, 100 centimètres cubes de suc gastrique pur de chien, il faut, pour le neutraliser, ajouter une quantité de soude capable de neutraliser 100 centimètres cubes d'une solution d'acide chlorhydrique renfermant de 4,8 à 5,2 p. 1000 d'acide. L'acidité du suc gas-

trique impur du chien est moindre; elle dépasse rarement
3 p. 1000. — L'acidité du suc gastrique impur de l'homme est
moindre encore : évaluée en acide chlorhydrique, elle est
comprise entre 1,0 et 1,5 p. 1000, dans les conditions ordi-
naires de l'observation clinique.

Les cendres du suc gastrique contiennent essentiellement
des chlorures et des phosphates de soude, de potasse, de
chaux, de magnésie; elles ne renferment pas de sulfates ou
de carbonates, au moins en quantités appréciables.

COMBINAISONS ACIDES

Le suc gastrique est *acide*. *Quelle est la substance, ou
quelles sont les substances qui lui communiquent cette réac-
tion?*

La plupart des auteurs ont attribué l'acidité du suc gas-
trique soit à la présence d'*acide chlorhydrique*, soit à la pré-
sence d'*acide lactique*. Les premières recherches ont été
faites avec le suc gastrique impur de l'homme ou du chien,
c'est-à-dire avec le contenu de leur estomac, suc gastrique et
repas d'épreuve.

Lorsqu'on soumet le suc gastrique impur à la distillation,
disent les partisans de l'acide chlorhydrique, il se dégage des
vapeurs acides qui précipitent les solutions d'azotate d'argent,
à l'état de chlorure d'argent : ces vapeurs sont des vapeurs
chlorhydriques. Le suc gastrique impur doit donc son acidité
à la présence d'*acide chlorhydrique*.

Sans doute, répondent les partisans de l'*acide lactique*, il
se produit par la distillation du suc gastrique impur un déga-
gement d'acide chlorhydrique, mais ce dégagement ne com-
mence à se produire que lorsque ce suc gastrique a été
évaporé à consistance sirupeuse; pendant tout le temps que
se fait l'évaporation préalable, les vapeurs ne sont pas acides;
il n'en serait pas de même si l'on avait véritablement affaire
à de l'acide chlorhydrique. Ce dégagement d'acide chlor-
hydrique peut d'ailleurs parfaitement s'expliquer par l'action
d'un acide organique fort sur le chlorure de sodium du

liquide gastrique. Or le contenu gastrique renferme des acides organiques, notamment de l'acide lactique : on peut en général facilement démontrer la présence de cet acide dans le liquide gastrique; on peut l'en retirer, on peut préparer ses sels, on peut déterminer sa composition et sa constitution chimiques. — C'est cet acide qui est le véritable acide du contenu gastrique; c'est lui qui, en agissant à haute température sur le chlorure de sodium dans le contenu gastrique concentré, provoque le dégagement d'acide chlorhydrique.

Assurément, répliquent les partisans de l'acide chlorhydrique, le suc gastrique impur renferme souvent de l'acide lactique; mais en renferme-t-il nécessairement, en renferme-t-il toujours? Oui, chez les herbivores et surtout chez les ruminants dont l'estomac n'est jamais vide, et chez lesquels l'acide lactique provient de fermentations microbiennes, s'accomplissant dans les cavités gastriques aux dépens des hydrates de carbone des aliments ingérés. Non, chez les carnivores, pourvu qu'on recueille le contenu gastrique vingt-quatre heures après le dernier repas régulier, et qu'on provoque sa sécrétion par l'ingestion de matières ne contenant pas d'acide lactique. Or ce contenu gastrique des carnivores, qui ne contient pas d'acide lactique, dégage des vapeurs chlorhydriques à la fin de la distillation. Ces vapeurs ne proviennent pas de la décomposition du chlorure de sodium par l'acide lactique, puisqu'il n'y a pas d'acide lactique.

La même conclusion résulte de l'examen du suc gastrique impur, chez l'animal soumis au jeûne chloré (épuisement des aliments par l'eau bouillante pour enlever les chlorures). Après un temps assez long, la sécrétion gastrique perd son acidité, pour la reprendre dès qu'on ajoute des chlorures aux aliments. En serait-il ainsi si l'acide du suc gastrique était l'acide lactique?

L'acide du liquide gastrique est de l'*acide chlorhydrique*, et, ajoutent-ils, en voici la démonstration : si, dans un liquide gastrique, on détermine la quantité totale de chlore d'une part, la quantité des bases métalliques, soude, potasse, chaux, magnésie, d'autre part, on trouve que la quantité de chlore est toujours supérieure à celle qui est nécessaire pour saturer la totalité des bases. Donc il y aurait dans le liquide gastrique un excès de chlore non combiné aux métaux, alors même qu'on supposerait ces métaux uniquement à l'état de chlorures ; comme une partie de ces métaux est à l'état de phosphates, il en résulte *a fortiori* qu'une partie du chlore du suc gastrique n'est pas combinée aux métaux.

D'autre part, supposons faite l'analyse de la quantité totale de chlore, de phosphore et de bases d'un liquide gastrique. Supposons qu'on emploie la totalité du phosphore à faire des phosphates tribasiques avec une partie des bases, et qu'on sature ce qui reste de bases par une quantité convenable de chlore, il reste un excès de chlore. Calculons la quantité d'acide chlorhydrique que peut donner cet excès de chlore. Déterminons enfin directement l'acidité du liquide gastrique évaluée en acide chlorhydrique. Nous trouvons pour ces deux valeurs d'acide chlorhydrique des nombres sensiblement égaux. Le liquide gastrique se comporte donc comme si l'excès de chlore était à l'état d'acide chlorhydrique.

D'où cette conclusion : *Le suc gastrique impur doit son acidité soit à de l'acide chlorhydrique, soit à des combinaisons chlorées organiques acides*, ces combinaisons ayant une acidité égale à celle de l'acide chlorhydrique qui entre dans leur composition.

La question que nous nous sommes posée se ramène ainsi à la suivante : *Les combinaisons acides du suc gastrique sont-elles de l'acide chlorhydrique libre, ou des combinaisons chlorées organiques acides ?* — Les expériences que nous allons relater nous renseigneront à cet égard. Nous distinguerons nettement le *cas du suc gastrique impur* et le *cas du suc gastrique pur*, car la conclusion à laquelle nous arriverons sera différente suivant le cas considéré.

Nous appelons *acide chlorhydrique libre* l'acide chlorhydrique en solution dans l'eau. Lorsqu'une liqueur présente les propriétés, et toutes les propriétés, de l'acide chlorhydrique en solution dans l'eau, elle contient de l'acide chlorhydrique libre. Lorsqu'une liqueur présente quelques-unes des propriétés, la plupart même des propriétés, mais pas toutes les propriétés de l'acide chlorhydrique en solution dans l'eau, elle ne contient pas d'acide chlorhydrique libre.

Lorsqu'on traite par une solution aqueuse d'*acide chlorhydrique* une solution d'*acétate de soude*, de telle façon que le mélange contienne un équivalent d'acide chlorhydrique pour un équivalent d'acétate de soude, les 33/34 de l'acétate de soude sont transformés en chlorure de sodium. — Lorsqu'on traite une solution d'*acétate de soude* par du *suc gastrique impur*, de façon que le mélange contienne, pour un équivalent d'acétate de soude, une quantité de suc gastrique d'acidité égale à un équivalent d'acide chlorhydrique, la moitié seulement de l'acétate de soude est transformée en chlorure de sodium.

Lorsqu'on soumet à la *dialyse* une solution aqueuse d'*acide chlorhydrique* et de *chlorure de sodium*, le rapport de la quantité d'acide à la quantité de chlorure de sodium est plus grand dans le liquide extérieur que dans le liquide soumis à la dialyse : l'acide chlorhydrique dialyse donc plus vite que le chlorure de sodium. — Lorsqu'on soumet à la *dialyse du suc gastrique impur*, on constate que le rapport du chlore aux bases est plus petit dans le liquide extérieur que dans le liquide soumis à la dialyse : les chlorures du suc gastrique dialysent donc plus vite que les combinaisons acides.

Lorsqu'on fait *bouillir* une solution de *sucre de canne* pendant un temps donné avec une *solution chlorhydrique diluée pure*, d'une part, et avec un *suc gastrique impur* de même acidité, d'autre part, la quantité du sucre interverti par la solution acide est toujours plus considérable que la quantité du sucre interverti par le suc gastrique.

Ces expériences prouvent que les *combinaisons acides du suc gastrique impur ne peuvent pas être exclusivement de l'acide chlorhydrique libre*; elles ne permettent pas de savoir si ce sont exclusivement des combinaisons chlorées organiques, ou un mélange de ces combinaisons avec de l'acide chlorhydrique libre. Les expériences suivantes, la seconde surtout, permettent au contraire de résoudre la question :

Lorsqu'on fait *bouillir* une solution d'*empois d'amidon* avec une solution étendue d'*acide chlorhydrique*, on transforme l'amidon en dextrines et sucre réducteur. — Lorsqu'on fait *bouillir* une solution d'*empois d'amidon* avec le *suc gastrique impur*, ayant la même acidité que la solution acide précédente, on ne transforme pas l'amidon.

Lorsqu'on fait *bouillir une solution aqueuse d'acide chlorhydrique*, ou lorsqu'on introduit cette solution dans le vide, on provoque un dégagement de vapeurs chlorhydriques. — Lorsqu'on fait *bouillir un suc gastrique impur*, sans le ramener à consistance sirupeuse, ou lorsqu'on le distille dans le vide, on ne provoque aucun dégagement chlorhydrique.

Donc *le suc gastrique impur ne contient pas d'acide chlorhydrique libre*, puisque deux au moins des propriétés de cet acide manquent au suc gastrique. Le *suc gastrique impur*, obtenu par les procédés en usage courant dans la pratique physiologique ou clinique, ne *contient* que des *combinaisons chlorées organiques acides*.

Quelles sont ces combinaisons? Il nous est impossible de le dire actuellement : leur constitution chimique nous est inconnue; mais nous connaissons quelques-unes de leurs propriétés.

Ces combinaisons présentent une réaction acide au tournesol, à la phénylphtaléine, à l'acide rosolique. Comme l'acide chlorhydrique, elles font passer au bleu sombre le rouge congo; elles décolorent la fuchsine; elles font perdre aux solutions d'éosine leur dichroïsme et modifient leur spectre d'absorption; elles font passer au bleu le violet de méthyle, et au vert-émeraude le vert-malachite (toutes ces réactions et quelques autres, dites *réactions colorées*, ont été considérées par les cliniciens comme pouvant démontrer dans le suc gastrique l'existence d'acide chlorhydrique libre; elles démontrent simplement l'existence de combinaisons, qui se comportent vis-à-vis de ces matières colorantes comme se comporte l'acide chlorhydrique libre, ce qui est bien différent).

Nous avons vu précédemment que les solutions de ces substances chlorées organiques acides agissent moins énergiquement que les solutions d'acide chlorhydrique de même acidité sur le sucre de canne et sur les acétates; — qu'elles dialysent moins rapidement que les chlorures. — Nous avons vu en outre qu'elles sont incapables de transformer l'amidon en dextrines et sucre, et qu'elles ne sont volatiles ou décomposables ni dans le vide, ni à la température d'ébullition : ce n'est qu'à une température supérieure à 100° et lorsqu'elles sont concentrées, que ces combinaisons subissent une décomposition mettant en liberté l'acide chlorhydrique.

En résumé, **le suc gastrique impur** *doit essentiellement son acidité à des composés chlorés organiques acides qui présentent certaines propriétés des acides minéraux libres et en particulier de l'acide chlorhydrique libre, mais qui ne présentent pas toutes les propriétés de l'acide chlorhydrique libre.*

Quant au **suc gastrique pur**, recueilli par l'expérience du repas fictif, *il contient de l'acide chlorhydrique libre.* En effet, abandonné dans le vide, au-dessus de l'acide sulfurique, il laisse dégager, à la température ordinaire, des vapeurs d'acide chlorhydrique ; — soumis à l'action d'une température de 20 à 30° dans le vide, il laisse distiller d'abondantes vapeurs chlorhydriques, qu'on peut recueillir dans une solution titrée de soude, et doser.

Toutefois, si le suc gastrique pur obtenu à la suite du repas fictif renferme la presque totalité de son acide chlorhydrique à l'état de liberté chimique, il en contient une petite quantité à l'état de combinaison chlorée organique acide ; — en effet, après ébullition, après action du vide, il contient encore un peu d'acide chlorhydrique.

Au contraire le suc gastrique pur, produit par un estomac isolé par section cardiaque et pylorique, abandonne la totalité de son acide chlorhydrique soit dans le vide, soit à l'ébullition. Il est vraisemblable que la différence entre ces deux sucs gastriques purs tient à ce que, dans le premier cas, les mucosités œsophagiennes sont venues souiller la sécrétion gastrique et que leur mucus a fixé une petite fraction de l'acide chlorhydrique.

Ajoutons que ce suc gastrique rigoureusement pur se comporte à la dialyse comme une solution aqueuse d'acide chlorhydrique de même acidité, saccharifie la même quantité d'amidon et intervertit la même quantité de saccharose, dans les mêmes conditions expérimentales qu'une solution aqueuse d'acide chlorhydrique de même acidité.

On peut donc conclure que : le suc gastrique pur sécrété

dans l'estomac isolé contient uniquement de l'acide chlorhydrique libre.

— Un certain nombre d'auteurs admettent qu'il existe dans le suc gastrique impur à la fois de l'*acide chlorhydrique libre* et de l'*acide chlorhydrique faiblement combiné*. — Nous ne pouvons admettre ces distinctions, nous avons dit pourquoi; d'ailleurs, ce qu'un auteur appelle acide chlorhydrique libre, un autre ne le considère pas comme acide libre.

Tel auteur admet que le suc gastrique contient de l'acide chlorhydrique libre, quand il fait passer au bleu le violet de méthyle; tel autre, quand il fait passer au vert le vert brillant; tel autre, quand il bleuit le rouge congo; tel autre quand il décolore la fuchsine; tel autre enfin, quand, évaporé à consistance sirupeuse, il dégage des vapeurs chlorhydriques.

L'acide chlorhydrique ainsi considéré comme libre ne l'est pas réellement. D'ailleurs, il arrive souvent qu'un suc gastrique examiné avec l'un des réactifs que nous venons d'indiquer, le rouge congo par exemple, contient de l'acide chlorhydrique dit libre, et examiné avec un autre réactif, le violet de méthyle par exemple, n'en contient pas.

Accessoirement, le suc gastrique contient des *phosphates acides* : lorsqu'une liqueur contient des phosphates et présente une réaction acide, une partie au moins de l'acide phosphorique est à l'état de phosphates non saturés.

Accidentellement, le suc gastrique contient de l'*acide lactique*, qui provient généralement d'une transformation des hydrates de carbone de l'alimentation par les microorganismes connus sous le nom de ferments lactiques.

Cet acide lactique peut être mis en évidence par la *réaction d'Uffelmann*. L'acide lactique possède la propriété de colorer en jaune vermouth la liqueur violette obtenue en mélangeant une solution aqueuse très étendue de perchlorure de fer et une solution étendue de phénol.

Lorsque le suc gastrique contient de l'acide lactique, ou, en général, des acides organiques, il est possible d'extraire ces acides par l'éther. Lorsqu'on agite avec de l'éther une solution aqueuse d'un acide minéral, tel que l'acide chlorhydrique, la presque totalité de l'acide reste en solution dans l'eau. Lorsqu'on agite avec de l'éther une solution aqueuse d'un acide organique, tel que l'acide lactique, la presque totalité de l'acide passe en solution dans l'éther. — Les composés chlorés organiques acides du suc gastrique se comportent vis-à-vis de l'éther comme les acides minéraux : ils restent en solution dans l'eau.

Étant donné un suc gastrique, on peut se proposer de déterminer l'acidité totale, l'acidité due aux acides organiques, l'acidité due aux composés minéraux (sels acides et composés organiques chlorés).

Pour doser l'*acidité totale*, il faut faire une détermination acidimétrique du suc gastrique en présence d'un réactif indicateur déterminé, la phénolphtaléine par exemple, ou le tournesol [1], c'est-à-dire déterminer la quantité d'une solution alcaline titrée, capable de neutraliser la liqueur.

Pour doser l'*acidité due aux acides organiques*, le suc gastrique est agité avec de l'éther qui dissout les acides organiques. La liqueur éthérée est évaporée, le résidu est dissous dans l'eau et la solution aqueuse est dosée acidimétriquement.

Pour doser l'*acidité due aux composés minéraux* (sels acides et composés organiques chlorés) il faut, en agitant le suc gastrique avec de l'éther, le débarrasser des acides organiques qu'il peut contenir, et déterminer l'acidité du résidu.

Pour déterminer la *quantité des composés organiques chlorés*, ce que plusieurs auteurs appellent avec quelque raison, car il se comporte physiologiquement comme tel, l'*acide chlorhydrique libre*, un grand nombre de méthodes ont été proposées; on peut les ranger en trois groupes principaux.

Les *méthodes du premier groupe* consistent essentiellement à neutraliser le suc gastrique par une solution alcaline titrée, en présence de réactifs indicateurs convenablement choisis, tels que la fuchsine, le rouge congo, l'éosine, etc. On admet que la solution alcaline ajoutée neutralise tout d'abord les composés chlorés organiques acides, à l'exclusion des sels acides du suc gastrique : les réactifs indicateurs permettent de saisir le moment où cette saturation est terminée. — *Ces méthodes sont mauvaises*, parce que rien ne prouve que les combinaisons chlorées organiques acides sont exclusivement saturées par la soude avant les autres substances à réaction acide du suc gastrique, notamment les phosphates acides; — parce qu'aussi les réactifs indicateurs employés peuvent indiquer que la saturation des composés organiques chlorés acides est terminée alors qu'elle ne l'est, en réalité, pas encore.

Les *méthodes du second groupe* consistent essentiellement à doser le chlore total du suc gastrique d'une part, et le chlore des composés qui

---

1. Le choix de l'indicateur n'est pas indifférent, car le résultat varie considérablement suivant l'indicateur employé (phénolphtaléine, tournesol, orangé, etc.). Il convient donc, pour des recherches comparatives, d'employer toujours le même indicateur.

ne sont pas détruits à la température d'incinération d'autre part. La différence des deux nombres obtenus représente le chlore des composés organiques chlorés. — Le dosage du chlore total se fait après incinération en présence du carbonate de soude qui retient l'acide chlorhydrique mis en liberté; — le dosage du chlore dit minéral se fait après incinération du suc gastrique. Les cendres, dans l'un et l'autre cas, sont dissoutes dans l'eau acidulée par l'acide nitrique; les chlorures dissous sont précipités par l'azotate d'argent; le précipité de chlorure d'argent est lavé, desséché et pesé. — On en déduit le poids de chlore correspondant. — *Ces méthodes sont mauvaises*, parce que, pendant la dessiccation, et surtout pendant l'incinération, une partie de l'acide chlorhydrique provenant de la dissociation des composés chlorés organiques acides peut être retenue par les phosphates monométalliques d'alcalis contenus dans le suc gastrique; — inversement, par suite d'une action des phosphates dimétalliques alcalino-terreux du suc gastrique, une partie des chlorures métalliques est décomposée et de l'acide chlorhydrique est mis en liberté. Il y a ainsi deux causes d'erreur en sens inverse, ne se compensant pas nécessairement l'une l'autre. Il y a donc une erreur, soit en plus, soit en moins, dont il est impossible de déterminer une valeur approximative et même le sens.

Les *méthodes du troisième groupe* consistent à transformer les composés organiques chlorés acides en chlorure de baryum, par addition au suc gastrique de carbonate de baryum, dessiccation et incinération du mélange. Le résidu est formé de carbonate de baryum non transformé, — de phosphate de baryum résultant de l'action des phosphates acides du suc gastrique sur le carbonate de baryum, — de chlorure de baryum et des sels du suc gastrique. Parmi ces différents sels de baryum, un seul est soluble dans l'eau : c'est le chlorure de baryum, provenant de l'action des composés organiques chlorés acides sur le carbonate de baryum. Dans l'extrait aqueux de ces cendres, il suffit de doser le baryum pour en déduire la quantité de chlore des composés chlorés organiques acides du suc gastrique. Ce dosage du baryum se fait en le précipitant par le sulfate de soude en présence d'acide chlorhydrique : le précipité de sulfate de baryum insoluble est lavé, desséché, calciné et pesé.

Ces méthodes ne présentent pas les causes d'erreur que nous avons signalées à propos des méthodes du second groupe, l'incinération se faisant en milieu neutre, et, par conséquent, en l'absence de phosphates monométalliques d'alcalis et de phosphates dimétalliques alcalino-terreux. Mais *elles ne sont pas à l'abri de toute cause d'erreur*, car, à la température de calcination, le carbonate de baryum peut réagir sur les chlorures alcalins du suc gastrique et former à leurs dépens un peu de chlorure de baryum : le chlore attribué aux composés organiques acides se trouve par suite plus considérable qu'il n'est en réalité.

Il existe d'autres méthodes de dosage des composés chlorés organiques acides du suc gastrique. Nous ne croyons pas devoir les discuter, aucune d'elles n'est tout à fait bonne.

Si l'on détermine, par plusieurs des méthodes proposées, la quantité des composés chlorés organiques acides du suc gastrique, on trouve des résultats absolument différents : c'est là un fait qui vient confirmer l'importance des objections que nous avons présentées au sujet des méthodes de dosage et prouver que ces méthodes sont entachées de causes d'erreur.

Ces réserves faites, voici quelles sont les principales méthodes employées en clinique.

1° Méthode alcalimétrique. — A 10 centimètres cubes de suc gastrique, on ajoute 2 centimètres cubes d'une solution normale de carbonate de soude; on évapore à siccité dans une capsule de platine, et on calcine le résidu jusqu'à destruction des matières organiques et disparition complète du charbon. — On ajoute au résidu salin blanc 20 centimètres cubes d'une solution décinormale[1] d'acide chlorhydrique : cet acide, pour une part, neutralise l'excès du carbonate de soude employé; pour l'autre part, il reste libre. La quantité de cet acide libre, égale à celle de l'acide du suc gastrique, est déterminée par titration alcalimétrique au moyen d'une solution décinormale[1] de soude caustique, en présence de phénolphtaléine, employée comme indicateur.

2° Méthode barytique. — On évapore à siccité 10 centimètres cubes du suc gastrique additionné de carbonate de baryte en excès, et on calcine jusqu'à destruction complète des matières organiques; on épuise par l'eau chaude le chlorure de baryum formé et on titre au moyen d'une solution titrée de bichromate de potasse. La fin de l'opération est indiquée par la tache orange que forme une goutte de nitrate d'argent sur un papier trempé dans le liquide à analyser.

3° Méthode chlorométrique. — Le suc gastrique soumis à l'analyse est divisé en trois portions α, β, γ, servant respectivement au dosage du chlore total, de l'acide chlorhydrique libre, et de l'acide chlorhydrique combiné aux bases minérales. — La portion α est additionnée d'un excès d'une solution de carbonate de soude, destiné à fixer l'acide chlorhydrique libre et l'acide des composés chlorés organiques acides; on évapore à siccité au bain-marie; on calcine le résidu jusqu'à carbonisation des matières organiques et on l'épuise par l'eau chaude. Dans cet extrait aqueux, on dose volumétriquement le chlore : c'est le *chlore total*. La portion β est évaporée à siccité au bain-marie, afin de chasser

---

1. La solution décinormale d'acide chlorhydrique contient 3 gr. 65 d'acide par litre; — la solution décinormale de soude caustique en contient 4 grammes par litre.

l'acide chlorhydrique libre : le résidu est additionné de carbonate de soude, desséché, incinéré, etc., comme la portion α : on obtient ainsi le chlore total moins le chlore de l'acide chlorhydrique libre, c'est-à-dire le *chlore des composés chlorés organiques acides et des chlorures métalliques*. — La portion γ est évaporée à siccité, et calcinée sans addition de carbonate de soude : dans le résidu, on dose volumétriquement le chlore : c'est le *chlore des chlorures métalliques*.

En résumé, le chlore γ correspond au chlore combiné aux bases minérales; le chlore, contenu dans le suc gastrique à l'état de combinaisons chlorées organiques acides, correspond à la différence $\beta - \gamma$; — le chlore de l'acide chlorhydrique libre correspond à la différence $\alpha - \beta$.

PEPSINE

Le suc gastrique transforme les substances albuminoïdes : en particulier, il dissout la fibrine, le blanc d'œuf cuit, etc., en les transformant. Le phénomène grossier de dissolution des substances albuminoïdes par le suc gastrique avait tout d'abord attiré seul l'attention des premiers observateurs; ils avaient dit : le suc gastrique a la propriété de dissoudre les substances albuminoïdes (protéiques); il possède un *pouvoir protéolytique.*

Le suc gastrique doit-il son pouvoir protéolytique à ses combinaisons acides?

Le suc gastrique, *exactement neutralisé,* en présence de tournesol, soit par un alcali caustique, soit par un carbonate d'alcali, ne possède plus aucun pouvoir protéolytique; — acidulé de nouveau, le suc gastrique recouvre ce pouvoir protéolytique. Cette expérience démontre que *la présence de composés acides* dans le suc gastrique est une *condition nécessaire* de son activité protéolytique.

Le suc gastrique *bouilli* ne possède plus aucun pouvoir protéolytique. Or l'ébullition ne modifie l'acidité du suc gastrique ni quantitativement ni qualitativement : il faut, pour le neutraliser, la même quantité de soude avant et après ébullition; il donne, avant et après ébullition, les mêmes réactions colorées (fuchsine, éosine, rouge congo, etc.). — Cela prouve que si la *présence de composés acides* dans le suc gastrique est une *condition nécessaire*, ce *n'est pas une condition suffisante* de son activité protéolytique. Pour agir sur les substances albuminoïdes, le suc gastrique doit contenir encore un agent qui est détruit à la température d'ébullition. Cet agent est une *diastase*, la *pepsine*.

En résumé, le suc gastrique doit son pouvoir protéolytique à une diastase, la pepsine, agissant sur les substances albuminoïdes en milieu acide. Privé de pepsine par l'ébullition, le suc gastrique devient inactif; privé d'acide par neutralisation, le suc gastrique devient également inactif.

Le suc gastrique acide dissout les substances albuminoïdes, ou, pour parler exactement, transforme les substances albuminoïdes en substances solubles dans les liqueurs aqueuses, en *protéoses*. Les protéoses ont été autrefois désignées sous le nom de *peptones*, qu'on applique aujourd'hui à l'une des protéoses : le *pouvoir protéolytique* du suc gastrique est un *pouvoir peptonisant*; le suc gastrique peptonise les substances albuminoïdes.

On peut préparer, au moyen de la muqueuse gastrique, des liqueurs de macération ou des extraits possédant le même pouvoir peptonisant que le suc gastrique naturel. On peut obtenir des solutions de pepsine, c'est-à-dire des liqueurs qui, sans contenir les différents éléments chimiques du suc gastrique, possèdent comme lui le pouvoir peptonisant.

On prépare les liqueurs de macération, les *sucs gastriques artificiels*, en faisant digérer pendant vingt-quatre heures, à la température ordinaire, ou mieux à 40°, dans plusieurs litres d'une solution aqueuse d'acide chlorhydrique ou d'acide phosphorique à 1 ou 2 p. 1 000, une muqueuse gastrique de porc hachée.

On peut préparer des *extraits de muqueuse gastrique* en faisant macérer dans la glycérine une muqueuse hachée. Cet extrait glycérique, acidulé à 2 p. 1 000 par l'acide chlorhydrique, possède un pouvoir protéolytique très énergique.

La préparation de *solutions de pepsine*, c'est-à-dire de

liquides très pauvres en éléments fixes, tout en étant très actifs, repose sur les deux observations suivantes :

1° La pepsine est entraînée dans certains précipités produits dans les liquides de macération des muqueuses gastriques;

2° La pepsine ne dialyse pas.

On peut, par exemple, préparer un suc gastrique artificiel, en faisant macérer une muqueuse gastrique dans une solution d'acide phosphorique étendu, neutraliser cette macération par l'eau de chaux, séparer le précipité de phosphate tricalcique produit et le dissoudre dans l'acide chlorhydrique dilué : ainsi sera obtenue une liqueur possédant un pouvoir peptonisant énergique et ne contenant qu'une faible proportion des éléments fixes du suc gastrique, mais contenant encore du phosphate acide de chaux. En dialysant cette liqueur, on élimine ce phosphate acide de chaux et on obtient une solution très active sur les substances albuminoïdes et très pauvre en éléments fixes.

Les liqueurs obtenues par l'un quelconque des procédés que nous avons indiqués possèdent le même pouvoir peptonisant que le suc gastrique. L'étude des transformations des substances albuminoïdes par le suc gastrique peut donc être faite indifféremment avec le suc gastrique naturel, ou avec les sucs gastriques artificiels, avec les extraits de muqueuses gastriques, ou les solutions de pepsine.

Les liqueurs peptiques n'agissent sur les substances albuminoïdes, nous l'avons dit, qu'autant qu'elles sont acides : cette acidité peut être due à de l'acide chlorhydrique combiné à des matières organiques, comme dans le contenu gastrique naturel, ou libre, comme dans les solutions artificielles de pepsine, ou le suc gastrique pur; ou à un autre acide, phosphorique, sulfurique, etc.

Les liqueurs peptiques acides n'agissent pas à la température de 0°; leur pouvoir protéolytique augmente d'intensité avec la température jusqu'à 35-40° environ. Vers cette température, il est maximum; il diminue ensuite, pour disparaître définitivement vers la température de 60°. La pepsine, diastase, est, comme toutes les diastases, détruite par la chaleur.

Faisons agir, à une température de 30-40°, le suc gastrique ou une solution acide de pepsine sur une substance albuminoïde, la fibrine, par exemple, jusqu'à dissolution aussi complète que possible. Il reste toujours une fine poussière non dissoute : c'est la *dyspeptone* (de Meissner). Neutralisée par le carbonate de soude, la liqueur précipite des flocons albuminoïdes, la *parapeptone* (de Meissner). Dans la liqueur débarassée par filtration de la parapeptone, il reste encore, en solution, des substances albuminoïdes, les *peptones* (de Meissner).

La *dyspeptone* est une substance riche en phosphore, inattaquée par les sucs digestifs : c'est une *nucléine*; c'est ou bien une impureté, comme dans le cas de la fibrine (résidu de globules sanguins), ou bien un produit de dédoublement de la substance protéique employée, comme dans le cas de la caséine ou des nucléoalbuminoïdes.

La *parapeptone* est une substance soluble dans les liqueurs acides, précipitée par neutralisation; c'est une *acidalbuminoïde*. Elle résulte de l'action de l'acide de la liqueur peptique sur la substance albuminoïde et non de l'action de la pepsine, car elle se produit également par l'action de l'acide seul. Ce n'est pas encore un prodnit de transformation peptique.

Les *peptones* (de Meissner) sont les véritables produits de digestion peptique. Meissner considérait trois *peptones*, α, β *et* γ, qu'il distinguait d'après leur précipitabilité par le ferrocyanure de potassium acétique et l'acide nitrique. La peptone α était précipitable par les deux réactifs; la peptone β était précipitable par le ferrocyanure acétique, mais non par l'acide nitrique; la peptone γ n'était précipitable ni par l'un, ni par l'autre de ces deux réactifs.

Schmidt-Mülheim considère les peptones de Meissner comme un mélange de deux substances seulement : l'une qu'il appelait *propeptone*, l'autre qu'il appelait *peptone*.

La *propeptone de Schmidt-Mülheim* présente les trois réactions propeptoniques : précipitation à froid par l'acide nitrique, par le ferrocyanure de potassium acétique, par le chlorure de sodium acétique; redissolution à chaud du précipité formé, et réapparition de ce précipité par refroidissement.

La *peptone de Schmidt-Mülheim* ne présente pas les trois réactions propeptoniques.

La propeptone étant abondante, et la peptone peu abondante, lorsque l'action de la pepsine acide a été courte; la propeptone étant peu abondante et la peptone très abondante dans les liqueurs, lorsque l'action de la pepsine acide a été prolongée, Schmidt-Mülheim en concluait que la pepsine transforme les substances albuminoïdes en propeptone, puis la propeptone en peptone.

La propeptone et la peptone de Schmidt-Mülheim ne sont pas des individus chimiques; *la propeptone est un mélange, la peptone est un mélange*. La propeptone est essentiellement formée des substances que nous avons étudiées sous le nom de *protéoses primaires* (proto- et hétéroprotéoses) avec un peu de protéose secondaire. La peptone est un mélange de *protéose secondaire* (deutéroprotéose) et de *peptone vraie* (peptone de Kühne). Nous avons décrit les propriétés de ces corps au chapitre IV (p. 90).

Lorsque l'action de la pepsine a été peu prolongée, la liqueur contient des protéoses primaires, très peu de protéose secondaire et de peptone de Kühne. — Lorsque l'action est prolongée, les protéoses primaires sont moins abondantes, la protéose secondaire et la peptone augmentent. — Lorsque l'action est très prolongée, les protéoses primaires ont considérablement diminué, la protéose secondaire a aussi diminué, la peptone a augmenté. Donc la substance albuminoïde a été d'abord transformée en protéoses primaires (hétéro- et proto-protéoses) simultanément, celles-ci en protéose secondaire, et cette dernière en peptone.

En résumé, lorsqu'on fait agir la pepsine acide sur une substance albuminoïde quelconque jusqu'à dissolution aussi complète que possible de cette substance, on constate les faits suivants : il reste un résidu non dissous, essentiellement constitué de nucléines. La liqueur portée à l'ébullition peut fournir un léger coagulum correspondant à une partie non transformée de la substance albuminoïde simplement dissoute dans la liqueur. Débarrassée de ce coagulum, la liqueur dépose, par neutralisation, des flocons de parapeptone ou acidalbuminoïde. Débarrassée de ce précipité, la liqueur renferme des protéoses qu'on peut reconnaître, séparer et doser par les procédés précédemment indiqués.

Nous donnons, sous forme de tableau, la correspondance des substances décrites par différents auteurs :

Dyspeptone.		Nucléine.
Parapeptone.	{ Précipité de neutralisation.	Acidalbuminoïde ou syntonine.
		Protéoses primaires. { Protoprotéose. / Hétéroprotéose.
Peptones de Meissner.	{ Propeptone de Schmidt-Mülheim	Protéose secondaire ou deutéroprotéose.
	{ Peptone de Schmidt-Mülheim.	Protéose secondaire ou deutéroprotéose. / Peptone de Kühne.

Le suc gastrique transforme non seulement les substances albuminoïdes, mais encore la *gélatine* et *l'élastine*. Soumise à l'action de la pepsine acide, la gélatine est liquéfiée : elle est transformée en substances nouvelles non gélifiables. Lorsqu'on sature par le sulfate d'ammoniaque les solutions de gélatine transformée par le suc gastrique, on détermine une précipitation des substances appelées *gélatoses* ; la liqueur, débarrassée de ce précipité, contient encore en solution une substance qu'on appelle *gélatinepeptone*.

De même l'élastine, qui constitue la substance fondamentale du tissu élastique, est transformée par le suc gastrique en substances appelées *élastoses* et *élastinepeptone*.

Lorsqu'on fait agir le suc gastrique sur les *protéides*, il se produit en général un dédoublement, séparant la substance albuminoïde et le groupement prosthétique : c'est ainsi que l'hémoglobine est dédoublée en hématine, qui reste inaltérée dans le suc gastrique, et globine, qui subit les transformations successives de la peptonisation ; — c'est ainsi que les nucléo-albuminoïdes ou les paranucléoalbuminoïdes sont dédoublées en nucléines ou paranucléines, qui restent inaltérées dans le suc gastrique, et substances albuminoïdes qui sont peptonisées. Toutefois le suc gastrique ne dédouble pas toutes les protéides : les nucléines et les paranucléines, formées par

l'union d'une substance albuminoïde et d'acides nucléiques ou
paranucléiques, ne sont pas dédoublées par lui.

Pour comparer l'activité digestive de plusieurs sucs gastriques, divers
procédés ont été proposés. Les plus généralement employés sont les
suivants :

1° On prépare de la fibrine bien lavée, qu'on hache finement : on en
met dans des tubes à essai des quantités aussi égales que possible ; on
les additionne de quantités égales des sucs gastriques soumis à l'analyse
et on porte le tout à l'étuve
à 40°. On compare les temps
nécessaires à la dissolution to-
tale de la fibrine.

2° On prépare de petits cubes
de blanc d'œuf coagulé ; on en
introduit dans des tubes à essai
des quantités pesées (sans des-
siccation) ; on ajoute des quan-
tités égales des sucs gastriques ;
on les porte à l'étuve à 40° ; on
les y laisse quelques heures ;
puis on jette sur le filtre, et on
pèse les résidus albumineux
non dissous. Ces résidus sont
d'autant moins abondants que
les sucs gastriques étaient plus
actifs (fig. 88).

3° **Méthode de Mette**. — On
remplit de blanc d'œuf cru des
tubes de verre ayant de 1 à 2
millimètres de diamètre ; et on

Fig. 88.

les chauffe pour coaguler l'albumine. On sectionne par un trait de lime
le tube de verre contenant l'albumine coagulée en segments d'une lon-
gueur exactement déterminée. On introduit ces segments dans des tubes
à essai et on y fait agir à 40° des quantités égales des sucs gastriques à
comparer. Après quelques heures d'action, on retire les cylindres, et
on mesure à la loupe la longueur du cylindre albumineux non digéré.
La diminution de leur longueur est d'autant plus grande que le suc
employé était plus actif. On peut substituer à l'albumine du sérum san-
guin, dont on détermine la coagulation par la chaleur, ou une solution
de gélatine à 15 ou 20 p. 100 qu'on laisse gélifier par refroidissement
(avec les tubes à gélatine, l'essai se fait à la température ordinaire).

4° **Méthode colorimétrique**. — On prépare de la fibrine teinte par le
carmin. Pour cela, on lave bien complètement de la fibrine obtenue par
battage du sang, et on l'immerge dans une solution de carmin ; après l'y
avoir laissée quelque temps, on l'en retire et on la lave à l'eau, jusqu'à
ce que les eaux de lavage ne prennent plus la moindre coloration : on
peut la conserver dans la glycérine. Si l'on fait agir sur une telle fibrine
colorée le suc gastrique, la quantité de fibrine dissoute, et par suite la
quantité de carmin mise en liberté, sera d'autant plus grande que le
suc gastrique était plus actif. Pour comparer l'activité de deux sucs

gastriques, il suffit dès lors de comparer colorimétriquement les liqueurs de digestion au bout d'un temps déterminé, le même pour les deux essais.

La muqueuse gastrique ne contient pas de pepsine, mais un proferment, un *pepsinogène*. Ce pepsinogène est insoluble dans la glycérine, tandis que la pepsine s'y dissout ; il résiste à l'action du carbonate de soude à 1 p. 100 qui détruit la pepsine. Il est transformé en pepsine par les acides dilués et notamment par l'acide chlorhydrique à 1 p. 1 000.

LABFERMENT OU PRÉSURE

Le suc gastrique a la propriété de coaguler le lait. Qu'est-ce que cette coagulation ? A la présence de quelle substance, dans le suc gastrique, faut-il rapporter cette propriété ?

On sait que, lorsqu'on ajoute au lait une quantité convenable d'acide, par exemple environ 1 p. 1 000 d'acide chlorhydrique ou d'acide acétique, on précipite en flocons la caséine. Le suc gastrique est acide ; son acidité, chez certains animaux au moins, atteint 4 à 5 p. 1 000, évaluée en acide chlorhydrique. *N'est-ce pas à cette acidité que le suc gastrique doit la propriété de coaguler le lait ?*

Non, pour les raisons suivantes :

1. Lorsqu'on acidifie le lait, par addition d'une quantité suffisante d'acide, la précipitation de la caséine est presque

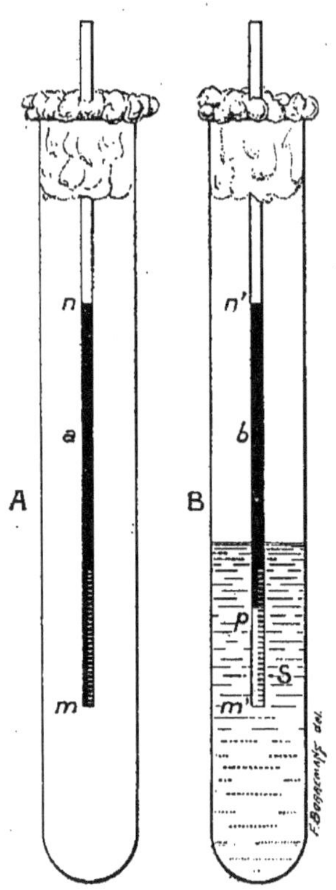

Fig. 89. — Tubes de Mette. — En A tube de Mette prêt à servir : *a*, tube de Mette, contenant son cylindre d'albumine *mn*, ce tube est passé à frottement dur dans le bouchon d'ouate du tube à essai A ; il peut être gradué en millimètres de longueur. — En B, tube de Mette soumis à l'action du suc gastrique S ; l'albumine a été digérée en *m'p*.

instantanée : les flocons se forment en quelques secondes. Lorsqu'on mélange du suc gastrique avec du lait, la coagulation ne se produit qu'après plusieurs minutes, souvent même plus tardivement encore. — Sans doute, si le suc gastrique est très acide, et si l'on ajoute à peu de lait beaucoup de suc gastrique, il se peut que l'acidité du mélange soit suffisante pour provoquer la précipitation de la caséine ; — mais c'est là un fait exceptionnel : en général, la coagulation du lait par le suc gastrique demande quelque temps pour s'accomplir.

2. Lorsque le lait est coagulé par un acide, la caséine se précipite en flocons, se déposant rapidement, sans se souder en une masse unique. — Lorsque le lait est coagulé par le suc gastrique, il se transforme en une gelée cohérente, en un caillot affectant la forme du vase, se rétractant peu à peu, en expulsant un liquide clair.

3. Enfin, et ce sont là les meilleures démonstrations, — lorsqu'on neutralise exactement le suc gastrique, il conserve la propriété de coaguler le lait; — lorsqu'on fait bouillir le suc gastrique, son acidité étant conservée, il perd la propriété de coaguler le lait.

Ces remarques nous montrent que le suc gastrique n'est pas redevable à ses combinaisons acides de sa propriété de coaguler le lait : il en est redevable à quelque chose qui est détruit par l'ébullition. Ce quelque chose est une diastase : c'est le *labferment* ou *présure*[1]. C'est la même diastase que nous avons précédemment rencontrée dans les présures, et dont nous avons étudié le mode d'action sur la caséine du lait.

La coagulation du lait par le suc gastrique n'est pas une précipitation ou une coagulation, c'est une *caséification*.

Nous avons dit précédemment ce qu'est la caséification : c'est une transformation de la caséine du lait, un dédoublement de cette caséine en deux substances : l'une, la substance caséogène, donnant en présence des sels solubles de chaux un

---

1. Quelques auteurs donnent le nom de *présure* à cette diastase. D'autres réservent le mot *présure* aux extraits de muqueuses gastriques capables de caséifier le lait, et donnent au principe actif de ces présures le nom de *labferment*. Il conviendrait en tout cas, pour éviter les confusions, de dire « la diastase de la présure », et non pas simplement « la présure ».

précipité de caséum insoluble dans le lait; — l'autre, la substance albuminoïde du lactosérum, soluble dans le lactosérum. Ces deux substances, nous les retrouvons dans le lait transformé par le suc gastrique. Et cela était à prévoir, car les présures sont des produits préparés avec les muqueuses gastriques de jeunes animaux.

La présence de labferment dans le suc gastrique des mammifères jeunes est universellement admise; la présence de cette diastase dans le suc gastrique des adultes a été souvent niée. Cette négation est une erreur absolue. *Le suc gastrique des mammifères adultes renferme du labferment, toujours, sans exception*; mais il en renferme généralement beaucoup moins que le suc gastrique des jeunes mammifères. Il en renferme souvent si peu, que les procédés généralement mis en usage pour le manifester sont incapables de démontrer sa présence. D'ordinaire, pour reconnaître dans une liqueur la présence du labferment, on neutralise cette liqueur et on la fait agir à 40° sur un égal volume de lait. En opérant ainsi avec le suc gastrique, très souvent, à 40°, il ne se produit pas de coagulation, ou il ne se forme de caillot qu'après une heure, une heure et demie, deux heures, et plus. — Pour démontrer la présence du labferment dans ces sucs gastriques pauvres, il faut employer un artifice : il faut *sensibiliser le lait* sur lequel on opère. On obtient ce résultat, soit en additionnant le lait de quelques dix-millièmes d'acide (quantité incapable de précipiter la caséine du lait), soit en l'additionnant de petites quantités de chlorure de calcium. Le labferment, en effet, agit beaucoup plus énergiquement dans les liqueurs un peu acides ou un peu calciques. Si l'on procède ainsi, on constate que le suc gastrique des animaux adultes contient toujours du labferment.

Comme nous l'avons vu, en étudiant la pepsine, on peut substituer, pour l'étude des diastases de l'estomac, au suc gastrique naturel, soit des macérations de muqueuse gastrique, soit des solutions de diastases purifiées.

On obtient des sucs gastriques artificiels contenant du labferment, en faisant macérer pendant vingt-quatre heures une caillette de veau ou de chevreau hachée, dans l'eau, ou mieux dans une solution d'acide chlorhydrique à 1 p. 1 000. On peut employer aussi une muqueuse gastrique de mammifère adulte, mais, dans ce cas, il est nécessaire de la faire macérer dans une liqueur acide, parce que la muqueuse gastrique des adultes ne contient pas de labferment, mais possède la propriété de fournir du labferment, sous l'influence des acides[1]. Ces liqueurs de macération acide sont ensuite neutralisées par la soude ou le carbonate de soude.

On obtient des extraits de muqueuses gastriques riches en labferment en faisant macérer dans la glycérine une caillette de veau ou de chevreau, hachée et débarrassée de ses couches musculeuses.

Il existe enfin des procédés permettant d'obtenir des *solutions de labferment* dites solutions pures, c'est-à-dire des solutions possédant un pouvoir caséifiant très énergique, tout en étant extrêmement pauvres en éléments fixes. En particulier, on peut faire macérer la caillette de veau dans une solution d'acide salicylique, traiter cette macération par l'alcool, séparer le précipité ainsi formé et le redissoudre dans l'eau, etc.

Quant aux produits industriels appelés *présures*, ils sont également obtenus au moyen des caillettes de veau ou de chevreau. Ce sont des extraits de muqueuse gastrique d'animaux jeunes, extraits généralement très impurs, mais doués d'un pouvoir caséifiant énergique.

Nous avons admis que la diastase caséifiante du suc gastrique est une diastase distincte de la pepsine. Or nous voyons que les procédés de préparation des liqueurs caséifiantes ne diffèrent pas essentiellement des procédés de préparation des liqueurs protéolytiques : macération dans l'acide chlorhydrique dilué ; extrait glycérique, etc. Ne pourrait-on pas penser que la pepsine et le labferment sont une même diastase, capable en milieu acide de peptoniser les substances albuminoïdes, capable en milieu acide, neutre, ou très légèrement alcalin, de caséifier le lait ?

Non, parce qu'il est possible d'obtenir des liqueurs possé-

1. C'est ce qu'on traduit en disant que la muqueuse gastrique des mammifères adultes contient un proferment, un *prolabferment.*

dant un pouvoir protéolytique sans pouvoir caséifiant ; et inversement des liqueurs possédant un pouvoir caséifiant sans pouvoir protéolytique.

La liqueur de macération de caillette de veau, acidulée à 3 p. 1 000 d'acide chlorhydrique, perd toute action caséifiante (après neutralisation), lorsqu'elle a été maintenue quarante-huit heures à 40°, mais conserve un pouvoir protéolytique énergique. — Inversement, une macération de caillette de veau, agitée avec du carbonate de magnésie fraîchement précipité, perd toute action protéolytique et conserve un pouvoir caséifiant énergique.

La *pepsine* et le *labferment* sont donc deux diastases *essentiellement distinctes*.

Quand nous aurons dit que le labferment possède la propriété de caséifier le lait en milieu neutre, acide, ou légèrement alcalin ; — qu'il n'agit pas aux températures inférieures à 20°, possède un maximum d'action vers 40°, est détruit à 60°-70° ; — que son action est favorisée par les sels alcalino-terreux solubles, ou surtout par les acides dilués ajoutés en petite quantité, et retardée ou annihilée, suivant la dose, par les alcalis, nous connaîtrons les principales propriétés de cette diastase.

Dans le chapitre sur le lait, nous avons étudié les produits résultant de l'action du labferment sur la caséine ; nous avons montré que cette diastase n'est pas véritablement une diastase coagulante, mais bien une diastase dédoublante : s'il se forme un précipité, un caséum, *c'est un accident*, tenant à ce que l'un des produits du dédoublement de la caséine par le labferment est précipité dans les liqueurs contenant une faible proportion de sels de chaux ; mais cette précipitation est absolument indépendante de la diastase.

La pepsine aussi se comporte, au moins à l'origine, comme une diastase dédoublante : dans les liqueurs de digestion peptique, on voit apparaître simultanément l'hétéroprotéose et la protoprotéose. Le mode d'action des deux diastases gastriques présente une certaine analogie. Il faut, par conséquent, considérer le *labferment* comme une *véritable diastase digestive*.

CONTENU GASTRIQUE

Les aliments introduits dans l'estomac, la salive déglutie pendant ou après le repas, le suc gastrique sécrété, se mélangent, pour former une masse semi-liquide, sous l'influence des mouvements de la paroi gastrique. Pendant les premiers instants du séjour des aliments dans l'estomac, la salive continue à agir, la réaction étant peu acide : la saccharification de l'amidon continue. Mais, peu à peu, l'acidité gastrique augmentant, le rôle de la salive est terminé, le rôle de la pepsine commence; les substances albuminoïdes sont peptonisées et dissoutes.

La masse alimentaire partiellement transformée par le suc gastrique s'appelle *chyme*.

Dans ce chyme, on peut reconnaître la présence de sucre réducteur, de dextrines, d'amidon non transformé; — on trouve des substances albuminoïdes non transformées, mélangées avec les protéoses résultant de leur transformation peptique; — on trouve des masses de matières grasses, mises en liberté par suite de la dissolution du tissu conjonctif qui les englobait. Les fragments de viande crue non digérée sont gonflés; les tendons et les cartilages sont aussi un peu gonflés; les os sont ramollis.

Parfois, surtout lorsque l'acidité du suc gastrique n'est pas considérable, des fermentations microbiennes se développent dans la cavité gastrique : on voit apparaître l'acide lactique, l'acide butyrique, l'acide acétique et des gaz, qui sont essentiellement de l'azote et du gaz carbonique.

CHAPITRE XX

LE SUC PANCRÉATIQUE

Le suc pancréatique peut être obtenu par fistule du canal pancréatique, ou canal de Wirsung; lorsque l'opération est faite extemporanément, sur le chien, on n'obtient souvent que quelques gouttes, tout au plus quelques centimètres cubes de suc; — mais on peut établir des fistules permanentes fournissant en abondance du suc pancréatique pur. Les physiologistes ont établi que la sécrétion du suc pancréatique du chien est intermittente : elle se produit normalement quand le contenu acide de l'estomac se déverse dans le duodénum par le pylore entr'ouvert. Les acides du contenu gastrique agissant sur la muqueuse duodénale engendrent une substance, la sécrétine (voir chap. xxi, p. 364) qui, résorbée et entraînée par le sang jusqu'aux cellules pancréatiques, en provoque l'activité. La connaissance de ces faits permet d'obtenir à volonté de grandes quantités de suc pancréatique, chez le chien porteur d'une fistule pancréatique temporaire ou per-

manente : il suffit d'injecter dans le duodénum 20 à 30 centi-
mètres cubes d'acide chlorhydrique à 4 p. 1000, ou dans les

veines 20 à 30 centimètres cubes d'une solution de sé-
crétine obtenue par macé-ration de la muqueuse duo-dénale dans l'acide chlorhy-drique à 4 p. 1000 et neutra-lisation par la soude. On peut obtenir, chez les grands herbivores pour lesquels la sécrétion pancréatique est ininterrompue, des litres de suc pancréatique par fistule du canal pancréatique.

Le suc pancréatique est un liquide clair, légèrement citrin, visqueux et filant, moussant par l'agitation. Sa réaction est légèrement alcaline. Il est éminemment putres-cible.

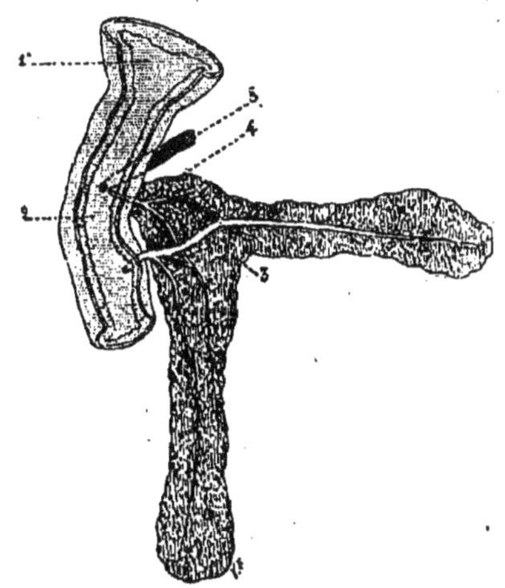

Fig. 90. — Pancréas du chien. — 1, pylo-re ; 2, duodénum ; 3, canal pancréatique principal ; 4, canal pancréatique acces-soire ; 5, canal cholédoque.

Lorsqu'on veut étudier les propriétés diastasiques du suc pancréatique, on peut indistinctement avoir recours aux sucs pan-créatiques naturels ou aux macérations du tissu du pancréas. C'est là un fait géné-ral : les macérations de glandes possèdent les propriétés diasta-siques des sucs sécré-tés par les glandes ;

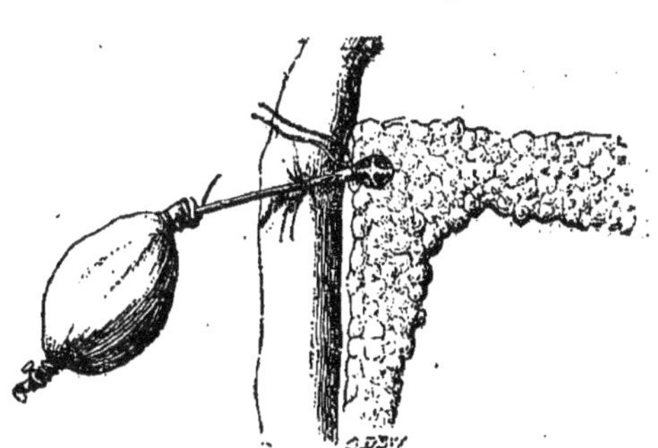

Fig. 91. — Fistule pancréatique temporaire chez le chien.

nous avons vu qu'on obtient des macérations de muqueuse gastrique douées des propriétés protéolytique et caséifiante du suc gastrique ; de même, on obtient des macérations de pan-créas douées des propriétés diastasiques du suc pancréatique.

Ces *sucs pancréatiques artificiels* se peuvent préparer par macération du tissu pancréatique haché dans l'eau à froid. Le tissu pancréatique étant éminemment putrescible, comme le suc pancréatique lui-même, ces macérations doivent être faites à basse température, afin d'éviter la pullulation des microorganismes ; ou bien elles doivent être faites en présence d'un agent antiseptique qui, tel que le fluorure de sodium à 1 p. 100, ne détruit pas les diastases.

On se procurera donc des sucs pancréatiques artificiels, soit en faisant macérer le tissu pancréatique haché dans l'eau fortement réfroidie, ou dans une solution neutre de fluorure de sodium à 1 p. 100 (ce dernier moyen étant de beaucoup le meilleur, puisqu'il permet d'obtenir des sucs pancréatiques fluorés, absolument imputrescibles).

Le suc pancréatique naturel renferme une proportion de matières minérales égale à 8 ou 10 p. 1000. Les cendres du suc pancréatique contiennent essentiellement des sels d'alcalis et de terres alcalines, des chlorures, des phosphates et des carbonates.

Le suc pancréatique naturel renferme des substances albuminoïdes : porté à l'ébullition, il coagule en gros flocons, comme le blanc d'œuf ; traité par l'alcool, il donne un abondant précipité floconneux ; traité par les acides minéraux, il donne un précipité soluble dans un excès d'acide. Il présente avec une très grande netteté les réactions du biuret, xanthoprotéique, de Millon, c'est-à-dire les réactions colorées des substances albuminoïdes.

La composition chimique du suc pancréatique, qualitative ou quantitative, ne permettrait pas de le caractériser nettement. Mais il possède *trois propriétés diastasiques caractéristiques.*

Le suc pancréatique naturel possède la propriété de *saccharifier l'amidon et le glycogène,* de *saponifier les graisses neutres,* de *peptoniser* ou plus exactement d'*hydrolyser les substances albuminoïdes.*

Les macérations aqueuses de pancréas frais possèdent les mêmes propriétés diastasiques que le suc pancréatique naturel.

En traitant par la glycérine le tissu pancréatique frais, on obtient un extrait glycériné actif. Cet extrait glycériné, traité par l'alcool, donne un précipité : ce précipité, séparé par filtration, desséché à basse température et dissous dans l'eau, communique à cette eau la triple propriété pancréatique.

Le suc pancréatique naturel, les macérations aqueuses, les extraits glycériques et les solutions dérivées perdent leurs propriétés par l'ébullition. Par conséquent, la *triple propriété pancréatique* est une *triple propriété diastasique*, puisque les agents actifs sont solubles dans l'eau, solubles dans la glycérine, insolubles dans l'alcool, et perdent toute activité à la température d'ébullition.

Le suc pancréatique renferme donc trois diastases : une diastase amylolytique ou *amylopsine*; une diastase saponifiante ou *stéapsine*; une diastase protéolytique ou *trypsine*. Il renferme *trois diastases distinctes, et non pas une seule diastase,* capable d'agir à la fois sur les hydrates de carbone, sur les graisses et sur les substances albuminoïdes, parce qu'il est possible d'obtenir, en partant du pancréas ou du suc pancréatique, des liquides possédant une action sur l'un seulement de ces trois groupes de substances.

Ainsi, une macération de pancréas dans l'iodure de potassium possède un pouvoir protéolytique énergique, mais ne possède qu'à un très faible degré les pouvoirs saponifiant et amylolytique ; — une macération de pancréas dans une solution de carbonate et de bicarbonate de soude possède presque exclusivement le pouvoir saponifiant; — une macération de pancréas dans l'arséniate de potasse possède surtout le pouvoir amylolytique.

Lorsqu'on fait une macération aqueuse de pancréas, l'eau acquiert très rapidement le pouvoir amylolytique, très lentement le pouvoir protéolytique ; par conséquent, une macération de pancréas de quelques heures à température basse possède le pouvoir amylolytique, mais ne possède pas de pouvoir protéolytique; si, au contraire, on fait macérer le pancréas pendant longtemps, en renouvelant plusieurs fois l'eau de macération, on obtient finalement des liqueurs douées d'un pouvoir protéolytique très net, mais absolument dépourvues de pouvoir amylolytique.

Enfin, le suc pancréatique recueilli au moyen d'une canule placée dans le canal de Wirsung, non souillé, par conséquent, par les liquides intestinaux, possède les pouvoirs amylolytique et saponifiant, mais n'a aucune activité protéolytique.

AMYLOPSINE, AMYLASE PANCRÉATIQUE,
OU DIASTASE AMYLOLYTIQUE.

Lorsqu'on ajoute à quelques centimètres cubes d'une solution d'empois d'amidon, à une température de 40°, une goutte de suc pancréatique naturel, obtenu par fistule du canal de Wirsung, on obtient une transformation presque instantanée de l'empois d'amidon : en quelques secondes, la liqueur, qui était opalescente, devient claire ; elle ne se colore plus en bleu par l'iode ; elle réduit la liqueur de Fehling : elle ne contient plus d'amidon, elle contient des dextrines et un sucre réducteur et fermentescible.

Les macérations pancréatiques possèdent la même propriété amylolytique que le suc pancréatique naturel : la transformation de l'empois d'amidon est toutefois infiniment moins rapide.

Les transformations que subit l'empois d'amidon sous l'influence du ferment amylolytique du pancréas sont exactement celles qu'il subit sous l'influence du ferment amylolytique de la salive, ou du ferment amylolytique de l'orge germé. L'amidon est transformé en dextrines et en maltose. — Nous renvoyons à l'étude que nous avons faite du ferment amylolytique de la salive (chap. XVIII, p. 311) pour la description des produits de transformation de l'amidon par cette diastase, et pour la détermination de l'ordre d'apparition et de succession de ces produits.

Le glycogène est transformé par la diastase amylolytique du pancréas comme l'amidon : les produits de transformation sont les mêmes : dextrines et maltose.

STÉAPSINE, LIPASE PANCRÉATIQUE
OU DIASTASE SAPONIFIANTE.

Le suc pancréatique exerce sur les matières grasses neutres une double action : 1° une action *chimique* : il les *saponifie*; — 2° une action *physique* : il les *émulsionne*.

Nous avons, en étudiant les graisses neutres, indiqué la constitution de ces substances; nous avons dit que, sous l'influence de certains agents, elles peuvent se dédoubler en acides gras et en glycérine; nous avons dit que, lorsque ce dédoublement se fait sous l'influence d'un alcali, l'acide gras mis en liberté se combine avec l'alcali pour former un sel d'acide gras, un savon. Nous avons appelé cette décomposition des graisses neutres par les alcalis caustiques, avec production de savons, une saponification, et nous avons appliqué ce mot *saponification*, par extension, au dédoublement des graisses neutres en acides gras et glycérine.

Le suc pancréatique naturel, certaines macérations de pancréas (notamment celles obtenues en faisant macérer le pancréas dans une solution de carbonate et de bicarbonate de potasse) et les extraits glycériques de pancréas possèdent la propriété de saponifier les matières grasses neutres. Ces matières sont dédoublées en glycérine et en acides gras, et ces derniers, en présence des carbonates alcalins contenus dans le suc pancréatique (et aussi des carbonates alcalins contenus dans le suc intestinal), donnent des savons alcalins.

Mais nous devons faire remarquer que la saponification des matières grasses par le suc pancréatique est, dans l'organisme, comme hors de l'organisme, une saponification partielle : une petite quantité seulement de la matière grasse est décomposée. La formation de savons est également peu considérable. De sorte que, si l'on fait agir du suc pancréatique sur une matière grasse neutre, on obtient une masse qui contient encore beaucoup de graisses neutres non transformées et une petite quantité de savons d'alcalis, d'acides gras libres et de glycérine.

Nous avions étudié précédemment des graisses phosphorées, les *lécithines*, dans la constitution desquelles entrent la glycérine, des acides gras, l'acide phosphorique et une base azotée, la choline. Sous l'influence du suc pancréatique, ces lécithines sont saponifiées : elles sont décomposées en acide phospho-glycérique, choline et acides gras libres.

Enfin, le suc pancréatique possède la propriété de *dédoubler*, par sa diastase stéapsine, *un certain nombre d'éthers* : il dédouble la tribenzoïcine ou éther tribenzoïque de la glycérine ; il dédouble le succinate de phényle en phénol et acide succinique ; il dédouble le salol en acide salicylique et phénol. Ces dédoublements d'éthers n'ont pas d'intérêt physiologique ; nous les signalons cependant pour montrer que le pouvoir saponifiant du suc pancréatique n'est qu'un cas particulier d'une propriété plus générale : propriété de dédoubler les éthers en leurs constituants, acide et alcool.

En étudiant les matières grasses, nous avons dit ce qu'est une *émulsion* ; nous avons indiqué quelques-unes des conditions qui favorisent la *stabilité* des *émulsions* ; nous avons dit notamment qu'une émulsion obtenue par agitation d'une huile avec un liquide visqueux, par agitation d'une huile avec un liquide alcalin, est une émulsion stable, ou tout au moins plus stable que l'émulsion obtenue par agitation de la même huile avec de l'eau. Nous avons dit qu'une huile tenant en solution des acides gras libres donne des émulsions très stables ; nous avons dit enfin que les savons favorisent l'émulsion des graisses.

Or le suc pancréatique est visqueux, il est alcalin ; il transforme une partie des matières grasses avec lesquelles il est en contact en acides gras libres, en savons d'alcalis et en glycérine. Il possède donc des propriétés qui le rendent éminemment propre à rendre stables les émulsions de matières grasses.

Le suc pancréatique, par sa *viscosité* naturelle, par sa *réaction* et par *son action sur la graisse neutre*, est un *suc émulsif*.

TRYPSINE OU DIASTASE PROTÉOLYTIQUE

Le suc pancréatique naturel obtenu par fistule du canal de Wirsung ne possède en général aucune activité protéolytique ; mais il en acquiert une très énergique quand on le mélange avec du suc intestinal ou avec une macération aqueuse de muqueuse intestinale. On dit que le suc pancréatique pur tel qu'il existe dans les canaux pancréatiques ne contient pas de ferment protéolytique, mais seulement un proferment, transformable en ferment par l'action d'une substance contenue dans le suc intestinal ou dans la muqueuse intestinale ; le suc pancréatique ne contient pas de *trypsine*, mais seulement une protrypsine ou trypsinogène, transformable en trypsine par l'entérokinase du suc intestinal ou de la muqueuse intestinale.

D'autre part, nous avons indiqué précédemment quelques-uns des procédés employés pour préparer des liqueurs protéolytiques.

En voici un qui fournit des liqueurs extrêmement actives :

Le tissu pancréatique haché, épuisé par l'alcool pendant plusieurs semaines, puis par l'éther, desséché dans le vide à basse température et broyé, est mis à macérer pendant quelques heures à 40° dans une solution à 1 p. 1 000 d'acide salicylique thymolisé (pour éviter le développement des microorganismes). Le tissu, séparé de l'extrait salicylique, est mis à macérer quelques heures à 40° dans une solution à 5 p. 1 000 de carbonate de soude thymolisée. Les deux solutions, salicylique et carbonatée, sont réunies, et leur mélange constitue un suc pancréatique artificiel, doué d'un pouvoir protéolytique extrêmement énergique [1].

Le suc pancréatique naturel, nous l'avons dit, contient des substances albuminoïdes ; les extraits pancréatiques contiennent les produits de digestion pancréatique du tissu pancréatique lui-même. Si l'on veut étudier les transformations d'une

---

1. On peut substituer avantageusement le fluorure de sodium au thymol. On fluorure les liqueurs à 1 p. 100.

substance albuminoïde par la trypsine, il faut préparer cette diastase aussi pure que possible, c'est-à-dire il faut préparer des liqueurs débarrassées de substances albuminoïdes ou de produits de transformation pancréatique de ces substances albuminoïdes. On a pu réaliser cette transformation par des procédés variés, qu'il est inutile de décrire ici.

L'action protéolytique du suc pancréatique naturel ou artificiel ou des solutions de trypsine s'accomplit surtout bien au voisinage de 40°. Elle s'accomplit en milieu neutre, très légèrement acide, ou alcalin : la réaction alcaline (notamment 1/2 p. 100 de carbonate de soude) est surtout favorable. La réaction acide est au contraire peu favorable; l'action de la trypsine ne s'exerce plus en présence de 2 p. 1000 d'acide chlorhydrique.

Soumises à l'action du suc pancréatique, ou des liqueurs tryptiques, les substances albuminoïdes sont transformées en *protéoses*. Supposons qu'on fasse agir sur la fibrine, à une température de 40°, une solution de trypsine : la fibrine est dissoute. La liqueur contient des protéoses. Comme dans le cas de la digestion peptique, la liqueur contient d'abord surtout des protéoses primaires (protoprotéose et hétéroprotéose) et très peu de deutéroprotéose et de peptone. Comme dans le cas de la digestion peptique, par action prolongée de de la diastase, les protéoses primaires se transforment en protéose secondaire et celle-ci en peptone.

Mais l'action de la trypsine sur les substances albuminoïdes est plus énergique que l'action de la pepsine : le terme ultime des transformations produites par la pepsine est la peptone; la peptone n'est pas le terme ultime des transformations produites par la trypsine. Si l'on fait agir la trypsine pendant un temps suffisant, on voit apparaître dans la liqueur des masses blanchâtres, qui, examinées au microscope, se montrent constituées de très nombreuses et très fines aiguilles cristallines groupées en faisceaux : ces aiguilles cristallines sont de la *tyrosine*; — lorsqu'on évapore la liqueur de digestion tryptique dans laquelle commencent à se déposer les cristaux de tyrosine, on voit se former de nouveaux dépôts de tyrosine, et aussi des dépôts constitués par des masses noduleuses de *leucine*.

Enfin on peut, dans la liqueur, manifester soit par des réactions colorées, soit par des manipulations chimiques convenables la présence de divers acides aminés, *tryptophane*, etc. et de bases hexoniques.

La leucine, la tyrosine et le tryptophane, etc., *ne sont plus des substances albuminoïdes* : ils ne présentent plus les réactions colorées des substances albuminoïdes, ou plus exactement, ils ne présentent plus toutes les réactions colorées des substances albuminoïdes; ils ne présentent plus les réactions de précipitation des substances albuminoïdes, ils ne sont plus des substances colloïdes comme les substances albuminoïdes. Ce sont des *acides aminés* dont la composition et la constitution chimiques ont été établies, dont la synthèse chimique a été réalisée. La leucine est un acide aminocaproïque : $C^5H^{10}AzH^2COOH$; la tyrosine est un acide oxyphénylaminopropionique : $HOC^6H^4C^2H^3AzH^2COOH$; le tryptophane est un acide indolaminopropionique.

A côté de la leucine et de la tyrosine, on a trouvé, dans les produits de la digestion tryptique, d'autres acides aminés tels que l'acide aspartique (acide aminosuccinique $(CO^2H)CH(AzH^2)$-CH^2-CO^2H), l'acide glutamique (acide aminoglutarique (CO^2H)-$CH(AzH^2)$-CH^2-CH^2-CO^2H), etc. et les bases hexoniques, lysine, arginine et histidine (Voy. ch. IV, p. 71, 72, 75)[1].

Ces substances, acides monoaminés et bases hexoniques, dont nous avons signalé la production dans la décomposition des substances albuminoïdes par les agents d'hydratation, constituent le groupe des *produits abiurétiques* de la digestion pancréatique, qui ne fournissent pas la réaction du biuret, tandis que les protéoses et peptones, qui donnent la réaction du biuret, forment le groupe des *produits biurétiques*.

Supposons qu'on ait épuisé l'action de la trypsine sur une substance albuminoïde, c'est-à-dire que l'on ait fait agir la

---

[1]. En faisant agir une solution de trypsine sur les protamines, on obtient d'abord des protones, analogues aux protéoses, puis des bases hexoniques, arginine, lysine, histidine.

diastase jusqu'à ce qu'il ne se produise plus de transformation dans la liqueur. Examinons alors la constitution de cette liqueur. Nous y trouvons de la peptone et des acides aminés. Séparons cette peptone de la liqueur, redissolvons-la dans l'eau et traitons-la de nouveau par la trypsine, nous ne constatons pas de modifications. D'où cette conclusion :

Sous l'influence de la trypsine, les substances albuminoïdes sont transformées en protéoses primaires, celles-ci en protéose secondaire, la protéose secondaire en peptone et enfin la peptone est transformée, mais seulement partiellement transformée, en acides aminés (leucine, tyrosine, etc.), et en bases hexoniques La peptone pancréatique, formée aux dépens de la deutéroprotéose, n'est donc pas une substance unique, puisqu'une partie seulement est transformée en acide aminé : c'est une *amphopeptone*. Cette amphopeptone se comporte vis-à-vis du suc pancréatique comme si elle était formée d'un mélange de deux peptones, l'une transformable par le suc pancréatique en acides monoaminés et bases hexoniques, l'autre inattaquable [1] par ce suc. La peptone inattaquée par le suc pancréatique, celle qu'on peut retirer des liquides de digestion tryptique prolongée, a reçu le nom d'*antipeptone*. La peptone transformable par le suc pancréatique a reçu le nom d'*hémipeptone*.

L'amphopeptone est-elle une substance chimiquement définie? Ou bien est-elle un mélange d'hémipeptone et d'antipeptone? Nous n'en savons rien. Le suc pancréatique agissant sur l'amphopeptone la dédouble-t-il en hémipeptone et antipeptone, ou bien en antipeptone, acides monoaminés et bases hexoniques? Nous n'en savons rien.

La peptone obtenue par l'action de la pepsine sur les substances albuminoïdes est une amphopeptone, parce que, si l'on fait agir sur cette substance la trypsine, on obtient des acides aminés, des bases hexoniques et de l'antipeptone.

---

1. Plusieurs auteurs tendent à admettre que l'antipeptone n'est pas absolument inattaquable par le suc pancréatique ; elle serait simplement très difficilement, très péniblement attaquable par le suc pancréatique. Peu importe ; ce qu'il faut retenir c'est que les peptones dérivant de la protéolyse peptique ou tryptique constituent deux groupes nettement distincts de par leur différence de résistance à la trypsine.

Nous dirons donc que le *terme ultime des transformations peptiques* des substances albuminoïdes est l'*amphopeptone* et que les *termes ultimes des transformations tryptiques* de ces mêmes substances sont l'*antipeptone*, les *bases hexoniques* et des *acides aminés*. — La pepsine ne parvient pas à transformer les substances albuminoïdes en quelque substance n'appartenant plus au groupe albuminoïde; la trypsine transforme partiellement les substances albuminoïdes en substances qui ne sont plus albuminoïdes. — La pepsine ne produit que des substances biurétiques; la trypsine produit des substances biurétiques, puis des substances abiurétiques.

La digestion peptique ne fournissant pas de tyrosine, la digestion tryptique en fournissant, on peut distinguer les produits de l'une et de l'autre digestion par l'emploi d'une diastase, la *tyrosinase*, qui existe dans les extraits de divers champignons, notamment des russula et des lactaria. Sous l'influence de cette diatase, la tyrosine noircit. Si donc, en traitant les produits d'une digestion par la tyrosinase (macération aqueuse ou glycérinée de russules, par exemple), on détermine un noircissement de la liqueur, on peut admettre que ces produits contiennent de la tyrosine, provenant d'une digestion tryptique [1].

La trypsine peut agir sur la gélatine, la transformer en *gélatoses*, en *gélatinepeptone* et en *acides aminés* (*leucine, glycocolle*, etc.). Cette production de glycocolle (acide aminoacétique CH^2AzH^2COOH) aux dépens de la gélatine est à noter, car nous retrouvons dans les sucs organiques le glycocolle sous deux formes : l'acide glycocholique dans la bile (résultant de la combinaison de l'acide cholalique et du glycocolle) et l'acide hippurique dans l'urine (résultant de la combinaison de l'acide benzoïque et du glycocolle).

---

1. On a avantage à préparer un extrait glycériné de russules qu'on peut conserver pendant longtemps. A cet effet, on hache 250 grammes de russules, on les fait macérer quelques heures dans 850 grammes de glycérine et on sépare la glycérine par passage sur linge fin.

Sous l'influence de la tyrosinase, la tyrosine ou ses solutions se colorent successivement en rose, rouge grenat, rouge acajou et brun; si alors on ajoute à la liqueur des sels d'alcalis ou de terres alcalines, notamment du sulfate de magnésie, la coloration passe au noir d'encre, et la matière noire se précipite laissant la liqueur décolorée.

Une liqueur protéolytique doit-elle cette propriété à la présence de pepsine ou de trypsine? C'est une question facile à résoudre. — Si la liqueur dissout en milieu acide les substances albuminoïdes coagulées; si elle ne les attaque pas en milieu neutre ou alcalin; si, parmi les produits de transformation, on ne trouve que des produits biurétiques, et pas de produits abiurétiques, en particulier pas de tyrosine (reconnaissable à la forme de ses cristaux, fines aiguilles biréfringentes groupées en faisceaux typiques, et à la coloration noire qu'elle donne sous l'action de la tyrosinase), la liqueur contient de la pepsine. — Si la liqueur dissout les substances albuminoïdes coagulées en milieu alcalin, neutre ou très faiblement acide (avec une activité maxima en milieu alcalinisé à 5 p. 1 000 de carbonate de soude), si elle ne les attaque pas en milieu franchement acide (4 p. 1 000 d'acide chlorhydrique, par exemple); si, parmi les produits de transformation, on trouve des substances abiurétiques, acides monoaminés et bases hexoniques et en particulier de la tyrosine, la liqueur contient de la trypsine.

On a trouvé dans les végétaux un certain nombre de diastases protéolytiques, dont les mieux connues sont : la *papaïne* ou *papayotine*, qu'on peut retirer du carica papaya, et la *broméline*, qu'on peut retirer du fruit de l'ananassa sativa. Que sont ces diastases? Sont-elles pepsine ou trypsine, sont-elles différentes de la pepsine et de la trypsine? — La papaïne n'est pas une pepsine, car elle produit la protéolyse en milieu neutre et en milieu alcalin, comme en milieu acide; la papaïne n'est pas une trypsine, car elle ne conduit la protéolyse qu'au stade protéose-peptone, sans engendrer de leucine, tyrosine et autres acides aminés. Par les conditions de son activité, elle se rapproche de la trypsine; par les produits de son activité, elle se rapproche de la pepsine. La papaïne est donc une diastase distincte de la pepsine et de la trypsine. L'étude de la broméline est moins avancée; on peut seulement dire qu'elle diffère de la papaïne en ce qu'elle peut engendrer leucine et tyrosine.

Pour comparer l'activité tryptique de plusieurs sucs pancréatiques naturels ou artificiels, on a recours à diverses méthodes calquées sur celles que nous avons précédemment indiquées à propos des sucs gastriques (Voy. ch. XIX, p. 335).

Nous nous bornerons à ce sujet aux quelques indications complémentaires suivantes.

Dans tous les essais d'activités peptiques, on opère en milieux fortement acides, par conséquent aseptiques, du fait de cette acidité. Dans les essais d'activités tryptiques, les milieux étant alcalins, neutres ou faiblement acides, sont essentiellement septiques, et les transformations observées sont le fait de l'intervention des microbes autant que de la trypsine, si on ne les élimine pas. En général, on élimine l'action des microbes en saturant les liquides de chloroforme; — ou mieux encore en dissolvant dans les liqueurs 1 p. 100 de fluorure de sodium. Donc tous les essais seront faits en milieux chloroformés ou mieux fluorés à 1 p. 100 (on ajoute aux liqueurs un tiers de leur volume d'une solution de fluorure de sodium à 4 p. 100).

Les déterminations au moyen de la fibrine ou des cubes d'albumine se pratiquent comme pour la pepsine.

Les déterminations par la méthode de Mette se pratiquent comme pour la pepsine; — mais on peut aussi substituer aux cylindres d'albumine, dont la dissolution ne se fait que lentement, des cylindres de gélatine qui se peptonisent beaucoup plus rapidement. On introduit dans les tubes de Mette une solution de gélatine à 10 ou 20 p. 100 colorée par quelques gouttes de violet de méthyle, dans l'eau fluorée à 1 p. 100, maintenue à 40°; on la laisse s'y gélifier par refroidissement; on fractionne le tube en segments d'égale longueur, et on fait agir les liqueurs tryptiques à une température inférieure à la température de liquéfaction de la gélatine.

Les déterminations par la méthode colorimétrique se font avec de la fibrine teinte par le rouge de Magdala, au lieu d'être teintes par le carmin; elles se font d'ailleurs comme pour la pepsine.

Le tissu pancréatique ne contient pas de trypsine, mais un proferment, capable de se transformer en trypsine dans diverses circonstances et sous diverses influences.

Ce *trypsinogène* est soluble dans la glycérine et peut être extrait du tissu pancréatique par ce liquide, sans se transformer en trypsine. Il est transformé en trypsine par l'action de l'oxygène de l'air, des acides très dilués (par exemple, acide salicylique à 1 p. 1 000), de l'entérokinase du suc intestinal (Voy. ch. xxi, p. 363), etc.

Le suc pancréatique, obtenu par cathétérisme du canal excréteur, chez un chien à fistule pancréatique permanente, ne contient également que du trypsinogène et pas de trypsine. Chez l'animal normal, ce trypsinogène est transformé en trypsine par l'entérokinase du suc intestinal, qu'il rencontre au moment où le suc pancréatique est déversé dans le duodénum.

CHAPITRE XXI

LE SUC INTESTINAL
ET LA MUQUEUSE INTESTINALE

Sommaire. — 1. *Le suc intestinal.*
L'invertine ; — la maltase ; la lactase ; — l'érepsine.
L'entérokinase ; — la prosécrétine et la sécrétine.
2. *Le contenu intestinal.*

Le suc intestinal, sécrété par les innombrables glandes contenues dans la paroi de l'intestin, ne peut être obtenu pur qu'avec difficulté. Dans la cavité intestinale, en effet, viennent constamment se déverser, outre le suc intestinal, la bile, le suc pancréatique et les aliments partiellement digérés par le suc gastrique. Pour obtenir le suc intestinal pur, il faut réséquer une anse d'intestin, en respectant le mésentère qui lui amène ses vaisseaux et ses nerfs, aboucher ses extrémités à la peau et rétablir par une suture la continuité intestinale, pour assurer la vie de l'animal (fistules de Thiry et de Vella). L'anse réséquée fournit un liquide clair, qu'on peut recueillir et étudier : c'est du suc intestinal pur.

La composition chimique du suc intestinal n'offre aucune particularité intéressante : c'est un liquide alcalin (son alcalinité correspond à 4 à 5 p. 1 000 de carbonate de soude) contenant en solution des matières protéiques abondantes (8 p. 1 000 env.) et des matières salines, notamment des carbonates alcalins, des chlorures, des phosphates et quelques substances organiques.

Les études sur le suc intestinal pur ne remontent qu'à quelques années ; aussi le plus grand nombre des résultats acquis a-t-il été obtenu avec des macérations de muqueuse intestinale. C'est pour cette raison que nous allons rechercher les diastases intestinales soit dans le suc pur, soit dans les macérations de muqueuses.

Le suc intestinal et la muqueuse intestinale contiennent une diastase capable de dédoubler la saccharose en glycose et lévulose, une *invertine*.

L'invertine a la propriété de transformer la saccharose, avec fixation d'eau, en sucre interverti, constitué, nous l'avons dit, en étudiant les sucres, par un mélange à poids égaux de gly-

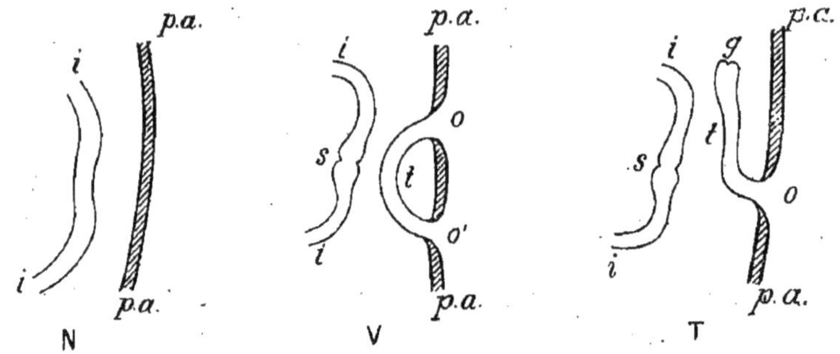

Fig. 92. — Schéma des opérations pratiquées pour obtenir le suc intestinal pur. — N, animal normal : *p.a*, paroi abdominale ; *i.i*, anse intestinale. — V, Fistule de Vella : *p.a*, paroi abdominale ; *i.i*, intestin suturé en *s* ; *t*, anse réséquée abouchée à la peau en *O* et *O'*. — T, Fistule de Thiry : *p.a*, paroi abdominale ; *i.i*, intestin suturé en *s* ; *t*, anse réséquée, fermée par une suture en *g*, abouchée à la peau en *O*.

cose et de lévulose : l'invertine intestinale est identique à l'invertine qu'on trouve dans les liquides où se développe la levure de bière : la première phase de la fermentation alcoolique de la saccharose consiste, on le sait, en une interversion de ce sucre.

Les macérations intestinales contiennent une seconde diastase, capable de dédoubler la maltose en deux molécules de glycose, une *maltase*. Cette maltase n'est pas d'ailleurs spécifique de la muqueuse intestinale ; on la retrouve dans divers autres tissus de l'organisme, mais elle est partout beaucoup moins abondante que dans la muqueuse intestinale : les macérations intestinales transforment plus énergiquement la maltose en glycose que les macérations hépatiques et pancréatiques par exemple.

Les physiologistes ont établi que la lactose du lait doit subir un dédoublement pour être assimilée, et ils ont recherché dans les divers sucs digestifs la présence d'une *lactase*, capable de dédoubler la lactose en glycose et galactose. Cette diastase n'existe ni dans la salive, ni dans le suc gastrique, ni dans la bile, ni dans le suc pancréatique : elle devrait exister dans le suc intestinal. Or si la lactase a été signalée parfois dans le contenu intestinal de certains animaux et notamment des mammifères jeunes nourris de lait, elle ne paraît pas être un constituant constant du suc intestinal. Le suc intestinal pur obtenu par fistule intestinale de Thiry ou de Vella ne contient pas de lactase. La macération aqueuse aseptique (fluorée à 1 p. 100) de muqueuse intestinale, débarrassée par une vigoureuse centrifugation de tous les éléments cellulaires en suspension ne contient pas de lactase. Mais si, à une macération fluorée à 1 p. 100 de muqueuse intestinale contenant le hachis de muqueuse, on ajoute une solution de lactose, on constate qu'il se produit une hydrolyse de la lactose à 40°, mais avec une certaine lenteur. — Pour mettre en évidence la transformation de la lactose, on jette sur un filtre, on coagule les substances protéiques par la chaleur, et on transforme les sucres du filtrat en osazones par l'action de l'acétate de phénylhydrazine au bain-marie bouillant. Après refroidissement, on recueille les osazones sur un filtre et on les caractérise facilement ; la lactosazone étant soluble dans l'eau bouillante et dans l'acétone étendue de son volume d'eau, la glycosazone et la galactosazone étant insolubles dans ces dissolvants. — La lactase intestinale est donc vraisemblablement une diastase endocellulaire, localisée dans les cellules ou dans certaines cellules de la muqueuse intestinale.

Quelques auteurs décrivent une diastase amylolytique du suc intestinal, capable de saccharifier l'amidon, comme la diastase amylolytique de la salive. — Tous les tissus et tous les liquides organiques, le muscle, le sang, la lymphe, les transsudats, etc., possèdent un pouvoir amylolytique faible, mais facile à mettre en évidence. Il en est de même des macérations de muqueuse intestinale. Nous ne croyons donc pas qu'il convienne de décrire une diastase amylolytique intestinale. Deux liquides organiques seulement possèdent un pouvoir amylolytique énergique et spécifique, la salive et surtout le suc pancréatique.

Le suc intestinal et les macérations intestinales ne contiennent pas de diastases protéolytiques analogues à la pepsine ou à la trypsine, c'est-à-dire capables de peptoniser les substances albuminoïdes naturelles; mais ils contiennent une diastase, l'*érepsine* capable d'agir sur les protéoses pour les transformer en produits abiurétiques (Voy. p. 351).

On prépare une macération de muqueuse intestinale de chien ou de chat dans l'eau salée à 7 p. 1 000, ou dans du sang dilué au moyen d'eau salée à 7 p. 1 000 ou dans le liquide de Ringer (Eau 1 000; NaCl 8,5; CO^3NaH 0,2; $CaCl^2$ 0,1; KCl 0,075). A cette macération antiseptisée au moyen de toluol ou de thymol, on ajoute soit de la peptone commerciale, soit des protéoses purifiées, et on abandonne le mélange pendant quelques heures à 40°. On porte à l'ébullition pour coaguler les substances albuminoïdes coagulables et on jette sur un filtre; le filtrat ne donne plus la réaction du biuret, il ne contient donc plus de protéoses : les protéoses ont été transformées en produits abiurétiques. La liqueur précipite d'ailleurs encore par l'acide phosphomolybdique comme les solutions primitives de protéoses; mais le précipité produit n'est plus amorphe, il est cristallin. Enfin, si on dose l'azote total contenu dans la liqueur, on le trouve égal à l'azote contenu dans les protéoses employées. Donc, sous l'influence d'une substance contenue dans la macération intestinale, les protéoses ont été transformées en produits abiurétiques.

Les macérations intestinales bouillies perdent leur action sur les protéoses. On est donc conduit à admettre que cette action est une action diastasique; la diastase dont il s'agit a été appelée *érepsine*.

L'érepsine agit sur les protéoses en millieu neutre et aussi, mais moins énergiquement, en milieu faiblement alcalin; elle n'agit pas en milieu acide. Elle est détruite à la température d'ébullition; elle est d'ailleurs déjà partiellement détruite par un chauffage prolongé à 65°. Elle est altérée par l'alcool. On peut la précipiter des macérations intestinales qui la contiennent par le sulfate d'ammoniaque dissous à 3/4 de saturation (60 p. 100), et ceci permet de la séparer de la presque totalité des substances protéiques qui l'accompagnent dans la macération intestinale. A cet effet, on ajoute à cette macération du sulfate d'ammoniaque jusqu'à ce que la liqueur en contienne 60 p. 100; on sépare par centrifugation (ou par filtration) le précipité floconneux produit; on le met en suspension dans l'eau et on introduit le tout dans un dialyseur, pour éliminer le sulfate d'ammoniaque retenu dans le précipité : la presque totalité des substances albuminoïdes restent précipitées sur le dialyseur, la liqueur renferme l'érepsine.

Le suc intestinal pur, obtenu au moyen des fistules de Thiry et de Vella, se comporte comme les macérations intestinales; l'érepsine est donc une diastase normale du suc intestinal.

L'érepsine agit sur toutes les protéoses, protéoses proprement dites et peptones : elle agit plus rapidement sur les protoprotéoses, sur les deutéroprotéoses et sur les amphopeptones; elle agit moins rapidement, mais elle agit pourtant très nettement sur les hétéroprotéoses et sur les antipeptones.

Dans l'action de l'érepsine sur les protéoses sont engendrées des substances multiples; on a reconnu la présence de leucine, de tyrosine, de lysine, d'histidine, d'arginine et d'autres acides monoaminés et diaminés.

Comme la trypsine, ainsi que nous l'avons indiqué précédemment, conduit la protéolyse jusqu'aux produits abiurétiques et qu'on a signalé les produits ci-dessus nommés dans les liqueurs de digestions tryptiques, on peut se demander si la diastase des macérations intestinales et du suc intestinal n'est pas purement et simplement de la trypsine fixée sur la muqueuse, ou souillant le suc.

Non, l'érepsine et la trypsine sont deux diastases distinctes, et l'on en peut fournir des preuves physiologiques et des preuves chimiques.

Si on examine une muqueuse intestinale d'une anse séquestrée, selon les méthodes de Thiry ou de Vella, depuis des jours ou des semaines, on y trouve de l'érepsine, et en quantité aussi grande que dans les segments intestinaux parcourus par les aliments.

La trypsine agit en milieu neutre, en milieu faiblement acide, en milieu légèrement alcalin, et son activité est maxima en milieu très légèrement alcalin. L'érepsine n'agit pas en milieu acide, elle agit en milieu neutre ou faiblement alcalin, et son activité est maxima en milieu neutre.

La trypsine agit sur les substances albuminoïdes naturelles pour les transformer en protéoses et sur les protéoses pour les transformer en produits abiurétiques. L'érepsine n'agit pas sur les substances albuminoïdes naturelles : elle ne transforme ni la fibrine, ni la myosine, ni l'ovalbumine, ni la sérumalbumine, ni la sérumglobuline ; elle transforme les protéoses, et nous dirions elle ne transforme que les protéoses s'il n'y avait à noter trois exceptions remarquables. Outre les protéoses, l'érepsine transforme en effet : 1° les caséines, 2° les protamines, 3° les acides nucléiques (ces derniers ne sont pas transformables par le suc pancréatique).

On a récemment décrit dans les muqueuses intestinales une nouvelle diastase, l'*arginase*, qui décompose l'arginine résultant de l'action de la trypsine ou de l'érepsine, en ornithine et en urée. Cette arginase est d'ailleurs distincte de la trypsine et de l'érepsine qui, l'une et l'autre, sont inactives sur l'arginine.

Les macérations intestinales, et le suc intestinal pur possèdent la propriété d'exalter le pouvoir protéolytique des macérations de tissu pancréatique, ou de faire apparaître le pouvoir protéolytique du suc pancréatique pur recueilli par cathétérisme du canal de Wirsung.

Supposons, par exemple, qu'on ait préparé une macération aqueuse, ou mieux une macération fluorée à 1 p. 100 de tissu pancréatique et qu'on la fasse agir à 40°, par exemple, sur de la fibrine, ou sur des cubes d'albumine ; la protéolyse se produira, et, au bout d'un certain temps, la substance protéique sera complètement dissoute. — Si, à la macération pancréatique, on ajoute une certaine proportion d'une macération intestinale ou de suc intestinal pur, on constate que ce mélange possède un pouvoir protéolytique beaucoup plus énergique que la macération pancréatique. Or la macération intestinale ou le suc intestinal ne possèdent par eux-mêmes aucune action protéolytique; on peut donc dire que les macérations intestinales exaltent le pouvoir protéolytique des macérations pancréatiques.

Supposons qu'à un suc pancréatique pur recueilli par cathétérisme du canal de Wirsung, ne possédant, comme on sait, absolument aucun pouvoir protéolytique, on ajoute soit une macération intestinale, soit du suc intestinal pur, on constate que le mélange possède un énergique pouvoir protéolytique : dans un mélange formé par exemple de 9 parties de suc pancréatique et de 1 partie de suc intestinal, les flocons de fibrine ou les cubes d'albumine se dissolvent très rapidement à la température de 40°. On peut donc dire que le suc intestinal fait apparaître le pouvoir protéolytique du suc pancréatique.

La substance qui, contenue dans la muqueuse intestinale, ou dans le suc intestinal, agit sur le suc pancréatique, a reçu le nom d'*entérokinase*.

L'entérokinase est détruite par une ébullition de quelques minutes; elle est altérée et finalement détruite par un chauffage prolongé à 70°. Elle possède les propriétés générales des diastases. Faut-il en faire une diastase vraie? C'est peut-être imprudent à l'heure présente, puisque nous ignorons son mode d'action; nous la rangerons de préférence dans le groupe des enzymoïdes.

On admet généralement que l'entérokinase agit sur le trypsinogène du tissu pancréatique ou du suc pancréatique, pour le transformer en trypsine active. Mais on sait que cette même transformation peut s'accomplir sous d'autres influences : les acides très dilués (acide salicylique à 1 p. 1 000 par exemple) transforment en trypsine le trypsinogène du tissu pancréatique. — Elle s'accomplit encore par l'action de divers tissus ou de leurs macérations, leucocytes, ganglions lymphatiques par exemple. On en a conclu que les leucocytes et les ganglions lymphatiques contiennent de l'entérokinase; mais cette conclusion ne sera de quelque valeur que lorsqu'on aura établi l'identité chimique et physiologique des principes actifs des leucocytes et des principes actifs de la muqueuse intestinale, ce qui n'est pas encore fait actuellement. Sans nier le moins du monde qu'il peut exister çà et là de nombreux produits capables de transformer le trypsinogène en trypsine, nous réserverons le nom d'entérokinase à celui de ces produits qui est localisé dans la muqueuse intestinale.

Enfin la muqueuse intestinale contient une substance très importante au point de vue physiologique, la *prosécrétine*, transformable en *sécrétine* par les acides dilués.

Les physiologistes ont démontré que la sécrétion pancréatique des carnivores, éminemment intermittente, se produit quand le contenu acide de l'estomac s'écoule dans le duodénum par le pylore entr'ouvert, et ils sont parvenus à établir le mécanisme de cette sécrétion. Ils ont montré qu'elle ne résulte pas d'une action nerveuse réflexe, ayant pour point d'origine la muqueuse duodénale et pour point de terminaison la glande pancréatique ; — elle résulte de l'action directe exercée sur les cellules pancréatiques par une substance engendrée au niveau du duodénum par l'action des acides du suc gastrique sur la muqueuse duodénale, résorbée et amenée au pancréas par le sang circulant.

Si, en effet, on prépare une macération de muqueuse duodénale dans l'acide chlorhydrique à 3 p. 1000 par exemple, et si, après neutralisation, on l'injecte dans le système circulatoire d'un animal, on détermine une abondante sécrétion pancréatique. Cette action n'appartient pas à la macération aqueuse de muqueuse duodénale ; elle est donc due à une substance, qu'on a appelée *sécrétine*, engendrée par l'action de l'acide chlorhydrique très dilué sur une substance, elle-même inactive, contenue dans la muqueuse duodénale, qu'on a appelée *prosécrétine*.

Les divers acides minéraux et organiques forts très dilués peuvent être substitués à l'acide chlorhydrique pour transformer la prosécrétine en sécrétine.

Les expressions prosécrétine et sécrétine pourraient engendrer une méprise ; on pourrait être tenté de supposer que ce sont une prodiastase et une diastase. Or la sécrétine n'est pas une diastase, car elle résiste absolument à l'ébullition.

LE CONTENU INTESTINAL

Le contenu intestinal est constitué par les produits de diges-
tion des matières alimentaires; par les résidus alimentaires
non attaqués; par les sécrétions des glandes digestives (salive,
suc gastrique, bile, suc pancréatique, suc intestinal); par les
produits des fermentations microbiennes intra-intestinales.

Les matières digérées, solubles et assimilables, sont peu à
peu résorbées dans l'intestin grêle; les matières non absor-
bées subissent peu à peu, pendant leur trajet dans l'intestin,
des fermentations microbiennes; par conséquent, la consti-
tution du contenu intestinal varie non seulement suivant la
nature des aliments ingérés, mais encore suivant la région
intestinale considérée.

Nous nous bornerons à indiquer sommairement les sub-
stances qu'on peut trouver dans l'intestin :

1° De la glycose, de la maltose, des dextrines; — des
matières grasses neutres, des acides gras, de la glycérine, des
savons : — des protéoses, des gélatoses, des élastoses et les
divers produits abiurétiques de la protéolyse, leucine, tyro-
sine, histidine, arginine, etc.; — ces différentes substances
provenant des transformations digestives des hydrates de
carbone, des graisses neutres et des substances protéiques.

2° De la cellulose, des gommes, des résines, des fragments
de tissus cartilagineux, cornés, tendineux, des nucléines, etc.;
— ces différentes substances étant contenues dans les ali-
ments et non attaquées par les sucs digestifs.

3° Des *produits de fermentations microbiennes*, parmi les-
quels nous citerons l'*indol* et le *scatol* qui, absorbés par la
paroi intestinale, se combinent à l'acide sulfurique prove-
nant de la désintégration des substances protéiques des tissus,
pour s'éliminer par les urines à l'état d'indoxylsulfates, —
et les *gaz intestinaux*, provenant de la fermentation de la
cellulose et des substances albuminoïdes : ces gaz sont du
gaz carbonique, de l'hydrogène, du protocarbure d'hydro-
gène, de l'hydrogène sulfuré et de l'azote.

CHAPITRE XXII

L'URINE

Nous prenons comme type d'urine, l'urine de l'homme.

Un homme adulte sain, de poids moyen, prenant une alimentation moyenne, excrète en vingt-quatre heures environ 1 500 centimètres cubes d'urine, dont la densité est généralement comprise entre 1,015 et 1,020.

On a coutume de déterminer la densité de l'urine au moyen d'aréomètres spéciaux, dits *pèse-urine*. On possède en général 2 pèse-urine, l'un gradué de 1,000 à 1,020, l'autre gradué de 1,020 à 1,040, servant respectivement, suivant que la densité est inférieure ou supérieure à 1,020.

Lorsque l'alimentation est mixte, c'est-à-dire composée d'aliments d'origine animale et d'aliments d'origine végétale, la *réaction* de l'urine est franchement acide au tournesol. Cette réaction acide n'est pas due à la présence d'un acide libre, mais à la présence de *phosphates minéraux acides*. En voici la preuve : les acides minéraux décomposent l'hyposulfite de soude et déterminent la production d'un précipité pulvérulent de soufre; l'urine reste claire lorsqu'on l'additionne d'hyposulfite de soude. — Les acides organiques, tels que l'acide hippurique et l'acide urique, possèdent la propriété de faire passer au bleu le rouge congo; le gaz carbonique libre le fait passer au violet; l'urine ne modifie pas sa coloration; donc l'urine ne contient pas d'acide hippurique libre, pas d'acide urique libre, pas d'acide carbonique libre. L'urine doit sa réaction acide à ses phosphates acides.

Lorsque l'alimentation est surtout végétale, la réaction de l'urine peut devenir neutre et même alcaline, par suite de l'augmentation considérable des carbonates alcalins éliminés. L'urine des herbivores, par exemple l'urine du lapin, abondamment nourri de matières végétales, est normalement alcaline; elle ne devient acide, chez le lapin, que lorsque cet animal est privé depuis quelques heures de nourriture, et vit aux dépens de ses réserves.

Fig. 93.
Pèse urine.

On ne peut pas songer à déterminer l'acidité d'une urine par simple titration acidimétrique, au moyen d'un alcali, en présence d'un indicateur coloré, le tournesol par exemple, parce que l'urine contient des phosphates monométalliques, qui, par addition progressive d'alcali, se transforment progressivement en phosphates dimétalliques, et que le mélange de ces deux catégories de phosphates donne une réaction amphotère, ne permettant pas de saisir nettement le moment où la réaction devient neutre ou alcaline.

On admet que l'urine doit son acidité aux phosphates acides, c'est-à-dire aux phosphates monométalliques qu'elle contient, et on détermine la quantité de ces phosphates de la façon suivante.

Supposons connue la quantité totale d'acide phosphorique contenue dans un volume donné d'une urine donnée, — nous indiquerons ci-dessous les procédés employés en chimie physiologique pour doser les phosphates d'une urine, — et déterminons la quantité d'alcali nécessaire pour transformer ces phosphates mono- et dimétalliques en phosphates trimétalliques, nous aurons tous les éléments de la solution.

Supposons l'acide phosphorique de l'urine exprimé en PO^4H^3 et soit Q la quantité contenue dans un volume donné d'urine. — On sait que 118 grammes d'acide phosphorique PO^4H^3 demandent 40 grammes de soude NaOH pour donner du phosphate monosodique, 80 grammes pour donner du phosphate disodique, 120 grammes pour donner du phosphate trisodique ; par conséquent, Q grammes d'acide phosphorique demandent $\frac{40\,Q}{118}$, $\frac{80\,Q}{118}$ et $\frac{120\,Q}{118}$ pour donner les phosphates mono-, di- et trisodiques. Pour transformer Q grammes d'acide phosphorique à l'état de phosphate disodique en phosphate trisodique, il faut donc employer $\frac{40\,Q}{118}$ grammes de soude caustique.

Supposons que, dans notre détermination, nous ayons dû employer une quantité de soude égale à S ; d'après notre hypothèse (mélange de phosphates mono- et dimétalliques), $S > \frac{40\,Q}{118}$, et la différence $S - \frac{40\,Q}{118}$ représente la quantité de soude employée à transformer le phosphate monométallique en phosphate dimétallique. — Or il faut 40 grammes de soude pour transformer 118 grammes d'acide phosphorique à l'état de phosphate monométallique en phosphate dimétallique ; donc 1 gramme de soude transforme $\frac{118}{40}$ grammes d'acide phosphorique, et la quantité que nous avons obtenue ci-devant $S - \frac{40\,Q}{118}$ en transforme $\left(S - \frac{40\,Q}{118}\right) \times \frac{118}{40}$, soit $\frac{118\,S}{40} - Q$.

Ceci posé, pour déterminer la quantité de soude S, nécessaire pour transformer les phosphates d'un volume donné d'urine en phosphates trimétalliques, on procède de la façon suivante. On ajoute à un volume donné d'urine une quantité connue d'une solution titrée de soude caustique, quantité plus que suffisante pour produire la transformation des phosphates (le mélange doit être nettement alcalin). On précipite alors la liqueur par le chlorure de baryum, qui transforme les phosphates trimétalliques en phosphates tribarytiques insolubles ; on les sépare par la filtration, et, dans la liqueur, on titre, au moyen d'une solution titrée d'acide, l'excès d'alcali qu'elle contient : par différence avec la quantité employée, on a la quantité d'alcali utilisée à transformer les phosphates urinaires en phosphates trimétalliques.

COMPOSITION MOYENNE D'UNE URINE HUMAINE NORMALE POUR 1 LITRE.

	gr.
Eau	954
Résidu sec	46
Matières organiques	30
— minérales	16
Urée	24
Acide urique	0,5
Acide hippurique	0,6
Créatinine	0,9
Divers	4,0
Chlorure de sodium	10
Sulfates d'alcalis	3
Phosphates d'alcalis	1,5
Phosphates alcalino-terreux	0,8
Sels ammoniacaux	0,7

Les éléments contenus dans l'urine sont les uns minéraux, les autres organiques, et parmi ces derniers, les plus importants sont azotés.

LES SELS MINÉRAUX DE L'URINE

Les *sels de l'urine* sont :

$$\left\{ \begin{array}{l} \text{Des chlorures,} \\ \text{Des phosphates,} \\ \text{Des sulfates et des phénylsulfates,} \\ \text{Des carbonates et des bicarbonates} \end{array} \right.$$

d'alcalis et de terres alcalines.

Nous avons décrit précédemment (ch. 1er) les principales propriétés des sels minéraux et indiqué les principales méthodes de dosage en poids de ces composés.

Ici nous nous bornerons à indiquer les procédés volumétriques généralement employés, pour doser dans les urines les chlorures et les phosphates.

Dosage volumétrique des chlorures.

Le *dosage volumétrique des chlorures* de l'urine peut se faire de deux façons différentes :

Première méthode. — Le principe de la méthode est le suivant : Si, dans une solution contenant des chlorures et du chromate de potasse et présentant une réaction neutre, on fait tomber goutte à goutte une solution de nitrate d'argent, on précipite d'abord les chlorures et nullement le chromate. Ce n'est que lorsque la précipitation des chlorures est totale que le chromate est à son tour précipité. Or le chromate d'argent a une très forte coloration rouge-brique, très facile à reconnaître. On est donc averti que la précipitation des chlorures est terminée lorsque le fin précipité blanc, produit dans la liqueur soumise à l'analyse, se teinte de rouge. Connaissant le titre de la solution d'argent, on en déduit la quantité de chlorures dissous dans la liqueur analysée.

On ne peut employer directement cette méthode, lorsqu'il s'agit de l'urine. La solution d'argent en effet peut précipiter certaines substances organiques, contenues dans les urines (acide urique et substances xanthiques), avant de précipiter le chromate alcalin. Il faut donc détruire ces matières organiques, avant d'effectuer la titration. Il faut par conséquent incinérer l'urine.

On procède de la manière suivante :

10 centimètres cubes d'urine sont additionnés de 1 gramme de carbonate de soude pur (destiné à empêcher toute perte d'acide chlorhydrique, pouvant résulter de l'action des phosphates sur les chlorures à haute température) et de 1 à 2 grammes d'azotate de potasse pur (destiné à favoriser la combustion des matières organiques de l'urine). Ce mélange est évaporé, puis incinéré à la plus basse température possible, au rouge naissant, pour ne pas volatiliser les chlorures. La masse fondue est, après refroidissement, dissoute dans l'eau. Pour que la réaction de cette solution soit rigoureusement neutre, condition nécessaire à une bonne titration, on commence par l'aciduler très légèrement par l'acide nitrique pur, et on sature l'excès d'acide, en ajoutant un excès de carbonate de chaux pur pulvérisé : il reste en suspension un excès de carbonate de chaux insoluble, qui ne nuit pas à l'analyse. On ajoute quelques gouttes d'une solution de chromate neutre de potasse et on fait tomber goutte à goutte la

solution d'azotate d'argent, jusqu'à production d'une teinte rouge persistante.

La solution d'azotate d'argent généralement employée est telle que 1 centimètre cube soit capable de précipiter exactement 1 centigramme de chlorure de sodium. Une telle solution contient 29 gr. 075 d'azotate d'argent par litre.

Supposons qu'on ait opéré sur 10 centimètres cubes d'urine, et que la quantité de la solution d'argent nécessaire pour précipiter la totalité des chlorures soit 5 cmc. 3 : les 10 centimètres cubes d'urine contiennent une quantité de chlorures qui, exprimée en chlorure de sodium, est égale à 5 centigr. 3, et, par suite, l'urine contient 5 gr. 30 de chlorures, exprimés en chlorure de sodium, par litre.

Deuxième méthode. — Cette méthode peut s'appliquer immédiatement à l'urine.

Le principe de cette méthode est le suivant : Si, dans une solution de chlorures, acidulée par l'acide nitrique, on ajoute une solution d'azotate d'argent en excès, et si on sépare par filtration le précipité de la liqueur dans laquelle il s'est formé, on a une liqueur contenant l'excès du sel d'argent. — Si on connaît cet excès, on peut en déduire la quantité du sel d'argent précipité à l'état de chlorure. On a ainsi ramené la question du dosage de chlorures à une question de dosage de sels d'argent; or ce dosage peut facilement se faire volumétriquement.

Si à une solution d'azotate d'argent, acidulée par l'acide nitrique, on ajoute une solution d'un sel de fer, et, goutte à goutte, une solution de sulfocyanure de potassium, l'argent est précipité à l'état de sulfocyanure d'argent insoluble, et ce n'est que lorsque la précipitation de l'argent est totale que le sulfocyanure agit sur le sel de fer en solution, pour former le sulfocyanure de fer, facile à reconnaître à sa coloration rouge.

Pour faire la titration, il faut préparer :

a. Une solution d'azotate d'argent, contenant 29 gr. 075 de ce sel par litre. — 1 centimètre cube de cette solution précipite exactement 1 centigramme de chlorure de sodium (c'est-à-dire correspond à 0 gr. 607 de chlore).

b. Une solution saturée à la température ordinaire d'alun de fer ou de sulfate de fer purs.

c. Une solution d'acide nitrique pur, de densité 1,20.

d. Une solution de sulfocyanure de potassium, contenant 8 gr. 30 de sel par litre. — 2 centimètres cubes de cette solution précipitent exactement l'argent contenu dans 1 centimètre cube de la solution *a.*

Dans un ballon jaugé de 100 centimètres cubes, on introduit 10 centimètres cubes de l'urine, 5 centimètres cubes de la solution d'acide nitrique *c*, 50 centimètres cubes d'eau et 20 centimètres cubes de la solution d'azotate d'argent. — On agite et on remplit avec de l'eau jusqu'au trait 100 centimètres cubes. On jette sur un filtre, pour séparer le précipité de chlorure d'argent. On prend la moitié, soit 50 centimètres cubes du liquide filtré ; on ajoute 3 centimètres cubes de la solution ferrique *b*, et on fait tomber la solution *d* de sulfocyanure ; il se forme un précipité : on laisse tomber cette solution *d*, jusqu'à ce que la liqueur au fond de laquelle se dépose le précipité prenne une coloration rouge persistante.

Supposons, par exemple, qu'il faille ajouter 5 cmc. 2 de la solution de sulfocyanure de potassium. Pour la totalité de la liqueur, 100 centimètres cubes, et non plus 50 centimètres cubes, il faudrait 10 cmc. 4 de la solution de sulfocyanure. Ces 10 cmc. 4 de la solution de sulfocyanure sont capables de précipiter 5 cmc. 2 de la solution d'azotate d'argent *a*, nous l'avons dit. Donc, après précipitation des chlorures de 10 centimètres cubes d'urine par 20 centimètres cubes de la solution d'azotate d'argent, il reste un excès de 5 cmc. 2 de cette solution. Il a donc été employé 14 cmc. 8 d'azotate d'argent pour précipiter les chlorures de 10 centimètres cubes d'urine. C'est que ces 10 centimètres cubes contiennent 14 cgr. 8 de chlorures, exprimés en chlorure de sodium. L'urine analysée contient par conséquent 14 gr. 80 de chlorures par litre.

Dosage volumétrique des phosphates.

Nous avons indiqué (ch. 1er) une méthode de dosage des *phosphates* en poids ; on peut les doser volumétriquement.

En général *le dosage des phosphates dans l'urine se fait volumétriquement.*

Le principe de la méthode est le suivant : Une solution chaude de phosphates, contenant de l'acide acétique libre, donne, par addition d'une solution d'un sel d'urane, un précipité blanc jaunâtre de phosphate d'urane insoluble dans l'acide acétique, mais soluble dans les acides minéraux. — Une solution de ferrocyanure de potassium, additionnée d'une solution d'un sel d'urane, donne soit un précipité brun rougeâtre, soit une liqueur brun rougeâtre, selon les circonstances. Si une solution contient à la fois de l'acide acétique, des phosphates et du ferrocyanure de potassium, le sel d'urane précipite d'abord uniquement les phosphates, sans agir sur le ferrocyanure de potassium, et ce n'est que lorsque la précipitation des phosphates est totale qu'il donne une coloration ou une précipitation brune de ferrocyanure d'urane.

Ces notions étant rappelées, on voit que, pour faire un dosage volumétrique de phosphates par le sel d'urane, il faut :

1° Opérer à chaud.

2° Opérer en l'absence d'acide acétique libre.

3° Opérer en l'absence d'acides minéraux libres, pour éviter la redissolution par ces acides du précipité de phosphate d'urane, condition nécessaire, qu'on réalise en additionnant la liqueur d'acétate de soude en grand excès. — On sait en effet que l'acétate de soude, en présence d'acides minéraux, est décomposé en acide acétique libre et en sel à acide minéral ; en d'autres termes que les acides minéraux chassent l'acide acétique de ses combinaisons salines.

4° Ajouter à la liqueur à analyser une solution de ferrocyanure de potassium.

5° Faire tomber, goutte à goutte, une solution titrée d'acétate d'urane, jusqu'à ce que la liqueur prenne une teinte brun rougeâtre.

A cet effet, on prépare :

a. Une solution d'acétate d'urane : on dissout environ 35 grammes d'acétate d'urane dans l'eau acidulée par un peu d'acide acétique, et on ajoute de l'eau de façon à faire un litre.

b. Une solution d'acétate de soude acétique : on dissout 100 grammes d'acétate de soude cristallisé dans un peu d'eau ; on ajoute 100 centimètres cubes d'acide acétique glacial, et, par addition d'eau, on amène le volume à 1 litre.

c. Une solution de ferrocyanure de potassium.

Pour pratiquer le dosage des phosphates, il faut connaître le titre de la solution d'acétate d'urane. Pour connaître ce titre, on procède au dosage volumétrique d'une solution de phosphate de soude contenant une quantité connue de phosphate de soude calciné, en procédant comme nous l'indiquerons ultérieurement. On détermine la quantité de la solution d'acétate d'urane nécessaire pour précipiter totalement le phosphate contenu dans un volume donné de la solution de phosphate de soude calciné, et on en déduit par un calcul simple le titre de la solution d'urane.

La solution *a*, préparée comme nous l'avons dit, est telle que 20 centimètres cubes correspondent à 0 gr. 100 (1 centimètre cube correspond donc à 5 milligrammes) d'anhydride phosphorique, P^2O^5. Supposons que la titration de cette solution ait conduit exactement à ce résultat.

Pour doser les phosphates de l'urine, on mélange dans un verre cylindrique de Bohême 50 centimètres cubes d'urine filtrée et 5 centimètres cubes de la solution acétique d'acétate de soude *b*, et on chauffe au bain-marie bouillant. On fait tomber goutte à goutte la solution d'acétate d'urane : il se forme un précipité, augmentant graduellement. Lorsque ce précipité ne semble plus augmenter, on mélange, dans une petite capsule de porcelaine bien blanche, une goutte de la solution de ferrocyanure de potassium et une goutte du mélange analysé : s'il se produit une teinte rouge brun, on a ajouté à l'urine un excès d'acétate d'urane ; sinon, on ajoute encore à l'urine quelques gouttes de la solution d'urane, et on recommence l'essai, jusqu'à ce que cet essai donne lieu à la coloration rouge brun. (Au lieu d'employer une solution de ferrocyanure de potassium, il est avantageux d'employer le sel broyé et de l'humecter avec une goutte de la liqueur analysée.) Au moment où commence à se montrer cette coloration, la précipitation des phosphates est totale. — Supposons que, pour précipiter totalement les phosphates contenus dans 50 centimètres cubes d'urine, il faille ajouter 24 centimètres cubes de la solution d'acétate d'urane. Nous savons que 1 centimètre cube correspond à 5 milligrammes P^2O^5; donc 24 centimètres cubes correspondent à 120 milligrammes P^2O^5; — donc 50 centimètres cubes d'urine contiennent 120 milligrammes P^2O^5; 100 centimètres cubes contiennent 240 milligrammes, et 1 litre contient 2 gr. 4 P^2O^5.

Il n'existe pas de procédé simple volumétrique permettant de doser rapidement les carbonates et les sulfates.

Pour *doser les carbonates*, ou plus exactement l'acide carbonique des carbonates et bicarbonates de l'urine, il faut traiter l'urine par un acide et déterminer la quantité du gaz carbonique mis en liberté. On recueille à la température d'ébullition les gaz de l'urine acidulée.

Les *chlorures de l'urine* sont des chlorures introduits dans l'organisme sous forme de chlorures minéraux : on ne connaît pas, dans les aliments, de combinaisons organiques chlorées.

Les *phosphates de l'urine* proviennent, pour une part, des phosphates des aliments, mais pour une part aussi, ils se forment aux dépens des combinaisons phosphorées de l'organisme. Nous avons signalé dans l'organisme la présence de combinaisons phosphorées, les lécithines et les nucléoalbuminoïdes. Ces substances sont oxydées dans les tissus, et, parmi les produits de désassimilation, résultant de cette oxydation, se trouve l'acide phosphorique, lequel, en présence des carbonates alcalins contenus dans les tissus, fournit des phosphates.

Les *carbonates de l'urine* proviennent, pour une partie, des carbonates des aliments, mais, pour une partie aussi, des sels à acides organiques des aliments : certains aliments, notamment les fruits et les légumes, sont riches en lactates, malates, tartrates, etc., de potasse et de soude : ces sels, oxydés dans l'économie, fournissent des carbonates et des bicarbonates.

Les *sulfates de l'urine* peuvent provenir, pour une partie, de sulfates absorbés avec les aliments, mais seulement pour une faible partie, car les aliments sont ordinairement pauvres en sulfates. Ils proviennent, pour la majeure partie, de l'oxydation des substances sulfurées de l'économie. Les substances albuminoïdes, les protéides, la substance collagène sont des substances sulfurées : par oxydation, elles fournissent de l'acide sulfurique, qui, en présence des carbonates alcalins des tissus, donnent des sulfates et du gaz carbonique.

Voici une analyse des sels minéraux d'une urine d'un homme de poids moyen, recevant une alimentation moyenne. Les nombres se rapportent à la quantité totale d'urine éliminée en vingt-quatres heures :

	gr.
Acide sulfurique	2,00
Acide phosphorique	3,15
Chlore des chlorures	7,00
Ammoniaque	0,75
Potassium	2,50
Sodium	11,10
Calcium	0,25
Magnésium	0,20

LES PHÉNYLSULFATES URINAIRES

A côté des substances que nous venons d'étudier, lesquelles sont les véritables sels minéraux, il convient de placer une série très importante de substances, les sels d'*acides sulfoconjugués*, les *phénylsulfates*.

Qu'est-ce qu'un acide sulfoconjugué? Qu'est-ce qu'un phénylsulfate?

L'acide sulfurique SO^4H^2 est un *acide bibasique*; il donne *deux séries de sels* :

$\begin{cases} \text{Les sulfates neutres tels que } SO^4Na^2 \text{ et } SO^4Ca; \\ \text{Les sulfates acides ou bisulfates tels que } SO^4HNa. \end{cases}$

De même, l'acide sulfurique peut donner avec les alcools *deux séries d'éthers*, tels que :

$$\text{Le sulfate diéthylique } SO^4 \begin{cases} C^2H^5 \\ C^2H^5 \end{cases}$$

qui est deux fois éther, — et

$$\text{Le sulfate monoéthylique } SO^4{\Large\langle}{}^{H}_{C^2H^5}$$

ou acide sulfovinique, qui est une fois éther et encore une fois acide ; — ce dernier composé peut donner des sels, les sulfovinates répondant à la formule

$$SO^4{\Large\langle}{}^{Na}_{C^2H^5}$$

Avec les phénols aromatiques, l'acide sulfurique donne *deux séries d'éthers*, par exemple :

$$\text{Le sulfate de phényle } SO^4{\Large\langle}{}^{C^6H^5}_{C^6H^5}$$

qui est deux fois éther, — et

$$\text{Le sulfate monophénylique } SO^4{\Large\langle}{}^{H}_{C^6H^5}$$

ou acide phénylsulfurique, lequel est une fois éther et une fois acide. Les sels, les phénylsulfates, répondent à la formule

$$SO^4{\Large\langle}{}^{Na}_{C^6H^5}$$

Ce sont ces composés qu'on trouve dans l'urine : les *acides sulfoconjugués de l'urine* sont donc des *sulfates acides de phénols*, des monosulfates de phénols. Ils sont, dans l'urine, à l'état de sels d'alcalis, surtout à l'état de sels de potasse.

Les phénylsulfates d'alcalis sont solubles dans l'eau : le phénylsulfate de baryum est soluble dans l'eau.

Ces sels, en solution aqueuse neutre, ne sont pas décomposés à l'ébullition.

Lorsqu'on ajoute à leur solution aqueuse un acide organique, par exemple de l'acide acétique, il se forme un acétate et de l'acide sulfoconjugué libre ; mais cet acide libre n'est pas décomposé à l'ébullition, en présence de l'acide acétique. — Lorsqu'on ajoute à leur solution aqueuse un acide minéral, par exemple de l'acide chlorhydrique, ils sont décomposés :

à froid, en chlorure et acide sulfoconjugué libre ; à la température d'ébullition, l'acide sulfoconjugué libre est décomposé ; il se forme alors, par fixation d'une molécule d'eau, de l'acide sulfurique et un phénol :

$$SO^4\underset{C^6H^5}{\overset{K}{<}} + HCl + H^2O = HCl + SO^4\underset{K}{\overset{H}{<}} + C^6H^5OH.$$

L'urine contient des *sulfates* et des *phénylsulfates*. Le sulfate de baryum est insoluble dans l'eau, les phénylsulfates de baryum sont solubles dans l'eau. Par conséquent, si on acidule l'urine par l'acide acétique, si on porte à l'ébullition et si on ajoute un excès de chlorure de baryum, on précipite, à l'état de sulfate de baryum, tout l'acide sulfurique des sulfates et rien que l'acide sulfurique des sulfates.

L'urine contient des sulfates et des phénylsulfates, ces derniers décomposables en phénol et sulfates acides à l'ébullition en présence d'acide chlorhydrique. Si donc on acidule l'urine par l'acide chlorhydrique, si on porte à l'ébullition et si on ajoute un excès de chlorure de baryum, on précipite à l'état de sulfate de baryte la totalité de l'acide sulfurique des sulfates et des phénylsulfates.

Si, après avoir précipité, à l'état de sulfate de baryte, la totalité de l'acide sulfurique des sulfates dans l'urine acidulée par l'acide acétique, on sépare de ce précipité la liqueur qui contient en solution la totalité des phénylsulfates, on peut précipiter ces derniers à l'état de sulfate de baryte : il suffit d'aciduler par l'acide chlorhydrique et de porter à l'ébullition, en présence d'un excès de chlorure de baryum.

On peut donc obtenir ainsi, à l'état de sulfate de baryum, l'acide sulfurique total, l'acide sulfurique des sulfates et l'acide sulfurique des phénylsulfates. Pour le dosage, il suffit de séparer par filtration les précipités de sulfate de baryum, de les dessécher, de les calciner et de les peser.

Les principaux phénylsulfates de l'urine sont le *phénylsulfate* et le *paracrésylsulfate de potasse*.

La quantité de l'acide sulfurique à l'état de composés sulfoconjugués, dans l'urine humaine des vingt-quatre heures, est de

$$0^{gr},09 \text{ à } 0^{gr},60, \text{ en moyenne } 0^{gr},25.$$

L'acide *phénylsulfurique* peut être considéré comme résultant de l'union de l'acide sulfurique et du phénol C^6H^5OH. Sa formule est donc $SO^4HC^6H^5$.

L'acide *paracrésylsulfurique* résulte de la combinaison du paracrésol et de l'acide sulfurique :

$$SO^4H^2 + C^6H^4{<}^{CH^3}_{OH} = H^2O + SO^4{<}^{H}_{C^6H^4\text{-}CH^3}.$$

Le *phénol* et le *paracrésol* sont volatils à la température d'ébullition ; si donc on distille de l'urine acidulée par l'acide chlorhydrique, on retrouve dans le distillat ces phénols, qu'on peut caractériser par leur *réaction bromée* : les phénols possèdent en effet la propriété de donner avec l'eau de brome des composés cristallisables, insolubles dans l'eau, des *tribromophénols*, dont les formules sont :

Tribromophénol $C^6H^2Br^3OH$,
Tribromoparacrésol $C^6HBr^3OHCH^3$.

C'est au moyen de ces composés qu'on a proposé de doser la quantité des phénols de l'urine : l'urine, acidulée par l'acide chlorhydrique, est soumise à la distillation, le distillat est traité par l'eau de brome, le précipité, séparé par filtration, est lavé, desséché dans le vide et pesé. — Remarquons que cette méthode ne donne que des nombres approchés.

Au groupe des phénylsulfates se rattache l'*indoxylsulfate de potasse* contenu en petite quantité dans l'urine.

L'acide *indoxylsulfurique* (appelé quelquefois, mais très improprement, indican urinaire), doit être considéré comme résultant de l'union de l'acide sulfurique avec une substance phénolique l'*indoxyle* ; cette dernière substance pouvant être considérée elle-même comme résultant de l'oxydation de l'*indol*. On sait que l'indol est un composé chimique qu'on pourrait appeler phénopyrrol en considérant sa formule de constitution qui résulte de l'accolement des formules du benzol et du pyrrol.

Les 3 substances indiquées sont ainsi :

$$C^6H^4 \underset{AzH}{\overset{CH}{<}} CH \qquad C^6H^4 \underset{AzH}{\overset{C-OH}{<}} CH \qquad C^6H^4 \underset{AzH}{\overset{C-SO^4H}{<}} CH$$

indol.   indoxyle.   acide indoxylsulfurique.

On a coutume de décrire, dans les traités de chimie physiologique, un acide scatoxylsulfurique, qui résulterait de l'union de l'acide sulfurique avec un scatoxyle qui serait un produit d'oxydation du scatol ou méthylindol. Le *scatol* est connu, il correspond à la formule de constitution.

$$C^6H^4 \underset{AzH}{\overset{C-CH^3}{<}} CH$$

Mais on ne connaît ni scatoxyle homologue de l'indoxyle, ni acide scatoxylsulfurique homologue de l'acide indoxylsulfurique.

Si, en général, tout l'indol urinaire est à l'état d'acide indoxylsulfurique, il se présente quelques cas (l'urine est alors très chargée d'indol) où il existe, en outre, à l'état d'*acide indoxylglycuronique*, résultant de l'union de l'indoxyle avec l'acide glycuronique $CHO\text{-}(CHOH)^4\text{-}CO^2H$, dont on connaît les relations intimes avec les glycoses $CHO\text{-}(CHOH)^4\text{-}CH^2OH$.

Lorsqu'on traite les acides indoxylconjugués par l'acide chlorhydrique concentré, on dédouble leur combinaison et on régénère l'indoxyle. Or cet indoxyle, sous l'influence des agents d'oxydation, se transforme en substances colorantes, qui sont l'indigotine et l'indirubine, identiques à l'indigotine et à l'indirubine contenues dans l'indigo naturel. — Mais il importe, pour que ces deux pigments ne soient pas transformés, que l'oxydation soit extrèmement ménagée ; autrement ils seraient transformés en un pigment jaune faiblement coloré, l'isatine.

L'indigotine et l'indirubine sont solubles dans le chloroforme ; elles n'abandonnent le chloroforme ni par agitation avec l'eau distillée, ni par agitation avec l'eau acidulée, ni par agitation avec l'eau alcalinisée.

Sous l'influence des oxydants très faibles, d'après des recherches récentes, l'indoxyle ne fournirait pas directement de l'indigotine et de l'indirubine, mais une substance, dite hémiindigotine, pigment bleu comme l'indigotine, soluble comme elle dans le chloroforme, en différant pourtant par quelques caractères, notamment par la grandeur de sa solubilité. Cette hémiindigotine, en se polymérisant, fournirait soit de l'indigotine, soit de l'indirubine. L'hémiindigotine en solution chloroformique acide se polymériserait lentement en indirubine ; en solution chloroformique alcaline, elle se polymériserait instantanément en indigotine.

Ceci posé nous pouvons indiquer comment se pratique, et comment doit se pratiquer la réaction, improprement appelée réaction de l'indican urinaire, qu'il vaudrait mieux appeler *réaction de l'indoxyle urinaire*, destinée à manifester dans l'urine la présence de l'indoxyle conjugué soit à l'acide sulfurique seul, soit à l'acide sulfurique et à l'acide glycuronique. On a avantage à traiter tout d'abord l'urine par le sous-acétate de plomb ; l'expérience a montré que ce traitement enlevait des substances gênant l'oxydation de l'indoxyle, ou diminuant la pureté des pigments chloroformiques obtenus. On a avantage en outre à supprimer tout oxydant autre que l'oxygène de l'air, au moins dans la plupart des cas.

A 50 centimètres cubes d'urine, on ajoute 5 centimètres cubes d'une solution aqueuse de sous-acétate de plomb ; on agite et on filtre. Dans un tube à essai, on mélange parties égales du filtrat et d'acide chlorhydrique pur, et on y ajoute quelques centimètres cubes de chloroforme : il doit rester, en haut du tube, place pour quelques centimètres cubes d'air. On agite très violemment, puis on laisse retomber le chloroforme. Celui-ci est coloré en bleu en général. Quand, par exception, il est incolore, il convient d'ajouter au mélange 1 ou 2 gouttes d'eau oxygénée à 10 volumes, diluée de 10 volumes d'eau, et de recommencer l'agitation.

Le chloroforme chargé du pigment bleu étant séparé de la couche aqueuse sous-jacente et étant agité avec une solution de soude à 1 p. 1000 reste bleu indéfiniment ; — conservé tel quel (donc acide), il passe, progressivement mais lentement, du bleu au violet, au pourpre et au rouge.

D'où proviennent les phénylsulfates? — Dans le contenu intestinal, nous avons reconnu la présence d'indol et de scatol (ou méthylindol), substances résultant de fermentations microbiennes des substances protéiques ou de leurs produits de transformation digestive. Ces indol et scatol sont résorbés au moins partiellement. Ils se comportent alors comme la benzine et autres hydrocarbures : ils sont oxydés. (Lorsqu'on injecte de la benzine dans l'organisme, on constate une oxydation de cet hydrocarbure et une formation de phénol.) L'indol se transforme vraisemblablement en indoxyle ; quant au scatol, il fournit également de l'indoxyle, en perdant son groupe méthylé.

On n'a pas constaté, dans l'organisme, la présence de l'indoxyle, substance peu stable. Il est probable qu'elle se conjugue, aussitôt formée, avec l'acide sulfurique résultant de l'oxydation des substances sulfurées, notamment des substances protéiques de l'organisme [1].

1. L'acide indoxylsulfurique est moins important par sa quantité dans les urines

Le *phénol*, le *paracrésol* et d'autres phénols se produisent dans la cavité intestinale par fermentations microbiennes de substances aromatiques, qui sont surtout abondantes dans les aliments végétaux. Ces phénols se conjuguent avec l'acide sulfurique résultant de la désassimilation du soufre des tissus et donnent des acides sulfoconjugués.

La quantité des phénylsulfates dans l'urine augmente en même temps que les fermentations intestinales. Lorsqu'on diminue notablement les fermentations microbiennes, au moyen de l'ingestion de substances ayant des propriétés anti-septiques, on voit la proportion des phénylsulfates diminuer considérablement, sans toutefois disparaître.

Ces phénysulfates se rencontrent plus abondants dans l'urine des herbivores que dans celle des carnivores : et en effet, nous l'avons dit précédemment, les aliments d'origine végétale donnent en plus grande abondance que les éléments d'origine animale, sous l'influence des microorganismes, des phénols.

On admet que la combinaison des phénols et de l'acide sulfurique se fait dans le foie, ou du moins surtout dans le foie : on a en effet trouvé dans le tissu hépatique une quantité de phénylsulfates plus grande que dans le sang. Les phénols, substances toxiques produites dans l'intestin et absorbées par les branches de la veine porte, seraient transformés en phénylsulfates, substances non toxiques, dans le foie, qui exercerait ainsi à l'égard des phénols toxiques le rôle de pro-tection contre les agents toxiques, qu'on tend actuellement à lui accorder.

Les sulfates et phénylsulfates ne représentent pas la totalité des combinaisons sulfurées de l'urine. On trouve dans l'urine divers autres composés qui contiennent de 10 à 20 p. 100 du soufre total de l'urine.

(on en trouve en moyenne 1 centigramme par litre) que par sa signification phy-siologique ; l'indol contient en effet un noyau mixte benzopyrrol ; or nous avons pu, en partant des pigments sanguins, obtenir une série de produits de transfor-mation qui nous ont conduit à l'hémopyrrol renfermant aussi un noyau pyrrol. L'avenir nous fera peut-être connaître des relations entre les pigments sanguins et l'acide indoxylsulfurique.

LES SUBSTANCES AZOTÉES DE L'URINE

L'urine contient des combinaisons organiques azotées. On peut dire, d'une façon générale, que les produits azotés de la désassimilation des tissus sont éliminés par l'urine.

Le physiologiste peut avoir besoin de connaître les modifications de l'élimination azotée : il y parvient aisément en déterminant l'azote total de l'urine, c'est-à-dire la quantité d'azote contenue dans l'urine sous diverses formes, urée, acide urique, ammoniaque, etc.

Le dosage de *l'azote total urinaire* se fait par la *méthode de Kjeldahl* dont nous avons précédemment (p. 268) indiqué les grandes lignes. Dans le cas particulier de l'urine on peut procéder de la façon suivante.

Dans un ballon de 800 centimètres cubes de capacité, on introduit 5 centimètres cubes d'urine,

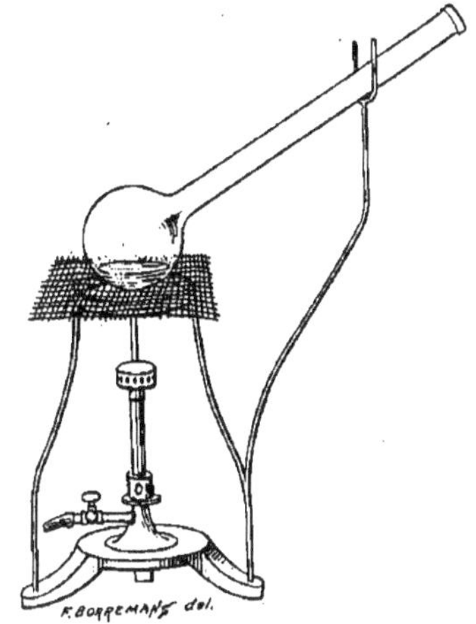

Fig. 94.

15 centimètres cubes d'acide sulfurique de Nordhausen (équivalent au mélange acide sulfurique-acide phosphorique indiqué p. 268) et environ 1 gr. 50 de mercure métallique : on maintient à l'ébullition modérée jusques à et au delà de la décoloration complète, disons, pour fixer les idées, pendant trois ou quatre heures.

La liqueur étant refroidie, on ajoute dans le ballon[1] 500 centimètres cubes d'eau environ et 1 gramme d'hypophosphite de soude[2].

---

1. L'attaque par l'acide sulfurique et toutes les opérations ultérieures se font dans un même ballon en verre d'Iéna, sans transvasement. C'est pour cela que l'on emploie un ballon de 800 centimètres cubes pour l'attaque, bien que le volume du liquide soit de 20 centimètres cubes seulement. On pourrait d'ailleurs sans grand inconvénient faire l'attaque dans un ballon à long col de 100 centimètres cubes de capacité et transvaser ensuite dans le ballon de 800 centimètres cubes, contenu et eaux de lavage du petit ballon.

2. Il y a avantage à substituer cette substance au monosulfure de sodium pour

L'élévation de température résultant du mélange de l'eau et de l'acide sulfurique suffit à la dissolution de l'hypophosphite et à la précipation du mercure; — on peut d'ail-

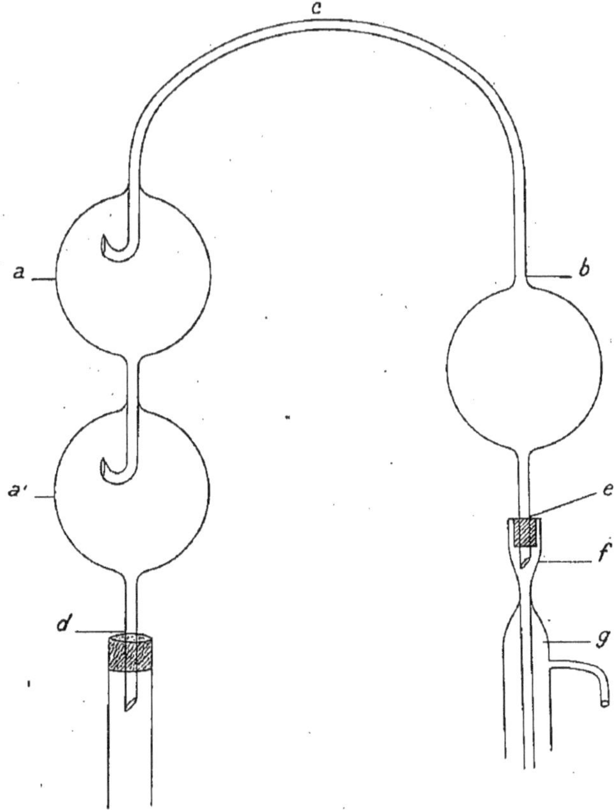

Fig. 95. — Appareil à distillation et condensation de l'ammoniaque. L'appareil est fixé en *d* au ballon contenant la liqueur ammoniacale additionnée de soude, et en *e* au réfrigérant *g*.

leurs, pour plus de sûreté, chauffer le mélange, pendant 10 minutes, à 80°.

On laisse refroidir; on ajoute alors, par petites fractions pour éviter toute élévation notable de température, de la soude caustique, pour neutraliser l'acide sulfurique en excès, puis pour alcaliniser fortement la liqueur; on réunit le

précipiter le mercure : on évite ainsi la production de corps sulfurés volatils qui gênent la titration. L'hypophosphite de soude précipite le mercure à l'état métallique.

matras à l'appareil à distillation et condensation de l'ammoniaque et on chauffe le ballon ; etc.

On substitue souvent, et avec avantage à l'appareil à distillation figuré précédemment (p. 269, fig. 79) un appareil représenté dans la fig. 95.

Les principales substances azotées, normalement contenues dans l'urine normale de l'homme, sont les suivantes :

$$\begin{cases} \text{L'\textit{urée},} \\ \text{L'\textit{ammoniaque} et ses \textit{sels},} \\ \text{L'\textit{acide urique} et les \textit{urates},} \\ \text{L'\textit{acide hippurique} et les \textit{hippurates},} \\ \text{La \textit{créatinine}, etc.} \end{cases}$$

Les physiologistes, et surtout les pathologistes, ont intérêt à connaître les proportions de l'urée et des autres composés azotés de l'urine. Ils sont ainsi amenés à déterminer la quantité d'azote éliminée sous forme d'urée et à la comparer à la quantité totale de l'azote urinaire. Le rapport de ces deux quantités est connue sous le nom de *rapport ou coefficient azoturique*. Pour l'établir, il faut déterminer : 1° l'azote de l'urée ; 2° l'azote total.

Pour déterminer l'azote de l'urée, on multiplie par 0,4666 ou $\frac{28}{60}$ le poids de l'urée trouvé par l'un des procédés d'analyse de ce corps. Pour déterminer l'azote total on a recours à la méthode de Kjeldahl.

Le coefficient azoturique normal est voisin de 0,85.

A l'état normal, sur 100 p. d'azote total urinaire, chez l'homme ayant une alimentation mixte moyenne, on trouve 84 à 87 p. 100 d'azote d'urée, 2 à 5 p. 100 d'azote d'ammoniaque, 1 à 3 p. 100 d'azote d'acide urique, et enfin 7 à 10 p. 100 d'azote appartenant aux autres substances azotées de l'urine.

L'urée.

1. L'*urée* peut être considérée comme la *carbamide*[1]. Qu'est-ce que la carbamide ?

____

[1]. On peut la préparer synthétiquement par tous les procédés de préparation des amides.

Les carbonates neutres répondant à une formule telle que :

$$CO_3\!\!<^{Na}_{Na}$$

l'acide carbonique théorique est :

$$CO_3\!\!<^{H}_{H}$$

composé qu'on ne connaît pas, mais qu'on peut imaginer pour les besoins de la démonstration. Le gaz carbonique CO_2 est l'anhydride carbonique, obtenu en enlevant H_2O à l'acide carbonique vrai, de même que l'anhydride sulfurique SO_3 est obtenu en enlevant H_2O à l'acide sulfurique SO_4H_2.

Les *amides* peuvent être considérées comme résultant de la substitution du groupe atomique AzH_2 au groupe atomique OH dans les acides ; par conséquent la carbamide répond à la formule :

$$CO\!\!<^{AzH_2}_{AzH_2}$$

C'est la formule de l'urée.

Entre l'acide carbonique théorique et l'urée se place le corps

$$CO\!\!<^{OH}_{AzH_2}$$

qui est l'*acide carbamique*[1].

On sait, d'autre part, que les *amides* et les *sels ammoniacaux* présentent des relations intimes : les amides peuvent être considérées comme des sels ammoniacaux déshydratés et les sels ammoniacaux comme des amides hydratées.

Ainsi considérons l'acide oxalique :

$$COOH - COOH.$$

L'oxamide est :

$$COAzH_2 - COAzH_2,$$

---

1. On ne connaît pas l'acide carbamique libre ; mais on connaît un certain nombre de ses sels, notamment le carbamate d'ammoniaque, le carbamate de chaux, etc.

Notons que le carbamate d'ammoniaque a été trouvé parmi les produits de l'oxydation des substances protéiques par le permanganate de potasse, et qu'il est l'un des précurseurs de l'urée dans l'organisme où il dérive de la désintégration des substances protéiques des tissus.

et le sel ammoniacal correspondant, l'oxalate d'ammoniaque, est :

$$CO^2AzH^4 — CO^2AzH^4.$$

On voit que :

$$[COAzH^2]^2 + 2H^2O = (CO^2AzH^4)^2$$
Oxamide.   Oxalate
d'ammoniaque.

De même :

$$CO(AzH^2)^2 + 2H^2O = CO^3(AzH^4)^2$$
Carbamide.   Carbonate
Urée.   d'ammoniaque.

L'urée est une substance soluble à la température de 25° dans son poids d'eau, et dans cinq fois son poids d'alcool.

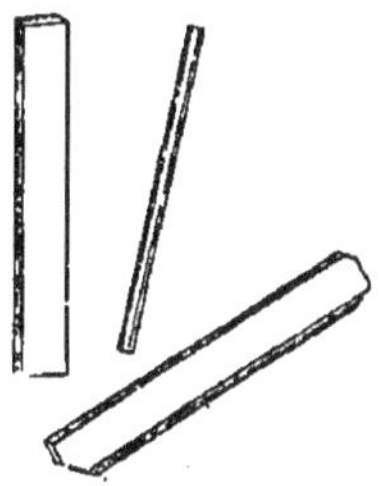
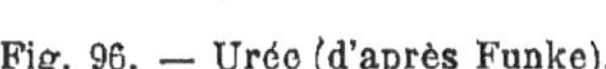
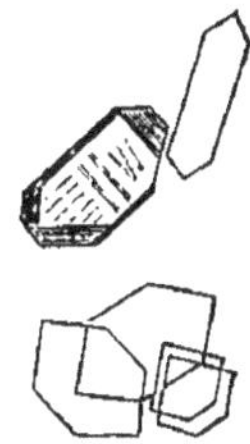

Fig. 96. — Urée (d'après Funke).   Fig. 97. — Nitrate et Oxalate d'urée.

Elle est plus soluble à chaud dans l'alcool et dans l'eau, et cristallise par refroidissement de ses solutions aqueuse ou alcoolique en longues aiguilles incolores prismatiques du système rhombique.

L'urée forme avec plusieurs acides des combinaisons cristallines : les plus importantes sont l'*azotate* et l'*oxalate d'urée* qui sont peu solubles dans l'eau. Si on traite une solution aqueuse concentrée d'urée (c'est-à-dire ne contenant pas moins de 10 p. 100 d'urée à la température de 15° au maximum) par l'acide nitrique fort ajouté en excès, il se produit un précipité cristallin d'azotate d'urée. De même, si on traite une solution aqueuse concentrée d'urée par une solution saturée d'acide oxalique, il se produit un précipité cristallin d'oxalate d'urée. Ces deux sels se dissolvent d'ailleurs assez bien dans l'eau bouillante, d'où ils se précipitent partiellement par refroidissement à l'état cristallin.

L'urée, à l'état solide, présente une réaction colorée caractéristique, dite *réaction de Schiff*. Les cristaux d'urée traités par une solution concentrée de furfurol et l'acide chlorhydrique prennent une série de teintes (jaune, verte, bleue et violette) conduisant au violet pourpre. Pratiquement, à 2 centimètres cubes d'une solution concentrée de furfurol, on ajoute 5 gouttes d'acide chlorhydrique concentré; et, dans ce mélange, qui ne doit pas se colorer en rouge, on immerge un cristal de la substance supposée être de l'urée; en quelques minutes, la coloration violet pourpre se produit.

L'urée ou ses solutions sont décomposées par certains *agents oxydants*, tels que l'*hyprobromite de soude*, en gaz carbonique et azote, volumes égaux des deux gaz :

$$CO(AzH^2)^2 + 3NaOBr = 3NaBr + CO^2 + Az^2 + 2H^2O.$$

Sous l'influence de certains microorganismes, l'urée subit une fermentation dite *fermentation ammoniacale* : deux molécules d'eau sont fixées sur une molécule d'urée; l'urée est transformée en *carbonate d'ammoniaque*. On obtient la même transformation par les divers agents d'hydratation, et même par l'eau surchauffée à 140°. On comprend sans peine cette transformation, si on se reporte à ce que nous venons de dire sur la parenté chimique de l'urée et du carbonate d'ammoniaque.

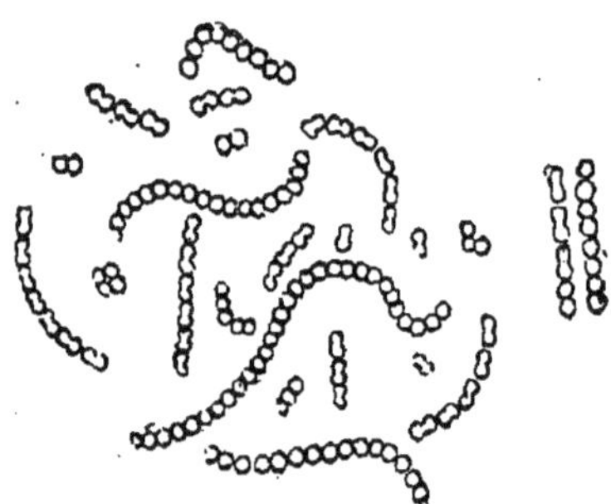

Fig. 98. — Micrococcus ureæ de Van Tieghem.

Dans cette transformation de l'urée, les microorganismes interviennent comme producteurs d'une diastase, dite *uréase*, capable d'hydrolyser l'urée.

L'urée abandonnée à l'air subit toujours la fermentation ammoniacale : le ferment figuré, ou plus exactement les ferments figurés capables de produire cette transformation sont abondants dans les poussières de l'atmosphère. Le carbonate d'ammoniaque a une réaction alcaline; l'urée a une réaction neutre. Lors donc que l'urée subit la transformation ammoniacale, l'urine prend une réaction alcaline de plus en plus marquée.

Signalons enfin trois réactions qui trouvent leur application dans le dosage exact de l'urée.

L'urée est précipitée de ses solutions par addition d'une solution diluée d'azotate de mercure, et le corps qui se précipite, combinaison d'urée et d'azotate de mercure, a, au moins dans des circonstances déterminées, une composition définie. $CO(AzH^2)^2 + 2HgO$.

L'urée, chauffée à haute température, en tube scellé, en présence d'une solution alcaline de chlorure de baryum, se transforme en carbonate d'ammoniaque.

L'urée traitée par le chlorure de magnésium ou par le chlorure de lithium fondus et bouillants se transforme en carbonate d'ammoniaque.

On peut se proposer d'extraire de l'urée pure de l'urine humaine. A cet effet, on évapore l'urine jusqu'à consistance de sirop ; on ajoute de l'acide nitrique en excès ; on sépare par filtration l'azotate d'urée précipité ; on l'essore au moyen d'une centrifuge ou on l'assèche entre des feuilles de papier buvard ; on le redissout dans un peu d'eau ; on neutralise l'acide nitrique qu'il retenait par addition de carbonate de baryte ; on évapore à siccité ; on épuise le résidu par l'alcool absolu ; on jette sur un filtre ; on concentre par évaporation à chaud la liqueur alcoolique ; l'urée cristallise par refroidissement.

Parmi les nombreux procédés proposés pour doser l'urée dans l'urine, les uns donnent des résultats grossiers, uniquement applicables aux recherches cliniques approximatives ; les autres fournissent des résultats plus rigoureux et sont utilisables dans les travaux scientifiques et les recherches cliniques exactes.

Dosage de l'urée par l'hypobromite de soude. — Parmi les premiers, nous indiquerons le suivant, qui repose sur la décomposition de l'urée en azote et gaz carbonique par l'hypobromite de soude.

Supposons qu'on ajoute à une solution d'urée, à de l'urine par exemple, un grand excès d'hypobromite de soude et de lessive de soude caustique : l'urée est décomposée en gaz carbonique et azote ; le gaz carbonique est retenu par la lessive de soude caustique et l'azote est mis en liberté seul. On admet, mais cela est loin d'être rigoureusement exact, on

admet que les autres substances azotées de l'urine ne fournissent pas d'azote dans ces conditions. — Si on mesure le
volume d'azote dégagé, on en peut conclure la quantité correspondante d'urée : 100 grammes d'urée contiennent
46 gr. 66 d'azote ; — 100 grammes d'azote correspondent à
214 gr. 28 d'urée.

Pratiquement, on peut opérer de la façon suivante : Un
tube AB, dit *tube d'Yvon*, formé de deux parties A et B réunies par un robinet R, graduées en dixièmes de centimètre

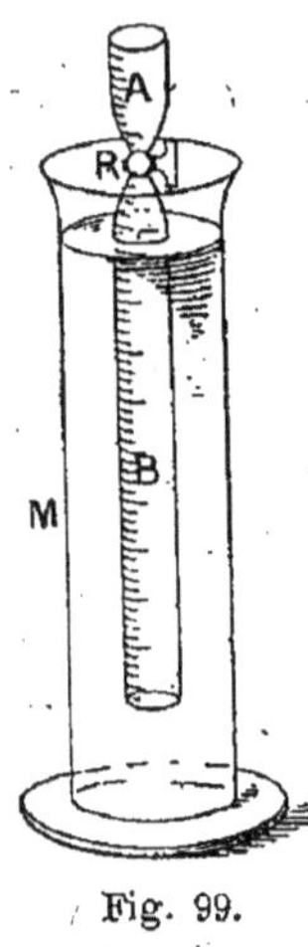

Fig. 99.

cube, est placé sur une éprouvette remplie de
mercure, M. La partie B du tube est remplie
de mercure. Dans la partie A, on verse l'urine
à analyser. En soulevant le tube, de façon que
le robinet s'élève au-dessus du mercure de M
et ouvrant ce robinet, on fait pénétrer dans la
partie B de l'appareil une certaine quantité
d'urine, quantité qu'on peut connaître, en lisant
l'abaissement du niveau de l'urine dans la
partie A de l'appareil. On enlève avec un papier
buvard ce qui reste de liquide dans A ; on y
verse la solution d'hypobromite de soude et on
fait pénétrer dans la partie B, par la même
manœuvre que précédemment, un volume de
cette solution égal à plusieurs fois le volume de l'urine introduite. Le dégagement gazeux se produit ; on lit dans la partie
B le volume de gaz : soit V ce volume, T la température,
H la pression atmosphérique, F la tension maxima de la
vapeur d'eau à la température T, α le coefficient de dilatation cubique des gaz ; le poids d'un litre d'azote étant
1 gr. 256 ; le poids d'azote dégagé est :

$$p = V \times \frac{1}{1 + \alpha T} \times \frac{H - F}{760} \times 1{,}256,$$

d'où l'on peut calculer le poids d'urée P :

$$P = p \times \frac{214{,}28}{100},$$

ou

$$P = 2{,}1428 \, p.$$

On peut substituer au tube d'Yvon le *tube de Frédéricq*
représenté dans la fig. 100. L'ampoule B sert à
mesurer les 2 cmc. 5 d'urine sur lesquels on
opère ; le tube DEF est gradué dans la partie
rétrécie E seulement ; l'ampoule D a un volume de
5 ou 15 ou 25 centimètres cubes (on a besoin de
3 tubes qu'on emploie respectivement selon la
richesse de l'urine en urée). Le tube rétréci E est
gradué pour 5 centimètres cubes.

On peut, si l'on ne possède pas de cuve à mer-
cure, se servir d'un appareil disposé comme l'in-
dique la figure 101 :

Deux petits ballons A et B sont réunis par un
tube de verre recourbé T ; les orifices *a* et *b* sont
fermés, l'un par un bouchon plein *a*, l'autre par
un bouchon percé d'un trou, *b*, dans lequel s'en-
gage un tube *t* (verre et caoutchouc) communi-
quant avec une petite cloche *c* graduée en dixiè-
mes de centimètre cube et plongeant dans l'eau.
— Les bouchons *a* et *b* étant enlevés, on introduit
dans A l'urine, 2 centimètres cubes par exemple ;
dans B la solution d'hypobromite d'alcali alcalin,
10 centimètres cubes par exemple ; on bouche en *a*,
on fixe en *b* et on lit le niveau de l'eau dans la cloche *c*, les
niveaux de l'eau étant amenés à être dans un même plan à
l'intérieur et à l'ex-
térieur de la cloche.
En inclinant l'appa-
reil AB, on mélange
les deux liquides : un
dégagement d'azote
se produit ; le niveau
de l'eau baisse dans
la cloche *c* graduée.
En soulevant la clo-

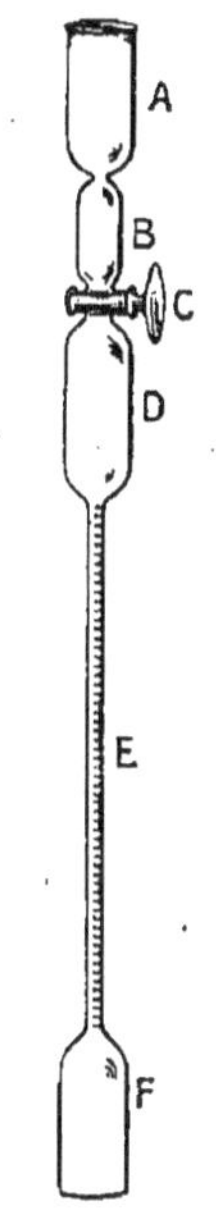

Fig. 100. —
Tube uréo-
métrique de
Frédéricq.

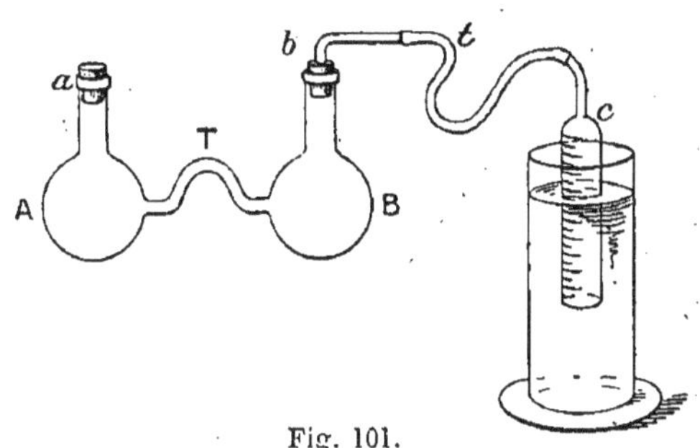

Fig. 101.

che, pour que le niveau du liquide soit le même à l'intérieur
et à l'extérieur dans la cloche *c*, on lit le nouveau niveau :
on connaît ainsi l'augmentation de volume du gaz contenu

dans l'appareil, par conséquent le volume de l'azote dégagé. On peut calculer son poids, d'après la formule précédemment donnée. En général, on se reporte à des tables vendues avec l'appareil, lesquelles donnent, pour chaque température, la quantité d'urée correspondant à une augmentation de volume lue sur l'appareil.

On peut encore employer un appareil plus simple en substituant aux ballons geminés A-B un flacon de verre à large ouverture A au fond duquel on dépose la solution d'hypobromite de soude. Dans ce flacon, on introduit un tube de verre a contenant l'urine, tube qu'on dispose de façon que le mélange des deux liqueurs ne se fasse pas. On adapte le bouchon de façon que le niveau de l'eau arrive dans la cloche à la division O. On renverse le flacon A pour assurer le mélange de l'urine et de l'hypobromite fig. 102.

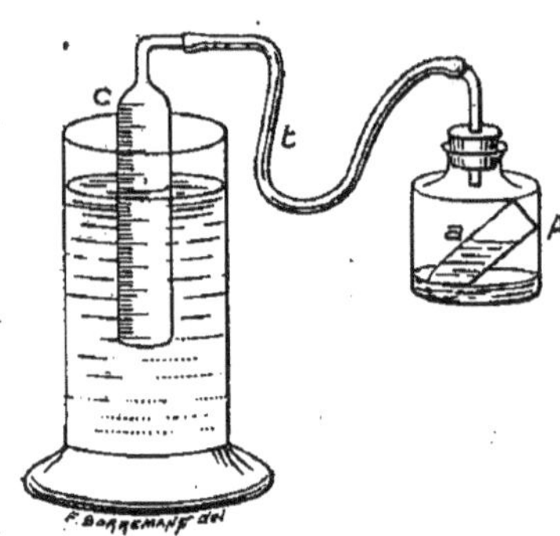

Fig. 102. — Disposition pour doser l'urée à l'hypobromite. — A, flacon de verre à large ouverture au fond duquel on a versé la solution d'hypobromite; a, tube contenant un volume connu d'urine; c, cloche graduée reposant sur l'eau et communiquant par le tube en caoutchouc t avec l'appareil A.

La solution d'hypobromite de soude employée se prépare en mélangeant 60 centimètres cubes de lessive de soude caustique commerciale, 140 centimètres cubes d'eau et 7 centimètres cubes de brome.

Le procédé de dosage de l'urée par l'hypobromite de soude donne en général des résultats très imparfaits, et comporte une erreur qui peut atteindre 10 p. 100 et plus. Or les cliniciens ne peuvent plus se contenter aujourd'hui, notamment dans la détermination du coefficient azoturique, d'une telle aproximation. Il leur faut recourir, comme les physiologistes le font eux-mêmes, à des méthodes plus précises. — De ces méthodes nous indiquons seulement les grandes lignes pour les deux premières; nous décrivons de façon précise la troisième qui nous paraît devoir être considérée comme la méthode de choix pour les physiologistes et pour les cliniciens.

1° **Méthode de titration au nitrate de mercure.** — Le nitrate de mercure forme avec l'urée, dans des conditions déterminées, une combinaison définie, qui est insoluble dans l'urine. On détermine la quantité de solution titrée de nitrate de mercure qu'il faut ajouter à une urine, pour en précipiter l'urée. Le composé d'urée et de nitrate de mercure est blanc : pour juger que la précipitation est totale, on a recours à des substances donnant avec les sels de mercure des combinaisons colorées (telles sont une solution de carbonate de soude, ou une bouillie de bicarbonate de soude, qui, avec le sel de mercure, donnent une coloration jaune ou jaune brun). Simple en principe, cette méthode devient extrêmement compliquée dans la pratique, car, parmi les substances dissoutes dans l'urine, l'urée n'est pas la seule qui soit précipitée par le nitrate de mercure : les phosphates et les chlorures notamment se combinent au sel mercurique. Il est donc nécessaire, avant de procéder à la titration de l'urée, de débarrasser l'urine de ses phosphates et de ses chlorures; ce qui complique singulièrement l'opération.

2° **Méthode barytique.** — L'urée, chauffée à haute température en tube scellé avec une solution alcaline de chlorure de baryum, se décompose en acide carbonique et ammoniaque. Il suffit dès lors, une fois terminée cette décomposition, de doser soit l'acide carbonique, soit l'ammoniaque engendrés. Il convient toutefois, pour obtenir des résultats exacts, de débarrasser préalablement l'urine des produits azotés qu'elle contient, à l'exception de l'urée : on y parvient d'une façon satisfaisante, en traitant l'urine par l'acide chlorhydrique et l'acide phosphomolybdique. Après filtration, on alcalinise légèrement avec un lait de chaux, puis on chauffe en tube scellé. L'ammoniaque se dose par déplacement au moyen de la magnésie et titration alcalimétrique. Ici encore, la méthode est compliquée, car, outre les manipulations préalables indiquées, il faut tenir compte de l'ammoniaque préexistant dans l'urine, et en faire un dosage spécial [1].

---

1. Pour la pratique de ces méthodes, on se reportera aux traités de chimie analytique, qui fournissent toutes les indications pour faire une analyse rigoureuse.

3° Méthode au chlorure de magnésium ou au chlorure de lithium. — C'est la *méthode de choix* pour les physiologistes et pour les cliniciens.

Elle repose sur ce que l'urée est transformée en carbonate d'ammoniaque quand elle est chauffée à la température d'ébullition du chlorure de magnésium fondu. De toutes les matières urinaires l'urée est d'ailleurs la seule qui fournisse de l'ammoniaque dans ces conditions. Il convient, pour que de l'ammoniaque ne se perde pas pendant la chauffe, d'ajouter de l'acide chlorhydrique qui la retient à l'état de chlorhydrate d'ammoniaque, l'acide chlorhydrique n'empêchant d'ailleurs nullement l'hydrolyse de l'urée par le chlorure de magnésium fondu. L'ammoniaque est ensuite dosée comme dans la détermination de l'azote total par déplacement par la soude caustique, distillation, et réception dans une solution acide titrée.

Au lieu de chlorure de magnésium, on peut employer le chlorure de lithium anhydre et on a avantage à faire cette substitution, l'expérience ayant montré que la distillation se fait mieux dans une liqueur contenant de la lithine que dans une liqueur contenant de la magnésie.

On procédera donc de la façon suivante :

Dans un petit matras d'essayeur à très long col (fig. 94) de 75 à 100 centimètres cubes de capacité, on introduit 5 centimètres cubes d'urine, 5 grammes de chlorure de lithium concassé et 10 gouttes d'acide chlorhydrique concentré. On chauffe à l'ébullition, en réglant la flamme de façon que la condensation des vapeurs se fasse dans la moitié inférieure du long col du matras incliné à 45°. La température du mélange est de 160-165°. On maintient l'ébullition pendant une heure ; puis on laisse refroidir ; on ajoute de l'eau et on transvase dans l'appareil à distillation d'ammoniaque disposé comme nous l'avons indiqué ci-devant p. 384, fig. 95.

Il est recommandable, pour obtenir de bons résultats, que la quantité de liquide à distiller ne dépasse pas 250 centimètres cubes. A ce liquide on ajoute par petites portions de la soude, pour neutraliser l'acide chlorhydrique en excès, puis environ 5 centimètres cubes d'une lessive de soude à 25 p. 100

(env. 30° Baumé). On distille lentement, de façon qu'il passe de 15 à 20 gouttes par minute, et pendant 30 à 40 minutes (soit environ 30 centimètres cubes de distillat[1]). L'ammoniaque distillée est condensée dans 20 centimètres cubes d'acide sulfurique 1/5 normal (9 gr. 8 acide sulfurique SO^4H^2 pour un litre). — On titre ensuite l'acide avec une solution décinormale d'ammoniaque (1 gr. 7 AzH^3 par litre) en présence de tournesol indicateur.

En procédant ainsi, on détermine l'ammoniaque résultant de l'hydrolyse de l'urée et l'ammoniaque préexistant dans l'urine à l'état de sels ammoniacaux. C'est dire que l'on doit, pour terminer l'analyse de l'urée, déterminer la quantité d'ammoniaque contenue dans l'urine (Voy. ci-dessous p. 399) et retrancher le nombre ainsi obtenu du nombre fourni par la précédente analyse.

Exemple de calcul.

Supposons que, pour neutraliser l'acide dans lequel s'est faite la condensation ammoniacale (pour 20 centimètres cubes acide pur, 1/5 normal, il faut employer 40 centimètres cubes ammoniaque décinormale), il faille ajouter 6 centimètres cubes de la solution décinormale d'ammoniaque. Il a donc distillé l'équivalent de 34 centimètres cubes d'une solution décinormale d'ammoniaque. Or 1 centimètre cube d'une solution décinormale d'ammoniaque contient 0 gr. 0017 d'ammoniaque; il en a donc distillé $0,0017 \times 34$, soit 0 gr. 0578. — Supposons que l'urine examinée contienne 0 gr. 0035 d'ammoniaque; la différence $0,0578 - 0,0035$, soit 0 gr. 0543, représente l'ammoniaque résultant de l'hydrolyse de l'urée.

Or à 1 gramme d'ammoniaque correspond $\frac{60}{34}$ grammes soit 1,765 d'urée.

Donc la quantité d'urée contenue dans les 5 centimètres cubes d'urine analysée est $0,0543 \times 1,765$, soit 0 gr. 0958; la quantité contenue dans 1 litre est 200 fois plus grande, soit 19 gr. 16.

La quantité d'urée excrétée normalement par les urines d'un homme adulte de poids moyen, recevant une alimentation mixte, partie animale et partie végétale, est d'environ 30 grammes par vingt-quatre heures. — Elle varie considérablement selon l'alimentation.

L'urée, substance azotée, est nécessairement un *produit de désassimilation des substances azotées de l'organisme*, c'est-à-

1. On vérifie alors que le distillat ne contient plus d'ammoniaque, au moyen du réactif de Nessler (Voy. p. 398).

dire des substances protéiques. Comment l'urée dérive-t-elle des substances protéiques? Se forme-t-elle directement, ou n'est-elle que le dernier terme d'une série de transformations successives?

Les chimistes ont obtenu par diverses méthodes des produits simples de décomposition des substances protéiques. Parmi ces produits de décomposition, nous avons signalé les acides aminés, glycocolle, leucine, tyrosine, acides aspartique et glutamique, etc., et les bases hexoniques, notamment l'arginine et la lysine. Nous pouvons signaler encore le gaz carbonique, l'ammoniaque, etc.

Nous n'avons pas à examiner ici la question d'ordre purement physiologique de la formation d'urée dans l'organisme. Aussi nous contenterons-nous de fixer les points suivants :

L'organisme des mammifères possède la propriété de transformer en urée le carbonate d'ammoniaque, le carbamate d'ammoniaque et en général les sels ammoniacaux qui peuvent se transformer en carbonate d'ammoniaque dans l'organisme : la transformation du carbonate et du carbamate d'ammoniaque en urée se fait dans le foie. Or, on a pu déceler dans les tissus et dans le sang la présence de substances ammoniacales et de carbonates et carbamates alcalins. D'autre part, les physiologistes ont démontré que, dans le cas de suppression pathologique ou expérimentale du foie, la proportion d'urée dans la masse des composés azotés de l'urine diminue, en même temps que la proportion d'ammoniaque y augmente (le coefficient azoturique diminue) [1]. Par conséquent, nous

---

1. La connaissance du coefficient azoturique a pris depuis quelques années une importance considérable au point de vue de l'établissement du diagnostic des insuffisances hépatiques. Il ne nous semble pas cependant que cette détermination soit la plus importante parmi celles entre lesquelles on avait le choix. L'insuffisance hépatique réagissant surtout sur la valeur relative de l'urée et de l'ammoniaque, il nous semble qu'il eût été préférable de déterminer le rapport $\dfrac{\text{Azote d'urée}}{\text{Az. d'urée} + \text{Az. d'AzH}^3}$ ou le rapport complémentaire $\dfrac{\text{Azote d'AzH}^3}{\text{Az. d'urée} + \text{Az. d'AzH}^3}$. Cette détermination peut d'ailleurs se faire avec 2 analyses (1° ammoniaque d'urée + ammoniaque préformée; 2° ammoniaque préformée), supprimant l'analyse de l'azote total. Elle permettrait en outre de supprimer les calculs complémentaires, car les deux rapports ci-dessus indiqués pourraient être remplacés par les rapports égaux $\dfrac{\text{Ammoniaque d'urée}}{\text{Ammoniaque totale}}$ et $\dfrac{\text{Ammoniaque préformée}}{\text{Ammoniaque totale}}$. Il ne resterait plus qu'à leur trouver un nom convenablement choisi pour assurer leur fortune.

sommes autorisés à affirmer qu'une partie de l'urée produite dans l'organisme dérive de la transformation intrahépatique de composés ammoniacaux, notamment de carbonates et de carbamates, engendrés par un mécanisme d'ailleurs ignoré dans les tissus.

L'organisme des mammifères possède la propriété de transformer en urée les acides monoaminés, notamment la leucine et le glycocolle : la transformation se fait dans le foie. Sans doute, on n'a pu déceler la présence de ces acides monoaminés libres dans les liquide de l'organisme; mais nous savons, d'une part, que le glycocolle existe combiné à l'acide cholalique dans la bile, et combiné à l'acide hippurique dans l'urine, et, d'autre part, que les molécules albuminoïdes sont essentiellement constituées par accolement de noyaux monoaminés à une charpente fondamentale protaminique; par conséquent, l'hypothèse d'une production temporaire d'acides aminés libres et de leur transformation en urée par le foie ne doit pas être définitivement éliminée; elle est, sinon certaine, du moins possible, les méthodes dont nous disposons ne nous permettant pas de déceler des traces d'acides monoaminés dans les liquides de l'organisme.

Les physiologistes démontrent qu'une partie de l'urée produite dérive nécessairement des tissus, sans passer par la forme ammoniacale ou carbamique. — Nous avons vu précédemment que, sous l'influence de l'eau de baryte, l'arginine donne de l'urée; nous avons vu que, sous l'influence d'une diastase de la muqueuse intestinale, l'arginase, l'arginine donne de l'ornithine et de l'urée; or l'arginine est la charpente fondamentale de la molécule albuminoïde; nous sommes ainsi autorisés à supposer que, dans l'organisme des mammifères, une partie de l'urée produite dérive du noyau arginine de la charpente protaminique des substances albuminoïdes.

L'ammoniaque et les sels ammoniacaux urinaires.

L'ammoniaque libre est un gaz, à odeur caractéristique, très soluble dans l'eau. La solution aqueuse d'ammoniaque a une réaction très fortement alcaline; elle perd la totalité de son ammoniaque à la température d'ébullition; à la température ordinaire, elle abandonne de l'ammoniaque en quantité plus ou moins grande selon sa richesse.

L'ammoniaque, base énergique, se combine directement avec les acides pour donner des sels bien définis, cristallisables, équivalents aux sels correspondants de potassium et de sodium. Ces sels sont dédoublés par les alcalis caustiques ou par les terres alcalines : l'ammoniaque est mise en liberté, un sel alcalin ou alcalino-terreux prend naissance.

On peut caractériser l'ammoniaque par son odeur, par sa réaction alcaline, par les fumées blanches qu'elle donne avec des vapeurs d'acide chlorhydrique, etc., enfin par le *réactif de Nessler*.

On prépare ce réactif de la façon suivante : on dissout 2 grammes d'iodure de potassium dans 50 centimètres cubes d'eau; on y ajoute de l'iodure rouge de mercure en chauffant légèrement, jusqu'à ce que ce sel ne se dissolve plus; on ajoute 20 centimètres cubes d'eau. A cette liqueur on ajoute 1 volume et demi d'une solution concentrée de potasse caustique; et, s'il s'est produit un peu de précipité, on filtre. On conserve le réactif en flacons bien bouchés.

Le réactif de Nessler précipite l'ammoniaque en noir : cette réaction est très sensible.

Pour reconnaître la présence de l'ammoniaque ou de ses sels dans une liqueur ou dans un tissu de l'organisme en contenant une notable proportion, on ajoute de la soude caustique en excès, on chauffe légèrement. L'ammoniaque se révèle par son odeur caractéristique; elle fait bleuir un papier de tournesol exposé à ses vapeurs; elle donne avec les vapeurs qui se dégagent d'un flacon ouvert d'acide chlorhydrique des fumées blanches.

Quand la quantité d'ammoniaque ou de ses sels est petite, il est préférable d'opérer de la façon suivante. On dispose à la suite l'un de l'autre trois barbotteurs à boule, le premier contenant de l'acide sulfurique concentré; le second le liquide à examiner, additionné de soude caustique, ou d'un lait de chaux; le troisième, le réactif de Nessler; le tout est mis en rapport avec un aspirateur. L'air, en traversant l'acide sulfurique, se débarrasse de l'ammoniaque qu'il pourrait contenir ; en traversant le liquide examiné, il se charge de l'ammoniaque et l'entraîne dans le réactif de Nessler qui se colore en noir, ou précipite en noir, selon la quantité d'ammoniaque entraînée.

Pour doser l'ammoniaque de l'urine, plusieurs procédés ont été proposés ; le plus recommandable de tous, le *procédé de choix* pour les physiologistes et pour les cliniciens est le pro-

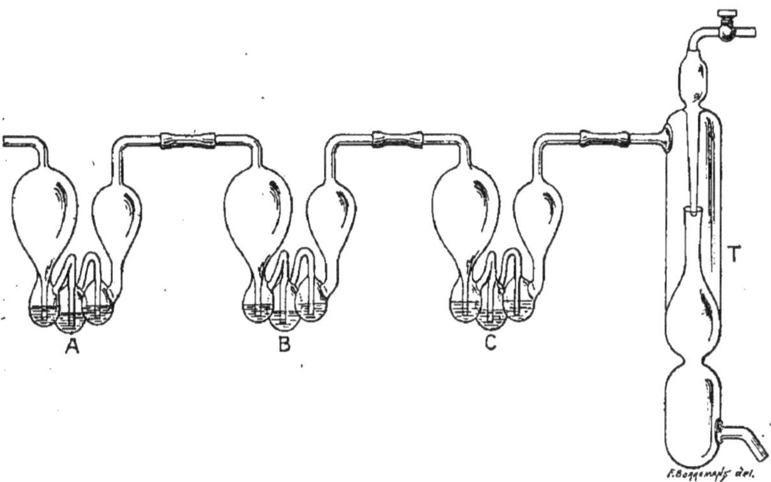

Fig. 103. — A, appareil à boule contenant acide sulfurique concentré ; B, appareil contenant la liqueur alcalinisée ; C, appareil contenant le réactif de Nessler ; T, trompe à eau.

cédé de Schlœsing légèrement amendé. Voici comment il convient de procéder :

Dans un cristallisoir de verre d'un diamètre de 10 centimètres environ, on introduit 25 centimètres cubes d'urine et 6 centimètres cubes d'un lait de chaux à 10 p. 100 (chaux 10, eau quantité suffisante pour 100 centimètres cubes). Le cristallisoir et son contenu sont introduits sous une cloche bien rodée, fermant exactement ; au dessus de ce cristallisoir, on place sur un triangle une capsule de verre contenant 10 centimètres cubes d'acide sulfurique 1/4 normal (12 gr. 25 acide sulfurique pour 1 litre). On abandonne le tout pendant trois jours à la température ordinaire. Dans ces conditions, toute l'ammoniaque contenue dans l'urine à l'état d'ammoniaque ou de sels ammoniacaux s'est dégagée et a été absorbée par l'acide sulfurique. Il suffit de titrer l'acide, par exemple au moyen d'une solution décinormale de soude (4 gr. soude NaOH pour 1 litre), pour pouvoir calculer la quantité d'ammoniaque fournie par les 25 centimètres cubes d'urine.

Exemple. — L'opération étant terminée, supposons qu'il faille 20 centimètres cube de soude décinormale pour neutraliser l'acide. Comme il faut 25 centimètres cubes de cette solution pour neutraliser les 10 centimètres cubes d'acide sulfurique 1/4 normal, une partie de cet acide a été neutralisée par une quantité d'ammoniaque équivalente à 5 centimètres cubes de la solution décinormale de soude, équivalente par conséquent à 0 gr. 004 $\times$ 5, soit 0 gr. 02 de

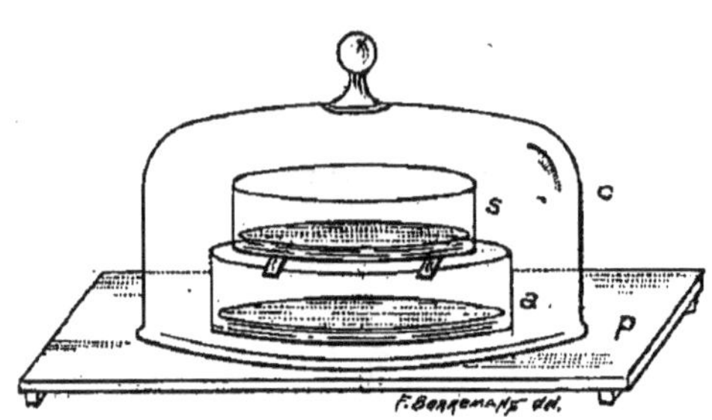

Fig. 104. — Dosage de l'ammoniaque. — *c*, cloche rodée reposant sur le plan de verre P ; *a*, cristallisoir contenant le mélange urine-lait de chaux ; *s*, cristallisoir contenant l'acide sulfurique.

soude caustique. Or l'examen des formules chimiques de la soude NaOH et de l'ammoniaque AzH^3 montre qu'à 40 gr. de soude sont chimiquement équivalents 17 gr. d'ammoniaque ; — qu'à 1 gr. de soude est chimiquement équivalent $\frac{17}{40}$, soit 0 gr. 425 d'ammoniaque. Donc à 0 gr. 02 de soude correspond 0 gr. 02 $\times$ 0,425, soit 0 gr. 0085 d'ammoniaque. Si donc 25 centimètres cubes d'urine contiennent 0 gr. 0085 d'ammoniaque, 1 litre en contient 40 fois plus, soit 0 gr. 0085 $\times$ 40 soit 0 gr. 340.

L'acide urique et les urates.

L'*acide urique* $C^5H^4Az^4O^3$ se trouve, dans l'urine, à l'état d'urates. L'acide urique est extrêmement peu soluble dans l'eau : il se dissout dans environ 2 000 parties d'eau bouillante et dans environ 15 000 parties d'eau froide. Il est insoluble dans l'alcool, insoluble dans l'éther.

L'acide urique, acide bibasique, forme deux séries de sels, les *urates* et les *biurates*, tels que :

$$C^5H^2Az^4O^3Na^2, \text{ urate de soude,}$$
$$C^5H^3Az^4O^3Na, \text{ biurate de soude.}$$

Les urates neutres, tout en étant peu solubles dans l'eau, sont néanmoins beaucoup plus solubles que l'acide urique :

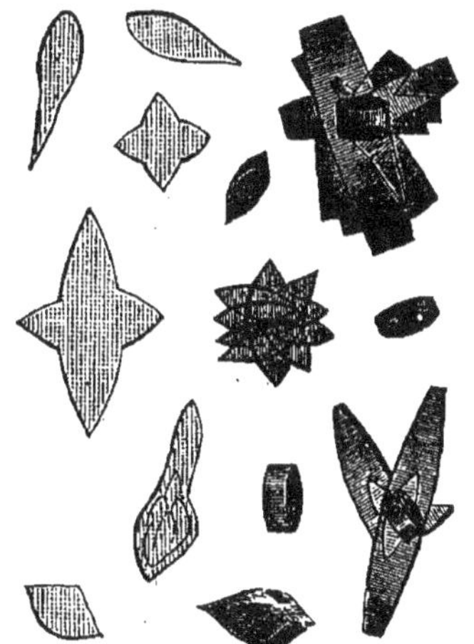

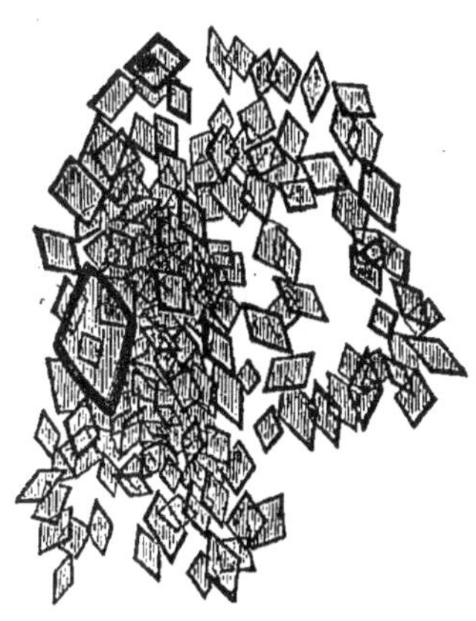

Fig. 105. — Acide urique hydraté préci-   Fig. 106. — Autre aspect de l'acide urique
pité des urines par les acides.   hydraté déposé dans les urines.

l'urate neutre de soude se dissout à la température ordinaire dans 75 parties d'eau, l'urate neutre de potasse dans 40 parties d'eau, l'urate neutre de chaux dans 1 500 parties d'eau.

Les biurates sont moins solubles que les urates neutres; le biurate de soude se dissout dans 1 200 parties d'eau; le biurate de potasse se dissout dans 800 parties d'eau, le biurate d'ammoniaque dans 1 600 parties d'eau et le biurate de chaux dans 600 parties d'eau.

L'acide urique se combinant directement avec les alcalis pour former des urates d'alcalis plus solubles dans l'eau que l'acide urique, on dit quelquefois que l'acide urique est soluble dans les alcalis; il s'y dissout il est vrai, mais en se transformant en urates.

L'urine humaine contient surtout de l'urate neutre de soude et un peu d'urate neutre de potasse (l'urine des oiseaux et des reptiles contient surtout du biurate d'ammoniaque).

Les urates sont décomposés par les acides minéraux, tels que l'acide chlorhydrique. Il se forme de l'acide urique et un sel à acide minéral, tel qu'un chlorure.

Les urates possèdent la propriété de réduire la liqueur de Fehling, mais ne possèdent pas la propriété de réduire, en présence d'alcalis, les sels de bismuth [1].

L'acide urique et les urates présentent deux réactions colo-

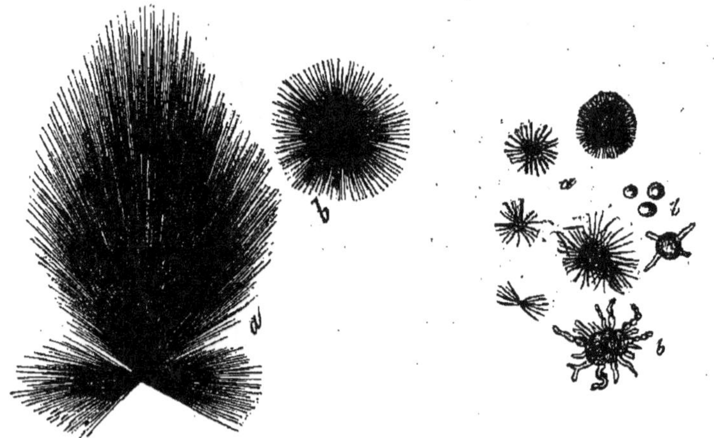

Fig. 107. — Urate acide d'ammoniaque cristallisé dans l'eau chaude.

Fig. 108. — Urate acide de soude en aiguilles et sphérules.

rées, la réaction de la murexide et la réaction de Denigès, à signaler :

Réaction de la murexide. — Si, dans une petite capsule de porcelaine, on verse sur une petite quantité d'acide urique ou d'urates solides, quelques gouttes d'acide nitrique, et si on chauffe, il se produit un abondant dégagement gazeux, en même temps que l'acide urique se dissout. Si on évapore au bain-marie la liqueur ainsi obtenue, il reste un résidu d'un beau rouge. Si, après refroidissement, on ajoute à ce résidu quelques gouttes d'ammoniaque, la coloration devient rouge-pourpre ; — si, au lieu d'ammoniaque, on ajoute de la potasse,

---

1. Ce fait présente un intérêt évident, au point de vue de la recherche de la glycose dans les urines ; il montre qu'en cas de réduction légère de la liqueur de Fehling par une urine, il faut, avant d'affirmer que cette urine contient du sucre, obtenir un résultat positif avec la solution de bismuth.

la coloration devient bleue ou bleue violette. Cet ensemble de réactions colorées constitue la réaction de la murexide.

Réaction de Denigès. — Si, dans une petite capsule de porcelaine, on chauffe quelques instants jusqu'à ébullition une petite quantité d'acide urique ou d'urates solides avec de l'eau et un peu d'acide nitrique, si on évapore à douce température, et si on ajoute au résidu 2 à 3 gouttes d'acide sulfurique et autant de benzine commerciale, il se produit une coloration bleue; cette couleur passe au brun quand on chasse la benzine par la chaleur, mais se reproduit quand on ajoute de nouveau quelques gouttes de benzine.

. La réaction de la murexide et la réaction de Denigès permettent de caractériser l'acide urique et les urates.

Pour *doser approximativement l'acide urique* dans une liqueur contenant des urates, notamment dans l'urine, on se fonde sur la décomposition des urates par un acide minéral et sur l'insolubilité de l'acide urique.

A 200 centimètres cubes d'urine, on ajoute 10 centimètres cubes d'acide chlorhydrique de densité 1,12 et on abandonne le mélange dans un lieu frais pendant quarante-huit heures. Le dépôt d'acide urique ne se fait pas immédiatement; mais, au bout de vingt-quatre heures (en général au bout de quelques heures), on voit se former, sur les parois et au fond du vase, un précipité cristallin, fortement coloré d'acide urique. On jette sur le filtre, on lave le précipité avec un peu d'eau, on dessèche dans le vide et on pèse[1].

La quantité d'acide urique contenue dans l'urine d'un homme adulte, ayant une alimentation mixte, est, en vingt-quatre heures, un peu moindre que 1 gramme. Cette quantité augmente considérablement dans les cas de leucémie : elle peut atteindre 4 grammes. Elle augmente également sous l'influence d'une alimentation riche en nucléoprotéides.

Chez les *oiseaux* et les *reptiles*, l'acide urique représente la plus grande partie de l'excrétion urinaire azotée : l'urée y est

---

[1]. Il existe des méthodes de dosage plus précises, dont on trouvera les descriptions dans les traités de chimie analytique. — Nous indiquons ci-dessous une méthode permettant de doser l'azote purique (azote d'acide urique et des bases xanthiques).

fort peu abondante. L'abondance d'urates peu solubles, dans l'urine des oiseaux et des reptiles, rend compte de l'état des urines de ces êtres, lesquelles urines sont en partie solides.

Parmi les *principales réactions de décomposition* de l'acide urique, nous signalerons la suivante, qui présente quelque intérêt pour le physiologiste :

Sous l'influence d'agents oxydants, tels que l'acide nitrique, le peroxyde de plomb, etc., l'acide urique se décompose et donne divers produits, parmi lesquels se trouve l'*urée*.

Les agents oxydants permettant d'obtenir de l'urée en partant de l'acide urique, on en a conclu que, dans l'organisme, l'urée pourrait avoir comme précurseur l'acide urique; en d'autres termes, on en a conclu que l'acide urique est un produit incomplètement oxydé de la désassimilation azotée de l'organisme, l'urée étant le produit le plus oxydé. — On a constaté en outre que l'injection d'acide urique ou d'urates détermine une augmentation de l'excrétion d'urée chez les mammifères.

Mais ces conclusions sont purement hypothétiques, et on peut leur adresser deux objections capitales :

1° Chez les oiseaux, dans l'organisme desquels les oxydations sont aussi énergiques que chez les mammifères, c'est l'acide urique qui domine dans l'urine, c'est l'urée qui y est peu abondante. Il y a plus : si, chez l'oiseau, on injecte des acides aminés, leucine, glycocolle, et même de l'urée, on constate que l'acide urique augmente dans les urines et que l'urée n'augmente pas.

2° Dans les maladies où l'on constate des troubles de la respiration pulmonaire ou de la respiration intime des tissus; à la suite des hémorragies; dans des atmosphères confinées, ou pauvres en oxygène, on ne constate pas d'augmentation de l'acide urique dans l'urine et de diminution de l'urée, chez les mammifères.

Nous avons précédemment indiqué (p. 100) les relations chimiques intimes qui unissent l'acide urique et les bases xanthiques, que nous avons trouvées parmi les produits de décomposition des acides nucléiques, des nucléines, des nucléo-albuminoïdes. C'est là un fait de toute première importance : les physiologistes et les cliniciens réunissent tous ces corps en un groupe auquel ils donnent le nom de *groupe des dérivés de la purine.*

L'acide urique et les bases xanthiques sont en effet considérés aujourd'hui comme des dérivés proches de la purine : l'acide urique est une trioxypurine, les bases xanthiques étant : l'adénine, une aminopurine ; l'hypoxanthine, une oxypurine ; la guanine, une amino-oxypurine, et la xanthine une dioxypurine.

Ces relations sont intéressantes à connaître, car elles permettent de supposer que l'acide urique, produit dans l'organisme des mammifères, dérive du noyau nucléique des substances nucléoalbuminoïdes des tissus, bien que les chimistes n'aient pas obtenu l'acide urique, *in vitro*, parmi les produits de décomposition des nucléoalbuminoïdes. Notre hypothèse se trouve d'ailleurs appuyée par le fait de l'augmentation de l'élimination urique à la suite d'une ingestion abondante de nucléoalbuminoïdes.

Les physiologistes et les pathologistes peuvent déterminer la quantité d'azote éliminé sous forme d'acide urique et de bases xanthiques, disons la quantité de *l'azote des purines* par la méthode suivante.

100 centimètres cubes d'urine non albumineuse (ou débarrassée d'albumine par coagulation) sont portés à l'ébullition, additionnés de 10 centimètres cubes d'une solution de bisulfite de soude à 50 p. 100 et immédiatement après de 10 centimètres cubes d'une solution de sulfate de cuivre à 13 p. 100 ; le tout est porté à l'ébullition. Il se produit, dans ces conditions, une combinaison insoluble d'oxydule de cuivre et des purines (acide urique et bases xanthiques). Pour en favoriser la précipitation, on ajoute 5 centimètres cubes d'une solution aqueuse de chlorure de baryum à 10 p. 100, qui donne un précipité de sulfate de baryte, entraînant la combinaison cuivreuse-purique. On laisse reposer deux heures ; on jette sur un filtre, on lave à l'eau tiède. On n'a plus qu'à doser par la méthode de Kjeldahl l'azote du précipité (on traite le filtre et le précipité, quitte à déterminer l'azote contenu dans un filtre identique) : c'est l'azote des purines.

Si l'on voulait distinguer dans cette somme la part revenant à l'acide urique et celle revenant aux bases xanthiques, ce qui peut être utile pour certaines recherches, il faudrait doser exactement l'acide urique, calculer l'azote correspondant et le retrancher de l'azote des purines, pour obtenir l'azote des bases xanthiques. Dans ce cas, l'acide urique devrait être très exactement dosé.

L'acide urique et les urates, qui sont éliminés par les urines chez les mammifères, ne représentent vraisemblablement qu'une partie de l'acide urique engendré par les tissus, car le foie possède la propriété de le transformer en urée.

Les physiologistes démontrent par contre que, chez les oiseaux, l'acide urique et les urates urinaires ont une double origine : une partie provient directement de la désintégration des albuminoïdes des tissus, mais une autre partie provient de la transformation intrahépatique des sels ammoniacaux et de l'urée produits par les tissus.

L'acide hippurique.

L'urine de l'homme, et surtout l'urine des mammifères herbivores, contient de l'*acide hippurique*, ou plus exactement des *hippurates*.

L'acide hippurique est une substance cristallisant en prismes rhombiques allongés, peu soluble dans l'eau (soluble dans 600 parties d'eau froide), soluble dans l'alcool. — L'acide hippurique est un acide monobasique, donnant des sels cristallisables.

Fig. 109. — Acide hippurique (d'après Funke).

Les hippurates d'alcalis et de terres alcalines sont solubles dans l'eau et dans l'alcool.

Bouilli avec des acides minéraux ou des alcalis caustiques, l'acide hippurique est dédoublé, avec fixation d'eau, en acide benzoïque et glycocolle (ce dédoublement de l'acide hippurique se produit également dans l'urine soumise à l'action des microorganismes de la putréfaction : l'urine putréfiée contient des benzoates et du glycocolle).

Inversement, un mélange d'acide benzoïque et de glycocolle, chauffé dans un tube scellé, donne de l'acide hippurique, avec perte d'eau.

L'acide hippurique est donc du *benzoate de glycocolle* :

$$C^6H^5COOH + AzH^2CH^2COOH = H^2O + C^6H^5COAzH^2COOH.$$

Acide benzoïque.   Glycocolle.   Acide hippurique.

En étudiant la bile, nous avons vu que l'acide glycocholique, qu'on trouve dans la bile de l'homme et dans la bile du bœuf, est un cholalate de glycocolle. Le glycocolle se produit par l'action des alcalis à haute température, ou par l'action du suc pancréatique, ou par l'action des microbes de la putréfaction sur les substances gélatineuses. On peut admettre que, dans l'organisme, parmi les produits de désassimilation de ces substances gélatineuses, se trouve le glycocolle; mais ce glycocolle ne reste jamais libre : il se conjugue soit avec l'acide cholalique, soit avec l'acide benzoïque.

D'où vient l'acide benzoïque?

On trouve des hippurates dans l'urine des animaux à jeun; donc, au moins pour une partie, l'acide benzoïque est un produit de désassimilation des tissus. — D'autre part, parmi les produits de putréfaction des substances alimentaires, surtout des substances végétales, on a reconnu la présence de produits qui, tels que l'acide phénylpropionique, sont transformables dans l'organisme en acide benzoïque.

On admet donc que l'acide benzoïque, qui passe dans l'urine à l'état d'acide hippurique, a son origine dans les produits des fermentations microbiennes qui s'accomplissent dans le tube intestinal. Ces produits sont transformés dans l'économie en acide benzoïque, qui se conjugue avec le glycocolle, produit de désassimilation des tissus.

Ces considérations sont appuyées par les faits suivants : — Chez un animal donné, la quantité d'acide hippurique des urines, toutes autres conditions étant égales, diminue lorsqu'on pratique l'antisepsie intestinale. — La quantité d'acide hippurique est surtout grande chez les herbivores, c'est-à-dire chez les animaux qui se nourrissent de substances capables de fournir, sous l'influence des putréfactions, de l'acide benzoïque ou des substances précurseurs de l'acide benzoïque, et chez lesquels les fermentations intestinales sont très importantes. — Enfin, on a signalé ce fait, que, tant que le jeune veau se nourrit exclusivement de lait, on trouve dans ses urines de l'acide urique et pas ou peu d'acide hippurique ; dès qu'il se nourrit d'herbe, l'acide hippurique apparaît en quantité importante, à côté de l'acide urique.

La quantité d'acide hippurique, excrétée en vingt-quatre heures par un homme adulte, ayant une alimentation mixte, est un peu moindre que 1 gramme.

Notons incidemment ce fait intéressant : si on injecte dans l'organisme des oiseaux de l'acide benzoïque, on le retrouve dans les urines à l'état d'*acide ornithurique* ou benzoate d'ornithine. L'ornithine, qui, chez les oiseaux, prend dans cette réaction la place du glycocolle des mammifères, est, nous le savons, un acide diaminovalérianique, dont nous avons signalé précédemment (p. 71) les relations intimes avec l'arginine, noyau fondamental de la molécule albuminoïde.

La créatinine.

Signalons parmi les produits azotés de l'urine la *créatinine*. En étudiant le muscle, nous avons indiqué les relations étroites qui unissent la créatinine et la créatine du muscle. Nous avons dit que la créatine, bouillie avec l'acide chlorhydrique dilué, perd une molécule d'eau et se transforme en créatinine. Il est par conséquent probable, sinon certain, que la créatinine de l'urine a pour précurseur la créatine, produit de désassimilation de la substance musculaire.

La créatinine est une substance cristallisable, un peu soluble (8 à 9 p. 100) dans l'eau froide, assez soluble dans l'eau chaude, très peu soluble (1 p. 100) dans l'alcool absolu froid, plus soluble dans l'alcool absolu chaud ; presque complètement insoluble dans l'éther.

Elle répond à la formule $C^4H^7Az^3O$ ou à la formule développée

$$AzH = C \begin{cases} AzH \underline{\hspace{3em}} CO \\ \qquad\qquad | \\ Az(CH^3) - CH^2 \end{cases}$$

la créatine répondant elle-même à la formule $C^4H^9Az^3O^2$ ou à la formule développée

$$AzH = C \begin{cases} AzH^2 \\ Az(CH^3)\text{-}CH^2\text{-}CO^2H. \end{cases}$$

La quantité de créatinine éliminée en vingt-quatre heures par un homme adulte est d'environ 1 gramme.

SUBSTANCES DIVERSES

Pigments urinaires.

Les pigments urinaires normaux n'ont pas été étudiés. On connaît seulement avec quelque précision l'*urobiline*, pigment jaune, qu'on trouve surtout dans le cas de maladies fébriles. Cette substance, nous l'avons dit précédemment, présente des relations intimes avec la bilirubine, substance colorante de la bile. Nous avons dit que, sous l'influence des agents hydro-génants, la bilirubine et aussi la biliverdine sont transformées en hydrobilirubine, substance qui est généralement considérée comme identique à l'urobiline :

$$C^{32}H^{36}Az^4O^6,$$
bilirubine,
$$C^{32}H^{40}Az^4O^7,$$
urobiline.

Pour manifester la présence d'urobiline dans une urine, on a indiqué différents procédés, parmi lesquels nous retiendrons seulement le suivant qui nous paraît le plus sensible.

On prépare un réactif A et un réactif B. Le réactif A s'obtient en versant avec précaution 20 centimètres cubes d'acide sulfurique concentré dans 100 centimètres cubes d'eau, en y dissolvant 5 grammes d'oxyde jaune de mercure, et en filtrant. — Le réactif B s'obtient en dissolvant 10 centigrammes d'acétate de zinc dans 100 centimètres cubes d'alcool à 95 p. 100 et ajoutant quelques gouttes d'acide acétique pour clarifier.

A 30 centimètres cubes d'urine, on ajoute 200 centimètres cubes du réactif A ; on laisse reposer cinq minutes et on filtre. Au liquide filtré, on ajoute 5 centimètres cubes de chloroforme et on agite vigoureusement. On se débarrasse du liquide aqueux ; on filtre le chloroforme ; on lui ajoute goutte à goutte le réactif B tant qu'il se produit un trouble (10 gouttes environ). Au moment où la liqueur se clarifie, il apparaît une fluorescence verte caractéristique si l'urine contenait de l'urobiline.

Ce procédé est applicable même aux urines chargées de pigments biliaires et riches en indoxyle.

Le non-dosé urinaire.

Si on détermine, pour une urine donnée, d'une part le résidu sec, d'autre part la somme des cendres, de l'urée, de l'acide urique, de l'ammoniaque, de l'acide hippurique, de la créatinine, on trouve toujours une différence importante entre les deux nombres : le résidu sec de l'urine de vingt-quatre heures dépasse de plusieurs grammes la somme indiquée. C'est donc qu'il existe à côté des substances dosées un certain nombre d'autres substances dont on ne tient actuellement aucun compte individuel dans les analyses actuelles. La somme de ces substances représente ce qu'on peut appeler le *non-dosé urinaire.*

Ce non-dosé urinaire oscille selon les cas, et, pour les urines de vingt-quatre heures d'un homme adulte, entre 5 et 20 grammes; il comprend de 16 à 38 p. 100 des matières organiques de l'urine et 2 à 10 p. 100 de l'azote total. Il comprend environ le tiers du carbone total de l'urine.

Que sont les substances qui constituent le non-dosé urinaire? On en est réduit encore à l'heure actuelle à de simples indications. Notons seulement le fait suivant : si on dialyse pendant longtemps de l'urine humaine en présence d'eau courante, jusqu'à disparition de toute trace d'acide aminé, et si, sur le résidu sec du contenu du dialyseur évaporé, on fait agir l'acide chlorhydrique bouillant, on obtient parmi les produits de l'hydrolyse, du glycocolle, de l'alanine, de la phénylalanine, de la leucine, de l'acide glutamique, toutes substances qui sont les acides amidés, que nous avons trouvés parmi les produits d'hydrolyse des substances albuminoïdes. Qu'en conclure, sinon qu'il passe dans l'urine à l'état normal des fragments assez volumineux de la molécule albuminoïde. Sous quelle forme? C'est ce que l'avenir nous révélera.

Les diastases de l'urine.

On a signalé dans les urines normales la présence de diastases en quantités généralement petites, variables d'ailleurs suivant le moment de l'observation. L'urine de l'homme renfermerait de l'amylase capable de saccharifier l'amidon, de la pepsine capable de peptoniser les substances protéiques en présence d'acide chlorhydrique dilué, du labferment capable de caséifier le lait. On n'a pas trouvé de trypsine dans l'urine.

URINES PATHOLOGIQUES

L'urine peut contenir outre les substances que nous avons décrites, d'autres substances qui apparaissent sous l'influence d'états pathologiques divers.

Les principales substances qu'on peut trouver ainsi dans l'urine sont :

1° Des substances albuminoïdes ;

2° Du sucre ;

3° Du sang ou de l'hémoglobine ;

4° Des matières grasses ;

5° Des pigments ou acides biliaires, etc.

Une urine qui contient des substances albuminoïdes est dite albumineuse ; il y a *albuminurie*.

Une urine qui contient du sucre est dite sucrée ; il y a *glycosurie*.

Si l'urine contient du sang, il y a *hématurie* ; si elle contient, non plus le sang total, mais seulement la matière colorante du sang, il y a *hémoglobinurie*.

Si l'urine contient des matières grasses, il y a *chylurie*.

Une urine qui contient des substances biliaires, notamment des pigments biliaires, est dite *ictérique*.

Nous indiquerons brièvement les procédés employés pour reconnaître dans l'urine la présence d'éléments anormaux.

1. *Urines albumineuses.*

Les urines albumineuses peuvent contenir les substances suivantes :

$\left\{ \begin{array}{l} \textit{Sérumalbumine,} \\ \textit{Sérumglobuline,} \\ \textit{Protéoses.} \end{array} \right.$

La présence des deux premières substances peut être révélée par les réactions suivantes :

1° **Épreuve par l'ébullition.** — L'urine soumise à l'analyse peut être alcaline, neutre ou acide. Il convient d'aciduler très légèrement les urines alcalines et neutres au moyen d'acide acétique, pour éviter une précipitation, à la température d'ébullition, de phosphate tricalcique dissous dans l'urine, grâce à la présence de gaz carbonique (on acidule à 1 p. 1000, ou même 0,5 p. 1000 ; — par exemple, on ajoute 2 centimètres cubes, ou 1 centimètre cube d'acide acétique à 1 p. 100 à 10 centimètres cubes d'urine).

L'urine ainsi acidulée est portée à l'ébullition : un précipité se produit. Ce précipité ne peut pas être un précipité de phosphates terreux, puisque l'urine est acide : c'est un coagulum albuminoïde. — Veut-on s'en assurer, on sépare ce coagulum par filtration, on le lave à l'eau, et on vérifie qu'il donne les réactions colorées des substances albuminoïdes : réaction xanthoprotéique, réaction du biuret, réaction de Millon.

L'urine contient alors une substance albuminoïde coagulable, sérumalbumine ou sérumglobuline.

2° **Épreuve par l'acide nitrique.** — Si, dans un verre à précipité, on verse de l'acide nitrique fort et au-dessus une couche d'urine, de façon que les deux liqueurs ne se mélangent pas, on voit, lorsque l'urine est albumineuse, se former, au contact des deux liquides, un anneau blanc nuageux, dû à une précipitation de la substance albuminoïde.

3° **Épreuve par le ferrocyanure de potassium acétique.** — Si l'on additionne l'urine de 2 p. 100 d'acide acétique (20 centimètres cubes d'urine et 5 centimètres cubes d'acide acétique à 10 p. 100), et de quelques gouttes d'une solution de ferrocyanure de potassium (solution à 5 p. 100), on voit se former, lorsque l'urine est albumineuse, un précipité. On sépare par le filtre ce précipité ; on le lave bien, et on vérifie qu'il donne les réactions colorées des substances albuminoïdes.

4° **Épreuve par le réactif de Tanret.** — Le réactif de Tanret, solution acétique d'iodure double de mercure et de potassium, précipite les albuminoïdes coagulables par la chaleur, les protéoses et des alcaloïdes. Le précipité dû aux albuminoïdes est insoluble à chaud et à froid dans un excès de réactif, — insoluble dans l'alcool et dans l'éther; ce sont là des caractères qui le distinguent des précipités dus aux protéoses et aux alcaloïdes.

Pour employer le réactif de Tanret, on en verse un excès dans l'urine. S'il se forme un précipité, immédiatement, qui ne disparaît ni par addition d'eau qui dissoudrait l'acide urique précipité par l'acide du réactif de Tanret dans les urines riches en urates, ni par addition d'alcool, ni par agitation avec de l'éther, c'est de l'albumine.

Une urine albumineuse présente les réactions colorées des substances albuminoïdes. — Elle donne la réaction du biuret, mais cette réaction peut être rendue moins nette par la coloration de l'urine : aussi convient-il en général de diluer l'urine pour diminuer l'intensité de sa coloration (la réaction du biuret se produit dans les liqueurs albumineuses très diluées : il faut, pour que cette réaction ne se produise plus, que la liqueur contienne moins d'un dix-millième de substances albuminoïdes). — Elle donne la réaction xanthoprotéique; mais la coloration de l'urine rend difficile à saisir la première partie de la réaction, c'est-à-dire la coloration jaune-serin, produite par l'acide nitrique dans les liqueurs albumineuses. — Elle donne la réaction de Millon; mais il convient d'ajouter un grand excès de liqueur de Millon, parce que les chlorures et les phosphates de l'urine précipitant le sel de mercure du réactif, il pourrait ne pas se produire de coloration rouge-brique dans une liqueur albumineuse, si la totalité du sel mercurique avait été précipitée.

De ces trois réactions colorées, la réaction du biuret est la plus caractéristique : les deux autres réactions sont moins démonstratives, l'urine pouvant contenir des substances autres que les substances protéiques donnant ces réactions.

Pour ces raisons, la recherche des substances albuminoïdes de l'urine ne doit pas être faite, ou tout au moins ne doit pas être faite exclusivement à l'aide des réactions colorées. — Les quatre réactions de précipitation précédemment indiquées, contrôlées dans deux cas (coagulation par la chaleur, précipitation par le ferrocyanure de potassium acétique) par les réactions colorées du précipité, dans un autre (réaction de Tanret) par les propriétés du précipité, sont les véritables méthodes de recherche des substances albuminoïdes dans l'urine.

L'urine renferme parfois une *substance mucinoïde*, d'ailleurs mal connue, qu'on pourrait, si l'on n'y apportait quelque précaution, confondre avec des albuminoïdes. Il importe donc de noter que l'urine à mucine ne coagule pas quand elle est bouillie sans avoir été additionnée d'aucun réactif; mais, si on lui a ajouté en petite quantité un acide quelconque, de l'acide acétique par exemple, elle donne déjà à froid un très fin précipité qui ne disparaît ni ne diminue à l'ébullition.

On peut d'ailleurs compléter et confirmer les conclusions fournies par l'essai que nous venons d'indiquer par les essais suivants faits avec l'acide nitrique fort et avec une solution d'acide citrique obtenue en dissolvant 75 grammes d'acide dans 100 grammes d'eau.

On verse de l'urine soit à la surface de l'acide nitrique, soit à la surface de l'acide citrique. — Si l'urine contient la substance mucinoïde sans albuminoïdes, il se forme au contact de l'acide citrique une zone nébuleuse; au contact de l'acide nitrique, il ne se forme pas d'anneau, mais il apparaît une zone nébuleuse à quelque distance au-dessus du plan de séparation. — Si l'urine contient une substance albuminoïde sans substance mucinoïde, il ne se produit rien avec l'acide citrique; avec l'acide nitrique, il se forme un anneau au contact immédiat de l'acide. — Si l'urine contient les deux substances, il se forme au contact de l'acide citrique une zone nébuleuse, et au contact de l'acide nitrique un anneau surmonté d'une zone nébuleuse.

Le dosage des substances albuminoïdes coagulables contenues dans une urine peut se faire d'une façon approchée, suffisante pour les besoins de la clinique, ou d'une façon précise nécessaire dans certains cas.

Le *dosage clinique* se fait généralement au moyen de l'*appareil* et avec le *réactif d'Esbach*, ou *réactif picro-citrique*. L'appareil est essentiellement composé d'un tube portant deux traits. On remplit le tube jusqu'au premier trait avec de l'urine albumineuse, et on verse jusqu'au second trait le réactif. Ce réactif est obtenu en dissolvant dans 100 grammes d'eau, 2 grammes d'acide citrique et 1 gramme d'acide picrique. On ferme le tube avec un bouchon de caoutchouc, on le retourne plusieurs fois pour mélanger, en évitant de produire de la mousse, et on abandonne au repos pendant vingt-quatre heures. L'albumine précipitée se dépose : une graduation placée à la partie inférieure du tube indique en grammes la quantité approximative d'albumine contenue dans un litre d'urine.

Pour les *dosages exacts*, on a recours à la *méthode de coagulation*. On acidule l'urine avec de l'acide acétique, ajouté en quantité convenable pour que le mélange en contienne 1 p. 1000. On chauffe à l'ébullition, et on jette sur un filtre taré sec. On s'assure que toute l'albumine a été coagulée, en soumettant à l'épreuve par l'acide nitrique le liquide qui filtre (s'il contient encore un peu d'albumine, il faut recommencer la préparation en acidulant l'urine un peu plus). On lave sur le filtre le précipité à l'eau, puis à l'alcool, puis à l'éther. On dessèche le filtre et le précipité et on pèse.

Pour doser séparément l'albumine et la globuline urinaires, on sature l'urine de sulfate de magnésie; on jette sur un filtre taré; on lave avec une solution saturée de sulfate de magnésie; on porte le filtre et son contenu à 110°, pour coaguler la globuline retenue; on lave à l'eau, pour entraîner le sulfate de magnésie qui imprègne le filtre et le coagulum, puis à l'alcool et à l'éther. On dessèche et on pèse. On obtient le poids de globuline. Par différence entre le poids total des substances albuminoïdes coagulables et le poids de la globuline, on a le poids de l'albumine.

Pour reconnaître dans l'urine la présence de *protéoses*, il faut débarrasser l'urine des substances albuminoïdes coagulables qu'elle peut contenir, en la portant à l'ébullition, après l'avoir très légèrement acidulée par l'acide acétique. La liqueur filtrée donne-t-elle la réaction du biuret, elle contient des protéoses. — Il n'est pas possible de contrôler cette réaction du biuret au moyen des réactions de précipitation des protéoses : l'alcool, le sublimé, le tannin, l'acide phosphomolybdique et l'acide phosphotungstique en effet précipitent des substances existant normalement dans les urines non albumineuses. — Il est impossible d'employer, pour la même raison, les précipitants des protéoses primaires, tels que l'acide picrique : l'acide picrique précipite en effet la créatinine.

Lorsque l'urine contient des protéoses primaires, on peut contrôler la réaction du biuret par les réactions propeptoniques. Si l'urine précipite à froid par l'acide nitrique, ou par le ferrocyanure de potassium acétique, ou par le chlorure de sodium acétique, le précipité formé étant soluble à l'ébullition pour se reformer par refroidissement, l'urine contient des protéoses.

Ces réactions propeptoniques ne sont nettes qu'avec les protéoses primaires ; les protéoses secondaires ne les donnent pas nettement ; les peptones ne les donnent pas du tout. Dans le cas des protéoses secondaires et des peptones, on n'a que la réaction du biuret.

Dans la recherche des protéoses dans l'urine, on peut procéder encore de la façon suivante : A 10 centimètres cubes d'urine, qu'elle soit albumineuse ou non, peu importe, on ajoute 8 grammes de cristaux de sulfate d'ammoniaque, et on chauffe jusqu'à l'ébullition qu'on maintient quelques secondes : les substances albuminoïdes et les protéoses ont été précipitées dans ces conditions.

On centrifuge au moyen d'une petite centrifugeuse à main, pour agglomérer le précipité au fond du tube ; on décante le liquide ; on ajoute 10 centimètres cubes d'eau distillée et on porte à l'ébullition ; les substances albuminoïdes coagulées ne se dissolvent pas, les protéoses précipitées se dissolvent. On jette sur un filtre, et on recherche dans le filtrat les protéoses par la réaction du biuret.

Les substances albuminoïdes les plus fréquemment contenues dans l'urine sont la *sérumalbumine* et la *sérumglobuline*, surtout la sérumalbumine. Les protéoses ne s'y observent que dans certains cas assez rares.

Urines sucrées.

L'urine peut contenir une quantité plus ou moins considérable de *glycose*. Nous avons étudié (ch. III) les propriétés de la glycose, et indiqué les moyens de la caractériser et de la doser dans une liqueur.

a. **La glycose est une substance dextrogyre.** — L'urine sucrée doit donc posséder la propriété de dévier à droite le plan de polarisation de la lumière. Mais l'urine peut contenir des substances pathologiques possédant un pouvoir rotatoire :

tels sont les albuminoïdes, les acides biliaires, etc. ; ces substances sont lévogyres : si donc une urine dévie le plan de polarisation à droite, on peut affirmer d'une façon presque certaine qu'elle contient de la glycose.

b. **La glycose est un sucre réducteur** : elle réduit la liqueur de Fehling, en donnant de l'oxyde cuivreux rouge ; — elle réduit aussi, en présence d'alcalis, les sels de bismuth, en donnant un dépôt noir de bismuth métallique.

Pour rechercher la présence de glycose dans une urine, on peut donc porter à l'ébullition un mélange d'urine et de liqueur de Fehling (on doit vérifier que la liqueur de Fehling dont on se sert ne se réduit pas d'elle-même, lorsqu'on la porte à l'ébullition). S'il se produit un précipité d'oxyde cuivreux, l'urine contient du sucre.

Parfois, il se produit simplement un changement de teinte : le mélange de liqueur de Fehling et d'urine passe au jaune foncé rougeâtre, sans qu'il soit possible de voir un précipité. Parfois, il se produit bien un précipité, mais ce précipité n'est pas rouge, il est blanchâtre ou bleuâtre. Dans ces deux cas, on ne peut pas affirmer la présence du sucre ; mais on n'en peut pas non plus nier la présence. L'urine contient normalement des substances, telles que la créatine, qui possèdent la propriété de maintenir en solution une petite quantité d'oxyde cuivreux, la liqueur passant au jaune rougeâtre. D'autre part, l'urine contient normalement des substances, telles que l'acide urique et aussi la créatinine, capables, suivant les proportions de substances et les conditions de l'ébullition, de réduire la liqueur de Fehling, en donnant des précipités blanchâtres ou même bruns rougeâtres.

On comprend, par conséquent, qu'une urine contenant une forte proportion de créatinine peut faire passer au brun rougeâtre, sans précipitation, le mélange d'urine et de liqueur de Fehling (une partie de la créatinine réduit le sel cuivrique et l'excès de créatinine maintient l'oxyde cuivreux en solution). On comprend qu'une urine qui contient une faible proportion de sucre peut se comporter de même : le sucre réduit la solution cuivrique et le précipité cuivreux reste dissous grâce à la présence de créatinine.

D'autre part, la formation d'un précipité peu abondant, blanchâtre ou jaune blanchâtre, peut résulter de la réduction de la liqueur cuivrique par l'acide urique. Mais si la liqueur contient peu de sucre et beaucoup d'acide urique, le précipité peut présenter les mêmes apparences : le sucre donne de l'oxyde cuivreux rouge ; l'acide urique donne un précipité souvent blanchâtre : le mélange des deux constitue un précipité bleu blanchâtre.

En résumé, on ne doit affirmer la présence du sucre dans l'urine que lorsqu'on observe un précipité nettement rougeâtre d'oxyde cuivreux ; — on ne doit nier la présence du sucre dans l'urine que lorsque le mélange d'urine et de liqueur de Fehling ne change pas de coloration à l'ébullition et ne donne pas de précipitation.

— Pour rechercher la présence de glycose dans l'urine, on peut, au lieu d'une solution cuivrique, employer une solution bismuthique. On sait qu'en présence d'alcalis caustiques les sels de bismuth sont réduits à l'ébullition par la glycose. La solution bismuthique généralement employée se prépare en dissolvant 4 grammes de sel de Seignette dans 100 centimètres cubes d'une solution de soude caustique à 10 p. 100, et faisant digérer au bain-marie dans cette liqueur 2 grammes de sous-nitrate de bismuth (*réactif de Nylander*).

Pour reconnaître le sucre au moyen de cette liqueur, on ajoute 1 centimètre cube de cette liqueur à 10 centimètres cubes d'urine, et on porte à ébullition. Si l'urine contient du sucre, il se produit une coloration jaune, puis jaune brun, puis la liqueur se trouble et devient noire ; enfin, peu à peu se produit un dépôt noir, généralement considéré comme constitué par du bismuth métallique pulvérulent.

Cette réaction ne présente pas les causes d'erreur que nous venons de signaler à propos de la réaction avec la liqueur de Fehling : en effet, ni l'acide urique, ni la créatinine ne réduisent la solution de bismuth. Cependant l'urine peut contenir, au moins accidentellement, des substances capables de réduire la solution de bismuth. Aussi convient-il, pour avoir une certitude absolue, de contrôler cette réaction par quelque autre, comme il est nécessaire de contrôler la réaction donnée par la liqueur de Fehling.

c. **La glycose est un sucre fermentescible.** — Une solution sucrée, additionnée de levure de bière, fermente. Cette fermentation est rendue manifeste par le dégagement de bulles de gaz carbonique. Si donc on ajoute à une urine (qu'on acidule souvent très légèrement par l'acide tartrique, pour favoriser la fermentation) de la levure de bière, et si on constate un dégagement très net de gaz carbonique, on peut affirmer la présence du sucre dans l'urine.

d. — On a proposé de reconnaître le sucre urinaire au moyen de la *phénylhydrazine.* Le procédé n'est d'ailleurs à employer que lorsque l'urine contient au moins 2 p. 100 de sucre; il est assurément moins sensible que le procédé chimique par réduction.

On introduit dans un tube à réaction 5 centimètres cubes d'urine, 10 gouttes de phénylhydrazine, 20 gouttes d'acide acétique glacial et 2 centimètres cubes d'une solution saturée de sel marin. On chauffe ce mélange soit au bain-marie bouillant, soit directement sur la flamme. L'osazone se dépose d'autant plus rapidement que l'urine est plus riche en sucre. On vérifie les cristaux microscopiquement. (Voy. p. 57).

Quant au *dosage du sucre* de l'urine, il se fait par les procédés dont nous avons indiqué les grandes lignes au chapitre III. Ces procédés se rangent en trois groupes; — les procédés physiques; détermination du pouvoir rotatoire, — les procédés chimiques : détermination du pouvoir réducteur, — les procédés biologiques : détermination de la quantité du gaz carbonique dégagé dans la fermentation. — On trouvera dans les ouvrages spéciaux d'analyse urinaire les indications nécessaires pour pratiquer une analyse rigoureusement exacte.

3. *Urines sanglantes et urines à hémoglobine.*

L'urine contient parfois les éléments du sang : le microscope permet alors de constater dans l'urine la présence des éléments figurés du sang; l'analyse chimique démontre dans l'urine la présence de substances albuminoïdes coagulables par la chaleur, et l'examen spectroscopique démontre la présence d'oxyhémoglobine.

L'urine peut contenir seulement de l'hémoglobine ou des dérivés de l'hémoglobine, notamment de la méthémoglobine. L'examen spectroscopique (Voy. ch. vii) permet de reconnaître dans l'urine la présence de substances dérivées des matières colorantes du sang. L'examen chimique permet de faire la même recherche : il suffit de faire avec l'extrait sec de l'urine la préparation des cristaux d'hémine, reconnaissables à l'examen microscopique.

4. Urines biliaires.

Les éléments de la bile, sels biliaires et pigments biliaires, peuvent passer dans l'urine.

Les sels biliaires peuvent être manifestés par la réaction de Pettenkofer que nous avons étudiée précédemment (p. 240).

. Dans le cas particulier de l'urine, on prend 10 centimètres cubes d'urine, on ajoute quelques gouttes d'une solution de saccharose à 10 p. 100, puis par petites portions, en agitant et en évitant que la température du mélange ne dépasse 70°, 5 centimètres cubes d'acide sulfurique. Il se produit, quand il y a des sels biliaires, une couleur rouge pourpre, dont on peut vérifier le spectre d'absorption.

Les pigments biliaires sont généralement recherchés par la réaction de Gmelin (p. 249). Mais cette réaction n'est pas du tout recommandable dans le cas de l'urine, parce que la gamme des couleurs de Gmelin se trouve altérée par les couleurs urinaires préexistantes, ou par celles qu'on engendre en ajoutant l'acide nitrique.

Le procédé le plus recommandable est le suivant. A 10 centimètres cubes d'urine, on ajoute 5 centimètres cubes d'une solution de chlorure de baryum à 10 p. 100, on agite vigoureusement et on centrifuge. Le précipité qui se forme contient du sulfate, du phosphate et éventuellement du bilirubinate de baryum. On le délaie dans 4 centimètres cubes d'alcool à 90 p. 100, renfermant 5 p. 100 de son volume d'acide chlorhydrique. On porte au bain-marie bouillant pendant une minute; on abandonne au repos et au besoin on centrifuge pour séparer le précipité, et on examine le liquide surnageant.

S'il est incolore, il n'y avait pas de pigments biliaires; — s'il est coloré en bleu verdâtre ou en vert foncé, il y avait des pigments biliaires; — s'il est coloré en brun, il y a doute. Dans ce dernier cas on ajoute 2 gouttes d'eau oxygénée à 10 volumes et on porte de nouveau au bain-marie une minute. Si la teinte verte apparaît, il y avait des pigments biliaires; sinon, il n'y en avait pas.

5. *Calculs urinaires*.

Les calculs urinaires les plus communs, chez l'homme, sont, par ordre de fréquence :

> Les calculs d'acide urique et d'urates,
> Les calculs de phosphates,
> Les calculs d'oxalates, etc.

Les *calculs d'acide urique*, calcinés sur une lame de platine, brûlent sans laisser de résidu notable; ils donnent la réaction

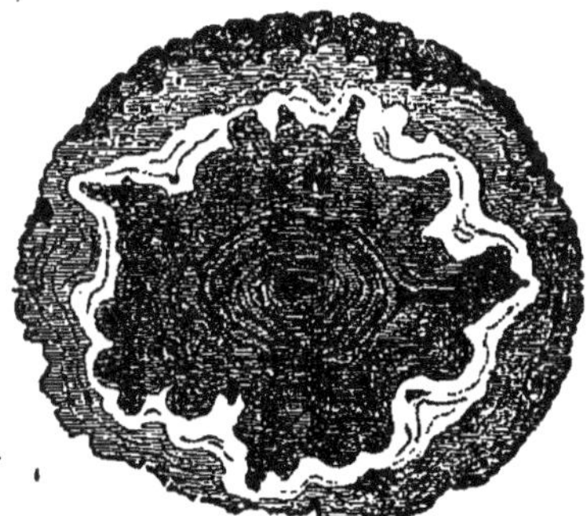

Fig. 110. — Calcul d'acide urique.

Fig. 111. — Calcul de phosphate de chaux déposé autour d'un noyau précédemment brisé d'acide urique (d'après Gautier).

de la murexide (Voy. p. 402); traités par la lessive de soude caustique à l'ébullition, ils ne dégagent pas d'ammoniaque. — Les calculs d'urate d'ammoniaque brûlent sans laisser de résidu notable; ils donnent la réaction de la murexide, et dégagent des vapeurs ammoniacales, lorsqu'ils sont traités par la lessive de soude caustique à l'ébullition.

Les *calculs de phosphates* ne brûlent pas; ils se dissolvent

27.

dans les acides chlorhydrique et acétique sans effervescence, et leur solution donne les réactions connues des phosphates (Voy. ch. 1er, p. 9).

Les *calculs d'oxalates* sont dissous par l'acide chlorhydrique sans effervescence, mais ne sont pas dissous par l'acide acétique; après calcination, ils sont dissous par l'acide acétique avec effervescence (transformés en carbonates par la calcination).

Les calculs urinaires sont rarement composés d'une seule substance; ce sont en général des mélanges, dans lesquels dominent certaines substances; aussi obtient-on en général des réactions peu nettes, quand on se propose d'étudier par un essai grossier leur constitution, et faut-il d'ordinaire recourir à une analyse plus délicate et plus précise.

On trouve enfin exceptionnellement des calculs autres que ceux que nous avons signalés : qu'il nous suffise d'en avoir indiqué l'existence.

TABLE ANALYTIQUE

366-07. — Coulommiers. Imp. P. BRODARD. — 7-07.

COLLECTION DE PRÉCIS MÉDICAUX

Cette nouvelle collection s'adresse aux étudiants, pour la préparation aux examens, et à tous les praticiens qui, à côté des grands Traités, ont besoin d'ouvrages concis, mais vraiment scientifiques, qui les tiennent au courant. D'un format maniable, ces livres sont abondamment illustrés, ainsi qu'il convient à des livres d'enseignement.

Précis de Chirurgie infantile

Par E. KIRMISSON

Professeur de Clinique chirurgicale infantile à la Faculté
de Médecine de Paris, chirurgien de l'hôpital des Enfants-Malades,
Membre de l'Académie de Médecine.

1 vol. petit in-8° de xii-800 pages, avec 462 figures dans le texte
Cartonnage souple . . . . **12** fr.

Précis de Médecine légale

Par A. LACASSAGNE

[Professeur de Médecine légale à la Faculté de Médecine de Lyon.

1 vol. petit in-8° de xviii-892 pages, avec 112 figures en noir et en couleurs et 2 planches hors texte en couleurs, cart. souple. . **10** fr.

Précis de Dissection

Par Paul POIRIER

Professeur d'Anatomie à la Faculté de Paris
Chirurgien des hôpitaux, Membre de l'Académie de Médecine

et Amédée BAUMGARTNER

Prosecteur à la Faculté de Médecine de Paris

1 vol. in-8° de xx-280 pages, avec 169 figures toutes originales, cartonnage
souple . . . . **6** fr.

Vient de paraître :

Précis de Diagnostic médical

ET D'EXPLORATION CLINIQUE

PAR

P. SPILLMANN et P. HAUSHALTER

Professeurs à la Faculté de Médecine de Nancy

et L. SPILLMANN

Professeur agrégé à la Faculté de Médecine de Nancy.

1 volume petit in-8 de 532 pages, avec 153 figures en noir et en
couleurs, cartonnage souple. . . . . **7** fr.

Éléments de Physiologie

Par Maurice ARTHUS
Professeur à l'École de médecine et de pharmacie de Marseille

Deuxième édition revue et corrigée, avec 122 fig. dans le texte

1 vol. petit in-8° de XVI-764 pages, cart. toile souple . . . . . . **9** fr.

Précis de Physique Biologique

Par G. WEISS
Professeur agrégé à la Faculté de Médecine de Paris
Ingénieur des Ponts et Chaussées

1 vol. petit in-8° de 528 p. avec 543 fig.. cartonnage souple. . . . **7** fr.

Vient de paraître :

Précis d'Ophtalmologie

Par le Dr MORAX
Ophtalmologiste à l'hôpital Lariboisière

1 volume petit in-8° de XX-640 pages, avec 339 figures en noir et en
couleurs et 3 planches hors texte en couleurs, cart. souple. **12** fr.

Vient de paraître :

Précis de Médecine infantile

Par le Dr P. NOBÉCOURT

1 volume petit in-8° de 744 pages, avec 77 figures et une planche hors
texte en couleurs, cartonnage souple. . . . . **9** fr.

Précis de Microbiologie clinique

Par Fernand BEZANÇON
Professeur agrégé à la Faculté de Médecine de Paris
Médecin des Hôpitaux.

1 volume petit in-8° de XVI-432 pages, avec 82 figures dans le texte.
cartonnage souple . . . . **6** fr.

MANUEL

des

Maladies des Reins

et des Capsules surrénales

SOUS LA DIRECTION DE MM.

G.-M. DEBOVE

·CH. ACHARD | J. CASTAIGNE.

PAR MM.

J. CASTAIGNE, E. FEUILLIÉ, A. LAVENANT, M. LOEPER
R. OPPENHEIM, F. RATHERY

1 vol. in-8°, avec figures dans le texte. . . . . **14** fr.

Vient de paraître :

Manuel des Maladies
du Tube digestif

SOUS LA DIRECTION DE MM.

G.-M. DEBOVE

CH. ACHARD | J. CASTAIGNE

Vient de paraître :

TOME I

BOUCHE — PHARYNX — OESOPHAGE
ESTOMAC

PAR

G. PAISSEAU F. RATHERY, J.-Ch. ROUX

1 vol. grand in-8° de 725 pages avec figures dans le texte . . **14** fr.

TOME II

INTESTIN, PÉRITOINE, PANCRÉAS

PAR

MM. LOEPER, SIMON, BOIDIN et RATHERY

(Pour paraître le 1ᵉʳ Octobre.)

Exploration des ✵ ✵ ✵ ✵
✵ ✵ ✵ Fonctions rénales
(Étude Médico-chirurgicale)

PAR

J. ALBARRAN
Professeur agrégé à la Faculté de Médecine de Paris,
Chirurgien des Hôpitaux.

1 vol. grand in-8°, de x-604 pages, avec 143 figures et graphiques en couleurs . . . . **12** fr.

Les Tumeurs du Rein

PAR MM.

J. ALBARRAN   ET   L. IMBERT
Agrégé de la Faculté de Paris   Agrégé de la Faculté de Montpellier.

1 vol. grand in-8°, avec 106 gravures en noir et en couleurs. . **20** fr.

Vient de paraître :

EXPLORATION
de
l'Appareil Urinaire

PAR

le D' GEORGES LUYS
Ancien assistant du service des voies urinaires à l'hôpital Lariboisière
lauréat de la Faculté de Médecine de Paris.

1 volume in-8° de XII-522 pages, avec 165 figures dans le texte et 5 planches en couleurs, relié toile anglaise . . . . . **15** fr.

CINQUIÈME ÉDITION ENTIÈREMENT REVUE

DU

Traité de Chirurgie d'urgence

PAR

Félix LEJARS

Professeur agrégé à la Faculté de médecine de Paris
Chirurgien de l'hôpital Saint-Antoine, Membre de la Société de chirurgie.

1 volume grand in-8° de 1140 pages, avec 904 figures, et 20 planches hors texte.

Relié toile. . . . . **30 fr.**

Fig. 827. — Écrasement total du pouce : relèvement des parties molles saines, dénudation du bout de la première phalange.

On s'est attaché, dans cette 5ᵉ édition, à reviser et à compléter la plupart des chapitres, et à enrichir l'illustration, sans grossir l'ouvrage. Quelques additions ont trait à la *saignée*, aux *fractures des côtes* et *du sternum*, à la *jéjunostomie*, à la *décapsulation du rein;* les questions de chirurgie courante et de pratique commune ont été surtout remaniées : c'est ainsi que le *traitement des fractures*, auquel la loi sur les accidents du travail a donné une actualité nouvelle, et, en particulier, celui des *fractures du bras et de l'avant-bras, de la jambe, de la main et du pied, du rachis*, a été repris et détaillé; que celui des *panaris*, du *phlegmon du cou*, des *diverses suppurations* a été l'objet de nouveaux développements. On s'est efforcé que ce livre devînt, mieux encore, utile à tous.

On y trouvera 90 figures et 4 planches hors texte nouvelles.

Précis de ❧❧❧❧❧❧❧❧❧❧❧❧❧❧❧
❧❧❧❧❧ Technique opératoire

PAR LES PROSECTEURS DE LA FACULTÉ DE MÉDECINE DE PARIS

Avec Introduction par le Professeur Paul Berger

Le *Précis de Technique opératoire* est divisé en 7 volumes.

Vient de paraître :

Pratique courante et Chirurgie d'urgence. par VICTOR VEAU, 2ᵉ *édition.*

Tête et cou, par CH. LENORMANT. — **Thorax et membre supérieur,** par A. SCHWARTZ. — **Abdomen,** par M. GUIBÉ. -- **Appareil urinaire et appareil génital de l'homme,** par PIERRE DUVAL. — **Membre inférieur,** par GEORGES LABEY. — **Appareil génital de la femme,** par R. PROUST.

Chaque volume, cart. toile et illustré d'environ 200 fig., la plupart originales. . . . . **4 fr. 50**

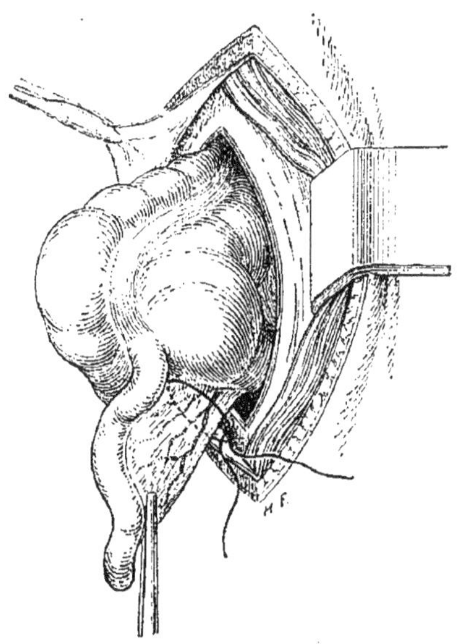

Ligature du méso-appendice.

Manuel de Pathologie externe

Par MM. RECLUS, KIRMISSON, PEYROT, BOUILLY
Professeurs et agrégés à la Faculté de Paris, Chirurgiens des Hôpitaux

Septième édition, entièrement refondue et largement illustrée.

I. **Maladies des tissus et des organes,** par le Pʳ P. RECLUS.
II. **Maladies des régions, Tête et Rachis,** par le Pʳ KIRMISSON.
III. **Maladies des régions, Poitrine, Abdomen,** par le Dʳ PEYROT.
IV. **Maladies des régions, Organes génito-urinaires,** par le Dʳ BOUILLY.

4 volumes in-8°, avec nombreuses figures dans le texte . **40 fr.**
Chaque volume séparément. **10 fr.**

Conférences pratiques

SUR LES

Maladies du Cœur et des Poumons
Par le Dr L. RÉNON

1 volume in-8°, broché.. . . . . 5 fr.

SIXIÈME ÉDITION REVUE ET AUGMENTÉE DU

Traité élémentaire ✧✧✧✧✧✧✧
✧✧✧ de Clinique Thérapeutique

PAR

Le Dr Gaston LYON
Ancien chef de clinique médicale à la Faculté de médecine de Paris.

1 vol. grand in-8° de 1700 pages, relié toile . . . . 25 fr.

Formulaire Thérapeutique

PAR MM.

G. LYON	P. LOISEAU
Ancien chef de clinique	Ancien préparateur
à la Faculté de Médecine.	à l'École supérieure de Pharmacie.

AVEC LA COLLABORATION DE

L. Delherm | Paul-Émile Levy
Anciens internes des hôpitaux de Paris.

CINQUIÈME ÉDITION REVUE

1 vol. in-18 tiré sur papier indien très mince, relié maroquin souple. 7 fr.

Les Médicaments usuels
Par Alf. MARTINET

DEUXIÈME ÉDITION REVUE

1 volume in-8 de VIII-342 pages . . . . 4 fr.

TRAITÉ ÉLÉMENTAIRE

de

Clinique Médicale

· PAR

G.-M. DEBOVE

Doyen de la Faculté de Médecine de Paris,
Professeur de Clinique médicale,
Médecin des hôpitaux,
Membre de l'Académie de Médecine.

ET

A. SALLARD

Ancien interne des hôpitaux.

1 volume grand in-8° de 1296 pages,
avec 275 figures, relié toile. . **25 fr.**

Condenser en un volume les principales notions théoriques et pratiques nécessaires au diagnostic, tel est le but de ce livre. Outre la description des procédés de recherche et d'exploration par lesquels le médecin s'efforce d'arriver à la rigueur scientifique, les auteurs y exposent, avec l'étude générale des grands syndromes propres à chacun des appareils organiques, le tableau clinique de chaque maladie.

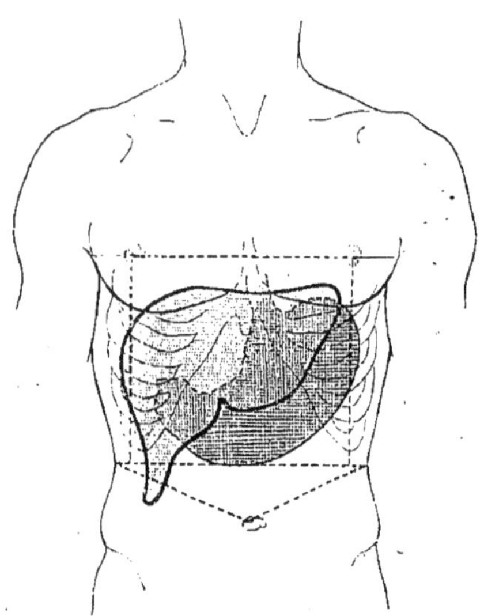

Fig. 168. — Rapports de l'estomac avec le foie et la cage thoracique. Repères permettant de les déterminer par la percussion.

Vient de paraître :

LES

Évolutions pathologiques

de la Digestion stomacale

Par Georges HAYEM

Professeur de clinique médicale à la Faculté de Médecine de Paris,
Membre de l'Académie de Médecine.

1 vol. in-16 de 240 pages, cartonné toile souple. . . . . **5 fr.**

Traité de Pathologie générale

PUBLIÉ PAR

CH. BOUCHARD

MEMBRE DE L'INSTITUT, PROFESSEUR A LA FACULTÉ DE MÉDECINE DE PARIS

SECRÉTAIRE DE LA RÉDACTION : G.-H. ROGER

Professeur agrégé à la Faculté de médecine de Paris, Médecin des hôpitaux.

COLLABORATEURS :

MM. ARNOZAN — D'ARSONVAL — BENNI — R. BLANCHARD — BOINET — BOULAY — BOURCY — BRUN — CADIOT — CHABRIÉ — CHANTEMESSE — CHARRIN — CHAUFFARD — J. COURMONT — DEJERINE — PIERRE DELBET — DEVIC — DUCAMP — MATHIAS DUVAL — FÉRÉ — GAUCHER — GILBERT — GLEY — GOUGET — GUIGNARD — LOUIS GUINON — J.-F. GUYON — HALLÉ — HÉNOCQUE — HUGOUNENQ — LAMBLING — LANDOUZY — LAVERAN — LEBRETON — LE GENDRE — LEJARS — LE NOIR — LERMOYEZ — LESNÉ — LETULLE — LUBET-BARBON — MARFAN — MAYOR — MENETRIER — MORAX — NETTER — PIERRET — G.-H. ROGER — GABRIEL ROUX — RUFFER — SICARD — RAYMOND TRIPIER — VUILLEMIN — FERNAND WIDAL.

6 volumes grand in-8°, avec figures dans le texte. . **126** fr.

· **TOME I.** — 1 vol. grand in-8° de 1018 pages, avec figures. . . . . **18** fr
TOME II. — 1 vol. grand in-8° de 940 pages, avec figures . . . . **18** fr
TOME III. — 1 vol. in-8° de 1400 p., avec fig., publié en deux fasc. **28** fr.
TOME IV. — 1 volume in-8° de 719 pages, avec figures. . . . . **16** fr.
TOME V. — 1 volume in-8° de 1180 pages, avec nombreuses fig. . . **28** fr.
TOME VI. — 1 volume in-8° de 935 pages, avec figures. . . . . **18** fr.

Chaque volume est vendu séparément.

Vient de paraître :

Cours de Pathologie expérimentale et comparée

Alimentation et Digestion

Par G.-H. ROGER

Professeur à la Faculté de Médecine de Paris,
Médecin de l'hôpital de la Charité.

1 volume in-8° de XII-524 pages, avec 57 figures. . . . . **10** fr.

Traité de Physiologie

PAR

J.-P. MORAT
Professeur à l'Université de Lyon.

Maurice DOYON
Professeur adjoint à la Faculté
de Médecine de Lyon.

5 volumes gr. in-8°, avec figures en noir et en couleurs dans le texte.
En souscription : **60 fr.**

TOME I. **Fonctions élémentaires.** — Prolégomènes, contraction.
— Sécrétion, milieu intérieur, avec 194 figures . . . . **15 fr.**

TOME II. **Fonctions d'innervation,** avec 263 figures . . . . **15 fr.**

TOME III. **Fonctions de nutrition.** — Circulation. — Calorification,
avec 173 figures . . . . **12 fr.**

TOME IV. **Fonctions de nutrition** (*suite et fin*). — Respiration,
excrétion. — Digestion, absorption, avec 167 figures . . . . **12 fr.**

Sous presse : TOME V ET DERNIER
Fonctions de relation et de reproduction.

Pathologie générale expérimentale

Les

Processus généraux

PAR LES

Dr CHANTEMESSE
Professeur à la Faculté de Paris.

Dr PODWYSSOTZKY
Professeur à l'Université d'Odessa.

Le plan suivant lequel a été conçu cet ouvrage, la méthode de son
développement en font une œuvre entièrement différente de tout ce
qui a été publié en langue française sur la pathologie générale. La
séméiologie a été mise de côté et, en revanche, l'anatomie patho-
logique générale, étudiée avec les nouvelles méthodes de l'histologie
fine et de la cytologie, occupe une place prépondérante.

TOME I. — Histoire naturelle de la maladie. — Hérédité. — Atrophies.
— Dégénérescence. — Concrétions. — Gangrènes.

1 vol. grand in-8°, avec 162 figures en noir et en couleurs . . . **22 fr.**

TOME II. — Hypertrophies — Régénérations. — Tumeurs. — Patho-
logie de la circulation sanguine. — Pathologie du sang. — Patho-
logie de la lymphe et de la circulation lymphatique. — Inflammation.
— Hypothermie. — Hyperthermie. — Fièvre.

1 vol. grand in-8°, avec 94 figures en noir et en couleurs . . . **22 fr.**

Clinique Médicale
de l'Hôtel-Dieu de Paris

PAR

G. DIEULAFOY

Professeur de clinique médicale à la Faculté de médecine de Paris,
Médecin de l'Hôtel-Dieu, Membre de l'Académie de Médecine.

Vient de paraître :

Cinquième série, 1905-1906 :

1 volume in-8° avec figures dans le texte et 14 planches hors
texte en noir et en couleurs. . . . . **10** fr.

Déjà publiés :

I. — 1896-1897, 1 volume in-8°.. . . . . **10** fr.
II. — 1897-1898, 1 volume in-8°.. . . . . **10** fr.
III. — 1898-1899, 1 volume in-8°.. . . . . **10** fr
IV. — 1901-1902, 1 volume in-8°.. . . . . **10** fr.

Clinique Médicale de l'Hôtel-Dieu
Professeur G. DIEULAFOY

CLINIQUE ET LABORATOIRE

CONFÉRENCES DU MERCREDI

PAR MM.

L. NATTAN-LARRIER et **O. CROUZON**, Chefs de Clinique.
V. GRIFFON et **M. LOEPER**, Chefs de Laboratoire.

1 vol. in-8° de 330 *pages, avec* 37 *fig. et 2 planches hors texte.* **6** *fr.*

Manuel de Pathologie interne

PAR

G. DIEULAFOY

Quatorzième édition, entièrement refondue.

1 vol. in-16, avec figures en noir et en couleurs, cartonnés à l'anglaise. **32** fr.

CHARCOT — BOUCHARD — BRISSAUD

BABINSKI — BALLET — P. BLOCQ — BOIX — BRAULT — CHANTEMESSE — CHARRIN
CHAUFFARD — COURTOIS-SUFFIT — CROUZON — DUTIL — GILBERT — GRENET
GUIGNARD — GEORGES GUILLAIN — L. GUINON — GEORGES GUINON — HALLION — LAMY
CH. LAUBRY — LE GENDRE — A. LÉRI — P. LONDE — MARFAN — MARIE
MATHIEU — H. MEIGE — NETTER — ŒTTINGER — ANDRÉ PETIT — RICHARDIÈRE
H. ROGER — ROGUES DE FURSAC — RUAULT — SOUQUES — THOINOT
THIBIERGE — TOLLEMER — FERNAND WIDAL

OUVRAGE COMPLET

TRAITÉ DE MÉDECINE

DEUXIÈME ÉDITION (ENTIÈREMENT REFONDUE)

PUBLIÉE SOUS LA DIRECTION DE MM.

BOUCHARD	BRISSAUD
Professeur à la Faculté de médecine de Paris.	Professeur à la Faculté de médecine de Paris
Membre de l'Institut.	Médecin de l'Hôtel-Dieu.

10 volumes grand in-8°, avec figures dans le texte . . . . . **160** fr.

Chaque volume est vendu séparément.

TOME I"

1 vol. grand in-8° de 845 pages, avec figures. . . . . **16** fr.

Les Bactéries. — Pathologie générale infectieuse.— Troubles et maladies de la nutrition. — Maladies infectieuses communes à l'homme et aux animaux.

TOME II

1 vol. grand in-8° de 896 pages, avec figures . . . . **16** fr.

Fièvre typhoïde. — Maladies infectieuses. — Typhus exanthématique. — Fièvres éruptives. — Érysipèle. — Diphtérie. — Rhumatisme articulaire aigu. — Scorbut.

TOME III

1 vol. grand in-8° de 702 pages, avec figures. . . . . **16** fr.

Maladies cutanées. — Maladies vénériennes. — Maladies du sang. — Intoxications.

TOME IV

1 vol. grand in-8° de 680 pages, avec figures. . . . . **16** fr.

Maladies de l'estomac. — Maladies du pancréas. — Maladies de l'intestin. — Maladies du péritoine. — Maladies de la bouche et du pharynx.

TOME V

1 vol. grand in-8° de 943 pages, avec figures en noir et en couleurs. **18** fr.

Maladies du foie et des voies biliaires. — Maladies du rein et des capsules surrénales. — Pathologie des organes hématopoiétiques et des glandes vasculaires sanguines, moelle osseuse, rate, ganglions, thyroïde, thymus.

TOME VI

1 vol. gr. in-8° de 612 pages,
avec figures.

14 fr.

Maladies du nez et du larynx. — Asthme. — Coqueluche. — Maladies des bronches. — Troubles de la circulation pulmonaire. — Maladies aiguës du poumon.

TOME VII

1 vol. gr. in-8° de 550 pages,
avec figures.

14 fr.

Maladies chroniques du poumon. — Phtisie pulmonaire. — Maladies de la plèvre — Maladies du médiastin.

TOME VIII

1 vol. gr. in-8° de 580 pages,
avec figures.

14 fr.

Maladies du cœur. — Maladies des vaisseaux sanguins.

TOME IX

1 vol. gr. in-8° de 1092 pages,
avec figures.

18 fr.

Maladies de l'encéphale. — Maladies de la protubérance et du bulbe. — Maladies intrinsèques de la moelle épinière. — Maladies extrinsèques de la moelle épinière. — Maladies des méninges. — Syphilis des centres nerveux.

Tome X, fig. 207. — Paralysie générale.

TOME X ET DERNIER

1 vol. grand in-8° de 1048 pages, avec figures en noir et en couleurs et 3 planches hors texte en couleurs. . . . . **18** fr.

Des Névrites. — Pathologie des différents muscles et nerfs moteurs. — Tics. — Crampes fonctionnelles et professionnelles. — Chorées, Myoclonies. — Maladie de Thomsen. — Paralysie agitante. — Myopathie primitive progressive. — Amyotrophie Charcot-Marie et Werdnig-Hoffmann. — Acromégalie, Gigantisme, Achondroplasie, Myxœdème. — Goitre exophtalmique. — Pathologie du grand sympathique. — Neurasthénie. — Épilepsie. — Hystérie. — Paralysie générale progressive. — Les Psychoses.

Table analytique des 10 volumes.

BIBLIOTHÈQUE
d'Hygiène thérapeutique

FONDÉE PAR

le professeur PROUST

Membre de l'Académie de Médecine, Inspecteur général des Services sanitaires.

Chaque ouvrage forme un volume cartonné toile
et est vendu séparément : **4** francs.

VOLUMES PARUS

Hygiène du Neurasthénique (3ᵉ *édition*). — Hygiène des Maladies de la femme. — L'Hygiène du Goutteux (2ᵉ *édition*). — L'Hygiène de l'Obèse (2ᵉ *édition*). — L'Hygiène des Asthmatiques. — Hygiène et Thérapeutique thermales. — Les Cures thermales. — Hygiène des Albuminuriques. — Hygiène du Tuberculeux *(2ᵉ édition)*. — Hygiène et Thérapeutique des Maladies de la bouche (2ᵉ *édition*). — L'Hygiène des Diabétiques. — L'Hygiène des Maladies du cœur. — L'Hygiène du Dyspeptique. — Hygiène et Thérapeutique des Maladies des fosses nasales.

Traité d'Hygiène ❧❧❧❧❧❧❧❧❧❧

Par A. PROUST

Professeur à la Faculté de médecine de Paris,
Membre de l'Académie de médecine.

Troisième édition, revue et considérablement augmentée

AVEC LA COLLABORATION DE :

A. NETTER　　　　et　　　　**H. BOURGES**
Professeur agrégé　　　　　　　Chef du laboratoire d'hygiène à la Faculté
Membre du Comité consultatif d'hygiène publique.　　　de Médecine.

Ouvrage couronné par l'Institut et la Faculté de Médecine.

1 vol. in-8° de 1240 pages, avec figures et cartes dans le texte, **25** francs.

Vient de paraître :

La Lutte Antituberculeuse
en France

Par le Dʳ H. DEHAU et R. LEDOUX-LEBARD

1 vol. petit in 8°, de XXVI-271 pages, broché . . . . 3 fr. 50

Syphilis et Tuberculose

PAR

Émile SERGENT

Médecin des Hôpitaux de Paris.

1 volume in-8° de VI-316 pages. . . . . **5 fr.**

L'Alimentation et les Régimes

chez l'homme sain et chez les malades

Par le Pr Armand GAUTIER

de l'Institut

DEUXIÈME ÉDITION REVUE ET CORRIGÉE

1 volume in-8°. . . . . **10 fr.**

Les Aliments usuels

Composition — Préparation
Indications dans les Régimes

Par Alf. MARTINET

Ancien interne des hôpitaux

1 volume in-8° de VIII-328 pages avec figures. . . . . **4 fr.**

L'Ankylostomiase Maladie sociale (Anémie des Mineurs)

Biologie, Clinique, Traitement, Prophylaxie

PAR

A. CALMETTE   **M. BRETON**

Directeur de l'Institut Pasteur de Lille.   Assistant à l'Institut Pasteur de Lille.

AVEC UN APPENDICE PAR E. FUSTER

1 vol. in-8° cartonné toile anglaise, avec figures dans le texte. **5 fr.**

La Pratique ❦❦❦❦❦❦❦❦
❦❦❦❦❦ Dermatologique

Traité de Dermatologie appliquée
PUBLIÉ SOUS LA DIRECTION DE MM.
ERNEST BESNIER, L. BROCQ, L. JACQUET

PAR MM.

AUDRY, BALZER, BARBE, BAROZZI, BARTHÉLEMY, BÉNARD, ERNEST BESNIER
BODIN, BRAULT, BROCQ, DE BRUN, COURTOIS-SUFFIT,
DU CASTEL, A. CASTEX, J. DARIER, DEHU, DOMINICI, W. DUBREUILH, HUDELO
L. JACQUET, JEANSELME, J.-B. LAFFITTE, LENGLET, LEREDDE,
MERKLEN, PERRIN, RAYNAUD, RIST, SABOURAUD, MARCEL SÉE, GEORGES
THIBIERGE, TRÉMOLIÈRES, VEYRIÈRES.

4 volumes reliés toile formant ensemble 3870 *pages, et illustrés de*
823 *figures en noir et de* 89 *planches en couleurs*. . . . . . . **156** *fr.*
Chaque volume est vendu séparément.

TOME 1. — 1 vol. avec 230 fig. et 24 planches . . . . **36** fr.

Anatomie et Physiologie de la Peau. — Pathologie générale de la Peau. — Symptomato-
logie générale des Dermatoses. — Acanthosis nigricans à Ecthyma.

TOME II. — 1 vol. avec 168 fig. et 21 planches. . . . . . . **40** fr.

Eczéma à Langue.

TOME III. — 1 vol. avec 201 fig. et 19 planches. . . . . **40** fr.

Lèpre à Pityriasis.

TOME IV. — 1 vol. avec 213 fig. et 25 planches . . . . . **40** fr.

Poils à Zona.

Recherches et diagnostic de ❦ ❦ ❦ ❦
❦ ❦ ❦ l'Hérédo-Syphilis tardive
par
Edmond FOURNIER

Licencié ès sciences ; ex-chef de clinique de la Faculté de Médecine de Paris
1 *vol. gr. in-8° de* 412 *pages, avec* 108 *figures dans le texte et* 1 *planche
hors texte en couleurs*. **12** *fr.*

MANUEL ÉLÉMENTAIRE
de
Dermatologie ꙮꙮꙮꙮꙮ
ꙮꙮꙮꙮꙮ topographique
régionale

PAR

R. SABOURAUD

Chef du laboratoire de la Ville de Paris
à l'hôpital Saint-Louis.

1 volume grand in-8° de XII-736 pages, avec
231 figures dans le texte.

Broché. . . . . **15** fr. | Relié toile . . . **16** fr.

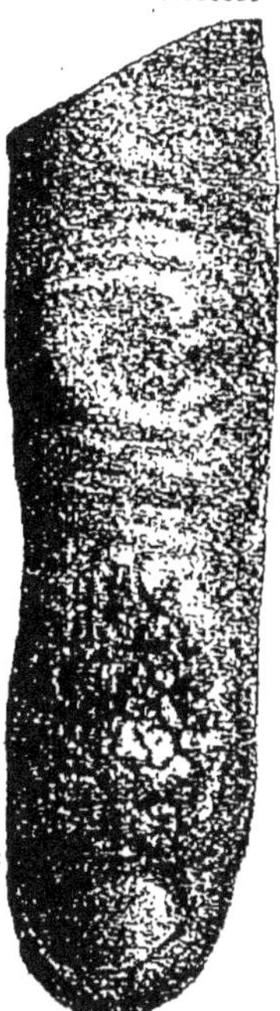

Ce livre, le premier ainsi conçu, réalise dans l'étude
des maladies cutanées ce que représentent, pour la
botanique élémentaire, les flores dichotomiques qui
donnent le moyen de reconnaître une plante alors même
qu'on la rencontre pour la première fois.

Thérapeutique des ꙮꙮꙮꙮꙮꙮꙮꙮꙮꙮ
ꙮꙮꙮꙮꙮ Maladies de la peau

PAR LE

Dʳ LEREDDE
Directeur de l'Établissement dermatologique de Paris.

1 vol. in-8° de 700 pages, broché . . . . **10** fr.

Les Maladies du Cuir chevelu

PAR LE

Dʳ R. SABOURAUD
Chef du Laboratoire de la Ville de Paris à l'hôpital Saint-Louis.

I. — Maladies séborrhéiques : Séborrhée, Acnés, Calvitie

1 vol. in-8°, avec 91 figures dont 40 aquarelles en couleurs. **10** fr.

II. — Maladies desquamatives : Pytiriasis et Alopécies
pelliculaires

1 vol. in-8°, avec 122 fig. dans le texte en noir et en couleurs. **22** fr.

OUVRAGE COMPLET

Traité
d'Anatomie Humaine

PUBLIÉ SOUS LA DIRECTION DE

P. POIRIER ET **A. CHARPY**

Professeur d'anatomie à la Faculté de
médécine de Paris. Chirurgien des hôpitaux.

Professeur d'anatomie à la Faculté
de médecine de Toulouse.

AVEC LA COLLABORATION DE

O. AMOEDO — A. BRANCA — A. CANNIEU — B. CUNÉO — G. DELAMARE — PAUL DELBET
A. DRUAULT — P. FREDET — GLANTENAY
A. GOSSET — M. GUIBÉ — P. JACQUES — TH. JONNESCO — E. LAGUESSE
L. MANOUVRIER — M. MOTAIS — A. NICOLAS — P. NOBÉCOURT — O. PASTEAU — M. PICOU
A. PRENANT — H. RIEFFEL — CH. SIMON — A. SOULIÉ

5 volumes grand in-8°, avec figures noires et en couleurs. **160 fr.**

TOME I. — (2° *édition refondue*) : Introduction. Notions d'embryologie.
Ostéologie. Arthrologie, *avec 807 figures*. . . . . **20** fr.

TOME II. — 1ᵉʳ Fasc. (2° *édition refondue*) : Myologie, *avec 331 fig.* . . **12** fr.

2° Fasc. (2° *édition refondue*) : Angéiologie. Cœur et Artères. Histologie,
avec 150 figures. . . . . **8** fr.

3° Fasc. (2° *édition refondue*) : Angéiologie. Capillaires. Veines, *avec
83 figures*. . . . . **6** fr.

4° Fasc. : Les **Lymphatiques**, *avec 117 figures* . . . . **8** fr.

TOME III. — 1ᵉʳ Fasc. (2° *édition refondue*) : Système nerveux. Méninges.
Moelle. Encéphale. Embryologie. Histologie, *avec 265 figures*. . . **10** fr.

2° Fasc. (2° *édition refondue*) : Système nerveux. Encéphale, *avec
131 figures* . . . . **10** fr.

3° Fasc. (2° *édition refondue*) : Système nerveux. Les Nerfs.. Nerfs crâniens.
Nerfs rachidiens, *avec 228 figures*. . . . . **12** fr.

TOME IV. — 1ᵉʳ Fasc. (2° *édition refondue*) : Tube digestif, *avec 201 fig.* **12** fr.

2° Fasc. (2° *édition refondue*) : Appareil respiratoire, *avec 121 fig.* . **6** fr.

3° Fasc. (2° *édition refondue*) : Annexes du tube digestif. Péritoine. *1 vol.
avec 448 figures*. . . . . **16** fr.

TOME V. — 1ᵉʳ Fasc. : Organes génito-urinaires (2° *édition revue*), *avec
431 fig.* . . . . **20** fr.

2° Fasc. : Les **Organes des sens**. Les **Glandes surrénales**, *avec 544 fi-
gures*. . . . . **20** fr.

TRAITÉ
de
GYNÉCOLOGIE
Clinique et Opératoire
PAR **Samuel POZZI**
Professeur de Clinique gynécologique à la Faculté de Médecine de Paris,
Membre de l'Académie de Médecine, Chirurgien de l'hôpital Broca.

QUATRIÈME ÉDITION ENTIÈREMENT REFONDUE
AVEC LA COLLABORATION DE F. JAYLE

2 *vol. grand in-8° formant ensemble* 1500 *pages avec* 894 *figures dans le texte. Reliés toile.* . . . . **40** fr.

Tome I. — Asepsie et Antisepsie. — Anesthésie. — Moyens de réunion et d'hémostase. — Exploration gynécologique. — Métrites. — Adénomes et adénomyomes de l'utérus. — Cancer de l'utérus. — Sarcomes et endothéliomes de l'utérus. — Tumeurs utérines d'origine placentaire. — Déviations de l'utérus — Prolapsus des organes génitaux. — Inversion de l'utérus. -- Difformités du col de l'utérus. — Atrésie. — Stenose. — Atrophie. — Hypertrophie.

Vient de paraître :

Tome II. — Des troubles de la menstruation ; inflammation des annexes de l'utérus ; péri-métro-salpingite ; kystes de l'ovaire ; tumeurs solides de l'ovaire ; tumeurs des trompes et des ligaments ; tuberculose génitale ; hématocèle pelvienne ; grossesse extra-utérine ; vaginites ; tumeurs du vagin ; fistules vaginales ; vaginisme ; déchirures du périnée ; inflammation ; œdème,

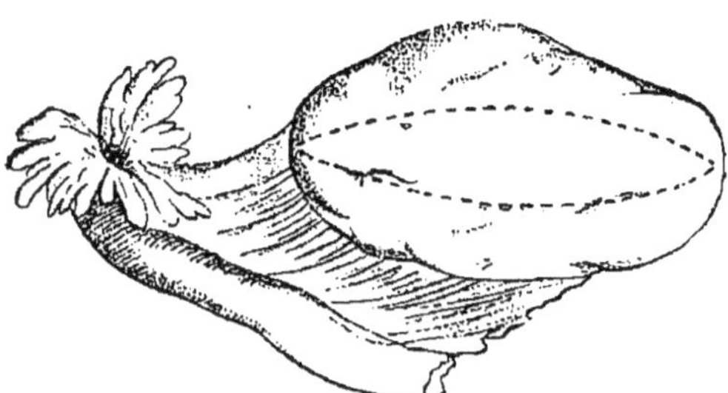
Fig. 583. — Résection de l'ovaire.
Tracé de l'incision au bistouri.

gangrène ; érysipèle, eczéma, herpès de la vulve ; esthiomène de la vulve ; tumeurs de la vulve ; kystes et abcès des glandes de Bartholin ; prurit vulvaire, coccygodinie ; plaies de la vulve et du vagin, sténoses et atrésies acquises, corps étrangers ; leucoplasie ; krauréosis vulvæ ; malformations des organes génitaux ; accidents de rétention consécutifs aux atrésies génitales ; index analytique ; table des noms propres.

Le tome II formant un volume de 733 *pages avec* 368 *figures dans le texte, relié toile, est vendu aux acheteurs du tome I.* . . . . . **15** *fr.*

A dater de ce jour le tome Ier n'est plus vendu séparément

Précis ❧ ❧ ❧ ❧ ❧ ❧ ❧ ❧ ❧ ❧

❧ ❧ ❧ ❧ ❧ d'Obstétrique

PAR MM.

A. RIBEMONT-DESSAIGNES
Agrégé de la Faculté de médecine
Accoucheur de l'hôpital Beaujon
Membre de l'Académie de médecine.

G. LEPAGE
Professeur agrégé à la Faculté de médecine
de Paris
Accoucheur de l'hôpital de la Pitié.

SIXIÈME ÉDITION

AVEC 568 FIGURES DANS LE TEXTE, DONT 400 DESSINÉES PAR M. RIBEMONT-DESSAIGNES

1 vol. grand in-8° de 1420 pages, relié toile   **30 fr.**

Cette nouvelle édition du **Précis d'obstétrique** est le résultat d'un remaniement complet. En supprimant la presque totalité des notions anatomophysiologiques concernant l'appareil génital de la femme et en procédant à une revision soigneuse des figures et du texte, les auteurs ont pu, sans augmenter le volume : 1° ajouter un certain nombre de figures nouvelles ; 2° développer certaines questions de pratique, telles que celles des complications et hémorragies de la délivrance, des infections puerpérales, des ruptures de l'utérus, de l'ophtalmie purulente des nouveau-nés, etc. ; mettre au point la plupart des questions importantes ; 3° traiter des sujets nouveaux, tels que l'application de la radiographie à l'obstétrique. A la pathologie médicale du nouveau-né ont été ajoutées des notions sommaires sur la pathologie chirurgicale de l'enfant qui vient de naître.

Vient de Paraître.

Iconographie ❧ ❧ ❧ ❧ ❧ ❧ ❧

❧ ❧ ❧ ❧ ❧ ❧ ❧ Obstétricale

Par A. RIBEMONT-DESSAIGNES
Professeur agrégé à la Faculté de Médecine de Paris
Accoucheur de la Maternité de Beaujon
Membre de l'Académie de Médecine

FASCICULE I

Rétention du Fœtus mort dans l'Utérus avec intégrité des membranes

12 planches en couleurs gr. in-8, avec texte explicatif et observations . . . . **12** fr.

FASCICULE II

Anomalies et Monstruosités Fœtales

12 planches en couleurs gr. in-8°, avec texte explicatif et observations . . . . **12** fr.

CLINIQUE MÉDICALE LAËNNEC

Planches Murales

DESTINÉES A L'ENSEIGNEMENT

de l'Hématologie ✣ ✣ ✣ ✣ ✣

✣ ✣ ✣ ✣ ✣ ✣ et de la Cytologie

PUBLIÉES SOUS LA DIRECTION DE MM.

L. LANDOUZY	M. LABBÉ
Professeur de Clinique.	Chef de Laboratoire.

SANG NORMAL, SANG PATHOLOGIQUE, SÉRUM, CYTODIAGNOSTIC

15 planches de 80×62 centimètres, tirées en couleurs sur papier toile et réunies dans un carton *avec texte explicatif en français, allemand et anglais.*

Prix : 60 francs (port en sus). (*Les planches ne sont pas vendues séparément.*)

COLLECTION DE PLANCHES MURALES

DESTINÉES A

L'Enseignement ✣ ✣ ✣ ✣ ✣

✣ ✣ ✣ ✣ ✣ de la Bactériologie

Publiées par l'INSTITUT PASTEUR DE PARIS

65 planches de 80×62 centimètres, tirées sur papier toile et réunies dans un carton *avec texte explicatif rédigé en français, allemand et anglais.*
Prix : 250 francs (port en sus). (*Les planches ne sont pas vendues séparément.*)

Traité de Bactériologie

Pure et appliquée à la Médecine et à l'Hygiène

PAR LES DOCTEURS

P. MIQUEL	et	R. CAMBIER
Docteur ès sciences		Sous-Directeur du Laboratoire
Directeur du Laboratoire de Bactériologie		de Bactériologie de la Ville de Paris.
de la Ville de Paris.		

1 *fort volume grand in-8° jésus de 1060 pages, avec 224 figures noires et en couleurs.*

Prix : 25 francs.

✦ ✦ ✦ Traité
de
Microscopie Clinique

Vient de paraître :

Cet important ouvrage est en même temps un traité et un atlas, plus un atlas qu'un traité. Essentiellement pratique, il s'adresse à la fois au médecin et au pharmacien et leur rendra, dans l'exercice quotidien de leur profession, les plus grands services pour l'établissement du diagnostic microscopique, ce puissant et indispensable auxiliaire du diagnostic clinique.

Il comprend l'étude des éléments suivants :

Sang — Sérosités pathologiques (cytodiagnostic) — *Lait et colostrum. — Matiè*

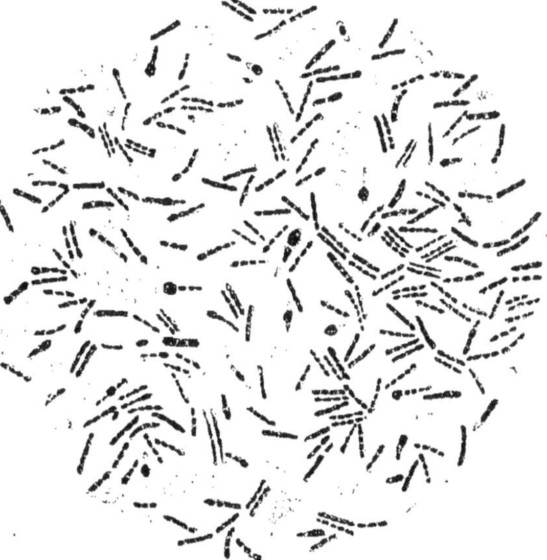

Fig. 29. — Pseudo-diphtérique polymorphe.

res fécales. — Parasites animaux de l'organisme et leurs œufs, — Teignes cryptogamiques et dermatoses. — Microbes pathogènes. — Crachats. — Conjonctivites. — Flore et maladies de l'appareil génital. — Urines. — Sperme. — Cheveux, poils, fibres et textiles. — Trypanosomes. — Champignons vénéneux.

Un texte clair et pratique accompagne les 93 planches en couleurs, d'une exactitude scrupuleuse, qui forment le fond de ce superbe et utile ouvrage.

L'ŒUVRE MÉDICO-CHIRURGICAL (Dʳ CRITZMAN, Directeur)

Suite de Monographies Cliniques

SUR LES QUESTIONS NOUVELLES

EN MÉDECINE, EN CHIRURGIE ET EN BIOLOGIE

Chaque Monographie est vendue séparément. . . . . **1 fr. 25**

Il est accepté des Abonnements pour une série de 10 Monographies consécutives, au prix à forfait et payable d'avance de **10** francs pour la France et **12** francs pour l'Etranger (port compris).

DERNIÈRES MONOGRAPHIES PUBLIÉES :

27. **Traitements modernes de l'hypertrophie de la prostate,** par E. Desnos.
28. **La Gastro-entérostomie,** par les professeurs Roux et Bourget.
29. **Les Ponctions rachidiennes accidentelles** et les complications des plaies du rachis, par E. Mathieu, directeur du Val-de-Grâce.
30. **Le Ganglion lymphatique,** par M. Dominici.
31. **Les Leucocytes.** *Technique (Hématologie, Cytologie),* par MM. le professeur Courmont et F. Montagnard.
32. **La Médication hémostatique,** par le Dʳ P. Carnot, Dʳ ès sciences.
33. **L'Élongation trophique,** par le docteur A. Chipault.
34. **Le Rhumatisme tuberculeux** (*pseudo-rhumatisme d'origine bacillaire*), par le professeur Antonin Poncet et Maurice Mailland.
35. **Les Consultations de nourrissons,** par Ch. Maygrier, agrégé.
36. **La Médication phosphorée,** par le Pʳ Gilbert et le Dʳ Posternak.
37. **Pathogénie et traitement des névroses intestinales,** par le Dʳ Gaston Lyon.
38. **De l'Enucléation des fibromes utérins,** par Th. Tuffier, professeur agrégé, chirurgien de l'hôpital Beaujon.
39. **Le Rôle du sel en pathologie,** par Ch. Achard, professeur agrégé.
40. **Le Rôle du sel en thérapeutique,** par Ch. Achard.
41. **Le Traitement de la Syphilis,** par le professeur E. Gaucher.
42. **Tics,** par le Dʳ Henry Meige.
43. **Diagnostic de la Tuberculose par les nouveaux procédés de laboratoire,** par le Dʳ Nattan-Larrier.
44. **Traitement de l'hypertrophie prostatique par la prostatectomie,** par R. Proust, professeur agrégé à la Faculté de Paris.
45. **De la Lactosurie** (*Études urologiques de médecine comparée sur les états de grossesse, de puerpéralité et de lactation chez la femme et les femelles domestiques*) par M. Ch. Porcher, professeur à l'Ecole vétérinaire de Lyon.
46. **Les Gastro-entérites des nourrissons,** par A. Lesage, médecin de l'Hôpital des Enfants (Hérold).
47. **Le Traitement des Gastro-entérites des nourrissons et du Choléra infantile.** par A. Lesage.
48. **Les Ions et les médications ioniques** par S. Leduc, professeur à l'Ecole de médecine de Nantes.

Encyclopédie Scientifique ✿ ✿ ✿ ✿ ✿ ✿

✿ ✿ ✿ ✿ ✿ des Aide-Mémoire

Publiée sous la direction de **H. LÉAUTÉ,** Membre de l'Institut

Au 1ᵉʳ Juillet 1907, 383 VOLUMES publiés

Chaque ouvrage forme un volume petit in-8°, vendu : Broché, **2 fr. 50**
Cartonné toile, **3 fr.**

DERNIERS VOLUMES PUBLIÉS DANS LA SECTION DU BIOLOGISTE

MALADIES DES VOIES URINAIRES, URÈTRE, VESSIE, par le Dʳ Bazy, chirurgien
des hôpitaux, membre de la Société de chirurgie, 4 vol.
> I. *Moyens d'exploration et traitement.* 2ᵉ édition. II. *Sémiologie.* III. *Thé-*
> *rapeutique générale. Médecine opératoire.* IV. *Thérapeutique spéciale.*

GUIDE DE L'ÉTUDIANT A L'HOPITAL, par A. Bergé, interne des hôpitaux. 2ᵉ édit.

BIOLOGIE GÉNÉRALE DES BACTÉRIES, par le Dʳ E. Bodin, professeur de Bacté-
riologie à l'Université de Rennes.

LES BACTÉRIES DE L'AIR, DE L'EAU ET DU SOL, par E. Bodin.

LES CONDITIONS DE L'INFECTION MICROBIENNE ET L'IMMUNITÉ, par E. Bodin.

L'OREILLE, par Pierre Bonnier, 5 vol.
> I. *Anatomie de l'oreille.* II. *Pathogénie et mécanisme.* III. *Physiologie : Les*
> *Fonctions.* IV. *Symptomatologie de l'oreille.* V. *Pathologie de l'oreille.*

PRÉCIS ÉLÉMENTAIRE DE DERMATOLOGIE, par MM. Brocq et Jacquet, médecins
des hôpitaux de Paris. 2ᵉ édition, entièrement revue. 5 vol.
> I. *Pathologie générale cutanée.* II. *Difformités cutanées, éruptions arti-*
> *ficielles, dermatoses parasitaires.* III. *Dermatoses microbiennes et*
> *néoplasies.* IV. *Dermatoses inflammatoires.* V. *Dermatoses d'origine*
> *nerveuse. Formulaire.*

POISONS DE L'ORGANISME, POISONS DU TUBE DIGESTIF, par A. Charrin. 2ᵉ éd.

LA PELADE, par A. Chatin, membre de la Société de Dermatologie, et
F. Trémolières, ancien interne à l'hôpital Saint-Louis.

LE BÉRIBÉRI par E. Jeanselme, agrégé à la Faculté de Médecine de Paris.

LE PÉRIL VENÉRIEN, par H. Labit et H. Polin, médecins principaux de l'armée.

LA LEUCÉMIE MYÉLOIDE, par P. Menetrier, professeur agrégé, Médecin de
l'hôpital Tenon, et Ch. Aubertin, ancien interne des hôpitaux de Paris.

EXAMEN ET SÉMÉIOTIQUE DU CŒUR, par Pierre Merklen, médecin de l'hôpita
Laënnec. 2 vol.
> I. *Inspection, palpation, percussion, auscultation.*
> II. *Le Rythme du cœur et ses modifications.*

MOUSTIQUES ET MALADIES INFECTIEUSES. Guide pratique pour l'étude des mous-
tiques, par les Dʳ Edmond et Etienne Sergent, de l'Institut Pasteur de Paris.

L'INANITION CHEZ LES DYSPEPTIQUES ET LES NERVEUX, par A. Mathieu, méde-
cin à l'hôpital Andral, et J.-Ch. Roux, ancien interne des hôpitaux.

L'HÉRÉDITÉ DE LA TUBERCULOSE, par J. Vires, professeur agrégé à la Faculté
de Montpellier.

CÉRUSE ET BLANC DE ZINC, par G. Petit, ingénieur civil.

BARD. — Précis d'anatomie pathologique (*Deuxième édition*). 1 vol., avec 125 figures, cartonné toile. . . . . **7 fr. 50**

BRISSAUD. — Leçons sur les Maladies nerveuses (*Deuxième série*; hôpital St-Antoine), recueillies par HENRY MEIGE. 1 vol. grand in-8°, avec 165 figures. . . . . **15 fr.**

BROCA. — Leçons cliniques de Chirurgie infantile, par A. BROCA, chirurgien de l'hôpital Tenon (Enfants-Malades), professeur agrégé. *Deuxième série*. 1 vol. in-8° broché, avec 99 figures. . . . . **10 fr.**

CALOT. — Traité pratique de Technique Orthopédique, par le Dr CALOT, chirurgien en chef de l'hôpital Rothschild, etc.
    I. *Technique du Traitement de la Coxalgie*, avec 178 fig. 1 vol.. . **7 fr.**
    II. *Technique du Traitement de la Luxation congénitale de la hanche*, avec 206 figures et 5 planches. 1 vol. . . . . **7 fr.**
    III. *Technique du traitement des Tumeurs blanches*, avec 192 fig. 1 vol. **7 fr.**

CALMETTE (A.). — Recherches sur l'Épuration biologique et chimique des Eaux d'égout, *effectuées à l'Institut Pasteur de Lille et à la station expérimentale de la Madeleine*, par A. CALMETTE, membre correspondant de l'Institut et de l'Académie de Médecine avec la collaboration de MM. E. ROLANTS, E. BOULLANGER, F. CONSTANT, L. MASSOL.
    Tome I. Avec la collaboration du Pr A. BUISINE, 1 vol, in-8° de iv-194 pages avec 39 figures et 2 planches hors texte. . . . . **6 fr.**
    Tome II. 1 vol. gr. in-8, de iv-314 pages, avec 45 figures et 11 graphiques dans le texte et 6 planches hors texte. . . . . **10 fr.**

DUCLAUX. — Traité de Microbiologie, par E. DUCLAUX, membre de l'Institut, directeur de l'Institut Pasteur.
    Tome I. *Microbiologie générale.* — Tome II. *Diastases, toxines et venins.* — Tome III. *Fermentation alcoolique.* — Tome IV. *Fermentations variées des diverses substances ternaires.* Chaque volume gr. in-8°, avec fig. **15 fr.**

GAUTIER (A.). — Cours de Chimie minérale et organique, par M. ARM. GAUTIER, membre de l'Institut, professeur de chimie à la Faculté de médecine de Paris. 2 vol. grand in-8°, avec figures dans le texte.

    I. *Chimie minérale. Deuxième édition.* 1 vol. grand in-8°, avec 244 fig. dans le texte . . . . **16 fr.**
        Vient de paraître.

    II. *Chimie organique. Troisième édition*, mise au courant des travaux les plus récents, avec la collaboration de MARCEL DELÉPINE, professeur agrégé à l'École supérieure de Pharmacie de Paris. 1 vol. grand in-8°, avec figures. . . . . **18 fr.**

— Leçons de Chimie biologique normale et pathologique. — *Deuxième édition*, publiée avec la collaboration de M. ARTHUS, professeur de physiologie à l'Université de Fribourg. 1 vol. in-8°, avec 110 figures . . . . **18 fr.**

HAYEM. — Leçons sur les Maladies du sang (*Clinique de l'hôpital Saint-Antoine*), par GEORGES HAYEM, professeur, médecin des hôpitaux, membre de l'Académie de médecine, recueillies par MM. E. PARMENTIER, médecin des hôpitaux, et R. BENSAUDE, chef du laboratoire d'anatomie pathologique à l'hôpital Saint-Antoine. 1 vol. in-8°, avec 4 planches en couleurs. . . **15 fr.**

HENNEQUIN et LŒWY. — Les Fractures des Os longs (*leur traitement pratique*), par les D" J. HENNEQUIN, membre de la Société de chirurgie, et ROBERT LŒWY, ancien interne des hôpitaux, lauréat de l'Institut. 1 vol. grand in-8°, avec 215 fig. dont 25 planches représentant 222 radiographies originales . . . . **16 fr.**

KENDIRDJY. — L'Anesthésie chirurgicale par la Stovaïne, par le D' LÉON KENDIRDJY, ancien interne des hôpitaux. 1 vol. in-12 de 206 pages, broché. **3 fr.**

KIRMISSON. — Leçons cliniques sur les Maladies de l'appareil locomoteur (*os, articulations, muscles*), par le D' KIRMISSON, professeur à la Faculté de médecine, chirurgien des hôpitaux, membre de la Société de chirurgie. 1 vol. in-8°, avec figures dans le texte . . . . **10 fr.**

— Traité des Maladies chirurgicales d'origine congénitale, par le P' KIRMISSON. 1 vol. in-8°, avec 311 figures et 2 planches en couleurs. . . . **15 fr.**

— **Les Difformités acquises de l'appareil locomoteur pendant l'enfance et l'adolescence**, par le P' KIRMISSON. 1 vol. in-8°, avec 430 figures dans le texte. . . . . **15 fr.**

LAVERAN. — Traité d'Hygiène militaire, par le D' LAVERAN. 1 vol. in-8°, avec 270 figures . . . . **16 fr.**

LETULLE. — La pratique des autopsies. 1 vol. in-8° cavalier, de 548 pages, avec 136 figures. Broché, **10 fr.** — Cartonné. . . . . **12 fr.**

MEIGE (HENRY) ET **FEINDEL** (E.). — Les Tics et leur Traitement. Préface de M. le professeur BRISSAUD. 1 vol. in-8° de 640 pages . . . . **16 fr.**

RANVIER. — Traité technique d'Histologie, 2' éd., entièrement refondue et corrigée, par M. L. RANVIER, de l'Institut, professeur au Collège de France. 1 vol. grand in-8° de 880 pages, avec 414 gravures et 1 planche . . . **12 fr.**

RECLUS. — L'Anesthésie localisée par la Cocaïne, par P. RECLUS, professeur à la Faculté de Paris. 1 vol. petit in-8°, avec 59 figures. . . . . . . **4 fr.**

RUDAUX (P). — Précis élémentaire d'Anatomie, de Physiologie et de Pathologie, par P. RUDAUX, ancien chef de clinique à la Faculté de Médecine de Paris. Avec préface de M. RIBEMONT-DESSAIGNES. 1 vol. in-16 avec 462 figures, cartonné toile. . . . . **8 fr.**

THIBIERGE — Syphilis et Déontologie, par GEORGES THIBIERGE, médecin de l'hôpital Broca. 1 vol. in-8°, broché. . . . . **5 fr.**

TRIPIER. — Traité d'Anatomie pathologique générale. 1 vol. grand in-8°. avec 230 figures en noir et en couleurs. . . . . **25 fr.**

WEISS. — Leçons d'Ophtalmométrie (*Cours de perfectionnement de l'Hôtel-Dieu*), par G. WEISS, ingénieur des Ponts et Chaussées, professeur agrégé à la Faculté de médecine. Avec une Préface de M. le Professeur DE LAPERSONNE. 1 vol. petit in-8°, avec 149 figures. . . . . **5 fr.**

Extrait de la liste des 46 Périodiques scientifiques

Publiés par la Librairie MASSON et Cie

Revue de Gynécologie ❧❧❧❧❧❧❧❧ ❧❧❧❧❧ et de Chirurgie Abdominale

paraissant tous les deux mois sous la direction de

S. POZZI

Professeur de clinique gynécologique à la Faculté de médecine de Paris.

Secrétaire de la Rédaction : **F. JAYLE**

Secrétaire adjoint : **X. BENDER.**

ABONNEMENT ANNUEL : France, **28** fr. Union postale, **30** fr.

Journal de Physiologie et de Pathologie générale

PUBLIÉ TOUS LES 2 MOIS PAR MM. LES PROFESSEURS

BOUCHARD ET **CHAUVEAU**

Comité de Rédaction : MM. J. Courmont, E. Gley, P. Teissier.

Chaque numéro contient, outre les mémoires originaux, un index bibliographique de 30 à 40 pages comprenant l'analyse sommaire des travaux français et étrangers de physiologie et de pathologie générale. L'année forme un fort volume d'environ 1250 pages, avec nombreuses figures et planches hors texte.

ABONNEMENT ANNUEL : Paris et Départements, **35** fr. — Union postale, **40** fr.
Le numéro, **7** fr.

Archives de Médecine Expérimentale et d'Anatomie pathologique

Fondées par **J.-M. CHARCOT**

Publiées tous les 2 mois par MM. GRANCHER, JOFFROY, LÉPINE

Secrétaires de la rédaction : CH. ACHARD, R. WURTZ

Créées en 1889, les Archives de Médecine expérimentale *sont un recueil de mémoires originaux consacrés à la médecine scientifique. Eclairer la clinique par les recherches de laboratoire, tel est leur but.*

ABONNEMENT ANNUEL : Paris, **24** fr. — Départements, **25** fr. — Union postale, **26** fr.

REVUE D'ORTHOPÉDIE

PARAISSANT TOUS LES DEUX MOIS

SOUS LA DIRECTION DE

M. le Dr KIRMISSON

PROFESSEUR A LA FACULTÉ DE PARIS
CHIRURGIEN DE L'HÔPITAL DES ENFANTS-MALADES

Avec la collaboration des Professeurs

O. LANNELONGUE — A. PONCET — PIÉCHAUD — PHOCAS

Secrétaire de la Rédaction : Dr GRISEL, Chef de Clinique à l'hôpital Trousseau.

Paraît par fascicules grand in-8° d'environ 112 pages,
avec figures dans le texte et nombreuses planches hors texte.

ABONNEMENT ANNUEL : Paris, **15** fr. — Départ., **17** fr. — Union postale, **18** fr.

REVUE NEUROLOGIQUE

Organe officiel de la Société de Neurologie de Paris
Publiée 2 fois par mois sous la direction de
E. BRISSAUD et P. MARIE
Secrétaire de la Rédaction : Dr **Henry MEIGE**
ABONNEMENT ANNUEL : Paris et Départements, 30 fr. — Union postale, 32 fr.
Le N° 1 fr. 50

*Forme chaque année 1 volume in-8° d'environ 1000 pages, avec de
nombreuses figures et contenant environ 70 mémoires originaux, plus
de 1600 analyses et environ 3500 indications bibliographiques catalo-
guées par fiches détachables.*

Nouvelle Iconographie de la Salpêtrière

J.-M. CHARCOT

GILLES DE LA TOURETTE, PAUL RICHER, ALBERT LONDE
FONDATEURS

ICONOGRAPHIE MÉDICALE ET ARTISTIQUE

Patronage scientifique :
J. Babinski, G. Ballet, E. Brissaud, Dejerine, E. Dupré,
A. Fournier, Grasset, Joffroy, Pierre Marie, Pitres, Raymond, Régis,
Séglas, et Société de Neurologie de Paris

Direction : **Paul RICHER**. *Rédaction* : **Henry MEIGE**

Abonnement annuel : Paris, **30** fr. Départ., **32** fr. Union post., **33** fr. Le numero, **6** fr.

La *Nouvelle Iconographie de la Salpêtrière* tient à honneur de demeurer la publication scien-
tifique la plus richement et la plus artistiquement illustrée : elle forme, à la fin de chaque année,
un volume d'environ six cents pages, avec de nombreux dessins et près de *cent planches* hors
texte. Elle est publiée sous le patronage de la Société neurologique de Paris et des principales
notabilités françaises de la Science neuro-psychiatrique.

Archives de Médecine des Enfants

PUBLIÉES TOUS LES MOIS PAR MM,
J. COMBY — J. GRANCHER — V. HUTINEL — O. LANNELONGUE
A.-B. MARFAN — P. MOIZARD — A. SEVESTRE
Dr **J. COMBY**, Directeur de la Publication.
ABONNEMENT ANNUEL : Paris et Départements, **14** fr. Union postale, **16** fr.

*Les Archives sont le plus important des recueils français de pédia-
trie. Elles forment chaque année un volume d'environ 800 pages conte-
nant des mémoires, des recueils de faits, des revues générales et plus
de 250 pages de bibliographie et d'analyses.*

Revue d'Hygiène ✿ ✿ ✿ ✿ ✿ ✿ ✿ ✿ ✿
✿ ✿ ✿ ✿ ✿ et de Police sanitaire

Fondée par E. VALLIN
PUBLIÉE TOUS LES MOIS SOUS LA DIRECTION DU
Dr A.-J. MARTIN
Inspecteur général de l'assainissement de la Ville de Paris.
ABONNEMENT ANNUEL : Paris, 20 fr. — Départements, 22 fr. — Étranger, 23 fr.